COMSOL 基础系列

COMSOL 传热与多物理场耦合仿真

主　编　李星辰　田　野　姚　雯
副主编　黄奕勇　杜　巍　肖定邦　戴思航　邓康宇
参　编　张若凡　梁昊鹏　胡云鹏　苏元元　刘　奇
吴　伟　赵栩鹤　刘张浩

机械工业出版社

全书共 11 章，前 3 章为第一部分基础篇。第 1 章以传热学与计算传热学的发展为开端，介绍了计算传热学的发展概况及其应用领域，接着简要介绍了 COMSOL Multiphysics 传热模块以及如何使用本书。第 2 章从传热学基础和控制方程的角度阐述了传热的三大方式及其耦合形式。第 3 章从实际操作角度出发，介绍了 COMSOL 的求解方法、数值稳定性和常见的报错解决方法。

第 4~7 章为本书第二部分专题篇，笔者依托十余年的仿真经验，精心选取四类耦合传热方式进行专题介绍。第 4 章介绍了使用频率最高的固体传热、流体传热和共轭传热等物理场形式。第 5 章介绍了热应力与金属加工耦合的分析原理，涵盖热应力分析、相变传热分析和蒸发与冷却等内容。第 6 章介绍了 4 种形式的多孔介质传热，包含热平衡、热非平衡、地下水和裂隙流等多种传热形式。第 7 章介绍了电磁效应和传热场耦合场景，具体包含焦耳热、感应热和微波热 3 种常见热源类型。

第 8~11 章为本书的第三部分应用篇，选取当今航空航天与动力、材料、生物、能源四大前沿领域，每个领域阐述 3 个有趣的案例，按照由浅入深的顺序较为详细地讲解了每一个操作步骤，使初学者可通过对照练习理解软件的使用技巧。

本书是面向具有初步传热基础的读者编写的传热仿真入门指南，初学者可以通过本书获得对 COMSOL 传热学及相关耦合知识较为全面的了解，也可以在阅读完成第一部分基础篇的内容后，挑选自己感兴趣的专题和应用领域，学习对应的案例操作。如果读者需要对软件设置原理有更全面的了解，可以查看 COMSOL 翔实的用户帮助文档。

图书在版编目（CIP）数据

COMSOL 传热与多物理场耦合仿真/李星辰，田野，姚雯主编. —北京：机械工业出版社，2023.3（2024.11 重印）

（COMSOL 基础系列）

ISBN 978-7-111-72551-0

Ⅰ. ①C… Ⅱ. ①李… ②田… ③姚… Ⅲ. ①传热学-物理场-计算机仿真-应用软件 Ⅳ. ①TK124

中国国家版本馆 CIP 数据核字（2023）第 010647 号

机械工业出版社（北京市百万庄大街 22 号 邮政编码 100037）
策划编辑：薛颖莹　　　　责任编辑：汤　嘉
责任校对：李　杉　何　洋　　封面设计：严娅萍
责任印制：邓　博
北京盛通数码印刷有限公司印刷
2024 年 11 月第 1 版第 3 次印刷
184mm×260mm · 19 印张 · 468 千字
标准书号：ISBN 978-7-111-72551-0
定价：89.00 元

电话服务　　　　　　　　网络服务
客服电话：010-88361066　　机　工　官　网：www.cmpbook.com
　　　　　010-88379833　　机　工　官　博：weibo.com/cmp1952
　　　　　010-68326294　　金　　书　　网：www.golden-book.com
　机工教育服务网：www.cmpedu.com

COMSOL 基础系列编审委员会

序

从燧人氏钻木取火到可控核聚变运行超过100s，热能不仅为我们的祖先提供了光明和温暖，使文明在严酷的自然环境下不断传承，还出现在当下农业、能源、化工、建筑、医学以及航空航天等几乎所有领域，引导人类的足迹遍布地球的各个角落甚至外太空。

传热学是一门跨学科、跨领域的基础性科学，它是在数学、热力学、流体力学和量子力学等理论基础上发展起来的，同时它又需要具备严谨的科学测量实验基础。自18世纪初傅里叶在其划时代的名著《热的解析理论》中通过严密的数学推导奠定了现代的传热学的理论基础，基尔霍夫、玻尔兹曼、普朗克和施密特等诸位先贤前仆后继，为传热学理论发展做出了巨大贡献。目前，学者通过对热传导、热对流和热辐射三种传热方式深入地研究，使得传热学已经具备了较为完整的理论系统，形成了相对成熟的学科体系。

随着人类科学技术和社会经济的巨大发展，传热学的应用领域不断扩大，已经远远突破了传统研究范围，如环境气象学中的传热问题往往涉及巨型尺度，生命科学中的传热问题又会与生物、化学和分子动力学等复杂系统耦合。这些日新月异的变化对传热学的应用拓展提供了广阔的空间，也对传热学的研究方式提出了新的挑战。

传统的传热学通过温度、热通量和功率密度等单学科宏观物理参数描述热量传递过程，然而当下的传热学研究方式已经从微观到宏观、单一学科到多学科耦合，促进了许多新的传热学分支出现，如生物传热学、分子传热学等，使传热学的研究内容从单一性向多样化转变，因此传热学的研究方法应当遵循这一客观发展形势，不断向多学科耦合领域开拓。

随着计算机技术自20世纪以来的飞跃式发展，人类的计算能力得到了质的提升。当下人们对传热学的研究，尤其是对多学科耦合领域的拓展应当充分利用计算机的数值模拟能力，协助我们认识并理解复杂现象背后的机理。在这种时代背景下，20世纪末，Littmarck和Saeidi发布了FemLab用于求解联立的微分方程，经过大约10年的发展，2005年FemLab正式更名为COMSOL Multiphysics（以下简称COMSOL）。2006年，NASA技术杂志就将COMSOL评选为本年度最佳上榜产品。

COMSOL的数值模拟是基于求解联立的偏微分方程（PDE），大多数PDE是从质量守恒、动量守恒和能量守恒这些守恒律推导而来，这些PDE采用积分形式的方程来描述物理变量在任意求解域内的行为。对于界面的处理，可以通过高斯散度定理将曲面积分转化为体积分，然而这就对方程自身的连续性、可导性提出了近乎苛刻的要求，一旦PDE中涉及的变参不可导，则所有物理场的数值求解过程会十分不稳定。为了应对这种挑战，COMSOL采用了将 PDE 统一转化为弱形式（本质是将研究的物理变量变换为积分形式，从而将不可导的风险转移到试函数项中）再进行求解的方法。这种方法非常适合求解非线性度较高的多物理场耦合问题。

在上述数值方法的基础上，COMSOL 提供了一系列丰富的预定义物理场接口，用于模拟各种传热学物理现象，其中囊括了多个交叉学科的物理耦合效应，如共轭传热、电磁热、热湿传递和生物传热等。这些物理场接口是专门针对特定学科或工业领域问题建模的用户界面，往往一个物理场接口下面又会包含若干个子接口，如热辐射物理场接口下就包含了表面对表面辐射传热、轨道热载荷和吸收介质中的辐射等多个子选项。

COMSOL 是一个集成的仿真平台，它的工作流程包含了仿真中涉及的所有步骤：从常量定义、几何实体建模、材料物性定义，到物理场设置、定解条件设置和求解器设置，以及最终的多样化后处理功能。

他山之石，可以攻玉。COMSOL 作为一款功能强大、特点鲜明的多物理场耦合仿真软件，读者通过对它的深入学习不仅可以完成计算传热学在各个领域的仿真分析工作，而且可以加深对国际先进数值模拟技术的理解，从而进一步缩短国产自主可控工业仿真软件的研发周期，提高计算传热学相关产业链的自主权和独立性，最终推动形成以国内大循环为主体、国内国际双循环相互促进的新发展格局！

2023 年 5 月

前言

近年来，COMSOL 多物理场有限元仿真软件，在科学研究与工程实践中得到了广泛的应用。在需要多学科密集交叉的航空航天领域研究中，国防科技创新研究院智能设计与鲁棒学习团队、国防科技大学天拓卫星团队与西安思缪智能科技有限公司围绕卫星微推进系统设计、卫星内部优化布局、卫星整星热控、智能材料设计及分布式仿真计算等领域，利用 COMSOL 软件进行了多物理场仿真建模的广泛交流与合作。合作成果先后应用于“天拓”系列微纳卫星、“天源”卫星在轨加注系统等多项航天项目，并支持项目获得多项国家和省部级科技进步奖。经过长期的项目实践，一套基于多物理场仿真的数字化设计与多学科优化方法已经初步成型，COMSOL 的应用在其中具有不可或缺的作用。

COMSOL 以其完全开放的架构、任意自定义 PDE、丰富的专业模块，可以轻松实现建模流程的各个环节，30 余个预置多物理场应用模式，同时配置了优化功能、不确定性量化和粒子追踪等 5 个多功能模块，整体架构涵盖从流体传热到结构力学，从电磁分析到化学工程等诸多工程、制造和科研领域。它可以使工程师与科研工作者通过仿真，赋予设计理念以生命。运用它不仅可以提高卫星的各项性能，还可以提升汽车、飞机和高铁的安全性能。它可以基于物理场，模拟各个领域的设计以及设备运行等过程。本书对 COMSOL 的传热学基础知识和前沿应用场景做了系统介绍，力图将 V5 系列版本下 COMSOL 操作方法与建模技巧分享给广大仿真爱好者。

全书共 11 章，第 1~3 章为本书的基础篇。第 1 章介绍了传热学和计算传热学的区别与联系，进一步阐述了计算传热学的发展概况和应用领域，然后介绍 COMSOL 传热模块的基本情况，最后介绍了本书的架构和读者使用本书的方法等。

第 2 章介绍了传热学基础与控制方程，具体包含：传热学解决的问题、三种基本传热方式、傅里叶热传导理论、对流换热理论和热辐射理论，最终结合 COMSOL 多场耦合的特色介绍了软件内多种传热场耦合形式。

第 3 章在本系列第一册书《COMSOL 多物理场仿真入门指南》（机械工业出版社）的基础上，对 COMSOL 求解器知识进行了介绍，具体包含：数值求解的基本思想、当前主要数值计算方法、软件求解方法、离散化和数值稳定性的概念与应用，最终结合笔者多年的使用经验，对软件常见报错及解决办法进行了总结。

第 4~7 章结合 COMSOL 软件内的预置模式介绍了传热场的应用专题。首先，第 4 章介绍了固体传热、流体传热、共轭传热和辐射的求解域设置方式及其主要边界条件的物理意义。

第 5 章从材料学的角度出发，介绍了热应力和金属加工相关的专题知识，具体包含热应力的基本概念、本构方程、COMSOL 设置方法、相变传热分析、潜热数值处理方式和蒸发冷却原理的实现等内容。

第 6 章以广泛存在于化工、地球物理和流体等领域的多孔介质为载体，介绍了多孔介质这一特殊类型介质传热的实现方法，具体包含热平衡/热非平衡过程的热传递、地下水传热和裂隙流传热等内容。

第 7 章从电磁学的角度出发，依次介绍了焦耳热、感应热和微波热三种热源形式，对其数理方程形式和影响因素进行了较为详细的剖析。

第 8~11 章是本书的应用案例讲解板块。第 8 章介绍了航空航天与动力领域的传热学应用，具体包含燃气轮机叶片、卫星热布局和稀薄气体气动热 3 个案例，包含了外部 CAD 导入方法、材料属性插值定义、多物理场耦合节点设置以及高马赫流实现等知识点。

第 9 章介绍了材料领域的传热学应用，依次介绍了超快激光加热金属膜、增材制造温度-应力场和化学沉积半导体材料 3 方面的应用案例，分别展示了传热场与热应力、化学反应等学科的耦合设置及操作方法，以及用户自定义函数、自定义热源、多层材料设置和反应工程定义等实用技巧。

第 10 章介绍了生物领域的传热学应用，依次阐述了用于 DNA 扩增的便携式芯片、肿瘤的微波热疗法和介电探针检测皮肤 3 个应用案例，涉及化学工程、电磁波和生物传热模块的设置过程，具体包含热力学系统设置、反应工程节点、稀物质传输、复介电参数定义以及频域求解器使用等功能实现技巧。

第 11 章介绍了能源领域的传热学应用，逐一阐述了锂电池温度特性、辐射冷却和地热开发 3 个案例，涉及固体传热、辐射传热和多孔介质流动等预置模块，具体包含了几何阵列操作、表面对表面辐射实现、自由多孔介质流动设置和局部热非平衡设置等相关操作方法。

本书主要编写人员有李星辰、田野、姚雯，黄奕勇研究员、杜巍讲师、肖定邦教授、戴思航、邓康宇、张若凡、梁昊鹏、胡云鹏、苏元元、刘奇、吴伟、赵栩鹤、刘张浩对本书的编写均有突出贡献，刘贝贝和吴小莉等人对本书提出了宝贵的建议。出版过程中，本书得到了机械工业出版社编辑的大力支持，在这里深表谢意。

最后，需要特别声明，因为软件安装会受到硬件环境和软件版本影响，根据书中内容的操作结果难免和实际情况有所差异，如有问题，读者可以发邮件至 support@ matheam. com，我们会尽快给予解答。

编 者

常用物理量单位及意义

符　　号	单　　位	意　　义
A	m^2	边界面积
C	J/（kg·K）	比热容
$\boldsymbol{v}$	m/s	速度矢量
C_p	J/（kg·K）	常压下的比热容
D	m	特征长度
h	W/（m^2·K）	表面传热系数
n	1	透明介质折射率
P_0	W	热功率
$\boldsymbol{q}$	W/m^2	传导热通量
R	K/W	热阻
T	K	热力学温度
α	K^{-1}	热膨胀系数
κ	m^{-1}	辐射吸收系数
ρ	1	表面反射率

目录

第三部分 应用篇

第一部分

基础篇

第 1 章 绪论

1.1 传热学与计算传热学

在了解什么是“计算传热学”之前，我们需要对“传热学”有一定的了解。“传热学”是这样一门学科：利用传热学的规律，以微积分为工具，解决实际工程中与加热和散热有关的问题。简单来说，传热学是一门研究温差引起的热量传递规律的科学。

在热力学发展的过程中，前人进行了长期摸索和探究。最早由 18 世纪英国化学家布莱克等提出的热质说，认为热是一种称为“热质”（caloric）的物质。热质是一种无质量的气体，物体吸收热质后温度会升高，宇宙中热质的总量为一定值，热质会由温度高的物体流到温度低的物体，热质也可以穿过固体或液体的孔隙中。在热质说中，热是一种物质，无法产生或消灭，因此热的守恒就成了这种理论中的一个基本假设。由于在当时的科学水平下，“热质说”可以解释一些有关热的现象，如热传导和热平衡，因此该理论曾长期占据统治地位。

但两个著名的热学实验使“热质说”遭受了沉重打击，即 1798 年伦福特钻磨炮筒大量发热的实验和 1799 年戴维两块冰块摩擦生热化为水的实验。两个实验确认了“热”来源于物体本身内部的运动，开辟了探求导热规律的途径。1804 年毕奥根据实验提出单位时间通过单位面积的导热热量正比于两侧表面温差，反比于壁厚。稍后，1808 年，傅里叶利用数学工具，提出了求解场微分方程的分离变量法并将解表示成一系列任意函数的概念，随后在 1822 年发表了著名论著《热的解析理论》。他提出的导热定律正确概括了导热实验的结果，现称为傅里叶定律，奠定了导热理论的基础。在傅里叶之后，导热理论求解的领域不断扩大，许多学者做出了贡献，包括雷曼、卡斯劳、耶格尔和亚科布等学者。直至 19 世纪 40 年代由于能量守恒和转化定律的发现，并由英国物理学家焦耳精确地测定出了热功当量（即机械能转化为热量的比值），热质说才被否定。

导热和对流两种基本热量传递方式早为人们所认识，但辐射同样作为一种热量传递方式，直到 1803 年发现红外线后才被确认为传热的三大分支之一。

随着科学技术的发展，特别是计算机的发展，用数值方法解决传热问题取得重大突破，20 世纪 70 年代形成了新的分支——计算传热学。

计算传热学，又称数值传热学，是指对流动与传热问题的控制方程采用数值方法，通过计算机求解的、传热学与数值方法相结合的交叉学科。计算传热学的基本思想是把原来在空间与时间坐标中连续的物理量的场（如速度场、温度场、浓度场等），用一系列有限个离散点上的数值的集合来代替，通过一定的原则建立起体现这些离散点变量值之间关系的代数方程（称为离散方程）。求解所建立起来的代数方程以获得求解变量的近似值。

1.2 计算传热学发展概况

计算传热学的开拓者和奠基人为当时任职于伦敦大学帝国理工学院的 S. V. Patankar 和 D. B. Spalding。明尼苏达大学的 E. M. Sparrow 教授和 W. J. Minkowycz 教授对数值传热学的发展起到了重要的促进作用。中国在数值传热学方面的知名学者有西安交通大学的陶文铨教授。

数值传热学在最近 20 年中得到飞速的发展，计算机硬件的发展给它提供了坚实的物质基础。由于理论分析法或物理实验法在特定时空尺度下都有较大的限制，例如：一个问题涉及了多个变量，存在高度非线性关系，导致很难求得解析解，或因实验费用的昂贵而无力进行测定，数值计算的方法正好具有成本较低和可模拟较复杂或较理想的过程等优点。经过一定验证的数值计算程序可以拓宽实验研究的范围，减少成本昂贵的实验工作量。在给定的参数下用计算机对现象进行数值模拟，相当于进行一次数值实验，历史上也曾有过首先由数值模拟发现新现象而后由实验证实的案例。

就学科内容而言，计算传热学和计算流体力学密不可分，计算流体力学的理论和成果是传热学研究的基石。求解对流换热问题的关键是确定流场，为确定流场则需求解反映了黏性流体流动的基本力学规律的动量方程，即纳维-斯托克斯方程（Navier-Stokes equations，N-S 方程）。但 N-S 方程是一个非线性偏微分方程，求解起来非常困难和复杂，只能得到少数简化情况下的精确解。为解决该问题，学者们在 N-S 方程的数值解方面开展了一系列研究。

1972 年，伦敦大学帝国理工学院的 S. V. Patankar 和 D. B. Spalding 在总结前人研究的基础上提出了求解 N-S 方程的“求解压力耦合方程的半隐式方法”，即 SIMPLE 算法。此后，该算法在计算流体力学与数值传热学中得到了广泛应用，并发展出了一系列具有高精度、高稳定性的数值算法。1979 年，B. P. Leonard 提出了对流扩散方程离散的 QUICK 格式。1980 年，S. V. Patankar 提出了 SIMPLE 改进算法 SIMPLER 算法。1984 年，Van Doormaal 和 G. D. Raithby 提出了 SIMPLEC 算法。1986 年，G. D. Raithby 和 G. E. Schneider 提出了 SIMPLEX 算法。1986 年，A. W. Date 提出了 SIMPLE 算法的 Date 修正方案。2001 年，B. Yu、HOzoe、W. Q. Tao（陶文铨）提出了一种加速 SIMPLER 算法收敛的 MSIMPLER 方法。

1.3 传热学应用领域

热传递现象无时无处不在，它的影响几乎遍及现代所有工业部门，也渗透到农业、林业等许多技术部门中。可以说除了极个别的情况以外，很难发现一个行业、部门或者工业过程和传热完全没有任何关系。不仅传统工业领域，像能源动力、冶金、化工、交通、建筑建材、机械、食品、纺织、医药等要用到许多传热学的有关知识，而且诸如航空航天、核能、微电子、材料、生物工程、环境工程、新能源及农业工程等很多高新技术领域也都在不同程度上需要应用传热研究的最新成果，并涌现出像相变与多相流传热、（超）低温传热、微尺度传热、生物传热等许多交叉学科。在某些环节上，传热技术及相关材料设备的研制开发甚至成为整个系统成败的关键因素。热力设备、热机及其组成的热力系统是热能生产和利用的主要环节，这些环节的优劣直接影响能源的利用效率。传热学在节能中的应用十分广泛并起着重要作用。

针对一些复杂的传热学问题，一旦建立了实际问题的合理数学模型，数值计算方法就可以发挥巨大作用。例如：叶轮机械黏性三元流计算、电站锅炉炉膛内流场与温度场的模拟、一维碳纳米材料的高效光热蒸气转换模拟研究、选择性脉冲激光粉末燃烧研究、热光伏电池性能分析研究、电子器件散热过程热流耦合预测及降温措施等。由于计算研究的需求，在此期间，催生了一大批数值模拟的商业软件，如 FLUENT、CFX、FLOW-3D、ICE-PAK、COMSOL 等。

1.4 COMSOL 传热模块简介

COMSOL 集团是全球多物理场建模解决方案的提倡者与领导者。凭借创新的团队、协作的文化、前沿的技术、出色的产品，其旗舰产品 COMSOL Multiphysics 使工程师和科学家们可以通过模拟，赋予设计理念以生命。该公司于 1998 年发布了 COMSOL Multiphysics 的首个版本。此后产品线逐渐扩展，增加了 30 余个针对不同应用领域的专业模块，涵盖力学、流体、传热、电磁场、化工、声学等。

“传热模块”是 COMSOL Multiphysics 平台的一个重要组成部分，用于分析传热过程中的传导、对流和辐射现象。模块包含了丰富的建模功能，用于研究热设计和热载荷效应，可以对不同尺度的研究对象，例如零部件、整装设备，甚至建筑物的温度场和热通量进行建模。为了检测系统或设计的真实特性，还可以使用软件内置的多物理场建模功能，方便快捷地在同一个仿真环境中耦合多个物理效应。软件支持对自然对流和强制对流的层流和湍流进行建模，可以分析压力功和黏性耗散对温度分布的影响。用户可以方便地调用 k-ε、低雷诺数 k-ε、代数 y^+ 或 LVEL 湍流模型等雷诺平均纳维-斯托克斯（RANS）模型进行湍流建模。在与 CFD 模块结合使用时，还可以使用 Realizable k-ε、k-ω、剪切应力输运（SST）、v2-f 及 Spalart-Allmaras 等湍流模型。同时软件可以根据流动模型自动使用连续性壁函数或自动壁处理等方式来处理流-固界面上的温度过渡。通过在非等温流动仿真中启用重力特征，可以轻松地分析自然对流。

1.5 本书的构架

本书从整体上分为三大部分。

第一部分：基础篇，以介绍计算传热学相关知识为目的，涵盖三个章节。第 1 章为绪论，用科普的形式介绍了传热学和计算传热学的发展概况，进一步阐述了与传热学相关的应用领域，指出传热学几乎覆盖了人类工业生产的方方面面，在章节末尾简要介绍了 COMSOL 及传热相关的功能模块。第 2 章为传热学基础与控制方程，首先从传热学解决的问题类型和传热三大形式的常识性知识入手，其次以数理方程的形式介绍了热传导、对流传热和热辐射三种物理过程，最终，介绍了热胀冷缩、电磁热和多孔介质传热等多种形式的传热耦合方式。第 3 章概述了计算传热学相关的数值计算方法和 COMSOL 求解器，涵盖直接法、迭代法、全耦合法和分离法，并针对 COMSOL 数值稳定性及常见报错解决方法做出了总结描述。

第二部分：专题篇，结合 COMSOL 具体功能模块介绍近年传热研究较多的领域，涵盖三个章节。第 4 章为导热、对流和辐射，系统地介绍了固体、流体、流固耦合和辐射等传热形式，对主要的物理场定义和边界条件定义均做出了说明。第 5 章介绍了热应力、相变传热和蒸发冷却，这些知识点均与材料的热胀冷缩和加工相关，较为实用，该章概括介绍了相关数理方程以及 COMSOL 设置的物理意义。第 6 章阐述了化工、材料和岩土领域常见的多孔介质传热，包含热平衡和非热平衡两种典型形式，考虑了地下水渗流影响的传热方式。第 7 章对电磁传热、主要的控制方程和软件设置方式均给出了介绍。

第三部分：应用篇，以讲解具体学术和工业领域的案例操作为目的，涵盖四个章节。第 8 章是航空航天与动力领域，依次介绍了燃气轮机叶片（湍流和流体传热）、卫星热布局（多热源优化）和稀薄气体气动热（高马赫流）三个案例。第 9 章是材料领域，依次介绍了超快激光加热金属膜（用户自定义激光热源）、增材制造温度-应力场（多层材料、热力耦合）和化学沉积半导体材料（反应传热）。第 10 章是生物领域，依次介绍了用于 DNA 扩增的便携式芯片（跨组件耦合）、肿瘤的微波热疗法（微波生热耦合）和介电探针检测皮肤（电磁热耦合）。第 11 章是能源领域，介绍了近年大火的锂电池温度特性（自定义锂电热源）、辐射冷却（热辐射）和地热开发（自由和多孔介质流动与流体传热）三个新颖的案例。

1.6 如何学习和使用本书

本书限于笔者水平有限、编写时间紧促，如发现不当之处恳请读者多多指教，联系邮箱为 support@ matheam. com。COMSOL 界面友好，且覆盖面极广，几乎涵盖了当前学术研究领域的方方面面，但易学难精，笔者十分了解广大读者急需学以致用的心态，但是万丈高楼平地起，打好基础才是根本。故本书适用于打算使用 COMSOL 进行传热学相关仿真的初学读者们，这也是本系列书籍的初衷，即以通俗易懂的形式，讲解最新版本的 COMSOL 基础知识。学习建议如下：

（1）科研爱好者　仅出于对计算传热学的兴趣爱好，则可以阅读本书第一部分和第二部分，快速了解计算传热学及 COMSOL 的部分相关功能、设置方法等；

（2）具有一定传热学基础的读者　可以直接从第 3 章开始阅读，概括地了解 COMSOL 的求解器设置，然后进一步从第二部分和第三部分选择与自己研究领域相关的章节进行快速演练；

（3）时间紧迫的研发人员　直接选择第三部分相关程度最高的案例进行实操演练，遇到问题可以发送邮件至本书的联系邮箱获取技术支持，待软件操作熟练后可以进行自身的项目仿真，建议在仿真结果分析阶段参考本书的基础篇掌握基本概念。

无论是哪种学习和使用方式，笔者诚挚希望诸位读者能在书中汲取对自己有用的知识。

第2章 传热学基础与控制方程

2.1 传热学基础

在人们生活的世界中，与人类生存息息相关的物理过程之一是热能的传递，传热学就是研究由温差引起的热能传递规律的科学。热力学第二定律指出：凡是有温差的地方，就有热能自发地从高温物体向低温物体传递。在自然界和各种生产技术领域到处存在着温差，因此热能的传递就成为自然界和生产技术领域一种极为普遍的现象[1]。

传热学有着十分广泛的应用。尽管在科学技术领域遇到的传热学问题多种多样，但大致上可以归纳为三种类型：

(1) 强化传热，即在一定条件（如一定的温差、体积、质量或泵功等）下增加所传递的热量。

(2) 削弱传热，或称为热绝缘，即在一定的温度差下使热量的传递减到最小。

(3) 温度控制。为使一些设备能安全、经济、独立地运行，或者为得到优质产品，要对热量传递过程中物体关键部位的温度进行控制。

热能传递有三种基本的方式：热传导、热对流与热辐射。

热传导：物体各部分之间不发生相对位移时，依靠分子、原子及自由电子等微观粒子的热运动而产生的热能传递称为热传导，简称导热。例如：固体内部热量从温度较高的部分传递到温度较低的部分，以及温度较高的固体把热量传递给与之接触的温度较低的另一固体都是导热现象。

均匀物质内存在温度梯度时会导致其内部能量传递，能量传递的速率计算公式为

$$q = -kA\frac{\partial T}{\partial n} \tag{2-1}$$

式（2-1）为导热基本定律，又称傅里叶定律。式中，$\frac{\partial T}{\partial n}$为在面积$A$的法线方向的温度梯度；$k$为导热系数，一般是由专门的实验测定得到的常数，取决于物质的种类和温度，单位为W/(m·K)。常温（20℃）条件下金属导热系数的典型数值是：纯铜为399W/(m·K)；碳钢为36.7W/(m·K)。气体的导热系数很小，如20℃时，干燥空气的导热系数为0.0259W/(m·K)。液体的导热系数介于金属和气体之间，如20℃时水的导热系数为0.599W/(m·K)。我们习惯把导热系数小于0.2W/(m·K)的材料称为绝热材料、热绝缘

材料或保温材料。常见的绝热材料有石棉、矿渣棉、硅藻土。

热对流：指由于流体的宏观运动而引起的流体各个部分之间发生的相对位移，冷、热流体相互掺混所导致的热量传递过程。热对流仅能发生在流体中，而且由于流体中的分子同时在进行着不规则的热运动，因而热对流必然伴随着热传导现象。工程上，人们特别感兴趣的是流体流过一个物体表面时流体与物体表面之间的热量传递过程，并称之为**对流传热**，一般所说的热对流指的就是对流传热。本书只讨论对流传热。

若流体的上游温度为 T_1，固体的表面温度为 T_2，单位时间的传热量为

$$q = hA(T_2 - T_1) \tag{2-2}$$

式（2-2）称为牛顿（Newton）冷却定律。式中，h 为对流传热系数，是单位时间内单位面积上交换热量与总温差之间关系的比例常数，单位为 $W/(m^2 \cdot K)$。需要注意的是：在固体-流体的边界上，基本的能量交换是导热，然后通过流体的流动以对流方式将这些能量带走。

热辐射：物体通过电磁波传递能量的方式称为辐射，以辐射方式进行物体之间的热量传递称为辐射传热。热传导和热对流只在有物质存在的条件下才能实现，而热辐射可以在真空中进行。实验结果表明，热辐射传递的热量与绝对温度的四次方成正比，而热传导和热对流与线性传递的热量温差成正比。重要的 Stefan-Boltzmann 定律的表示式为

$$q = \sigma A T^4 \tag{2-3}$$

式中，T 为绝对温度；σ 为常数，与表面、介质及温度无关，其值为 $5.6697\times10^{-8} W/(m \cdot K^4)$。理想的发射体，或称黑体，所发出的辐射能按式（2-3）确定。其他材料表面发出的辐射能都少于黑体的辐射能，许多表面（灰体）发出的辐射能计算公式为

$$q = \varepsilon \sigma A T^4 \tag{2-4}$$

式中，ε 为表面发射率，其值为 0~1。

如图 2-1 所示，火焰通过红外电磁波对外界的传热方式为热辐射；锅中因水沸腾产生气泡而发生流动，这种因流动产生的热交换效果称为热对流；锅底温度上升后通过锅体、手柄传递至人手的传热方式为热传导。

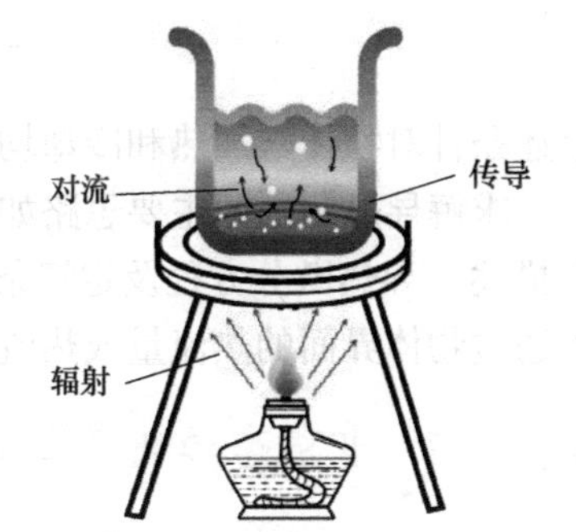

图 2-1　热量传递在生活中的体现

2.2 导热基本理论

2.2.1　导热问题的数学描述

利用能量守恒定律并借助傅里叶定律，可以导出导热微分方程，对于各向同性的导热物体在直角坐标系下有如下形式：

$$\rho C \frac{\partial T}{\partial t} = \frac{\partial}{\partial x}\left(\lambda \frac{\partial T}{\partial x}\right) + \frac{\partial}{\partial y}\left(\lambda \frac{\partial T}{\partial y}\right) + \frac{\partial}{\partial z}\left(\lambda \frac{\partial T}{\partial z}\right) + \Phi \tag{2-5}$$

式中，$\rho C \frac{\partial T}{\partial t}$ 表示微元体热力学能的增量；$\frac{\partial}{\partial x}\left(\lambda \frac{\partial T}{\partial x}\right) + \frac{\partial}{\partial y}\left(\lambda \frac{\partial T}{\partial y}\right) + \frac{\partial}{\partial z}\left(\lambda \frac{\partial T}{\partial z}\right)$ 表示导入微元

体的净热流量（“导进”与“导出”之差）；Φ 表示微元体内热源的生成热。

导热微分方程的适用范围是满足傅里叶定律的导热过程，即过程进行的时间足够长，且热流密度不是很高的情况。应该指出，导热微分方程描述物体内部温度随时间和空间变化的一般关系，而傅里叶定律则描述物体的温度梯度和热流密度之间的关系。

求解导热问题可归结为对导热微分方程进行求解，但导热微分方程是描述导热过程共性的数学表达式，由它得到的是问题的通解。而要获得某一具体问题的特解，必须辅助以定解条件。一般地讲，定解条件包括初始条件和边界条件。导热微分方程及定解条件构成了一个具体导热问题的数学描述。

导热问题的初始温度场为

$$T(x,y,z,0)=f(x,y,z),\ t=0 \tag{2-6}$$

导热问题常见的三类边界条件如下。

第一类，给定边界上的温度值 T_w：

$$T_w=f_1(t),\ t>0 \tag{2-7}$$

第二类，给定边界上的热流密度之值 q_w：

$$q_w=-\lambda\left(\frac{\partial T}{\partial x}\right)_w=f_2(t),\ t>0 \tag{2-8}$$

第三类，给定边界上物体与周围流体间的表面传热系数 h，及周围流体的温度 T_f：

$$-\lambda\left(\frac{\partial T}{\partial x}\right)_w=h(T_w-T_f),\ t>0 \tag{2-9}$$

上述条件对物体被加热和冷却均适用。

求解导热问题的主要思路如下：首先由物理问题，在一定的简化假设条件下，得到其数学描述（导热微分方程及定解条件），然后求解得到温度场。接着利用傅里叶定律进一步求解通过物体界面的热流量或热流密度。

2.2.2 非稳态导热基本概念

在导热微分方程中 $\frac{\partial T}{\partial t}$ 不等于零，这意味着任何非稳态导热过程必然伴随着加热或冷却的过程。

在垂直于热量传递方向上，每一截面上热流量不相等。以平板非稳态导热为例，从平板左侧导进的热量与从平板右侧导出的热量不相等。

非稳态导热可以分为周期性和非周期性两种类型。对非周期性非稳态导热，又存在受初始条件影响的非正规状况阶段和初始条件无影响而仅受边界条件和物性影响的正规状况阶段。

当 λ 为常数时，直角坐标系下的控制方程为

$$\rho C\frac{\partial T}{\partial t}=\lambda\left(\frac{\partial^2 T}{\partial x^2}+\frac{\partial^2 T}{\partial y^2}+\frac{\partial^2 T}{\partial z^2}\right)+\Phi \tag{2-10}$$

求解非稳态导热问题的实质是在给定的边界条件和初始条件下获得导热体的瞬时温度分布和在一定时间间隔内所传导的热量。

热扩散率 a 的物理意义：以物体受热升温的情况为例分析，在物体受热升温的导热过

程中，进入物体的热量沿途不断地被吸收而使局部温度升高，此过程持续到物体内部各点温度全部平衡为止。由热扩散率的定义 $a=\lambda/\rho C$ 可知：①分子 λ 为物体的导热系数，λ 越大，在相同的温度梯度下可以传导更多的热量；②分母 ρC 为单位体积的物体温度升高1℃所需的热量，ρC 越小，温度上升1℃所吸收的热量越少，可以剩下更多的热量继续向物体内部传递，能使物体内各点的温度更快地随界面温度的升高而升高。热扩散率 a 是 λ 与 $1/\rho C$ 两个因子的结合。a 越大，表示物体内部温度扯平的能力越大，因此其有热扩散率的名称。这种物理上的意义还可以从另一个角度来加以说明，即从温度的角度看，a 越大，材料中温度变化传导得越迅速。可见 a 也是材料传导温度变化能力大小的指标，并因此也有导温系数之称。

2.3 对流传热理论分析

2.3.1 对流传热影响因素

流体流动的起因：根据引起流动的原因，流体流动一般分为强制对流传热与自然对流传热两类。前者是由泵、风机或其他外部动力源所造成的，而后者是由流体内部密度差引起的。

流体有无相变：在流体没有相变时，对流传热中的热量交换是由于流体显热（物体在加热或冷却过程中，温度升高或降低而不改变其原有相态所需吸收或放出的热量，称为“显热”）的变化而实现的，而在有相变换热过程中，流体相变潜热的释放和吸收常常起主要作用。

流体的流动状态：主要分为层流和湍流，一般湍流传热的强度要比层流强。

换热表面的几何因素：一般指换热表面的形状、大小、换热表面与流体运动方向的相对位置以及换热表面的状态（光滑或粗糙）。例如，管内强制对流流动与流体横掠圆管的强制对流流动是截然不同的，前一种是管内流动，属于内部流动的范畴，后一种是外掠物体流动，属于所谓的外部流动。这两种不同流动下的换热规律必然是不相同的。

流体的物理性质：流体的热物理性质对对流传热有很大的影响，一般指流体的密度、动力黏度、导热系数和恒压热容。

2.3.2 对流传热的分类（见表2-1）

表2-1　对流传热的分类

无 相 变	强制对流	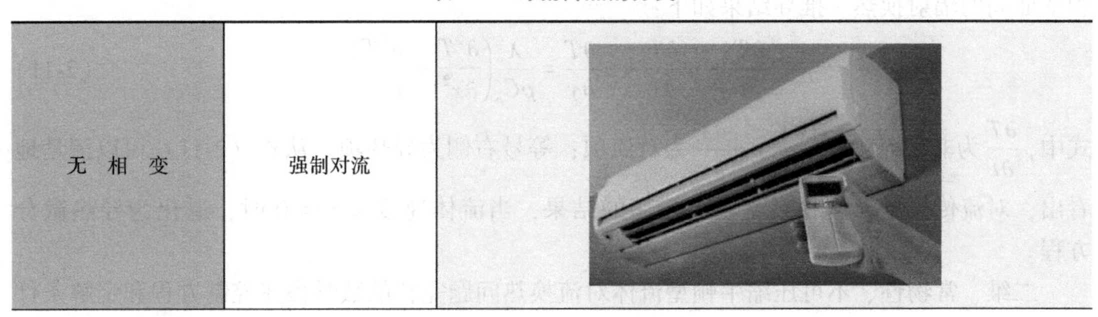

（续）

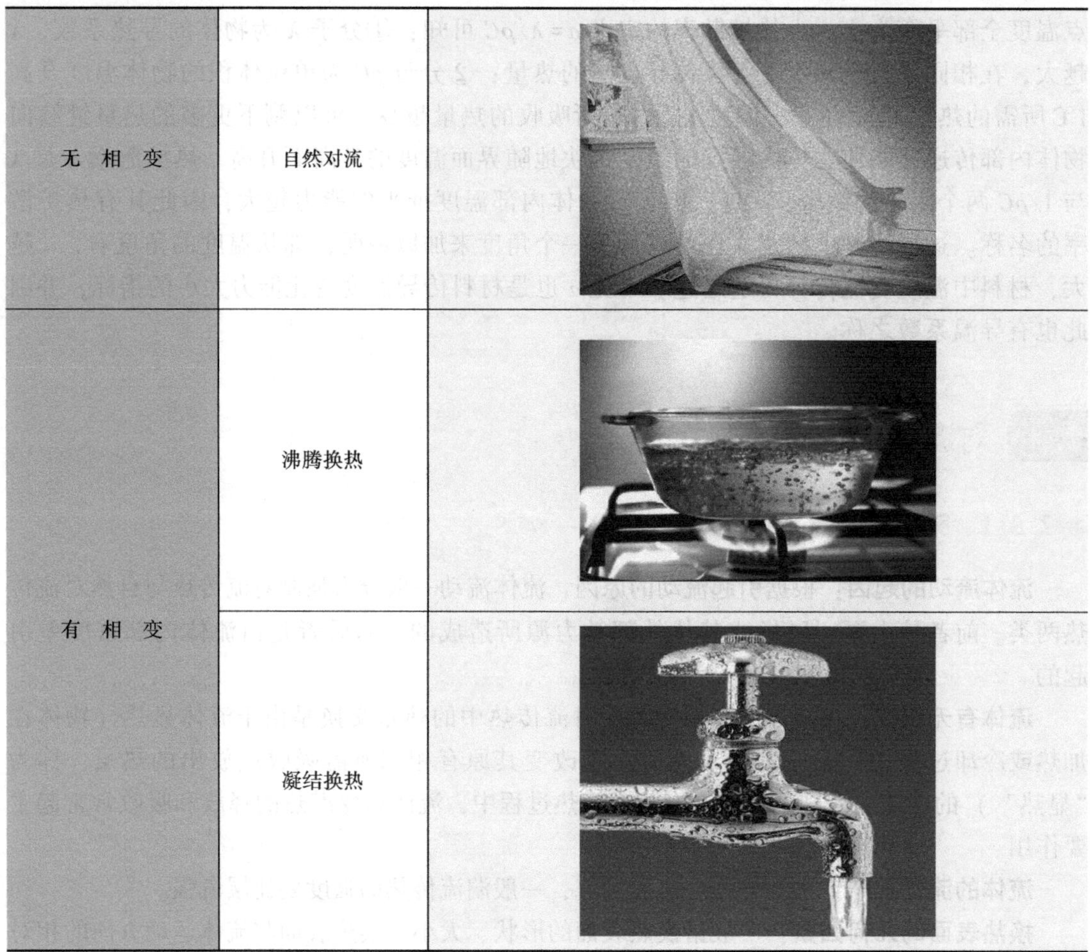

无 相 变	自然对流	
有 相 变	沸腾换热	
	凝结换热	

2.3.3 对流传热的数学描述

对流传热微分方程组由连续性方程、动量微分方程及能量微分方程组成，各方程分别由质量守恒定律、动量守恒定律和能量守恒定律推导得出，其中连续性方程和动量微分方程已由流体力学导出。

推导基于如下假定：二维、不可压缩牛顿型流体、常物性、无内热源、忽略黏性耗散、不计由于微元体各方向受到剪力不平衡而出现的净作用力引起的动能和位能变化、不计流体和壁面间的辐射换热。推导结果如下：

$$\frac{\partial T}{\partial t}+u\frac{\partial T}{\partial x}+v\frac{\partial T}{\partial y}=\frac{\lambda}{\rho C_p}\left(\frac{\partial^2 T}{\partial x^2}+\frac{\partial^2 T}{\partial x^2}\right) \tag{2-11}$$

式中，$\frac{\partial T}{\partial t}$为非稳态项；$u\frac{\partial T}{\partial x}+v\frac{\partial T}{\partial y}$为对流项；等号右侧为导热项。从式（2-11）可以清楚地看出，对流传热是导热和对流联合作用的结果，当流体速度 $u=v=0$ 时，退化为导热微分方程。

二维、常物性、不可压缩牛顿型流体对流换热问题完整的数学描述控制方程和定解条件如下：

$$
\begin{cases}
\dfrac{\partial u}{\partial x}+\dfrac{\partial v}{\partial y}=0 \\
\rho\left(\dfrac{\partial u}{\partial t}+u\dfrac{\partial u}{\partial x}+v\dfrac{\partial u}{\partial y}\right)=F_x-\dfrac{\partial p}{\partial x}+\eta\left(\dfrac{\partial^2 u}{\partial x^2}+\dfrac{\partial^2 u}{\partial y^2}\right) \\
\rho\left(\dfrac{\partial v}{\partial t}+u\dfrac{\partial v}{\partial x}+v\dfrac{\partial v}{\partial y}\right)=F_y-\dfrac{\partial p}{\partial y}+\eta\left(\dfrac{\partial^2 v}{\partial x^2}+\dfrac{\partial^2 v}{\partial y^2}\right) \\
\rho C_p\left(\dfrac{\partial T}{\partial t}+u\dfrac{\partial T}{\partial x}+v\dfrac{\partial T}{\partial y}\right)=\lambda\left(\dfrac{\partial^2 T}{\partial x^2}+\dfrac{\partial^2 T}{\partial y^2}\right)
\end{cases}
\tag{2-12}
$$

式（2-12）对层流、湍流均适用，湍流时需用瞬时值。同导热问题一样，式（2-12）的定解条件亦可分为初始条件和边界条件。但对流换热问题一般只有第一类（给定温度）和第二类（给定热流）边界条件，没有第三类边界条件。

对流传热方程组的未知量主要有 u、v、p、T，与方程数目相等，方程组封闭。但与导热微分方程不同，动量方程中的惯性力项和能量方程中的对流项是非线性的，并且动量微分方程和能量微分方程常常需要耦合求解（如自然对流换热或变物性问题等），因而直接求解上述问题是相当困难的。在引入了边界层概念后，使用分析法求解对流换热问题成为可能。

2.3.4　普朗特数的理解

普朗特数（Pr）是一个流体力学中无因次（即无量纲）的标量，以德国物理学家路德维希·普朗特的名字命名，它反映了流体中能量和动量迁移过程的相互影响，在热力学计算中具有重要的作用。它的创建思路跟流体边界层理论一致。

$$
\frac{\delta}{\delta_{\mathrm{r}}}=Pr^{1/3} \tag{2-13}
$$

式中，δ 为流体边界层的厚度；δ_{r} 为温度边界层的厚度。因此普朗特数表征了动量扩散能力和热量扩散能力的大小。

根据相似理论，推导出普朗特数的计算表达式：

$$
Pr=\frac{\mu C}{\lambda} \tag{2-14}
$$

式中，μ 为流体的黏滞系数；C 是流体的比热容；λ 是流体的导热系数。

2.4　热辐射基本理论

2.4.1　辐射常识

辐射（radiation）是一个应用于很多过程的术语，它利用电磁波传输能量。辐射换热方式在两个重要方面不同于导热和对流方式：①它不需要介质；②传输的能量与涉及物体的温度的四次方成正比例。

电磁辐射谱的主要部分可由图 2-2 说明。热辐射（thermal radiation）是指波长为 1×10^{-7}m~1×10^{-4}m 的光谱。

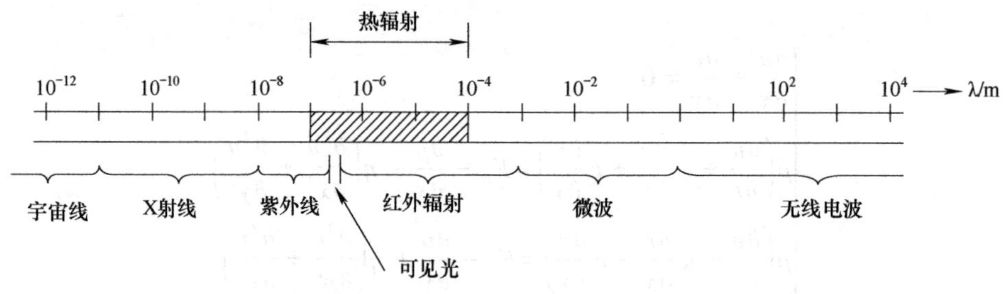

图 2-2　电磁波光谱和热辐射光谱波长对比

2.4.2 热辐射和辐射换热的特点

1. 热辐射的特点

(1) 热辐射无须借助任何介质，可在真空中进行，事实上，热辐射在真空中效果更佳。热辐射的辐射能可以穿过真空区和低温区，且其传播速度很快。

(2) 只要物体的温度高于“绝对零度”，物体便可以不停地向外辐射能量，所以物体间的辐射换热实际上是一种热动平衡。

2. 辐射换热与导热、对流换热的不同点

(1) 与导热和对流换热不同，辐射换热无须任何介质，所以不仅要研究相距很近的物体之间的辐射换热，有时还需要研究相距很远的物体（如太阳和地球）之间的辐射换热。

(2) 在辐射换热过程中，不仅存在着能量的转移，还存在能量形式的转换，即发射时由热能先转化为辐射能，被吸收时再由辐射能转化为热能。

(3) 黑体的辐射能力与其热力学温度的四次方（即 T^4）成正比，因此，辐射换热在高温时显得更重要。

(4) 物体的发射和吸收特性不仅与自身温度及表面状况有关，还因发射的波长和方向而异，因此，辐射换热远比导热和对流换热复杂。

3. 吸收比、反射比和穿透比

(1) 吸收比 α 为外界投射到物体表面的总能量 Φ 中被物体吸收的部分 Φ_α 与 Φ 的比值。当 $\alpha=1$ 时，物体称为绝对黑体。

(2) 反射比 ρ 为投射到物体表面的总能量 Φ 中被物体反射的部分 Φ_ρ 与 Φ 的比值。当 $\rho=1$ 时，物体称为绝对白体。

(3) 穿透比 τ 为投射到物体表面的总能量 Φ 中穿透物体的部分 Φ_τ 与 Φ 的比值。当 $\tau=1$ 时，物体称为绝对透明体。

(4) 能量守恒定律：$\rho+\alpha+\tau=1$。对液体和绝大多数固体来说，几乎不存在热辐射穿透，即 $\rho+\alpha=1$，一般为表面辐射，物体的表面状况对辐射换热影响很大。气体对辐射能几乎没有反射能力，对气体来说，几乎没有反射，即 $\alpha+\tau=1$。此时，热辐射称为容积辐射，物体表面状况对辐射换热并不重要，而容器的形状则对辐射换热有较大影响。

2.4.3 黑体辐射的基本定律

为了定量地描述单位黑体表面在一定温度下向外界辐射能量的多少，人们引入了辐射力的概念。单位时间内单位表面积向半球空间的所有方向辐射出去的全部波长范围内的能量称为辐射力，一般用 E 表示。黑体辐射力与热力学温度的关系由 Stefan-Boltzmann 定律规定：

$$E_b = \sigma T^4 \tag{2-15}$$

式中，σ 为黑体辐射常数，$5.67\times10^{-8}\mathrm{W/(m^2\cdot K^4)}$。这一定律又被称为辐射四次方定律。定律表明：随着温度上升，辐射力急剧增加。

式（2-15）表明黑体的辐射力，实际表面的辐射力 E 比黑体的小。物体的总辐射力与相同温度下黑体的总辐射力之比称为全发射率，用 ε 表示：

$$E = \varepsilon E_b \tag{2-16}$$

物体表面的发射率 ε 取决于物质种类、表面温度和表面状况。这说明发射率只与辐射物体本身有关，不取决于外界条件。表 2-2 列出了一些常见材料的表面辐射率。特别注意：表面状况对发射率影响很大。同一金属材料，高度磨光表面的发射率很小，而粗糙表面和受氧化作用后的表面的发射率常常为磨光表面的数倍。

表 2-2 常见材料的表面发射率

材料类别	发射率	材料类别	发射率
氧化的钢	0.8	金	0.02~0.03
氧化的铁	0.78~0.82	银	0.02~0.03
磨光的铁	0.14~0.38	灯丝	0.95~0.97
玻璃	0.94	雪	0.8
木材	0.8~0.82	水	0.96

2.4.4 辐射换热的计算

两个表面之间的辐射换热量与两个表面之间的相对位置密切相关，为此引入角系数。

1. 角系数定义

由表面 1 投射到表面 2 的辐射能量 Q_{1-2} 占离开表面 1 的总辐射能量 Q_1 的份额称为表面 1 对表面 2 的角系数，用符号 $X_{\mathrm{dA_1,dA_2}}$ 表示，即

$$X_{\mathrm{dA_1,\ dA_2}} = \frac{Q_{1-2}}{Q_1} \tag{2-17}$$

在讨论角系数时，角系数是一个纯几何因子，与两个表面的温度及发射率没有关系，只与表面的相对位置有关。因此，角系数具有以下性质。

（1）相对性：$\mathrm{dA_1}X_{\mathrm{dA_1,dA_2}}=\mathrm{dA_2}X_{\mathrm{dA_2,dA_1}}$。

（2）完整性：任何一表面对封闭腔各表面的角系数之和等于 1。

（3）可加性：表面 1 落到表面 2 的总能量等于表面 1 落到表面 2 上各部分能量的总和。

2. 角系数的计算方法

主要方法有直接积分法和代数分析法。代数分析法只能适用于简单几何模型，直接积分法一般为有限元所采用的方法。

（1）代数分析法：利用角系数的性质，通过求解代数方程的形式获得角系数的方法。图 2-3a、图 2-3b 分别示出了两种典型的角系数算例，二者垂直于纸面方向无限长。

图 2-3 所示的两种典型的角系数计算公式为

图 2-3a：$X_{ab,ac}=\frac{l_{ab}+l_{ac}-l_{bc}}{2l_{ab}}$

图 2-3b：$X_{ab,cd}=\frac{(l_{ac}+l_{bd})-(l_{ab}+l_{bc})}{2l_{ab}}$

利用上述方法还可以用已知的角系数去推断未知的角系数。

（2）直接积分法：利用直接积分求解，结果常表示成图、表的形式。

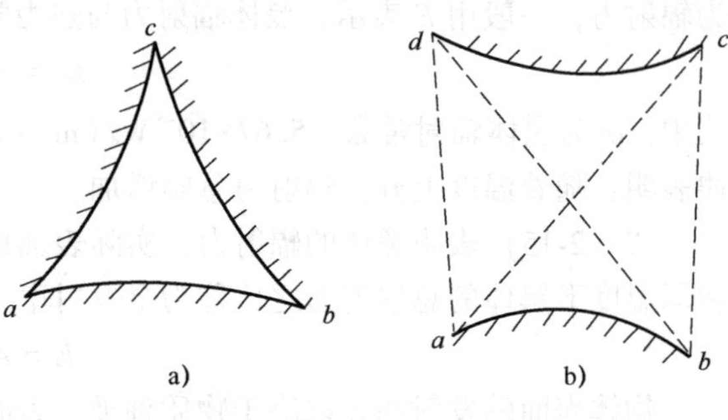

图 2-3　角系数的代数分析法

2.5 常见的热场耦合形式

2.5.1　热胀冷缩

热胀冷缩是指物体受热时会膨胀，遇冷时会收缩的性质。单位温度变化所导致的长度量值的变化可用热膨胀系数（单位为 K^{-1}）表示。物体内的粒子（原子）运动会随温度改变，当温度上升时，粒子的振动幅度加大，令物体膨胀；但当温度下降时，粒子的振动幅度便会减小，使物体收缩。

如图 2-4 所示，同样质量的水，在高温时比低温时体积更大。

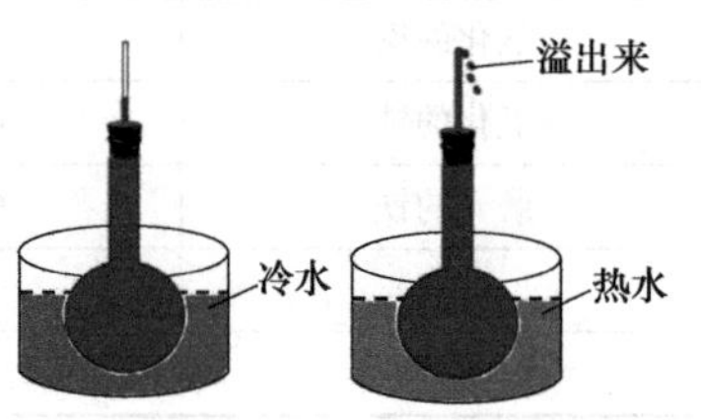

图 2-4　热胀冷缩示意图

2.5.2　电磁热

电磁热顾名思义就是依靠电流或者磁场产生热（单位为 W/m^3）。电磁热根据常见的热源形式，主要有电阻（焦耳）热、感应热和微波加热，所以此类模型设置的关键是如何对电场或者磁场进行模拟。

电阻热：又称焦耳热，是指因为电流通过电阻产生的热量。电阻热应用于从加热熔融金属到加热食物的方方面面。图 2-5 所示为利用电阻热效应的电炉丝。

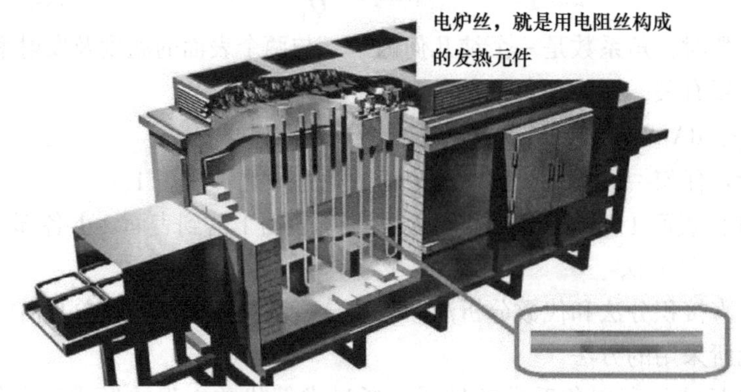

图 2-5　电阻丝加热

感应加热：利用电磁感应的方法使被加热的材料的内部产生电流，依靠这些涡流的能量达到加热目的。感应加热系统的基本组成包括感应线圈、交流电源和工件。根据加热对象不同，可以把线圈制作成不同的形状。线圈和电源相连，电源为线圈提供交变电流，流过线圈的交变电流产生一个通过工件的交变磁场，该磁场使工件产生涡流来加热，如图 2-6 所示。

图 2-6　感应加热

微波加热：运用介电损耗原理，采用整体加热的方式，通过分子极化和离子导电两个效应对物料进行直接加热，具有加热迅速、热效高和加热均匀的特点，在食品加工、生物制药、石油化工、冶金等耗能领域有着显著的优势。

微波是一种能量（而不是热量）形式，但在介质中可以转化为热量。微波对材料的作用可以分为三种情况：①微波穿透材料；②材料反射微波；③材料吸收或部分吸收微波。一般在热加工领域中，所处理的材料大多是介质材料，而介质材料通常都不同程度地吸收微波能，介质材料与微波电磁场相互耦合，会形成各种功率耗散从而达到能量转化的目的。能量转化的方式有许多种，如离子传导、界面极化、压电现象、核磁共振等，其中离子传导及偶极子转动是微波加热的主要原理。微波加热是一种依靠物体吸收微波能量将其转换成热能，使自身整体同时升温的加热方式，完全区别于其他常规加热方式，如图 2-7 所示。

图 2-7　利用微波加热原理的微波炉

2.5.3 多孔介质传热

多孔介质的含义：多孔介质是由固体物质组成的骨架以及骨架间微小的空隙中充满的流体（单相或多相并存）组成的多相物体，常见的多孔介质有土壤、沙砾、泡沫材料、面包和人体组织等。

多孔介质的基本参数一般包括：代表性单元体（见图2-8）、孔隙率、比面、曲直比、渗透率、水力梯度、水力传导系数。按照多孔介质传递过程的机理，即按控制多孔介质动量、能量和质量传递的不同模式分类，可以分为：多孔介质中流体动力过程、多孔介质中对流换热及对流传质过程、多孔介质中两相流动与换热过程、多孔介质中热辐射换热过程以及各不相同的传热传质模式的组合等。各个类型在模型创建时的难易程度一样，但是模型的收敛性差别很大，尤其是涉及相变的类型。譬如图2-9所示的冻土冻胀融沉，就是一种典型的多孔介质传热过程，包含温度场控制、水分场控制和相变动态平衡，路基温度场和水分场如图2-10所示。[2]

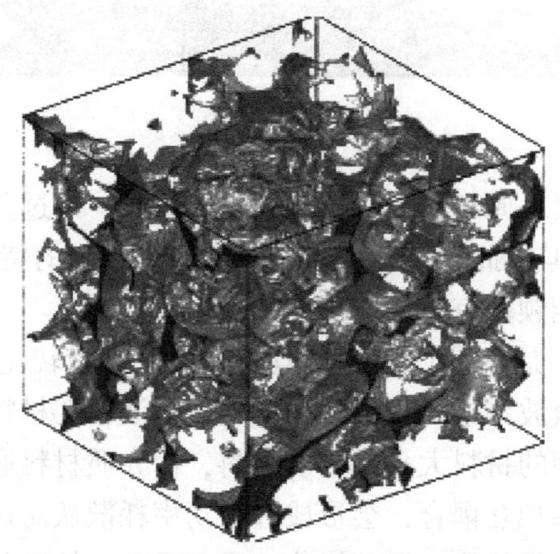

图2-8 多孔介质代表性单元体结构

图2-9 冻土的冻胀融沉是一种典型的多孔介质传热过程

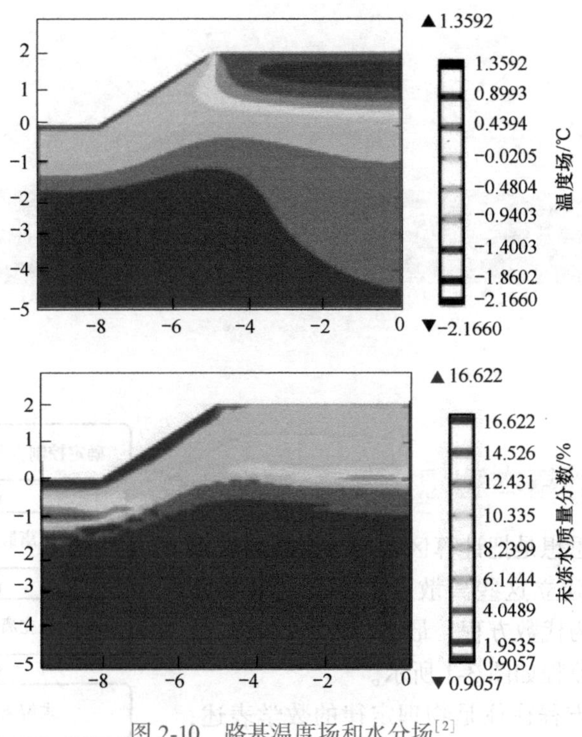

图 2-10　路基温度场和水分场[2]

第 3 章 数值计算方法及 COMSOL 求解器

3.1 数值求解的基本思想

数值求解的基本思想是把计算区域用一系列离散点代替，通过控制方程建立这些离散点上变量之间的关系，将微分方程离散为代数方程，最终获得所求解离散点上的变量值。具体流程如图 3-1 所示。

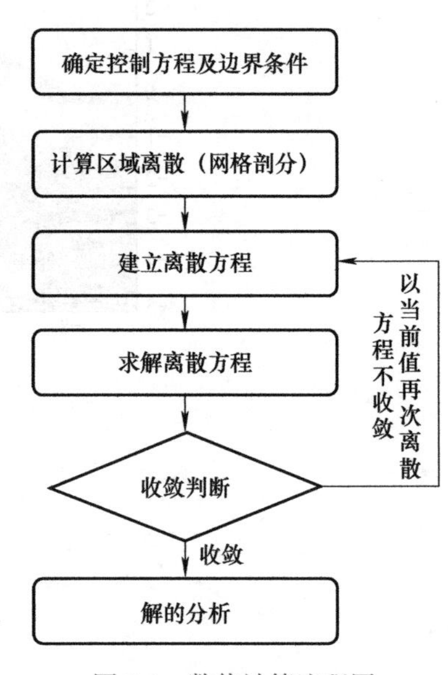

图 3-1 数值计算流程图

计算区域的控制方程往往是物理定律的数学表述，各类守恒定律（如能量守恒定律、质量守恒定律和动量守恒定律等）都可以用偏微分方程（PDE）来表达，但大多数情况下并不能求得 PDE 的解析解。因此，需要离散后并通过数值方法求解，从而得到近似解。

3.2 数值计算方法介绍

3.2.1 有限差分法

有限差分法（finite differential method，FDM）是计算机数值模拟最早采用的方法，至今仍被广泛运用。该方法将求解域划分为差分网格，用有限个网格节点代替连续的求解域，如图 3-2 所示。有限差分法以泰勒级数展开等方法，把控制方程中的导数用网格节点上的函数值的差商代替进行离散，从而建立以网格节点上的值为未知数的代数方程组。该方法是一种直接将微分问题变为代数问题的近似数值解法，数学概念直观，表达简单，是发展较早且比较成熟的数值方法。

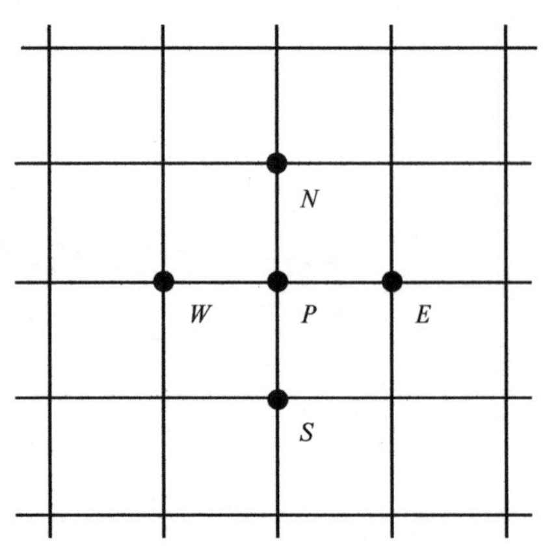

图 3-2 有限差分法区域与节点的划分

对于有限差分格式，从格式的精度来划分，有一阶格式、二阶格式和高阶格式。从差分的空间形式来考虑，可分为中心格式和逆风格式。考虑时间因子的影响，差分格式还可以分为显格式、隐格式、显隐交替格式等。目前常见的差分格式，主要是上述几种形式的组合，不同的组合构成不同的差分格式。差分方法主要适用于有结构网格，网格的步长一般根据实际情况和柯朗稳定条件来决定。

构造差分的方法有多种形式，目前主要采用的是泰勒级数展开方法。基本的差分表达式主要有：一阶向前差分、一阶向后差分、一阶中心差分和二阶中心差分等，其中前两种格式为一阶计算精度，后两种格式为二阶计算精度。通过对时间和空间这几种不同差分格式的组合，可以组合成不同的差分计算格式。

3.2.2 有限体积法

有限体积法（finite volume method，FVM）又称为控制体积法，其基本思路是：将计算区域划分为一系列不重复的控制体积，并使每个网格点周围有一个控制体积（见图3-3），将待解的微分方程对每一个控制体积积分，便得出一组离散方程。其中的未知数是网格点上的因变量的数值。为了求出控制体积的积分，必须假定值在网格点之间的变化规律，即假设值的分段的分布剖面。从积分区域的选取方法来看，有限体积法属于加权剩余法中的子区域法；从未知解的近似方法来看，有限体积法属于采用局部近似的离散方法。简而言之，子区域法属于有限体积法的基本方法。

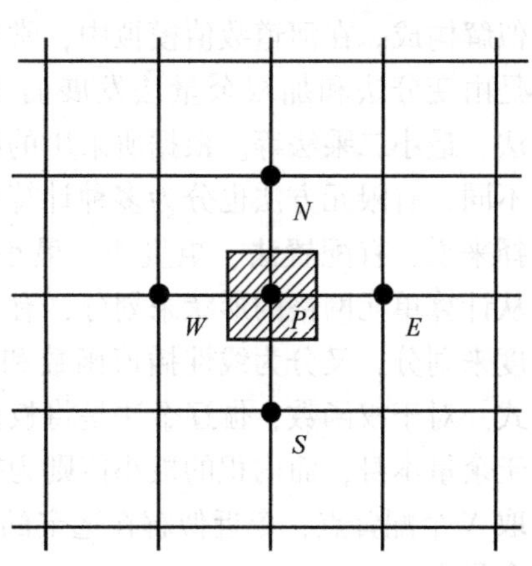

图3-3 有限体积法区域与节点的划分

有限体积法的基本思路易于理解，并能得出直接的物理解释。离散方程的物理意义，就是因变量在有限大小的控制体积中的守恒原理，如同微分方程表示因变量在无限小的控制体积中的守恒原理一样。有限体积法得出的离散方程，要求因变量的积分守恒对任意一组控制体积都得到满足，对整个计算区域，自然也得到满足。这是有限体积法吸引人的优点。有一些离散方法，例如有限差分法，仅当网格极其细密时，离散方程才满足积分守恒，而有限体积法即使在粗网格情况下，也显示出准确的积分守恒。就离散方法而言，有限体积法可视作有限单元法和有限差分法的中间物。有限单元法必须假定值在网格点之间的变化规律（即插值函数），并将其作为近似解。有限差分法只考虑网格点上的数值而不考虑值在网格点之间如何变化。有限体积法只寻求的节点值，这与有限差分法相类似；但有限体积法在寻求控制体积的积分时，必须假定值在网格点之间的分布，这又与有限单元法相类似。在有限体积法中，插值函数只用于计算控制体积的积分，得出离散方程之后，便可忽略插值函数，如果有需要，可以对微分方程中不同的项采取不同的插值函数。

3.2.3 有限元法

有限元法的基础是变分原理和加权余量法，其基本求解思想是把计算域划分为有限个互不重叠的单元，在每个单元内，选择一些合适的节点作为求解函数的插值点，将微分方程中的变量改写成由各变量或其导数的节点值与所选用的插值函数组成的线性表达式，借助于变分原理或加权余量法，将微分方程离散求解（见图3-4）。采用不同的权函数和插值函数形式，便构成不同的有限元方法。有限元方法最早应用于结构力学，后来随着计算机的发展慢慢用于流体力学的数值模拟。在有限元方法中，把计算域离散剖分为有限个互不重叠且相互连接的单元，在每个单元内选择基函数，用单元基函数的线形组合来逼近单元中的真解，整个计算域上总体的基函数可以看作由每个单元基函数组成的，则整个计算域内的解可以看作由所有单元上的近似解构成。在河道数值模拟中，常见的有限元计算方法是由变分法和加权余量法发展而来的里兹法和伽辽金法、最小二乘法等。根据所采用的权函数和插值函数的不同，有限元方法也分为多种计算格式。从权函数的选择来说，有配置法、矩量法、最小二乘法和伽辽金法；从计算单元网格的形状来划分，有三角形网格、四边形网格和多边形网格；从插值函数的精度来划分，又分为线性插值函数和高次插值函数等。不同的组合构成不同的有限元计算格式。对于权函数，伽辽金法是将权函数取为逼近函数中的基函数；最小二乘法是令权函数等于余量本身，而内积的极小值则为待求系数的平方误差最小；在配置法中，先在计算域内选取 N 个配置点，令近似解在选定的 N 个配置点上严格满足微分方程，即在配置点上令方程余量为0。

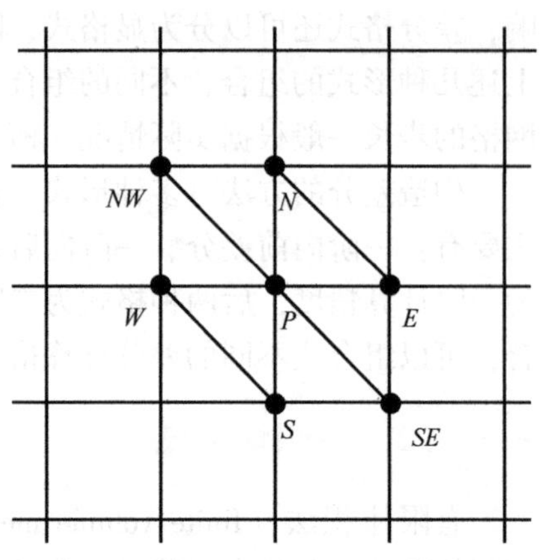

图 3-4　有限元法区域与节点的划分

插值函数一般由不同次幂的多项式组成，但也可由采用三角函数或指数函数组成的乘积表示，但最常用的是多项式插值函数。有限元插值函数分为两大类，一类只要求插值多项式本身在插值点取已知值，称为拉格朗日多项式插值；另一种不仅要求插值多项式本身，还要求它的导数值在插值点取已知值，称为埃尔米特（Hermite）多项式插值。单元坐标有笛卡儿直角坐标和无因次自然坐标，有对称的和不对称的等。常采用的无因次坐标系是一种局部坐标系，它的定义取决于单元的几何形状，一维看作长度比，二维看作面积比，三维看作体积比。

在二维有限元中，三角形单元应用的最早，近来四边形等单元的应用也越来越广。对于二维三角形和四边形单元，常采用的插值函数为拉格朗日插值、直角坐标系中的线性插值函数及二阶或更高阶插值函数、面积坐标系中的线性插值函数、二阶或更高阶插值函数等。

对于有限元方法，其基本思路和解题步骤可归纳为：

（1）建立积分方程。根据变分原理或方程余量与权函数正交化原理，建立与微分方程初边值问题等价的积分表达式，这是有限元法的出发点。

（2）区域单元划分。根据求解区域的形状及实际问题的物理特点，将区域划分为若干相互连接、不重叠的单元。区域单元划分是采用有限元方法的前期准备工作，这部分工作量比较大，除了给计算单元和节点进行编号和确定相互之间的关系之外，还要表示节点的位置坐标，同时还需要列出自然边界和本质边界的节点序号和相应的边界值。

（3）确定单元基函数。根据单元中节点数目及对近似解精度的要求，选择满足一定插值条件的插值函数作为单元基函数。有限元方法中的基函数是在单元中选取的，由于各单元具有规则的几何形状，在选取基函数时可遵循一定的法则。

（4）单元分析。将各个单元中的求解函数用单元基函数的线性组合表达式进行逼近；再将近似函数代入积分方程，并对单元区域进行积分，即可获得含有待定系数（即单元中各节点的参数值）的代数方程组，称为单元有限元方程。

（5）总体合成。在得出单元有限元方程之后，将区域中所有单元有限元方程按一定法则进行累加，形成总体有限元方程。

（6）边界条件的处理：一般边界条件有三种形式，分为本质边界条件（狄里克雷边界条件）、自然边界条件（黎曼边界条件）、混合边界条件（柯西边界条件）。对于自然边界条件，一般在积分表达式中可自动得到满足。对于本质边界条件和混合边界条件，要按一定法则对总体有限元方程进行修正。

（7）解有限元方程。根据边界条件修正的总体有限元方程组，是含所有待定未知量的封闭方程组，采用适当的数值计算方法求解，可求得各节点的函数值。

COMSOL采用有限元法方法（FEM）作为求解近似解的数值方法，将连续的求解域离散为一系列单元的组合体，用在每个单元内以近似函数来表示待求的解函数。近似函数通常由基函数和单元各节点待求值的组合来表示，从而使一个连续的无限自由度问题变成离散的有限自由度问题。式（3-1）即为根据基函数和单元节点值线性组合的近似函数

$$u = \sum_i u_i \psi_i \tag{3-1}$$

式中，u_i 为 u 单元各节点的待求值；ψ_i 为基函数，对于某节点，在自身节点处为基函数1，在其他节点处为0。

有限元法在空间和基函数的单元离散度选择方面提供了极大的自由，可以采用平均离散的方法，使单元均匀地分布在 x 方向上，如图3-5所示；也可以在梯度较大的区域采用较密集的单元，如图3-6所示。

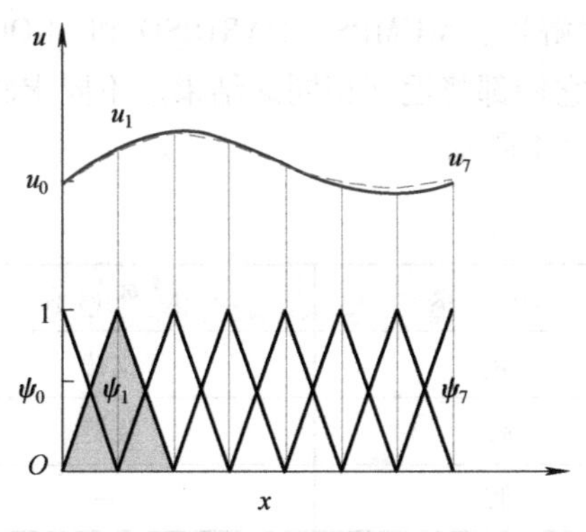

图3-5　平均离散

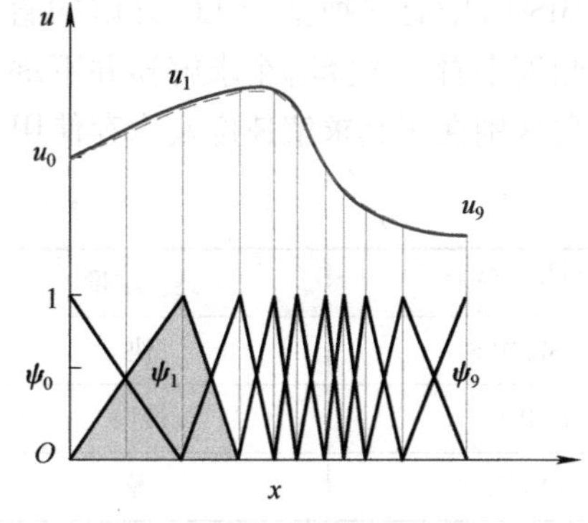

图3-6　局部加密离散

3.3 COMSOL求解方法介绍

在前面所述使用COMSOL求解有限元问题时，软件会将具体的物理问题转化为代数方程组进行求解。本节以一个线性弹簧系统的力学计算为例进行说明，如图3-7所示。

该系统共有三个单元，由三个节点连接组成，其中一个节点位于壁面，可以指定该处位移是0。根据力的平衡方程，在其他两个节点上的位移 f_{u_1}、f_{u_2} 存在如下关系：

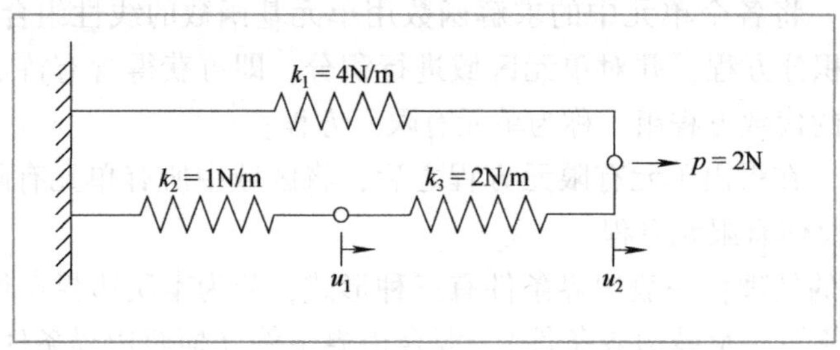

图 3-7　线性静态有限元

$$f_{u_1} = k_3(u_2 - u_1) - k_2(u_1 - 0) \tag{3-2}$$

$$f_{u_2} = p - k_3(u_2 - u_1) - k_1(u_2 - 0) \tag{3-3}$$

或者写成更简洁的形式：

$$f(u) = b - Ku \tag{3-4}$$

使用牛顿-拉弗森迭代方法来求解式（3-4），由于这是一个线性静态问题，用 $u_{\text{init}} = 0$ 作为初始值，一次迭代即可完成求解：

$$u_{\text{solution}} = \boldsymbol{K}^{-1}\boldsymbol{b} \tag{3-5}$$

上述问题中的两个未知项 u_1、u_2，在数值计算中往往将其称自由度（DOF）。对于少量自由度的方程可以通过笔算求解，但通常求解域会形成包含数千乃至数百万个 DOF，此时对式（3-5）的求解成为整个问题中计算量最大的部分。在 COMSOL 中，有两个用于求解 $\boldsymbol{K}^{-1}\boldsymbol{b}$ 的算法：直接方法和迭代方法。

3.3.1　直接方法

COMSOL 中有三种基于 LU 分解的直接方法求解器：MUMPS、PARDISO 和 SPOOLES。从解的角度来看，选择哪个求解器并不重要，因为它们都将返回相同的结果。不同求解器之间的主要区别在于其求解速度及内存使用上，如表 3-1 所示。

表 3-1　不同求解器的区别

直接求解器	速　度	内存要求	核外内存
MUMPS	快	高	支持
PARDISO	最快	高	支持
SPOOLES	慢	低	—

MUMPS、PARDISO 和 SPOOLES 求解器都可以利用单台机器上的所有处理器内核，但 PARDISO 最快，SPOOLES 最慢。在所有直接求解器中，SPOOLES 使用的内存最少。所有直接求解器都需要使用大量的随机存取存储器（RAM），但 MUMPS 和 PARDISO 可以在核外储存解，能够将部分问题转存到硬盘上。MUMPS 求解器也支持集群计算，使可用的内存大大增加。

需要注意的是，如果利用直接求解方法求解一个欠约束问题，例如没有约束却有载荷的结构力学问题，直接求解器仍会尝试求解，但会返回如图 3-8 所示的类似错误信息。

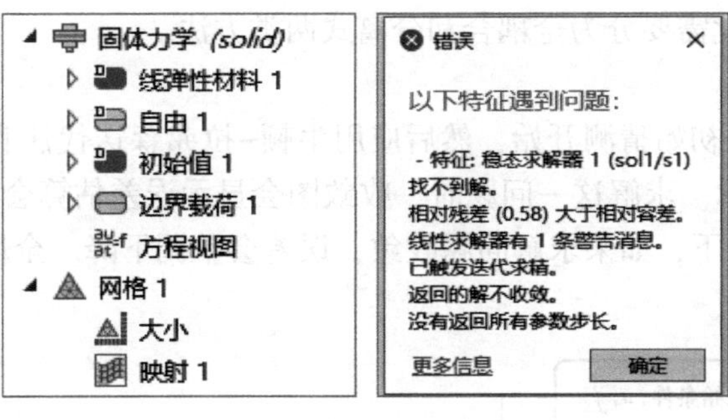

图 3-8 欠约束问题报错

3.3.2 迭代方法

COMSOL 中有大量的迭代方法求解器，不同迭代求解器本质上与共轭梯度法类似，其变形包括广义最小残差方法和双共轭梯度稳定迭代法等。

与直接求解器通过一个计算强度很大的步骤来实现求解不同的是，迭代方法会逐步求解，因此迭代求解器内存使用明显小于直接求解器。利用迭代方法求解一个问题时，求解过程中的误差估计会随着迭代次数的增加而减少。对于良态问题，迭代求解会单调收敛。但对于一些病态问题，收敛会变慢。图 3-9 显示了迭代求解器的典型收敛图。

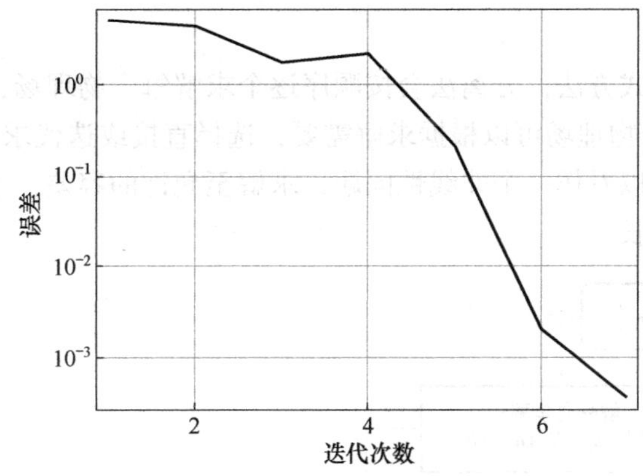

图 3-9 典型收敛图（误差收敛到 0.001 以下）

针对不同物理场，求解中需要设定不同的迭代求解器，这些基于控制方程的设置会增大使用的难度，因而在 COMSOL 中，为所有预定义的物理场接口内置了默认的求解器设定。计算时将根据要求解的物理场以及问题大小，选择默认的求解器，不需要用户进行任何操作。

3.3.3 全耦合及分离式方法

此前以弹簧系统的力学计算为引子，介绍了 COMSOL 中求解有限元问题的方法。而各类有限元工具中，COMSOL 尤擅长多物理场耦合计算。实际上，求解单物理场和多物理场之间并没有概念上的差异。所有涉及求解单物理场非线性问题的因素，包括阻尼、负载、非线性加速、网格划分的设置，都同样适用于求解多物理场问题。但对于多物理场，求解需要涉及多组 PDE 方程，因此需要分为全耦合和分离式两类方法。

1. 全耦合方法

全耦合求解器会从初始猜测开始，然后应用牛顿–拉弗森迭代法直到得到收敛的解，其计算过程如图 3-10 所示。求解这一问题时，收敛图会显示误差估算会随着牛顿–拉弗森迭代法逐渐减小。理想情况下，如果求解问题收敛，误差会单调下降。全耦合方法通常需要直接求解器，内存要求较高。

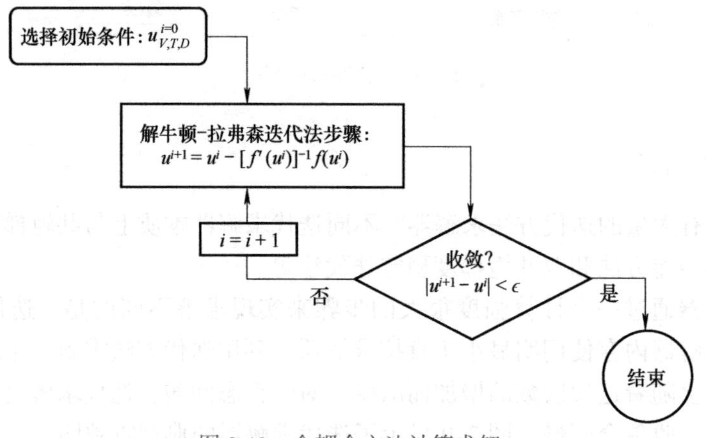

图 3-10　全耦合方法计算求解

2. 分离式方法

对比全耦合与分离式方法，分离法会按顺序逐个求解每个物理场，直到收敛，其计算过程如图 3-11 所示。每个物理场可以根据求解需要，选择直接或迭代求解器作为最优求解器。每个分离步骤本身都可以看作一个非线性问题，求解至允许的容差，求解器能根据具体物理问题订制合适的迭代步长。

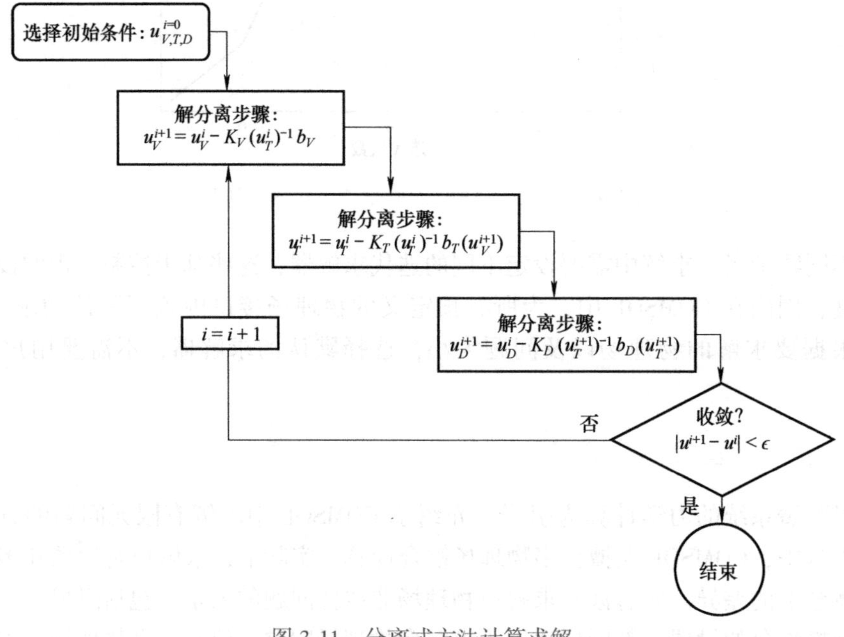

图 3-11　分离式方法计算求解

针对分离式问题，收敛图会显示求解的每个物理场误差如图 3-12 所示。

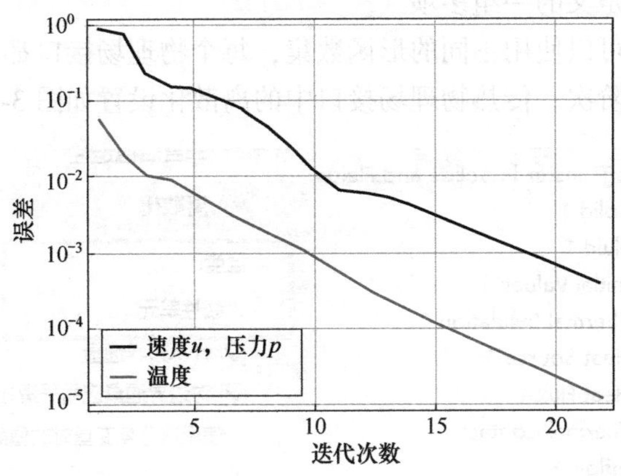

图 3-12　不同物理场的误差收敛

图 3-12 显示了每个物理场中误差的下降情况。从分离式求解中还可以获得其他一些信息，比如，如果只有一个或者两个物理场不收敛，可以首先检查该物理场的设定。

同时分离式求解器还可以为要求解的变量提供上限和下限选项。也就是说，如果求解变量计算出大于或小于指定值时，求解程序将使用极限值代替。例如对于电场求解中不希望得到零或者负电势，可以如图 3-13 中设置电压下限为一个较小值。

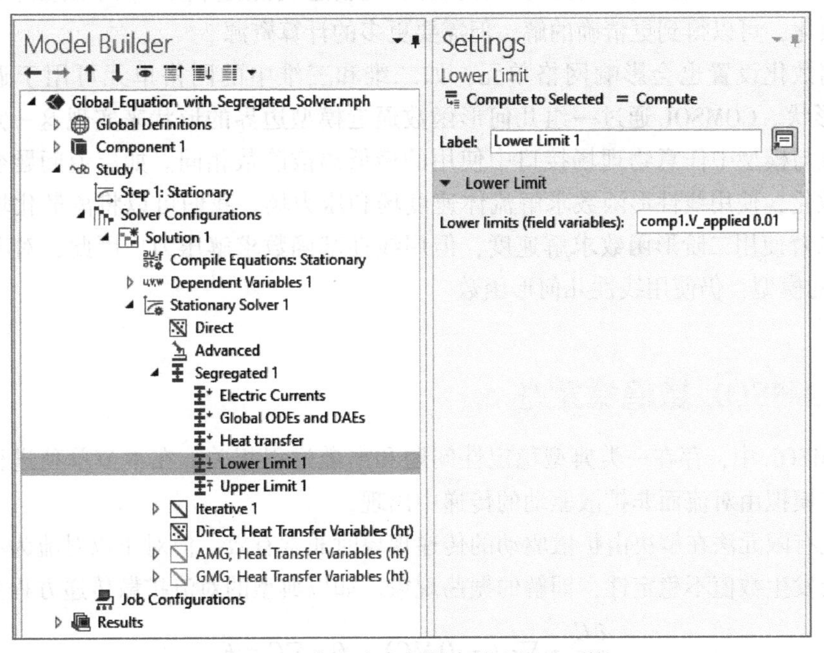

图 3-13　分离式求解器中的上限和下限

3.4 COMSOL 离散化

COMSOL 的离散化将计算域离散成更小的单元域，通过将所有单元的代数方程进行组合并求解，以此来完成计算。每个单元的代数方程中均需要包含形函数的信息，实际可以将形函数理解为在单元域上定义的一组多项式。

不同的物理场接口可以使用不同的形函数集，每个物理场接口都有自己独特的离散化设置，用于控制形函数的阶次。传热物理场接口中的离散化设置如图 3-14 所示。

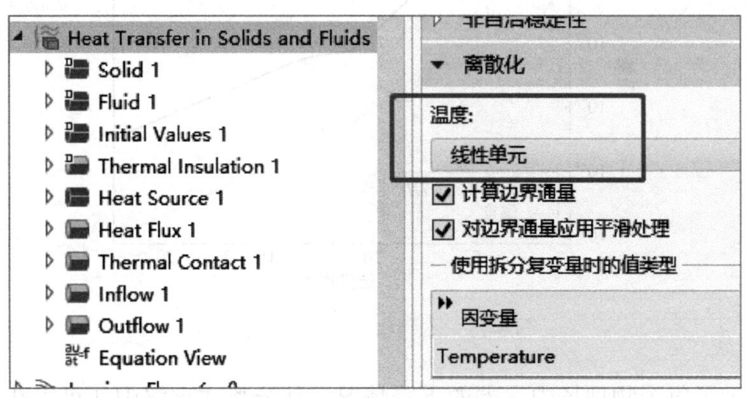

图 3-14 传热物理场接口中的离散化设置

COMSOL 中一般默认离散化为二阶，因为许多偏微分方程都有一个占主导地位的二阶导数项。而涉及流体流动和传递的问题默认采用一阶线性离散化。在不改变单元数的情况下降低离散化阶次，可以减少模型所需的计算资源，但会造成精度降低。在不改变单元数的情况下增加离散化，可以得到更精确的解，但需要更多的计算资源。

同时离散化设置也会影响网格单元，如二维和三维中的网格单元可用于逼近真实的 CAD 几何形状。COMSOL 通过一组几何形函数逼近模型边界的形状来实现这一点，这些形函数的阶数与模型中任意物理场接口中使用的最低离散阶数相同。如层流问题会默认采用 P1+P1 离散化，使用线性形函数求解流体速度场和压力场。我们可以将离散化增加到 P2+P1，这意味着使用二阶形函数求解速度，但用线性基函数求解压力。因此，对于采用 P2+P1 离散化的模型，仍使用线性几何形函数。

3.5 COMSOL 数值稳定性

在 COMSOL 中，存在一类典型稳定性问题和离散过程相关，在本节单独进行说明。该类问题常在模拟由对流而非扩散驱动的传递中出现。

实际上有限元法在解决由扩散驱动的传递现象时非常有效，但对于以对流为主的传递问题时往往会发生数值不稳定性，即解的振荡现象。如以典型的对流扩散传递方程为例：

$$\frac{\partial C}{\partial t} + \nabla \cdot (-D\nabla C) + \boldsymbol{\beta} \cdot \nabla C = F \tag{3-6}$$

式中，$\boldsymbol{\beta}$、D 为对流速度、扩散系数，F 为源项。研究发现，对于具有一阶形状函数的均匀网格，当 Peclet 数 Pe 超过 1 时，会发生数值不稳定：

$$Pe = \frac{|\boldsymbol{\beta}|h}{2D} \tag{3-7}$$

式中，h 为网格单元尺寸。

Peclet 数与对流和扩散效应有关，大的对流或小的扩散都会导致 Peclet 数大于 1，同时网格元大小也起着重要作用。网格分辨率越高，Peclet 单元数越小。这也意味着对于每个非零扩散项，存在一个网格分辨率，使整个计算域中的 Peclet 单元数小于 1。但这样的网格在计算上很昂贵，甚至不可行。稳定方法允许在更粗的网格上进行模拟，从而大大减少了计算负荷。

COMSOL 所有传递接口，例如传热、流体流动或物质传递，都会自动使用稳定性。为了看到相应的设置，首先需要通过单击模型开发器上方的 来打开“稳定性”。这样可以在物理场节点中找到两个附加部分，即“自洽稳定性”和“非自洽稳定性”，稀释物质传递的稳定性设置如图 3-15 所示。

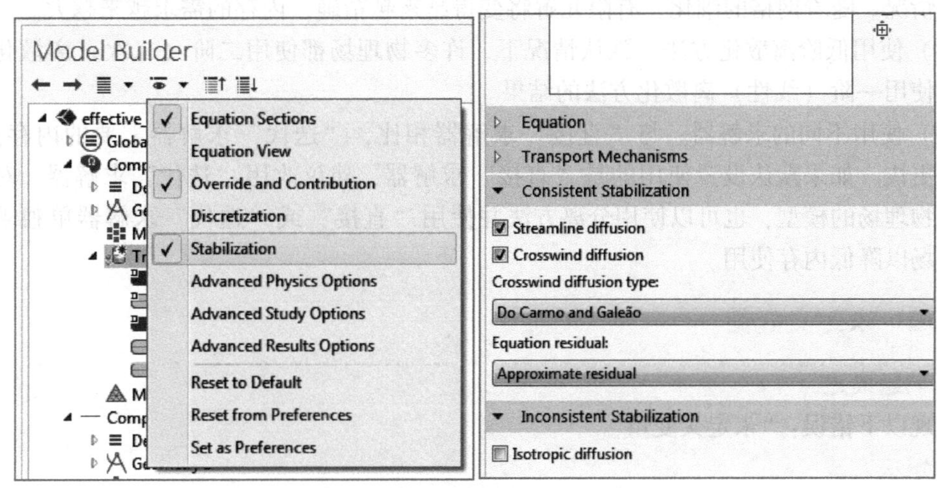

图 3-15　稀释物质传递接口的稳定性设置

非自洽稳定性是定义一个人工扩散系数，并将其添加到物理场扩散系数中，相当于给出一个调谐增大后的整体扩散系数。与非自洽方法不同，自洽方法给出的扩散越小，数值解越接近精确解，该方法在网格足够细的区域没有添加扩散。

在实际 COMSOL 的求解过程中，往往不需要更改默认稳定设置。COMSOL 在人工扩散方面的开发做得非常出色，因此不必担心稳定性问题。

3.6 COMSOL 常见报错及解决方法

3.6.1　内存不足

1. 问题描述

出现报错包含内存不足字样，例如：LU 因式分解时内存不足，或装配期间内存不足。

2. 解决办法

(1) 使用具有更多内存的计算机。

(2) 简化问题：例如利用对称性，如三维几何结构绕旋转轴是均匀的，可以考虑通过模型降阶将其转换为二维轴对称模型。

(3) 避免对薄结构建模，大多数物理场接口都包含可用于表示薄结构的边界条件，从而避免对薄域进行建模和网格划分。

(4) 降低几何复杂度，如处理来自其他源的CAD数据，可以使用**特征去除和修复**操作来移除对分析不重要小面。

(5) 使用虚拟操作。虚拟操作用于对几何结构进行近似处理，可以快速忽略对分析不重要的细节。

(6) 使用装配网格划分。可以根据所使用的物理场采用装配网格划分。对于涉及固体力学和传热的问题，特别推荐使用此功能。

(7) 使用不同的网格。从尽可能粗化的网格开始，然后逐渐减小网格大小，并观察解的变化情况。随着网格的细化，有限元解将变得越来越精确，内存的需求越来越大。

(8) 使用低阶离散化方法。默认情况下，许多物理场都使用二阶（二次）离散化。可以研究使用一阶（线性）离散化方法的结果。

(9) 使用不同的求解器。与“直接”求解器相比，“迭代”求解器需要的内存更少，且速度更快。如果默认设置使用的是“直接”求解器，建议改用“迭代”求解器。对于包含多个物理场的模型，也可以使用分离方法并使用“直接”或“迭代”求解器单独求解每个物理场以降低内存使用。

3.6.2 未定义变量

1. 问题描述

出现以下错误：“未定义变量”。

2. 解决方法

此错误表明某些设置中使用的变量未定义。这可能是拼写错误或者部分几何的变量名称无效。错误窗口包含变量名称、几何结构以及发生错误的域。可以在设置窗口中查看变量，未定义或未知的变量用橙色表示。

3.6.3 检测到循环变量相关性

1. 问题描述

发生以下错误之一：“检测到循环变量相关性。”或“存在循环依赖关系。”

2. 解决方法

说明某个变量或参数已根据自身进行定义，这种情况可能出现在变量或参数相互调用中，需要确保变量和参数定义正确。

3.6.4 达到最大的线性迭代次数

1. 问题描述

出现错误“达到最大的线性迭代次数”。

2. 解决方法

此错误表明初始值不合理或预条件器的选择不合适。要避免此错误，需要增加线性迭代次数的限制或使用更合适的预条件器。如果可能，请改用直接线性方程组求解器。

3.6.5　奇异矩阵

1. 问题描述

错误中出现“奇异矩阵”。

2. 解决方法

如果刚度矩阵是奇异矩阵，则求解器无法对其求逆。这通常意味着系统是欠定的。请检查是否完全指定了所有方程，以及边界条件是否合适。例如，在稳态模型中，通常需要在某个边界上设置狄里克雷条件。

如果网格单元质量过低，也可能产生奇异矩阵。如果最小单元质量小于0.005，就可能出现该问题。还有一种特殊情况是，通过弱约束等方式耦合的两个变量具有不同的单元阶次，而所有耦合变量均应使用相同的单元阶次。

3.6.6　最后一个时间步不收敛

1. 问题描述

在设置瞬态模型时，一个常见的错误是初始条件与载荷和边界条件不一致。可以观察到在仿真开始时，求解器采用非常小的时间步长，或者求解一段时间后，求解器将报告类似如下的错误消息：找不到一致的初始值。这可能是最后一个时间步不收敛。

2. 解决方法

（1）使用稳态研究进行初始化瞬态研究

单个**研究**可以包含多个**步骤**，且默认情况下，每个步骤的结果都会作为初始值传递到下一个步骤。因此，在瞬态研究步骤之前添加一个稳态步骤，从而为瞬态步骤提供一致的初始值，也就是替代物理场接口的**初始值**特征中指定的初始值。只要这两个步骤在同一研究中，如图3-16所示，就不需要更改其他设置。软件完成对该研究的求解后，将重新计算这两个步骤。除此之外，也可以将稳态步骤和瞬态步骤拆分成两个不同的研究。这需要手动设置瞬态研究中的**因变量值**，使其引用稳态研究的结果，如图3-17所示。

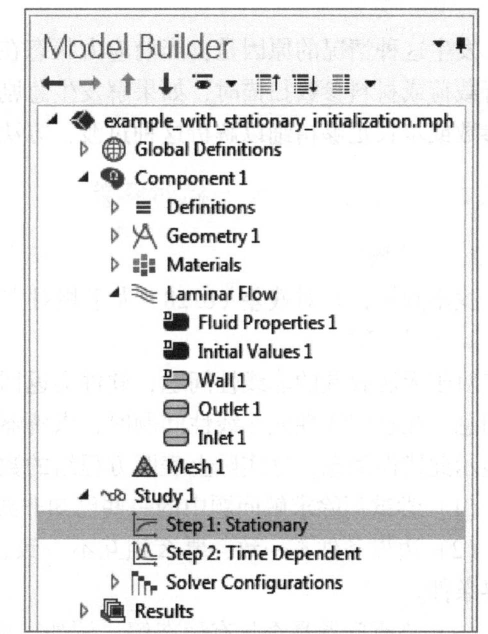

图3-16　使用稳态步骤计算瞬态研究步骤的初始值

（2）逐渐增加边界条件

除方法（1）之外，还可以基于与初始值一致的值，逐渐增加瞬态模型上的载荷和边界条件。或者使用具有平滑功能的内置**阶跃**函数进行加载。其他一些内置函数中若包含**平滑处理**选项，可以用来平滑区域计算开始时导数时，就会非常有用。

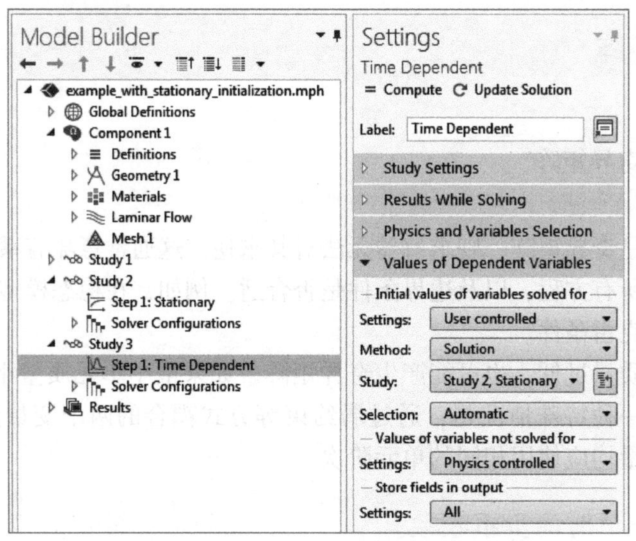

图 3-17　继承稳态研究计算得到的初始值

3.6.7　无法计算弹塑性应变变量

1. 问题描述

使用塑性/混凝土/土壤塑性时为什么会显示错误无法计算弹塑性应变变量？

2. 解决方法

发生这种情况的原因是：当前应力状态在屈服表面外，弹塑性单元无法计算塑性步。当进行载荷或材料参数扫描时，如果解发生急剧变化，也可能触发该错误。如果是这样，请确保参数或步长足够精细以解析这种过渡，方法是使用更短的步长或使过渡更平滑。

3.6.8　相对残差大于相对容差

1. 问题描述

找不到解，相对残差（0.28）大于相对容差。返回的解不收敛。

2. 解决方法

对于无法收敛的非线性问题，软件会返回类似的消息，但有时对于线性问题也会返回此类消息。在求解线性或非线性问题时，求解器将对解中的误差进行估计，如果误差太大，则会显示此错误消息。这实际上表明方程组的数值条件不正确。

（1）尝试消除求解问题中的一些已知非线性，并使用参数化求解器缓慢增加激励。

（2）边界条件不一致，要么相互不一致，要么与初始猜测不一致。需要检查方程组和边界条件。

（3）检查问题是否具有稳态解。例如，由绝热壁包围的恒定正热源会导致温度场中的温度不断上升，永远不会达到稳态。

（4）检查问题是否具有唯一解。例如，空腔流动问题需要将压力基准指定到某个点，否则该问题将有无数个解。右键单击物理场接口头节点，然后在点下选择压力点约束。将一个点约束为任意压力，例如0。

（5）网格太粗化，无法解析陡峭梯度。

3.6.9 矩阵对角线上有零元素

1. 问题描述

出现“矩阵对角线上有零元素”错误。

2. 解决方法

当方程结构中的刚度矩阵（雅可比矩阵）对角线包含零时，不能使用线性方程组求解器/预条件件器/平滑器：SOR 和雅可比（对角标度）。请尝试改用 Vanka 预条件件器/平滑器。

3.6.10 传质场中的负浓度

1. 问题描述

在扩散、对流和反应模型中浓度出现负值；或根据为扩散和对流问题施加的边界条件，得到的值低于最低可能值，或高于最高可能值。

2. 解决方法

常见的原因是数值噪声。例如，当浓度变量接近零时，与该值（接近零）相比，数值噪声可能变得明显。如果浓度出现非常小的负值，则很可能是数值噪声造成的，在不发生反应的情况下，这对扩散/对流问题的影响不大。

（1）如果有入口进入求解域，可以使用**流入**条件，并在流入设置中选择边界条件类型为**通量**。该类条件可以避免负振荡，并且还会加快反应流问题的求解速度。

（2）局部浓度出现较小负值的另一个原因是空间或时间不连续，例如矩形区域内初始浓度为零，边界条件是左右边界处的浓度分别设为 1、0 的求解工况。其原因在于扩散前沿最初非常尖锐，随后逐渐扩散，然而有限元形函数仅允许连续函数作为解，因此需要在时间迭代开始之前修改不连续的初始值。这通常会导致初始时步解略微变小，以致低于初始值，甚至局部浓度为较小的负值，如图 3-18 所示。

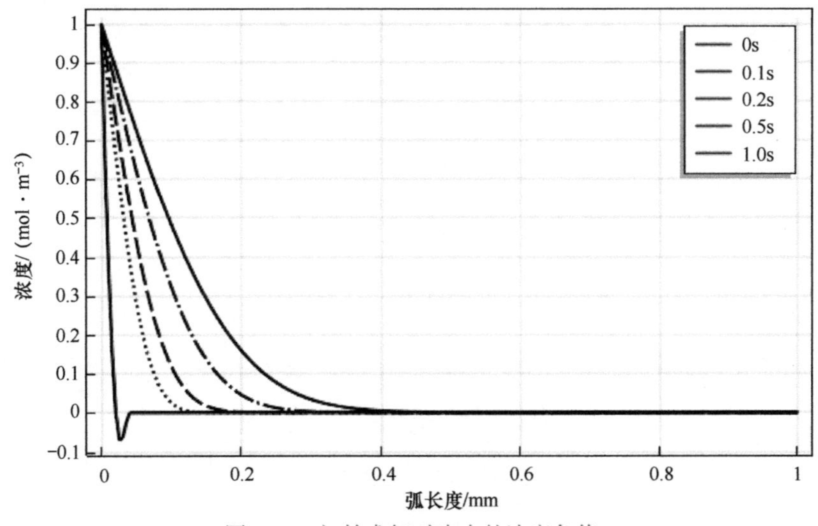

图 3-18 初始求解时步中的浓度负值

通过使用 COMSOL Multiphysics 内置平滑阶跃函数可以平滑初始不连续性，以避免这个问题。比如，使用平滑的阶跃函数作为初始条件，而不是统一的零初始条件求解。

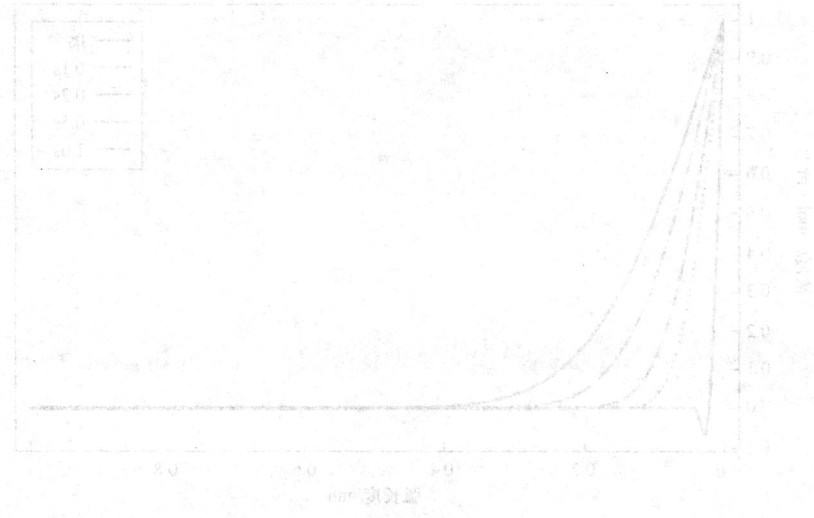

第二部分

专题篇

第 4 章 导热、对流和辐射

COMSOL 的传热模块研究设备和过程中加热和冷却的影响。它包含用于模拟所有传热机制的建模工具，包括传导、对流和辐射。可以在一维、一维轴对称、二维、二维轴对称和三维坐标系中针对瞬态和稳态条件运行仿真。几乎所有的物理过程都涉及热传递，事实上，热传递可能有许多过程的限制因素。此外，热传递通常与其他物理现象一起出现，或作为其他物理现象的结果。因此，对热传递的研究至关重要，对强大的传热分析工具的需求几乎是普遍的。

图 4-1 显示了 COMSOL 中可添加的传热场。这些物理场模块描述了不同的传热机制，并包括源和汇的预定义表达式。传热模块可用于一维、二维、二维轴对称和三维坐标系，以及静态和瞬态分析。

默认情况下，固体传热模块描述的是通过传导进行的传热。它还可以解释由于固体平移（例如，圆盘的旋转或轴的线性平移）及固体变形（包括体积或表面变化）引起的热通量。在不可逆热致转变的情况下，它解释了焓和材料特性的变化。

图 4-1　COMSOL 中可添加的传热场

流体传热模块将气体和液体中的传导和对流作为默认传热机制。使用非等温流动多物理场耦合时，会自动设置对流项中流场的耦合。否则，它可以在物理场模块中手动输入，也可以从将传热耦合到现有流体流动模块的列表中选择。当已经计算了流场并且随后添加了传热问题时，可以使用流体中的传热模块，通常用于模拟强制对流。

固体和流体中的传热模块默认包含固体和流体域。它旨在简化使用固体传热模块和流体传热模块功能的模型设置，特别是在共轭传热应用中。共轭换热是指一种或两种热属性的物理材料之间通过介质或者直接接触，发生的一种耦合换热现象。

集总热系统模块将传热建模的可能性扩展到离散热系统。外部端子特征将集总热系统连接到任何维度的有限元模型。这对于显著降低模型复杂性特别有帮助，例如描述大型装配体中零件之间的热相互作用。该系统预定义了几种经典设备，如传导或辐射热敏电阻。此外，它还提供先进的设备、热管和热电模块以及用户定义的子系统。

多孔介质中的传热模块将多孔基体和孔隙结构中包含的流体中的传导与流体流动产生的热量对流相结合。该物理场模块使用提供的幂律或用户定义的有效传热属性表达式，以及多孔介质中分散的预定义表达式。分散是由液体在多孔介质中的曲折路径引起的。如果考虑了平均对流项，则该模块将不存在。该物理场模块可用于范围广泛的多孔材料，从纸浆和造纸工业中的多孔结构到模拟土壤和岩石中的传热。

局部热非平衡（LTNE）多物理场模块是一个宏观模型，旨在模拟多孔介质中的热传递，其中多孔基质和流体中的温度不处于平衡状态。它不同于简单的多孔介质传热宏观模型，后者忽略了固体和流体的温差。快速瞬态变化可能导致热平衡的破坏，但也可以在静止情况下观察到。典型应用是使用热流体快速加热或冷却多孔介质或在某一相中产生内部热量（由于感应或微波加热、放热反应等）。例如，在核装置、电子系统或燃料电池中可以观察到这种情况。

生物传热模块是用于活组织传热的专用模块。除了导热系数、热容量和密度等数据外，还提供血液灌注率和代谢热源的表格数据，还可以包括基于温度阈值或能量吸收模型的组织损伤积分模型。

热电模块将电流和固体传热模块与热电效应（Peltier-Seebeck-Thomson 效应）和焦耳热（电阻加热）的建模功能相结合。这种多物理场耦合解释了传热模块中的珀尔帖热源或散热器和电阻损失，由塞贝克效应引起的电流，以及电流模块中材料属性的温度依赖性。

传热模块是一个可选包，它扩展了 COMSOL 建模环境，其中包含针对传热分析优化的自定义物理场模块和功能。

传热效应建模在产品设计中变得越来越重要，包括电子、汽车和医疗行业等领域。计算机模拟使工程师和研究人员能够优化过程效率并探索新设计，同时减少对昂贵试验的需求。

下面以最常见的固体传热、流体传热、共轭传热和辐射为例，简述 COMSOL 中传热场的设置。

4.1 固体传热

固体热传导是指在非均匀受热的固体中热能传递的现象。对于绝缘体材料（晶体），热传导主要是通过声子为媒介进行的，绝缘体的热传导性质与声子间相互作用、温度以及晶体中杂质的分布有关，而对于多晶态或玻璃态的绝缘材料，由于声子的自由程很小，其导热系数将小于绝缘体（晶体）材料。在 COMSOL 中固体的热传导可以用傅里叶（Fourier）方程描述：

$$\rho C_p\left(\frac{\partial T}{\partial t}+u_{\text{trans}}\cdot\nabla T\right)+\nabla\cdot(q+q_r)=-\alpha T:\frac{\mathrm{d}S}{\mathrm{d}t}+Q \tag{4-1}$$

式中，ρ 为密度（单位：kg/m^3）；C_p 为恒定应力下的比热容［单位：J/(kg · K)］；T 为绝对温度（单位：K）；u_{trans} 为平移运动的速度矢量（单位：m/s）；q 为传导热通量（单位：W/m）；q_r 为辐射热通量（单位：W/m^2）；α 为热膨胀系数（单位：K^{-1}）；S 为第二类 Piola-Kirchhoff 应力张量（单位：Pa）；“:”指双点积，$-\alpha T:\frac{\mathrm{d}S}{\mathrm{d}t}$为热弹性阻尼，代表固体的热弹性效应；$Q$ 为所有的外部热源。

对于稳态问题，温度不随时间变化，时间导数项消失。式（4-1）等号右侧的第一项是热弹性阻尼，用于说明固体中的热弹性效应。

在COMSOL中，右键单击相关组件可添加传热相关求解域，固体求解域设置如图4-2所示，在“固体传热”处单击右键，可以设置固体传热相关内容。代表求解域设置，代表边界条件设置。

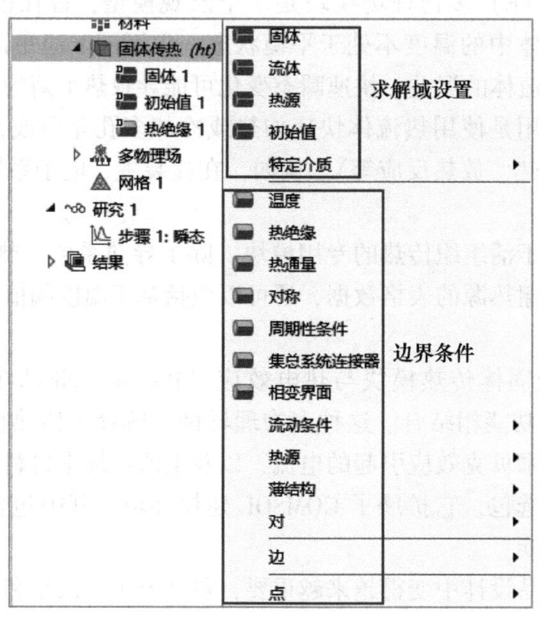

图4-2　固体求解域设置

4.1.1　求解域设置

求解域可添加固体、热源、特定介质等。

添加求解域后，左键单击添加的求解域，例如图4-3中，左键单击特定介质，显示设置标签栏。如图4-4a所示，可以设置固体区域、导热系数、密度、恒压热容等参数。

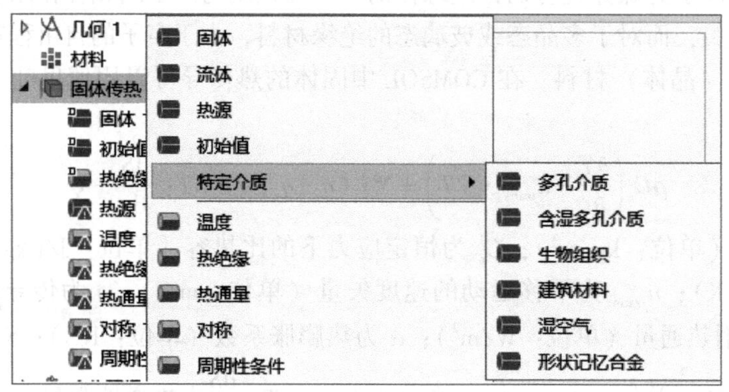

图4-3　特定介质设置

左键单击热源，显示热源设置标签栏，如图 4-4b 所示，可以设置热源区域、热源类型等。

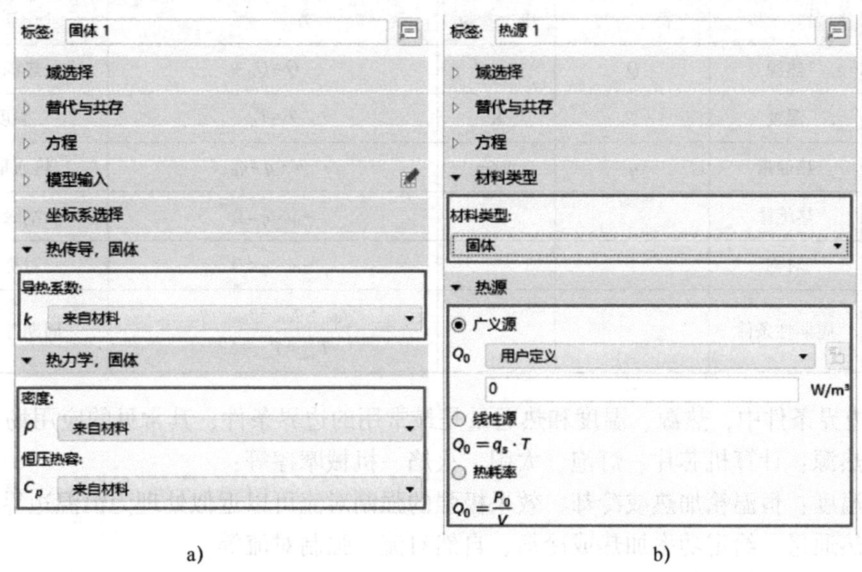

a) b)

图 4-4 固体求解域设置

其余设置与这两者相似，不再赘述。

4.1.2 边界条件设置

添加边界条件后，左键单击添加的边界条件，即可显示该边界条件设置栏。在图 4-2 中，单击温度，即可显示出温度设置标签栏，如图 4-5a 所示；单击热绝缘，可以进行相关边界的选择，由于热绝缘代表不进行任何热交换，故无须边界参数设置，这点是与其他边界设置的不同之处，如图 4-5b 所示；单击热通量，可进入设置热通量，如图 4-5c 所示。

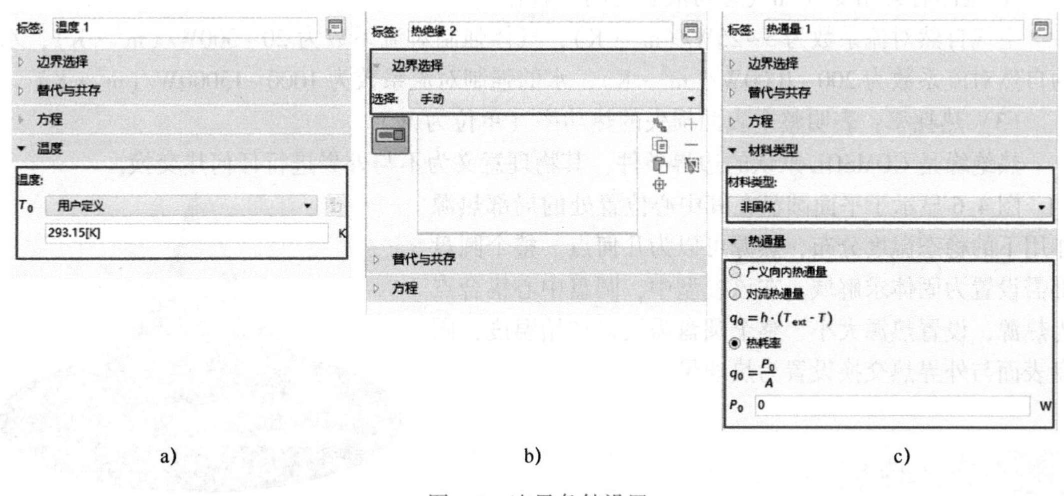

a) b) c)

图 4-5 边界条件设置

各边界条件设置意义如表 4-1 所示。

表 4-1　各边界条件设置意义

序　　号	名　　称	符　　号	单　　位	方　　程	所需设置
1	热源	Q	W/m^3	$Q=Q_0$	热源大小
2	温度	T	K	$T=T_0$	温度值
3	热通量	q	W/m	$-n \cdot q=q_0$	热通量大小
4	热绝缘			$-n \cdot q=0$	绝缘边界
5	对称			$-n \cdot q=0$	对称边界
6	周期性条件			$-n_{dst} \cdot q_{dst}=n_{src} \cdot q_{src}$ $T_{dst}=T_{src}-\Delta T$	周期性条件值

各项边界条件中，热源、温度和热通量是最常用的边界条件，其常见的应用场景如下。

（1）热源：计算机芯片、灯泡、太阳、火焰、机械摩擦等；

（2）温度：恒温箱加热或冷却、效果极强的强制对流可以近似处理为恒温边界；

（3）热通量：给定功率加热或冷却、自然对流、强制对流等。

热通量有三种设置方法如下。

（1）广义向内热通量：表明单位面积上收到外界多少热量输入（单位为 W/m^2）。

（2）对流热通量：表明表面通过对流传热与外界进行热量交换，需设置对流传热系数 h 以及外部温度。

对流换热系数 h 的物理意义是：当流体与固体表面之间的温度差为 1K 时，1m×1m 壁面面积在每秒所能传递的热量。h 的大小反映对流换热的强弱。影响对流传热强弱的主要因素有：

① 对流运动成因和流动状态；

② 流体的物理性质（随种类、温度和压力而变化）；

③ 传热表面的形状、尺寸和相对位置；

④ 流体有无相变（如气态与液态之间的转化）。

空气自然对流系数为 5~25W/(m^2·K)，气体强制对流系数为 20~300W/(m^2·K)，水的自然对流系数为 200~1000W/(m^2·K)，水的强制对流系数为 1000~15000W/(m^2·K)。

（3）热耗率：表明整个表面损失的热功率（单位为 W）。

热绝缘是 COMSOL 默认的边界条件，其物理意义为不与外界进行任何热交换。

图 4-6 显示了平面圆盘在其中心位置处的局部热源作用下的稳态温度分布，热源可以为几何点。整个圆盘都需设置为固体求解域。在该模型中，圆盘中心集合点为热源，设置热源大小，整个圆盘需设置初始温度，圆盘表面与外界热交换设置为热通量。

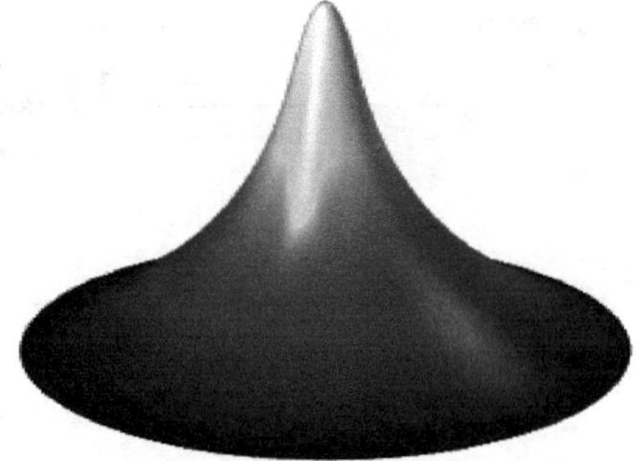

图 4-6　圆盘导热[3]

4.2 流体传热

流体传热在 COMSOL 中遵循以下方程：

$$\rho C_p\left(\frac{\partial T}{\partial t} + v \cdot \nabla T\right) + \nabla\cdot\ (q + q_r) = \alpha_p T\left(\frac{\partial p}{\partial t} + v \cdot \nabla p\right) + \tau:\ \nabla v + Q \tag{4-2}$$

柯西应力张量 σ 分解为静水应力与偏应力，即 $\sigma = -pI + \tau$。

式中，变量为温度 T 和压力 p；ρ 为密度（单位：kg/m^3）；C_p 为恒定应力下的比热容［单位：$J/(kg \cdot K)$］；T 为绝对温度（单位：K）；v 为速度（单位：m/s）；q 为传导热通量（单位：W/m^2）；q_r 为辐射热通量（单位：W/m^2）；α_p 为热膨胀系数（单位：K^{-1}），理想气体的热膨胀系数为 $\alpha_p = 1/T$；$\alpha_p T\left(\frac{\partial p}{\partial t} + v \cdot \nabla p\right)$ 为压力变化所做的功；τ 为黏性应力张量（单位：Pa）；$\tau:\ \nabla v$ 代表黏性耗散；Q 为所有的黏性耗散之外的热源。

对于稳态问题，温度不随时间变化，没有时间导数项。式（4-2）等号右侧的第一项是压力变化所做的功，是在绝热压缩下加热以及一些热声效应的结果。对于低马赫数流，它通常很小。第二项表示流动中的黏性耗散，即由于流体的黏性摩擦造成的热损失，一般气体此项都可以忽略，但对于高黏度流体则不可忽略。

4.2.1　求解域设置

COMSOL 中的流体传热场添加方式与固体类似，流体设置如图 4-7 所示。

与固体传热相同，添加求解域及边界条件后，单击即可显示设置标签栏，如图 4-8 所示，流体传热与固体传热类似，可以设置流体区域，以及流体材料密度、比热容和导热系数等参数。相比于固体，流体传热需要设置流体压力，流体速度场等物理量，即控制方程中的 p 和 v。

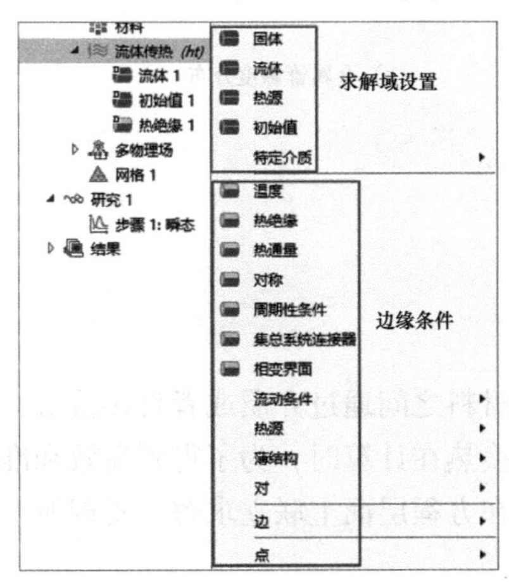

图 4-7　COMSOL 流体传热场设置

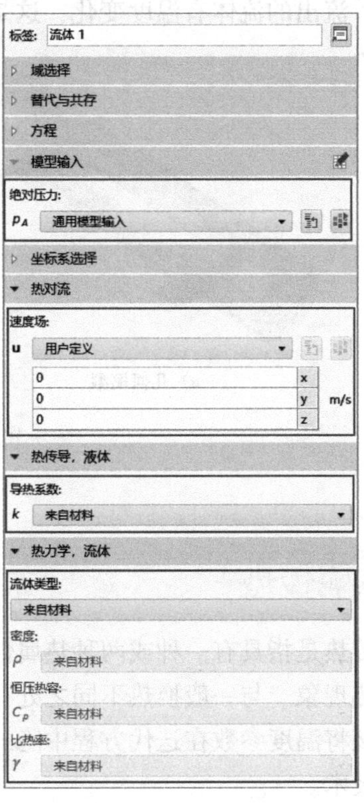

图 4-8　流体设置

4.2.2 边界条件设置

图 4-9 显示冷水加热至室温过程中的自然对流和传热。最初，玻璃杯和水的温度都是5℃，然后将这杯水放在室温为 25℃ 的房间里的桌子上。杯内的流体区域均设置为流体传热场。由于水的密度会随着温度变化，在重力作用下会发生相对运动，产生自然对流效果。

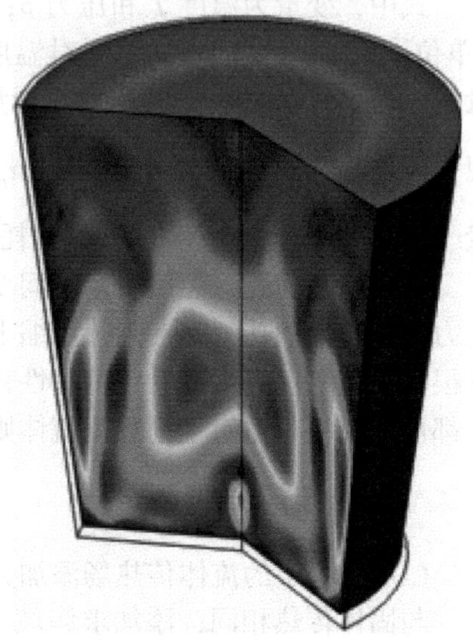

图 4-9 水杯中的自然对流传热时的速度分布[4]

4.3 固体和流体传热

温度场和热通量在流体/固体界面连续，然而在运动的流体中，温度场会快速变化：在靠近固体处，流体的温度与固体接近；但在远离界面的地方，流体温度则接近于入口或周围流体的温度。流体温度从固体温度变为流体整体温度的区域称作热边界层。

COMSOL 中固体与流体传热设置与固体传热、流体传热设置方式相同，故不再单独叙述。

图 4-10 即为一个固体与流体传热模型。灰色为流体管道，深色为金属加热管，流体流过管道与加热管进行换热，流出的流体有温度变化，这是一个强制对流换热模型。

a）几何模型

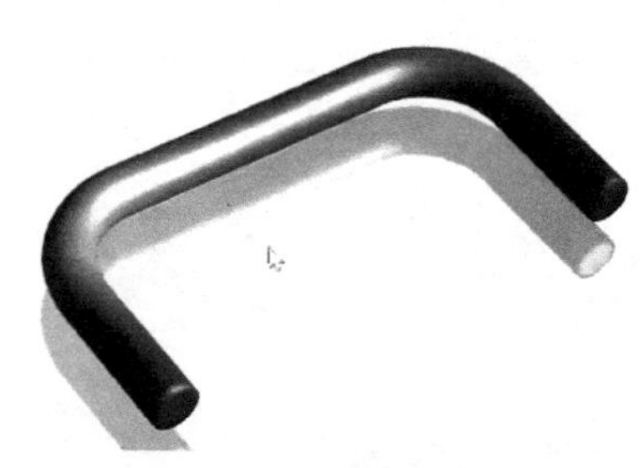

b）金属管温度分布

图 4-10 流体中的金属热管

4.4 共轭传热

共轭传热是指具有一种或两种热属性的物理材料之间通过介质或者直接接触，发生的一种耦合换热现象。与一般换热不同之处在于共轭换热在计算时，为了得到高效和准确的求解方法，应该将温度参数在迭代方程中隐式处理，在方程层面上联立求解，实现所谓的耦合共轭求解的技术。

COMSOL 中可以设置的共轭传热包括层流与各种湍流，以层流为例，COMSOL 中添加共轭传热场如图 4-11 所示，共轭传热可以设置固体域流体区域、流体速度、压力、流体的层流流场等属性，设置方式与其他传热场设置方式相同。

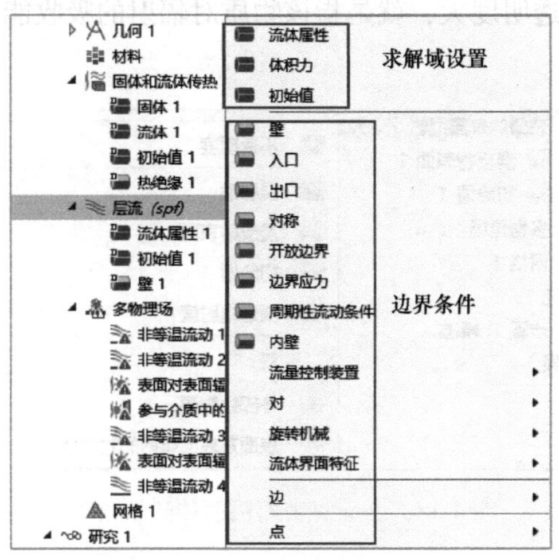

图 4-11　共轭传热场设置

共轭传热可设置流体属性与体积力等属性，左键单击添加该求解域，进入求解域设置，如图 4-12 所示。

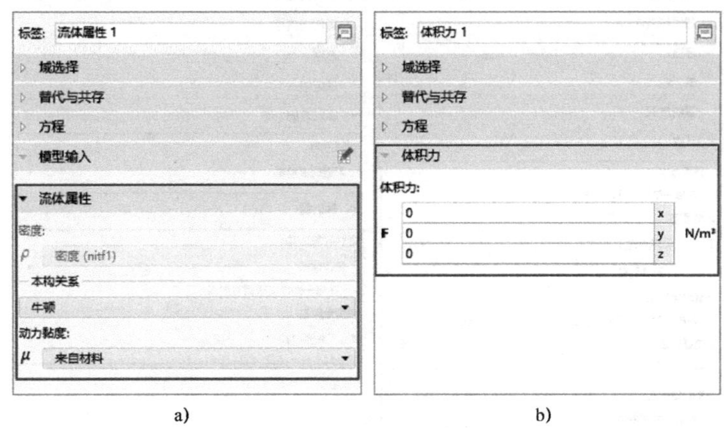

图 4-12　共轭传热求解域设置

4.5 辐射

物体在向外发射辐射能的同时，也会不断地吸收周围其他物体发射的辐射能，并将其重新转变为热能，这种物体间相互发射辐射能和吸收辐射能的传热过程称为辐射传热。若辐射传热是在两个温度不同的物体之间进行的，则传热的结果是高温物体将热量传递给了低温物体，若两个物体温度相同，则物体间的辐射传热量等于零，但物体间辐射和吸收过程仍在进行。

COMSOL 中可以添加的辐射场包括表面对表面辐射传热，参与介质中的辐射传热、吸收-散射介质中的辐射传热等。以表面对表面辐射传热为例，COMSOL 中添加辐射传热场如

图 4-13 所示，辐射传热可以设置辐射面不透明度、漫反射、介质折射率等。其中漫反射和介质折射率在中学物理中有介绍，此处不再赘述。不透明度是描述物质对辐射的吸收能力强弱的一种量，某种物质不透明度大，就是指该物质对辐射的吸收能力强，通常也就说这种物质对辐射是不透明的。

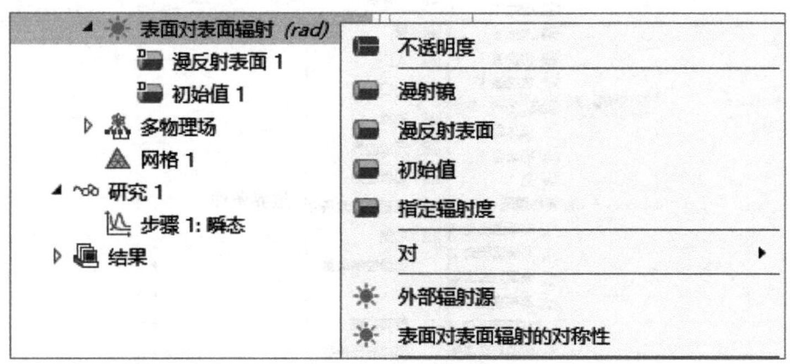

图 4-13　表面对表面辐射传热场设置

左键单击添加的相关物理属性，即可进入设置栏，如图 4-14 所示，设置漫反射表面，指定辐射度。

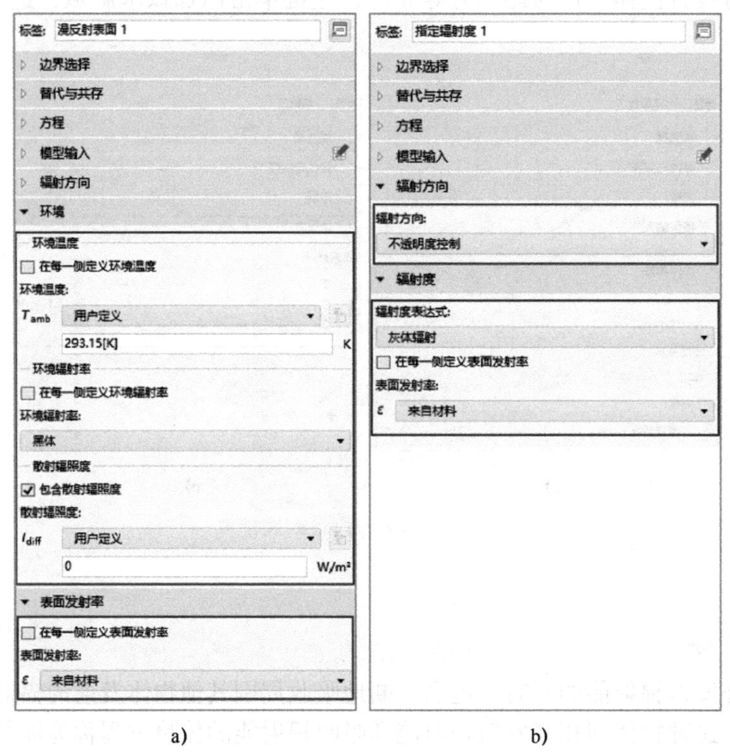

图 4-14　辐射求解域设置

其中外部辐射热源可以定义太阳等外部辐射源，是一种较为常用的边界条件，具体可以参考案例“太阳对遮阳伞下两个保温箱的辐射效应”（见图 4-15），其设置方式如图 4-16 所示，可以分别设置辐射的时间和太阳辐射度，也可以将位置设置为任意地点。

图 4-15　案例“太阳对遮阳伞下两个保温箱的辐射效应”[5]

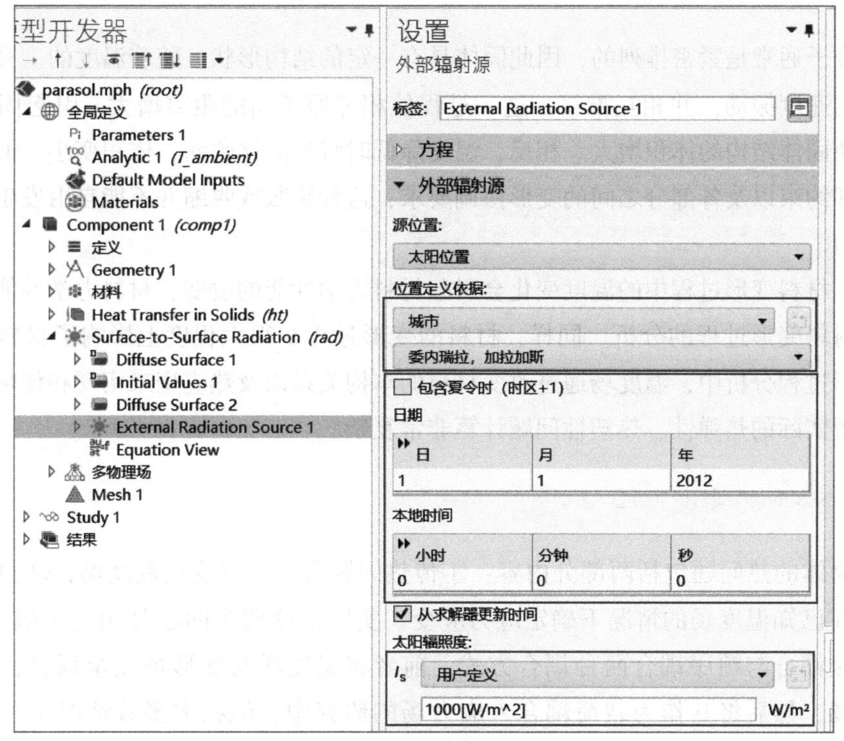

图 4-16　太阳热辐射设置

COMSOL 中其他辐射方式的设置（例如参与介质中的辐射、吸收-散射介质中的辐射）与表面与表面辐射传热类似，不再赘述。

COMSOL 中还可以添加其他的辐射传热场，例如电磁热，包括电阻热、涡流传热、微波加热、激光加热等，以及生物传热、管道传热、多孔介质传热等，设置方式均类似，不再单独叙述。

第 5 章 热应力及金属加工

5.1 热应力分析

5.1.1 热应力基本概念

固体分子通常是紧密排列的，因此固体具有一定的结构形状。随着温度的上升，分子开始以更快的速度振动，并相互推挤。这一过程使相邻原子间的距离增大，引起固体发生膨胀，进而使固体结构的体积增大。相反，温度降低时将使固体收缩，体积变小。但由于弹性体受到外部约束以及各部分之间的变形协调要求，这种膨胀或收缩并不能自由发生，于是产生了热应力。

通常，材料变形过程中的温度变化会引起材料力学性能的改变，材料力学性能的改变又会影响到材料变形过程的分析。同样，材料的变形过程在很大程度上影响了材料的温度分布。在变形过程分析中，温度场通过改变材料的本构关系以及热应变来实现和传热过程的耦合，这使得实际的热弹性、热塑性问题计算非常复杂。

5.1.2 热应力物理本构

研究物体的热问题包括两部分内容：①传热问题研究，以确定温度场；②热应力问题研究，即在已知温度场的情况下确定应力应变。实际上这两个问题是相互影响和耦合的，故存在直接耦合与顺序耦合两种耦合方式，前者将温度场与变形场完全耦合，后者则先计算温度场，然后将其作为载荷耦合入应力场的研究中。但在大多数情况下，传热问题所确定的温度将直接影响物体的热应力，而后者对前者的耦合影响不大。因而可将物体的热问题看作单向耦合过程（顺序耦合），可以分两个过程来进行计算，下面便对其物理本构形式进行描述。

以线弹性材料为例，设物体内存在温差分布 $\Delta T(x,y,z)$，那么它将引起热膨胀，其热膨胀量为 $\alpha_T \cdot \Delta T(x,y,z)$，$\alpha_T$ 为热膨胀系数，则该物体的物理方程由于增加了热膨胀量（正方向上的温度应变）而变为式（5-1）[6]

$$\left.\begin{aligned}
\varepsilon_{xx} &= \frac{1}{E}[\sigma_{xx} - \mu(\sigma_{yy} + \sigma_{zz})] + \alpha_T \cdot \Delta T \\
\varepsilon_{yy} &= \frac{1}{E}[\sigma_{yy} - \mu(\sigma_{xx} + \sigma_{zz})] + \alpha_T \cdot \Delta T \\
\varepsilon_{zz} &= \frac{1}{E}[\sigma_{zz} - \mu(\sigma_{xx} + \sigma_{yy})] + \alpha_T \cdot \Delta T \\
\gamma_{xy} &= \frac{1}{G}\tau_{xy}, \quad \gamma_{yz} = \frac{1}{G}\tau_{yz}, \quad \gamma_{zx} = \frac{1}{G}\tau_{zx}
\end{aligned}\right\} \tag{5-1}$$

式中，ε_{ii}、σ_{ii} 分别为正应变与正应力；γ_{ij}、τ_{ij} 分别为切应变与切应力；E、μ、G 分别为弹性模量、泊松比、剪切模量。

5.1.3　COMSOL 设置与求解原理

如图 5-1 所示，在 COMSOL 中，当进行热应力分析时，需在固体力学与固体传热物理模型的基础上，额外建立一个关于热膨胀的物理场，用于计算热应变，进而基于材料本构及模型自身约束关系，求解位移与应力场等。其中，热膨胀系数可以来自材料库，也可以用户自定义；性质可以是各向同性的，也可以是各向异性的。

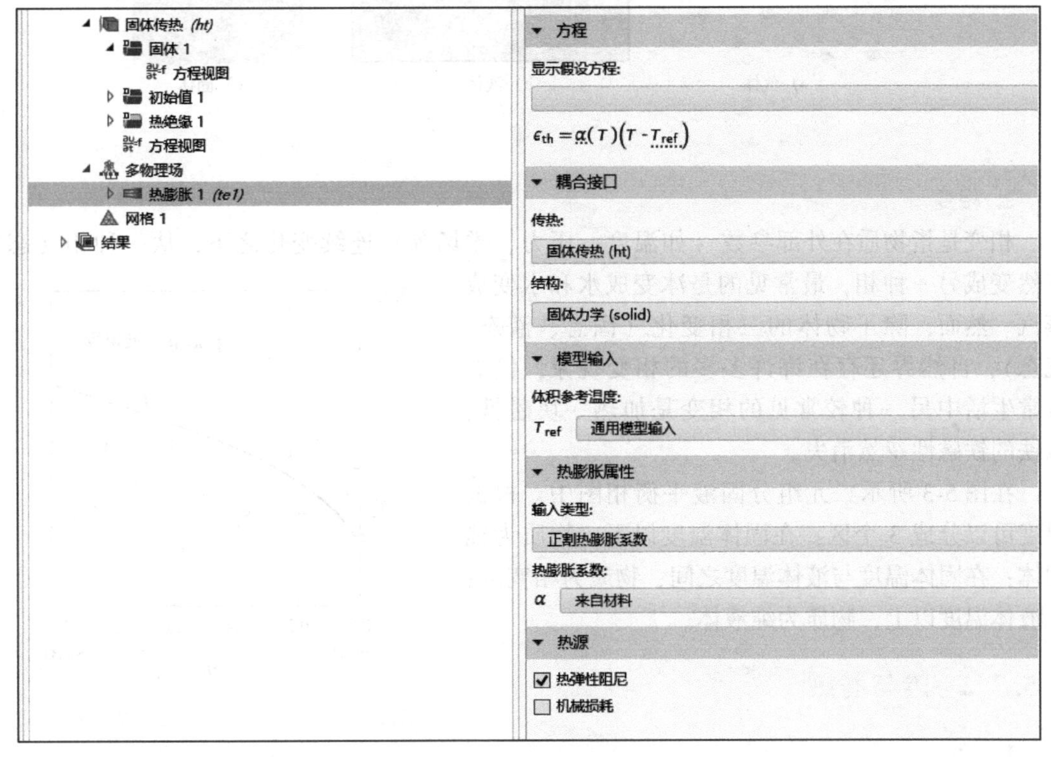

图 5-1　物理场选择

如热应力基本概念部分介绍，在求解热应力时，物理场之间可以做直接耦合，也可以做顺序耦合。但大多数情况下，位移场对温度场的影响很小，所以基本采用间接耦合的方式，即先求解固体传热模型，然后再与固体力学模型耦合，求解热应力。如此，在保证计算精度的同时，避免了双向耦合时复杂的物理方程求解过程，以及进一步可能带来的难收敛等问题，从而提高了计算效率。

5.2 相变传热分析

5.2.1 相和相变

1. 相

自然界中存在的各种各样的物质，绝大多数以固、液、气三种聚集态存在着。为了描述物质的不同聚集态，用“相”来表示物质的固、液、气三种形态的“相貌”，如图 5-2 相的示意图。广义上来说，所谓相，指的是物质系统中具有相同物理性质的均匀物质部分，它与其他部分之间用一定的分界面隔离开来。例如，在由水和冰组成的系统中，冰是一个相，水是另一个相；α 铁、β 铁、γ 铁和 δ 铁是铁晶体的四个相。

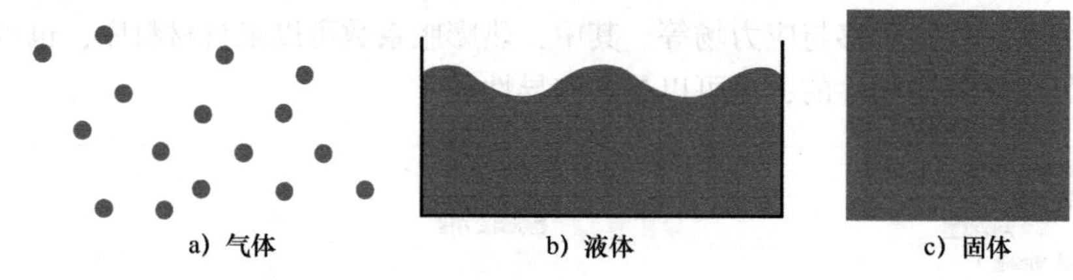

图 5-2　相的示意图

2. 相变

相变是指物质在外部参数（如温度、压力、磁场等）连续变化之下，从一种相（态）忽然变成另一种相，最常见的是冰变成水和水变成蒸汽。然而，除了物体的三相变化（固态、液态、气态），自然界还存在许许多多的相变现象，例如日常生活中另一种较常见的相变是加热一块磁铁，磁铁的铁磁性忽然消失。

在图 5-3 所示二元组分固液平衡相图中，根据温度可以分成 3 个区：在固体温度以下，物质为纯固体；在固体温度与液体温度之间，物质为相变区；在液体温度以上，物质为纯液体。

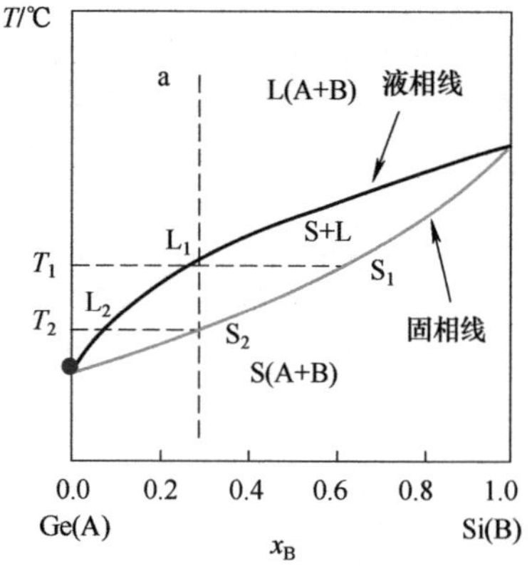

图 5-3　Ge-Si 二元组分固液平衡相图

5.2.2 焓与潜热

1. 焓

在热力学上，焓[7] 的计算公式为

$$H = U + pV \tag{5-2}$$

式中，H 为焓；U 为内能；p 为压力；V 为体积。

焓在化学热力学中是个重要的物理量，可以从以下五个方面理解它的意义和性质。

（1）焓是状态函数，具有能量的量纲；

（2）焓是体系的广度性质，它的量值与物质的量有关，具有加和性；

（3）焓与热力学能一样，其绝对值至今尚无法确定，但状态变化时体系的焓变 ΔH 却是确定的，而且是可求的；

（4）对于一定量的某物质而言，焓由结构稳定性决定，固态变为液态或液态变为气态都必须吸热，所以有

$$H(\mathrm{g}) > H(\mathrm{l}) > H(\mathrm{s}) \tag{5-3}$$

式中，$H(\mathrm{g})$、$H(\mathrm{l})$、$H(\mathrm{s})$分别为气体、液体、固体的焓。

（5）当某一过程或反应逆向进行时，其焓变 ΔH 要改变符号，即 $\Delta H_{(\text{正})} = -\Delta H_{(\text{逆})}$。

2. 潜热

相变分析必须考虑材料的潜在能量，即在相变过程吸收或释放的热量，通过定义材料的热焓特性来计算潜热。也就是说，把相变过程中热焓的变化量称作潜热。热焓计算公式为

$$H = \int \rho c(T)\,\mathrm{d}T \tag{5-4}$$

式中，H 为焓；ρ 为密度；$c(T)$为随温度变化的比热。

3. 相变热分析基本思路

（1）相变过程傅里叶方程[8]

$$\rho C\frac{\partial T}{\partial t} = \lambda\left(\frac{\partial^2 T}{\partial x^2} + \frac{\partial^2 T}{\partial y^2} + \frac{\partial^2 T}{\partial z^2}\right) + \frac{\partial L}{\partial t} \tag{5-5}$$

式中，T 为温度；t 为时间；x、y、z 为空间坐标；ρ 为密度；C 为比热容；λ 为导热系数；L 为潜热。

式（5-5）等号右侧第一项是热流过程中由流入微元和流出微元的差造成的热量堆积（增量）；第二项仅在发生相变时有效，以凝固和熔化相变过程为例，此项表示单位体积单位时间内凝固时释放的潜热或熔化时吸收的潜热，因此可将其当作一种特殊的热源。式（5-5）左侧就是相应于这个温度变化的热量。

（2）潜热处理

根据热力学知识可知，焓与比热容密切相关，而潜热又是纯相变导致的热焓变化量，所以在利用有限元等方法求解相变过程热平衡方程时，一般按等效热容方式处理。COMSOL 中即采用这种方法，通过捕捉相变界面各相分数，按等效热容考虑相变潜热。

图 5-4 为两相相变过程示意图。其中，T_{pc} 为相变转变温度；ΔT 为相变温度间隔，实际相变温度区间为 $T_{\mathrm{pc}}-\Delta T/2$ 到 $T_{\mathrm{pc}}+\Delta T/2$；$\theta_1$、$\theta_2$ 分别为两相分数，若将 θ_1 定义为 θ，那么 $\theta_2 = 1-\theta$。

对于相变温度与相变温度区间两个不同物理概念，强调描述如下：如 Ge-Si 二元组分固液平衡相图（见图 5-3）所示那样，相变温度是固相线或液相线上任意一点所对应的温度值。但实际凝固或熔化过程中，由于同温度时，固相与液相对应的元组分数不同，所以在固液界面总会有某一元素排出形成富集，因此在相变时，元组分数总是沿着固相线或

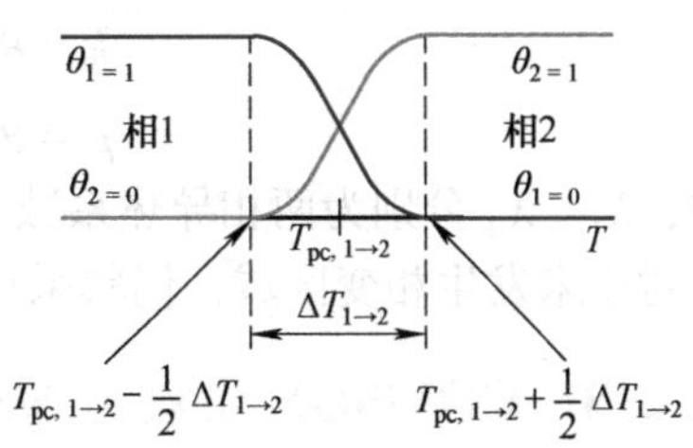

图 5-4　相变温度、相变温度间隔示意图

液相线移动，形成一个相变温度区间；而且，相变过程总需要驱动力，如凝固过程一定要有过冷度（温差）。如果在此期间，元素扩散较快，则凝固后不同位置的相组织成分均匀，而如果扩散较慢，则会形成成分偏析。

等效密度与等效热焓公式为

$$\rho = \theta\rho_1 + (1-\theta)\rho_2 \tag{5-6}$$

$$H = \frac{1}{\rho}[\theta\rho_1 H_1 + (1-\theta)\rho_2 H_2] \tag{5-7}$$

式中，ρ_1、ρ_2 分别为两相密度；H_1、H_2 分别为两相基于参考温度的热焓。

根据比热容定义，有

$$C_p = \frac{\partial H}{\partial T} \tag{5-8}$$

展开后，有

$$C_p = \frac{1}{\rho}(\theta_1\rho_1 C_{p,1} + \theta_2\rho_2 C_{p,2}) + (H_2 - H_1)\frac{\mathrm{d}\alpha_{\mathrm{m}}}{\mathrm{d}T} \tag{5-9}$$

式中，$C_{p,1}$、$C_{p,2}$ 分别为两相比热容；$\alpha_{\mathrm{m}} = \frac{1}{2}\frac{\theta_2\rho_2 - \theta_1\rho_1}{\rho}$，表示质量分数，反映了相变进程。

将式（5-9）等号右侧拆分为两项，分别定义为

$$C_{\mathrm{eq}} = \frac{1}{\rho}(\theta_1\rho_1 C_{p,1} + \theta_2\rho_2 C_{p,2}) \tag{5-10}$$

$$C_L(T) = (H_2 - H_1)\frac{\mathrm{d}\alpha_{\mathrm{m}}}{\mathrm{d}T} \tag{5-11}$$

其中，式（5-10）表示对两相（假设为固液）比热容进行等效加和，式（5-11）表示相变潜热对等效比热容的贡献。实际上，潜热为 $L=H_2-H_1$，故有

$$C_L(T) = L\frac{\mathrm{d}\alpha_{\mathrm{m}}}{\mathrm{d}T} \tag{5-12}$$

在相变温度区间内对式（5-12）进行积分，所以有

$$\int_{T_{\mathrm{pc}}-\frac{\Delta T}{2}}^{T_{\mathrm{pc}}+\frac{\Delta T}{2}} C_L(T)\,\mathrm{d}T = L\int_{T_{\mathrm{pc}}-\frac{\Delta T}{2}}^{T_{\mathrm{pc}}+\frac{\Delta T}{2}} \frac{\mathrm{d}\alpha_{\mathrm{m}}}{\mathrm{d}T}\mathrm{d}T = L \tag{5-13}$$

反映公式闭环，在等效算法中能量始终守恒。

最终，实际仿真计算中，在相变界面处，物质的等效热容、等效导热系数、等效密度表达式如下：

$$C_p = \frac{1}{\rho}(\theta_1\rho_1 C_{p,1} + \theta_2\rho_2 C_{p,2}) + C_L \tag{5-14}$$

$$k = \theta_1\lambda_1 + \theta_2\lambda_2 \tag{5-15}$$

$$\rho = \theta_1\rho_1 + \theta_2\rho_2 \tag{5-16}$$

式中，λ_1、λ_2 分别为两相导热系数。

对于未发生相变区域，仍然采用单相材料参数进行计算。

5.2.3 COMSOL 设置与求解原理

如图 5-5 所示，在软件界面相变材料分项中，需输入相 1 与相 2 的相变温度、温度间

隔、相变潜热，同时需单独输入各相导热系数、密度、比热容、比热率，当然也可在材料库部分输入。

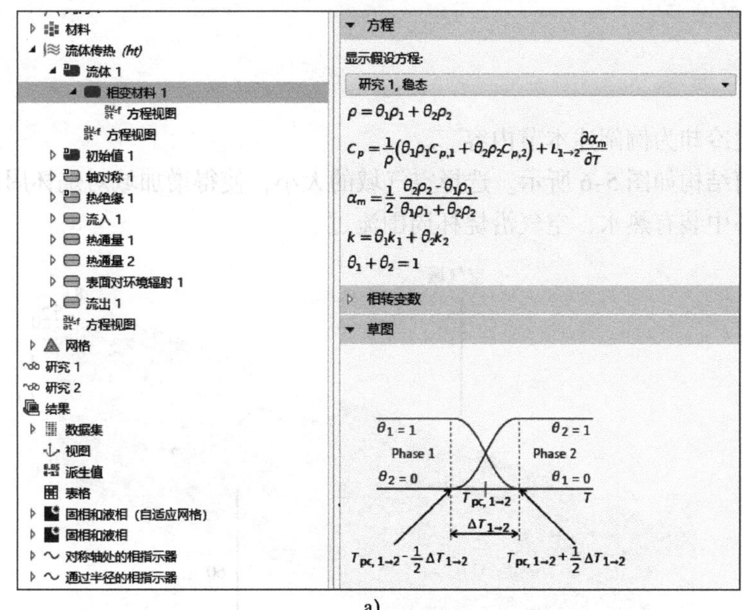

a)

相变
相 1 与相 2 之间的相变温度:
$T_{pc,1\to2}$ T_m K
相 1 与相 2 之间的转变间隔:
$\Delta T_{1\to2}$ dT K
从相 1 到相 2 的潜热:
$L_{1\to2}$ dH J/kg
相 1
材料，相 1:
固态金属合金 (mat1)
导热系数:
k_1 来自材料
密度:
ρ_1 来自材料
恒压热容:
$C_{p,1}$ 来自材料
比热率:
γ_1 来自材料
相 2
材料，相 2:
液态金属合金 (mat2)
导热系数:
k_2 来自材料
密度:
ρ_2 来自材料
恒压热容:
$C_{p,2}$ 来自材料
比热率:
γ_2 来自材料

b)

图 5-5　相变材料参数设置

5.3 蒸发与冷却

5.3.1 基本原理

以水的蒸发冷却为例阐述本节内容。

模型的几何结构如图 5-6 所示。选择空气域的大小，使得增加域对烧杯周围的流场没有显著影响。烧杯中装有热水，空气沿烧杯周围流过。

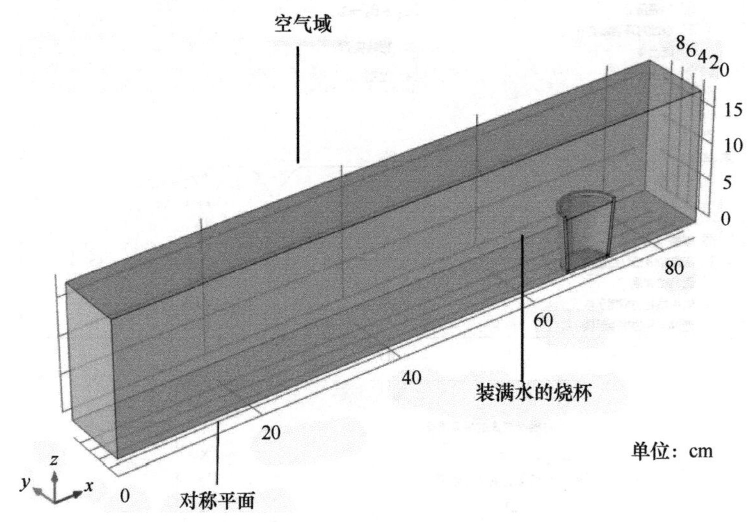

图 5-6 蒸发冷却几何模型

为了模拟水的蒸发冷却过程，必须考虑三个效应：周围空气的湍流、所有域中的传热、空气中水分的输送。

1. 湍流

在 COMSOL 中使用“湍流，低雷诺数 k-ε”接口模拟气流。此外，必须在输运方程中正确考虑湍流效应。使用低雷诺数 k-ε 湍流模型，湍流变量在一直到壁的整个域中求解，从而为输运方程提供准确的输入值。设速度场和压力场与空气温度和湿度无关。通过这一假设可以预先计算湍流场，然后将其用作传热和物质输运方程的输入。由于水面上蒸发引起的质量贡献很小，因此在此边界上使用壁（无滑移）条件来计算气流。

2. 传热

容器和水中的传热仅通过传导进行。湿空气中的传导方式主要是对流传热，且需要湍流场。材料属性由湿空气理论决定。

蒸发过程中，除了周围的对流和传导冷却之外，还会从水面释放潜热，引起水冷却。这个额外的热通量取决于蒸发的水量。潜热源为

$$q_{\text{evap}} = L_{\text{v}} g_{\text{evap}} \tag{5-17}$$

式中，L_{v} 为蒸发潜热，单位为 J/kg；g_{evap} 为蒸发通量。

3. 水分输送

为了获得蒸发到空气中的确切水量，使用了“空气中的水分输送”接口。初始相对湿

度为 20%。水表面发生蒸发，蒸发通量为

$$g_{\mathrm{evap}} = K(c_{\mathrm{sat}} - c_{\mathrm{V}})M_{\mathrm{V}} \tag{5-18}$$

式中，K 为蒸发率；M_{V} 为水蒸气摩尔质量；c_{V} 为蒸汽浓度；c_{sat}为饱和浓度，计算公式为

$$c_{\mathrm{sat}} = \frac{p_{\mathrm{sat}}}{R_{\mathrm{g}}T} \tag{5-19}$$

输运方程再次使用湍流场作为输入。扩散系数中还必须考虑湍流的影响，方法是将以下湍流扩散系数添加到扩散张量：

$$\boldsymbol{D}_{\mathrm{T}} = \frac{v_{\mathrm{T}}}{Sc_{\mathrm{T}}}\boldsymbol{I} \tag{5-20}$$

式中，v_{T} 为湍流运动黏度；Sc_{T} 为湍流施密特数；$\boldsymbol{I}$ 为单位矩阵。

5.3.2　COMSOL 设置与求解原理

如图 5-7 所示，分别建立湍流、湿空气传热、空气中的水分输送物理场，并最终在多物理场中实现 3 个物理场的耦合。

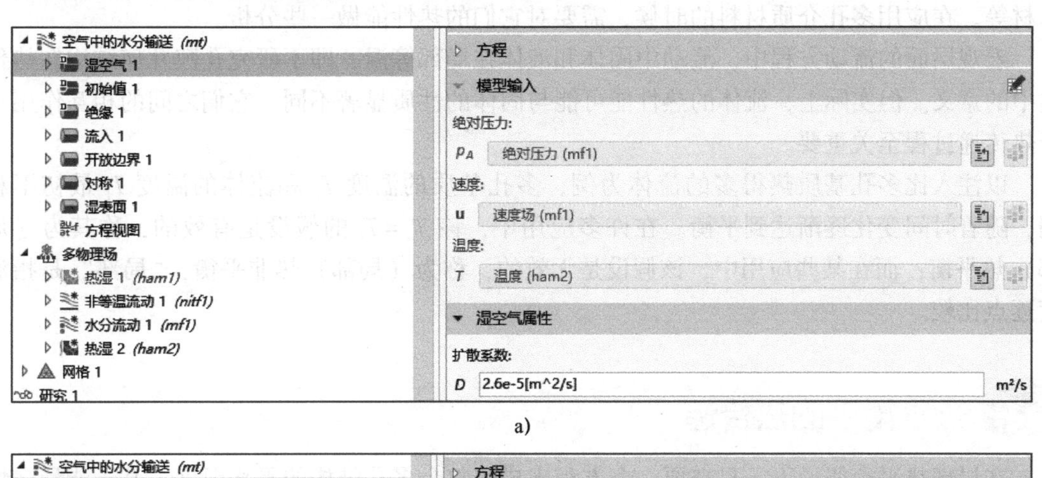

a)

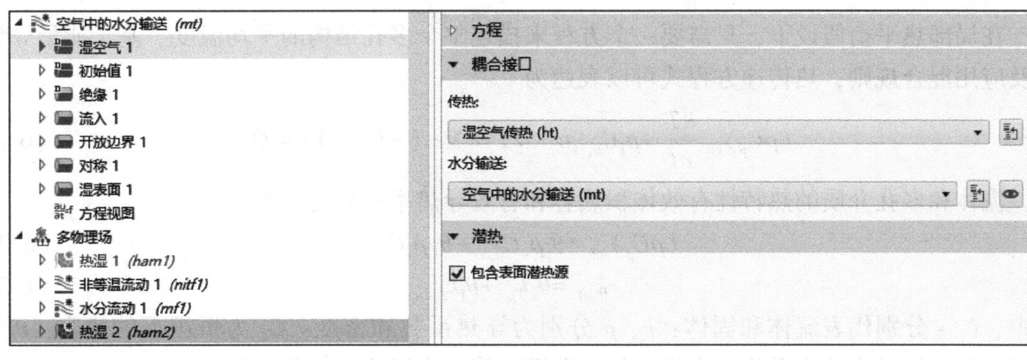

b)

图 5-7　COMSOL 设置示意

第 6 章 多孔介质传热

固体材料中存在大量孔隙可以容纳流体，这被称为多孔介质。多孔材料适用性广、成本低，随着新材料研究的进展，已逐渐应用到多种领域，如泡沫材料在航空航天中的应用，锂离子电池中电解液的石墨负极等。自然界中同样存在无数天然的多孔材料，如土壤、岩石、木材等。在应用多孔介质材料的时候，需要对它们的热性能做一些分析。

宏观层面的流动方程中，流动中固体和液体在局部等温，即不研究孔隙几何结构在热传输中的意义。但实际上，流体的热性能可能与固体的性质显著不同，它们之间的相互作用对于热传递过程至关重要。

以注入比多孔基质热得多的流体为例，多孔基质的温度 T_s 和流体的温度 T_f 最初不相同，随着时间变化逐渐达到平衡。在许多应用中，该 $T_s = T_f$ 的假设是有效的，称其为（局部）热平衡；而在某些应用中，该假设是无效的，称为（局部）热非平衡，“局部”是指温度逐点比较。

6.1 热平衡下的热传递

在局部热平衡假设下，只需要一个方程来描述整个多孔结构的平均温度。基于能量守恒以及应用混合规则，热传递方程式可以表达为

$$(\rho C_p)_{\text{eff}} \frac{\partial T}{\partial t} + \rho_f C_{p,f} u \cdot \nabla T + \nabla \cdot (-k_{\text{eff}} \nabla T) = Q \tag{6-1}$$

流体和多孔介质的热特性有效体积热容和有效导热率计算公式为

$$(\rho C_p)_{\text{eff}} = \theta_p \rho_s C_{p,s} + \theta_f \rho_f C_{p,f} \tag{6-2}$$

$$k_{\text{eff}} = \theta_p k_p + \theta_f k_f \tag{6-3}$$

式中，f、s 分别代表流体和固体；k、ρ 分别为导热系数和密度；C_p 为恒压下的热容；θ 为体积分数。假设多孔介质为完全饱和的，孔隙率将对应于流体体积分数。

COMSOL 中热平衡下的多孔介质传热场可以通过传热模块的多孔介质传热添加，其物理场设置如图 6-1 所示。

与其他传热场相同，添加求解域及边界条件后，单击即可显示设置标签栏，如图 6-2 所示，可以设置热对流、流体类型、材料密度、比热率和导热系数等参数。

以一个封闭空间的多孔材料域为例，假设域的边界不可渗透，研究区域内部的流动和传

热过程。壁边界上由于加热或冷却其温度分布满足特定的曲线分布，在温度分布下会产生由热分布不均产生的体积力，其定义方式如图 6-3 所示。

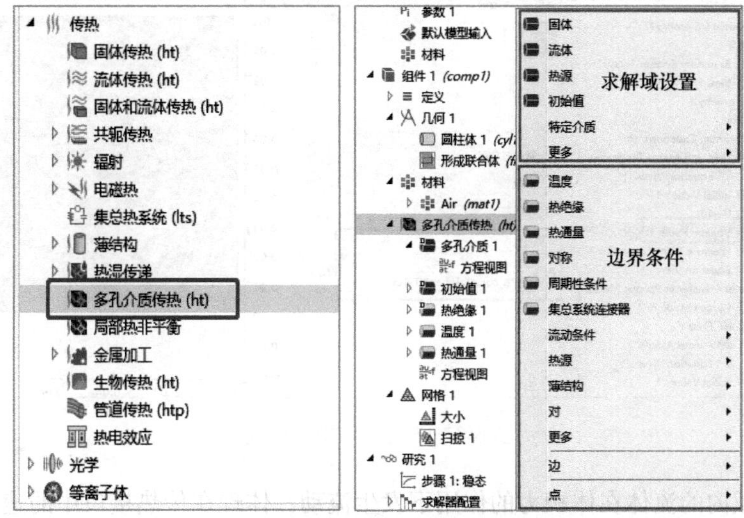

图 6-1 COMSOL 多孔介质传热场

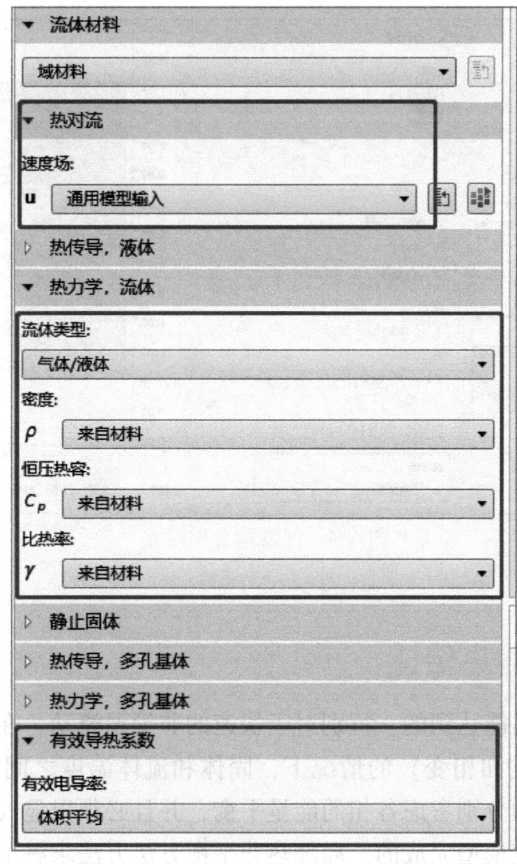

图 6-2 COMSOL 多孔介质传热场设置

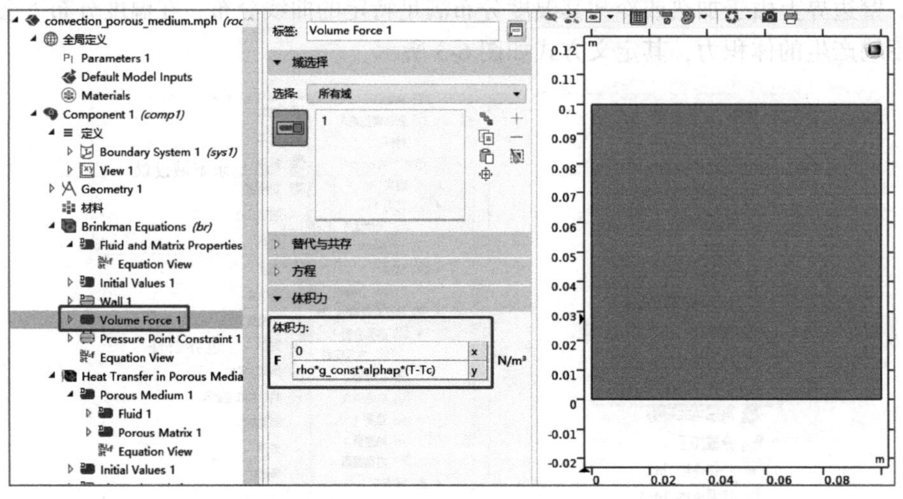

图 6-3　流场的体积力设置

多孔材料域内的流体在体积力的作用下发生流动，体现在传热接口中的速度耦合项，如图 6-4 所示。虽然有流体在多孔介质中的流动，但考虑流动速度缓慢，认为在该过程中 $T_s = T_f$ 的假设是有效的，多孔介质和流体充分进行热交换，仍满足局部热平衡条件。

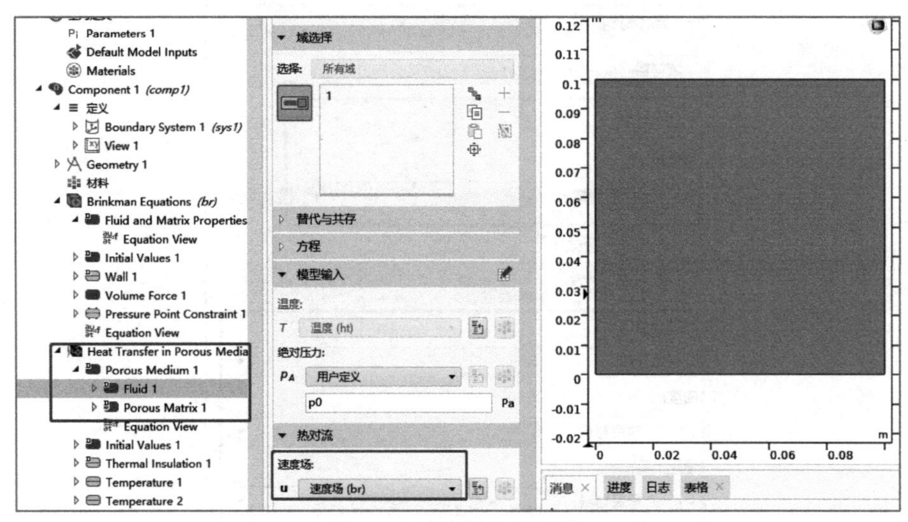

图 6-4　速度耦合项设置

6.2 热非平衡下的热传递

局部热平衡并不总是能达到的，特别对于快速的非等温流动，在较短的时间尺度，或在强烈依赖于其他影响（例如相变）的情况下，固体和流体温度之间的差异可能很大。此时等式并不完全有效，必须分别考虑各相的能量平衡，并且必须以显式方式考虑两相之间的热交换。这是通过两个温度模型完成的。局部热非平衡方法方法求解了两个温度场，并通过热源将它们耦合：

$$\theta_s\rho_s C_{p,s}\frac{\partial T_s}{\partial t}+\nabla\cdot(-\theta_s k_s\nabla T_s)=q_{sf}(T_f-T_s) \tag{6-4}$$

$$\theta_f\rho_t C_{p,f}\frac{\partial T_f}{\partial t}+\rho_f C_{p,f}u\cdot\nabla T_f+\nabla\cdot(-\theta_t k_f\nabla T_f)=q_{sf}(T_s-T_f) \tag{6-5}$$

固体和流体之间的热交换由 q_{sf}（T_s-T_f）决定，其中 q_{sf} 是间隙热传递系数，其取决于相的热性质及多孔介质的结构，更确切地说，取决于接触的表面积。

COMSOL 中热非平衡下的多孔介质传热场设置如图 6-5 所示。

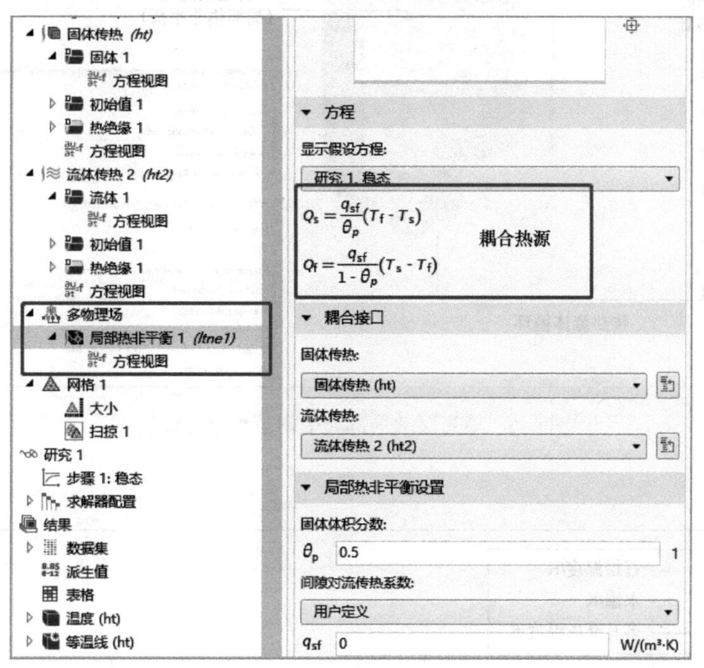

图 6-5　COMSOL 热非平衡传热场

需要注意的是在 COMSOL 的热非平衡传热场中，耦合热源和式（6-4）、式（6-5）的热源项略有不同，主要是软件对物理场进行公式转换时，将多孔介质的热非平衡传热拆解成固体传热和流体传热，因此需要对孔隙度进行额外设置，这也是在设置栏中，需要定义固体体积分数的原因。

以常见的太阳能水箱为例，水箱储能就是一个典型的非平衡传热过程。设备中水被太阳能集热器加热，并通过装有石蜡填充胶囊的水箱循环。在装料期间，将胶囊内的石蜡加热到其熔化温度以上，太阳能即以显热和潜热的形式被存储，从而可以在更长的时间内存储更多的能量。

储热装置中局部非平衡多物理场节点耦合设置如图 6-6 所示，将间隙对流传热系数设置为球形颗粒床，并指定其颗粒半径及动力黏度，软件根据两组参数自动对间隙对流传热系数进行计算。在储热期间，水箱中的石蜡、水和多孔介质的平均温度变化如图 6-7 所示。

图 6-7 显示的是箱内石蜡和水的温度升高过程。从图中可以看出，与水相比，石蜡加热时间更长，石蜡与周围的水处于热非平衡状态，因此局部非热平衡状态可以采用热非平衡接口以实现水在石蜡中的热传递过程。

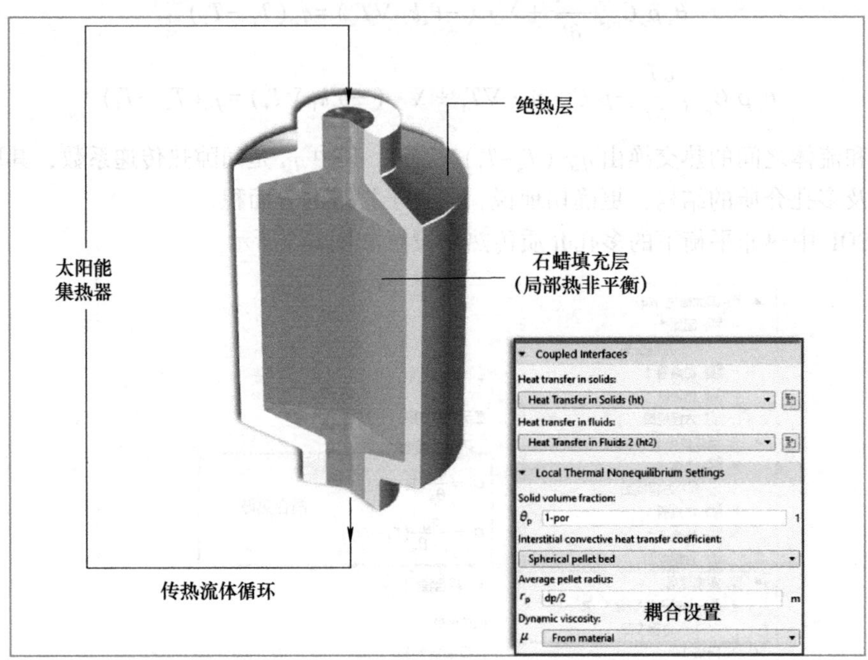

图 6-6　填充层的局部非平衡节点耦合设置

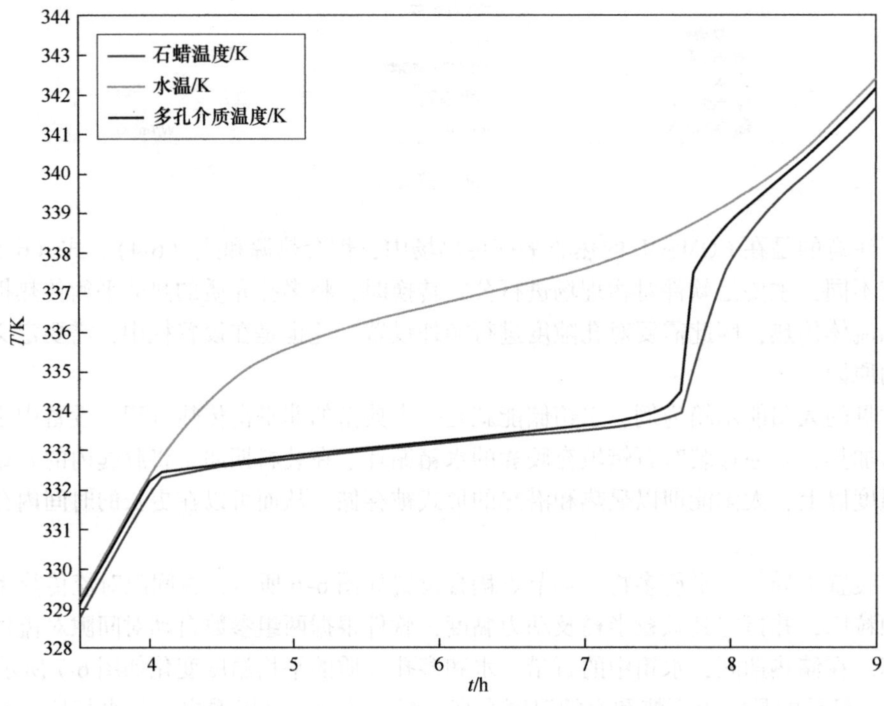

图 6-7　水箱中的石蜡、水和多孔介质温度

6.3 地下水传热

传热与地下水流耦合的过程一般用来确定地下储藏的热量是否足够多，地热能是否值得开采等。本文中我们将通过一个地下水换热对井回灌系统示例模型演示这一耦合过程。

地下水换热系统中的方程为

$$(\rho C_p)_{eq}\frac{\partial T}{\partial t}+\rho C_p\boldsymbol{u}\cdot\nabla T=\nabla\cdot(k_{eq}\nabla T)+Q+Q_{geo} \tag{6-6}$$

热量经传导和对流过程实现平衡，源项 Q 定义为热量，表示热量的生成或流失。多孔介质传热接口中有一个特殊的地热采暖功能，表示为域条件 Q_{geo}。

目前 COMSOL 中将热力参数的平均表示为一个权重因子，这些热力参数包括岩石基质和地下水，用体积分数 θ 表示。对几种固定的固体和流体做一个平均计算，可以选择使用体积平均方法，也可以采用其他类型的平均方法进行定义，如图 6-8 所示。

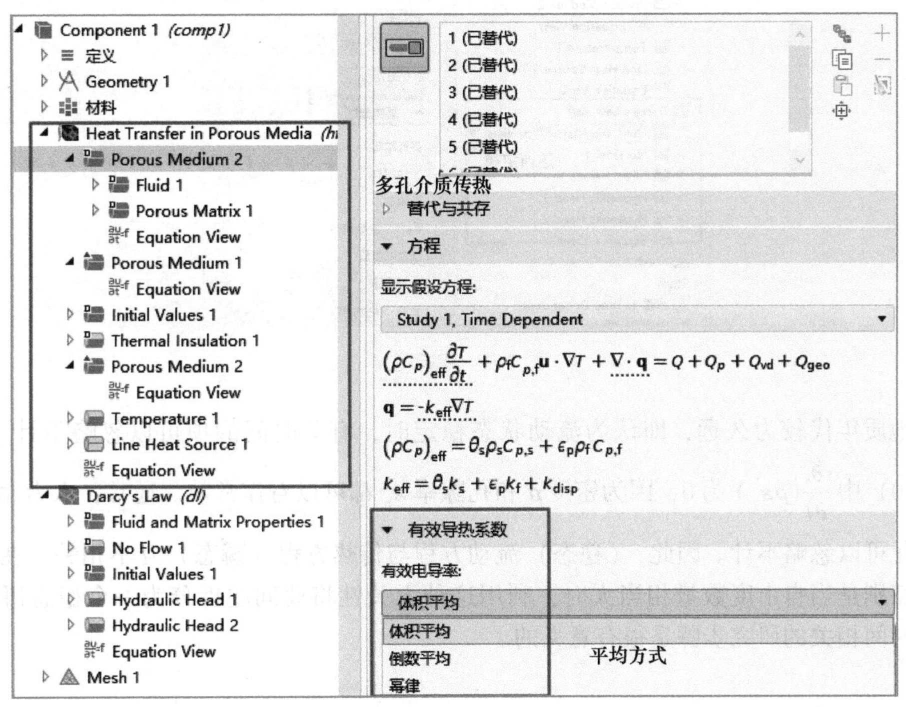

图 6-8 多孔介质传热场的定义

若使用体积平均方法，则热传导方程中的体积比热为

$$(\rho C_p)_{eq}=\sum_i(\theta_{pi}\rho_{pi}C_{p,pi})+\left(1-\sum_i\theta_{pi}\right)\rho C_p \tag{6-7}$$

导热性为

$$k_{eq}=\sum_i\theta_{pi}k_{pi}+\left(1-\sum_i\theta_{pi}\right)\rho C_p \tag{6-8}$$

要正确求解传热，还要考虑与流场相结合。一般而言，地下情况复杂多变，可以使用不

同的方法对地下水流进行数学描述。深层地热层设置中的流场定义如图 6-9 所示，通过达西定律定义由压力驱动的流动

$$\boldsymbol{u}=-\frac{\kappa}{\mu}\nabla p \tag{6-9}$$

式中，速度场 $\boldsymbol{u}$ 取决于渗透率 κ，流体的动态黏度 μ 由压力梯度 ∇p 驱动。然后，将达西定律并入以下连续性方程：

$$\frac{\partial}{\partial t}(\rho\varepsilon_p)+\nabla\cdot(\rho\boldsymbol{u})=Q_{\mathrm{m}} \tag{6-10}$$

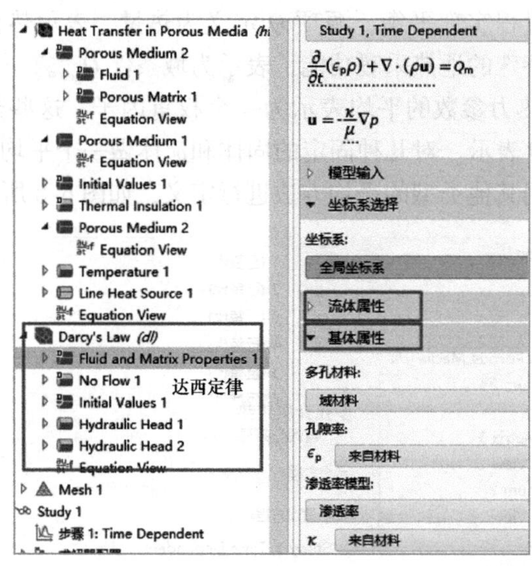

图 6-9　流场定义

若地质年代较为久远，即认为流动状态稳定时，有关时间的项可以忽略不计。由此，式（6-10）中 $\frac{\partial}{\partial t}(\rho\varepsilon_p)$ 为 0，因为密度 ρ 和孔隙率 ε_p 都可以看作常数。通常，水力属性随温度的变化可以忽略不计。因此，（稳态）流动方程与传热方程（瞬态）互不相关。在有些情况下，特别是当自由度数量相当大时，利用这种无关性将此问题拆分为一个稳态研究步骤和一个时间相关的研究步骤是很有意义的。

6.4 裂隙流和多孔弹性

裂隙流是局部地热系统中（如卡斯特含水层）主要的水流动态。地下水流模块向裂隙流接口提供裂隙和裂缝中的达西流场的二维表示。

地下水换热提取系统通常包含一个或多个回灌井和生产井。很多情况下这些井都是单独钻取的，但目前更多的做法是钻取一个（或多个）分支井。还有人提出仅钻取单个井，再分出单独的回灌区和生产区。需要注意的是，由于水的回灌和抽取而产生的人为压力变化会对多孔介质的结构产生影响，并产生水力压裂。如果考虑这些因素，则还需要执行多孔弹性分析，但在这里我们暂不考虑。

地下水换热应用的 COMSOL 模型：地热对井回灌在 COMSOL 中可以非常简单地建立一个对地下水-地热应用做长期预测的模型（见图 6-10）。

模型区包含三层具有不同热性能和水力属性的地质层，位于一个体积约为 500m³ 的箱体中。该箱体表示处于一个大断裂带上的地热开采点的一部分。层高为源自外部数据集的插值函数。相关含水层已完全饱和，顶部和底部均为弱透水层（隔水层）。温度分布通常是一个不确定性因素，但我们可以假设地温梯度为 0.03（℃/m），产生初始温度分布：$T_0(z) = 10℃ - z \cdot 0.03$（℃/m）。

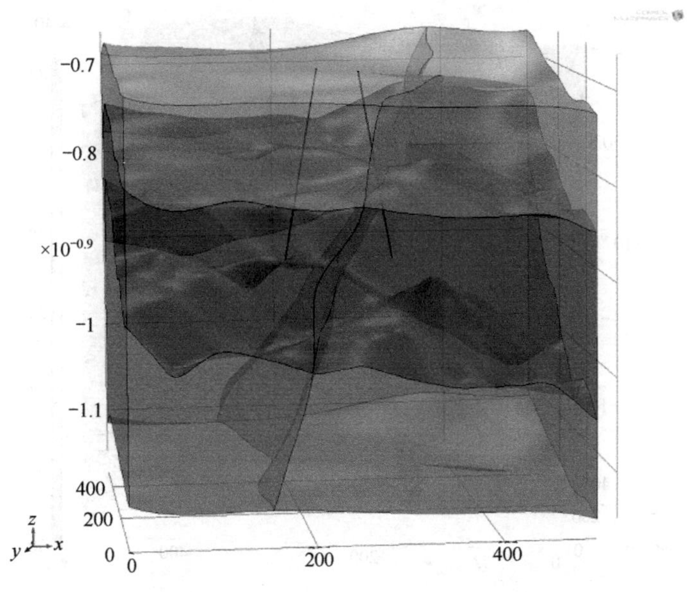

图 6-10　分层地下区域中的地下水换热对井回灌系统透视图

分层地下区域中的地下水换热对井回灌系统，处于一个断裂带上。边缘长度约为 500m。左侧为回灌井，右侧为生产井。两井之间的横向距离约 120m。

在 COMSOL 中先对该模型创建网格，然后再对井上的网格进一步细化（见图 6-11），从而在此区域获得预期的高温度梯度。

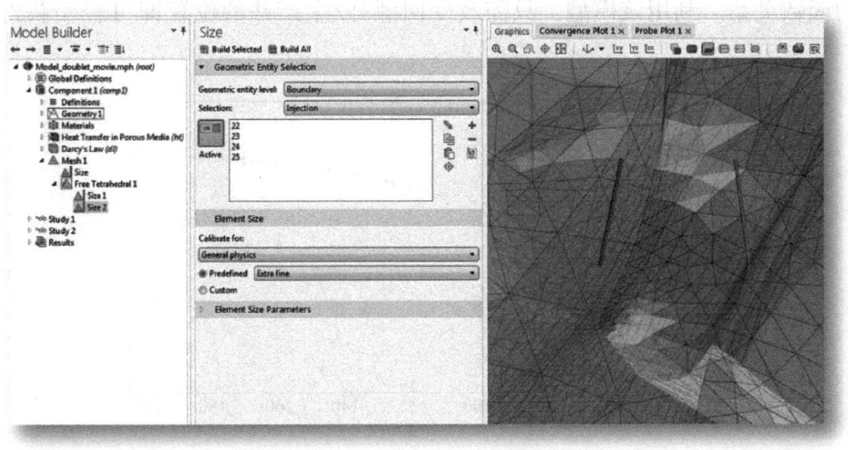

图 6-11　细化的局部网格

现在，一切准备就绪，可以开始提取热量了。右侧的生产井以 50L/s 的速率抽取（开采）地下热水。生产井为圆柱形，之所以采用这一形状是因为它可以满足流体流入流出的边界条件。抽取的热水用于发热或发电后，以同样的速率重新回灌入左侧的回灌井，但水温较低（本案例中为 5℃）。经过 30 年热量开采后的流场和温度分布如图 6-12 所示。

经过 30 年热量开采后的结果：回灌区与生产区的水力联系以及沿流动轨迹的温度分布如图 6-12 所示。请注意，这里只考虑了回灌井区域和生产井区域，其余的钻井未做模拟仿真，以减少网格剖分所需的大量计算。

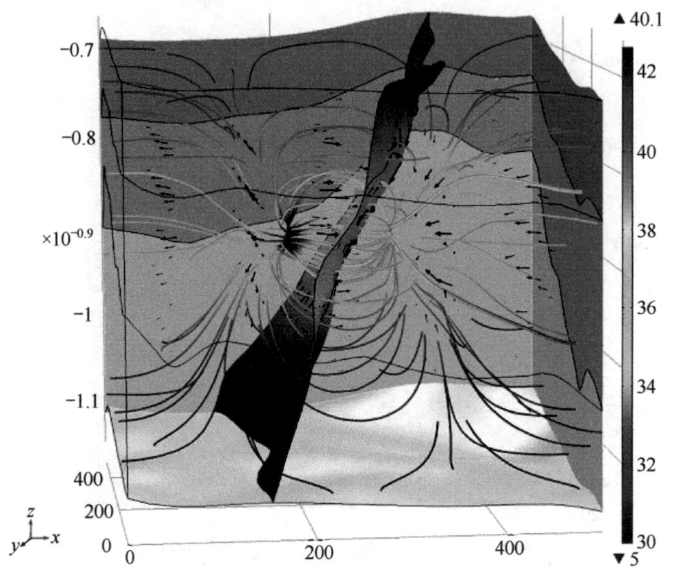

图 6-12　30 年热量开采后的温度分布、水力联系及沿流动轨迹温度分布

该模型非常适合评估不同条件下某一地热点是否值得开采。例如，回灌井与生产井之间的横向距离是如何影响开采温度的？是否需要扩大横向距离，还是中等距离就已足够？为此，改变井距，执行参数化研究。

横向距离不同时，两井之间的温度分布如图 6-13 所示。图 6-13 显示开采温度稳定后与横向距离的函数关系。利用该模型，只需改变回灌井/生产井的位置即可轻松获得不同的钻井系统。

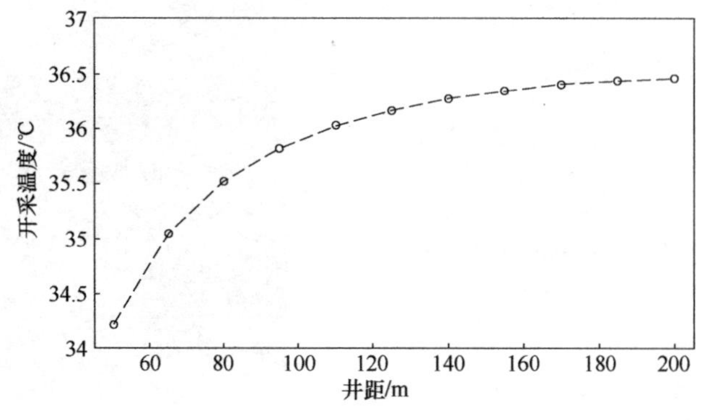

图 6-13　改变井距的温度分布

经过 30 年热量开采后的单井方法结果如图 6-14 所示。回灌区（上方）和生产区（下方）之间的垂直距离为 130m。

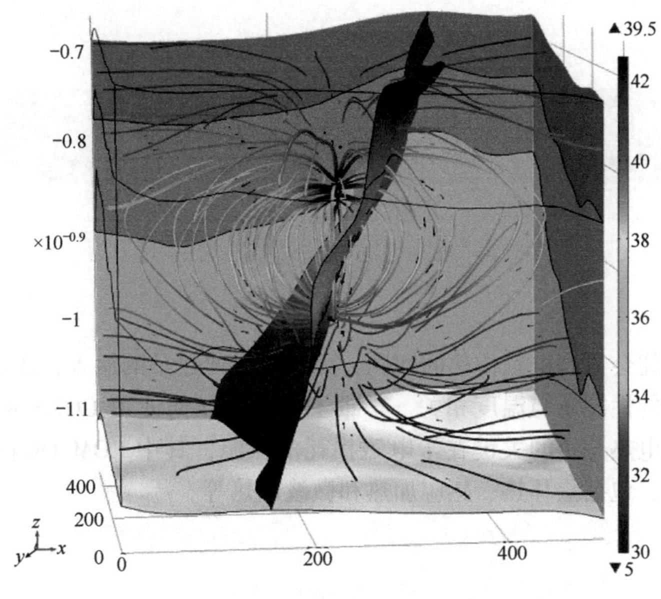

图 6-14　经过 30 年热量开采后的单井方法结果

至此，我们在讨论含水层时均未涉及周边地下水流的情况。如果考虑地下的水力梯度所引起的地下水流，结果会怎么样呢？

图 6-15 显示的情况与图 6-14 相同，只不过图中的水头梯度为$\nabla H=0.01\mathrm{m/m}$，从而产生了一个叠加流场。

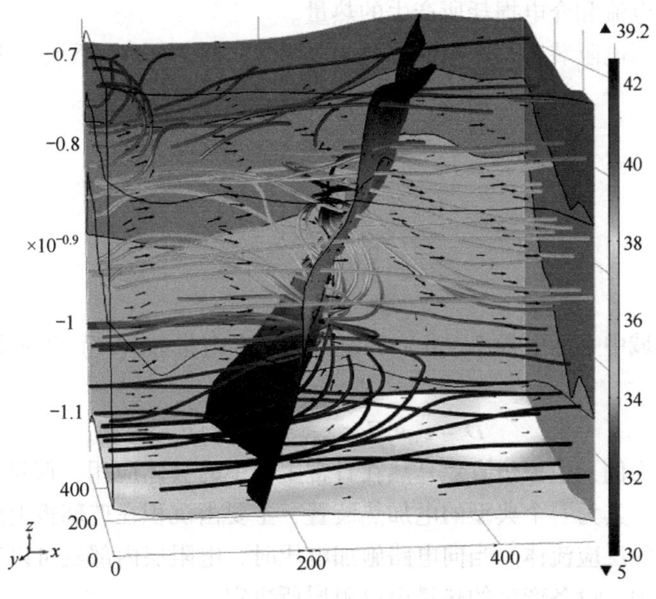

图 6-15　经过 30 年热量开采后的单井及水平气压梯度产生的叠加地下水流

第 7 章 电磁传热

电磁仿真中往往会遇到电磁传热的问题，无论是需要热量的输入，还是要避免因电磁损耗产热，电气设备的性能总与温度相关。本章主要讨论如何使用 COMSOL 软件中的电磁接口进行电热分析。电热分析的关键在于电磁损耗的热源，其中 COMSOL 内置了典型电磁热源的多场耦合接口，包括焦耳热、感应加热和微波加热等。

7.1 焦耳热

电流在流经电阻时，载流导体中能够产生热量，电能转化为热能的过程称为焦耳热（也称电阻加热或欧姆加热）。具体来说当电流通过电导率有限的固体或液体时，其材料中的电阻损耗会使电能转化为热能，当传导电子通过碰撞的方式将能量传递给导体的原子时，便会在微小尺度上产生热量。

使用 COMSOL 进行焦耳热仿真时，焦耳热多物理场接口耦合了固体传热和电流接口，这考虑到由于传导电流和介电损耗所产生的热量。

焦耳热接口模拟电阻装置，产生的主要为电阻热，将 $Q_e = Q_{rh}$ 添加为热源时：

$$\rho C_u \cdot \nabla T = \nabla \cdot (k \nabla T) + Q_e \tag{7-1}$$

在频域中：

$$Q_{rh} = \frac{1}{2}\mathrm{Re}(\boldsymbol{J} \cdot \boldsymbol{E}^*) \tag{7-2}$$

在时域中：

$$Q_{rh} = \boldsymbol{J} \cdot \boldsymbol{E} \tag{7-3}$$

特别地，在频域中采用电导率（σ）和复数相对介电常数（ε_r''）表示材料的损耗

$$\boldsymbol{J} = \sigma \boldsymbol{E} \tag{7-4}$$

$$\boldsymbol{D} = \varepsilon_0 \varepsilon_r \boldsymbol{E} = \varepsilon_0(\varepsilon_r' - \mathrm{j}\varepsilon_r'')\boldsymbol{E} \tag{7-5}$$

现以电加热板为例，模拟仿真焦耳热在日常生活中的具体应用，假设图 7-1 所示为电加热板加热反应流体，其为一个典型的电加热装置，主要由沉积在玻璃板上的电阻层组成，玻璃板下面是待加热的反应流体。当向电路施加电压时，电阻层内部就可以产生焦耳热，然后将热量传递到流体中，设备产生的热量由电阻层所决定。

在对设备中的电阻和介电加热进行仿真模拟的过程中，利用固体传热和多层壳中的电流

耦合对电加热板进行作用。使用焦耳热物理场时需要添加“多层壳中的电流”和“固体传热”接口，如图 7-2 所示。薄层内产生的单位面积热耗率（单位为 W/m²）计算公式为

$$q_{\text{prod}} = \mathrm{d}Q_{\text{DC}} \tag{7-6}$$

式中，$Q_{\text{DC}} = \boldsymbol{J} \cdot \boldsymbol{E} = \sigma \mid \nabla_t V \mid^2$ 为功率密度，产生的热量在玻璃板表面表现为向内热通量。

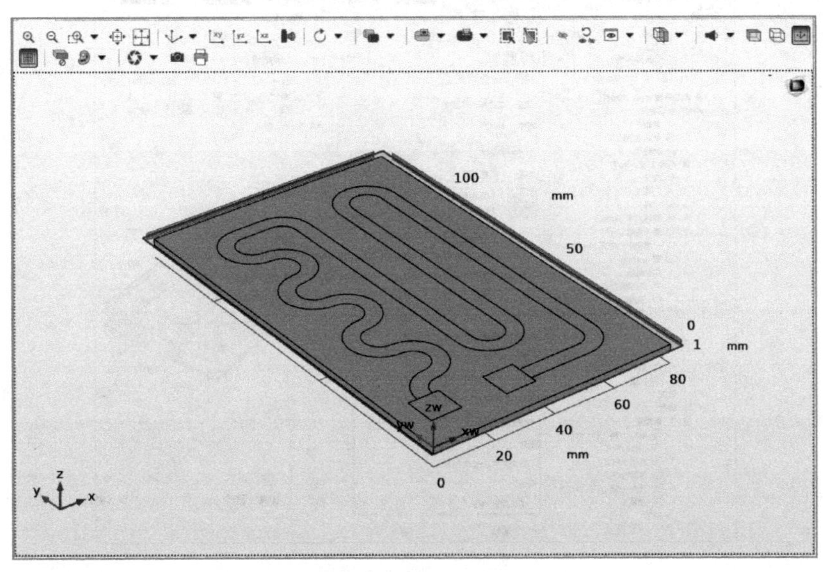

图 7-1　加热电路模型图

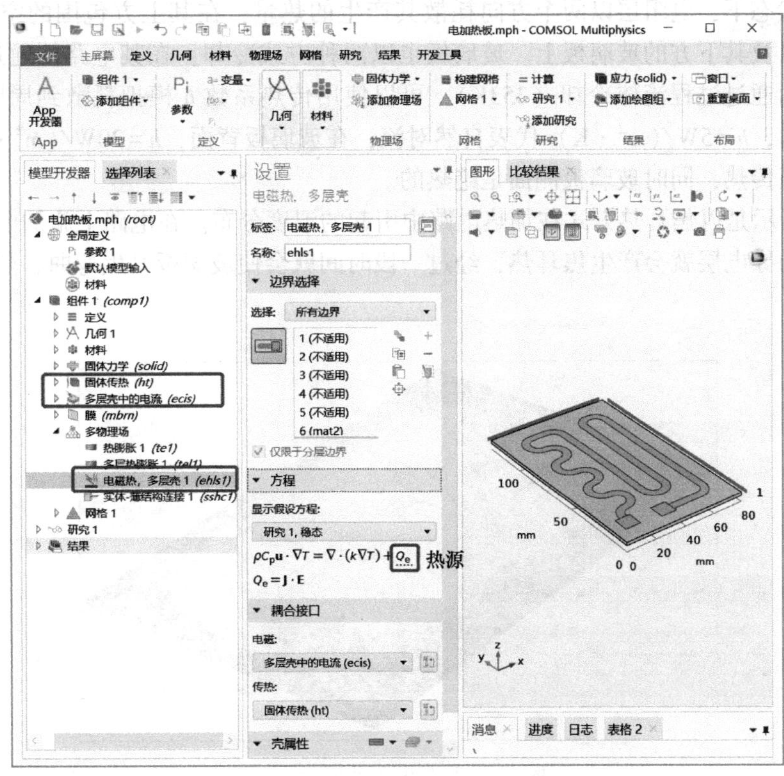

图 7-2　电流和固体传热耦合设置

此时在多物理场耦合功能添加电磁功率损耗作为热源，并且将电磁材料的属性设置为随温度发生变化，具体的设置如图 7-3 所示。

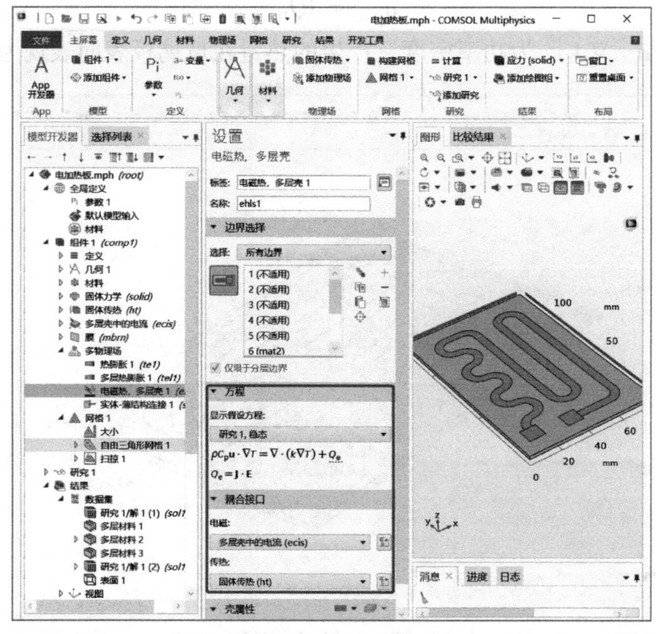

图 7-3　热源设置

在稳态状态下，电阻层以两个方向耗散其产生的热量：在其上方包围的空气中（温度为 293K），以及其下方的玻璃板上。玻璃板也以两种方式冷却：在其电路侧通过空气冷却，以及在其背面通过过程流体冷却（353K）。可以使用传热系数 h 模拟耗散到周围的热通量，向空气传热时，$h=5\mathrm{W/(m^2 \cdot K)}$ 代表自然对流；在玻璃板背面，$h=20\mathrm{W/(m^2 \cdot K)}$ 代表与流体进行对流传热，同时玻璃板侧面是绝热的。

图 7-4 所示是以焦耳热方式在加热电路中引起的温度分布。在电路上施加电压后，玻璃板上面覆盖的导电层就会产生焦耳热，经过一段时间就会使玻璃板发生弯曲，热应力分布如图 7-5 所示。

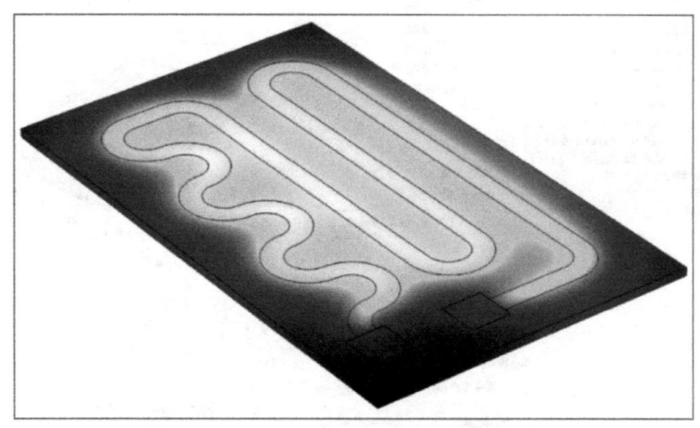

图 7-4　加热电路的温度分布

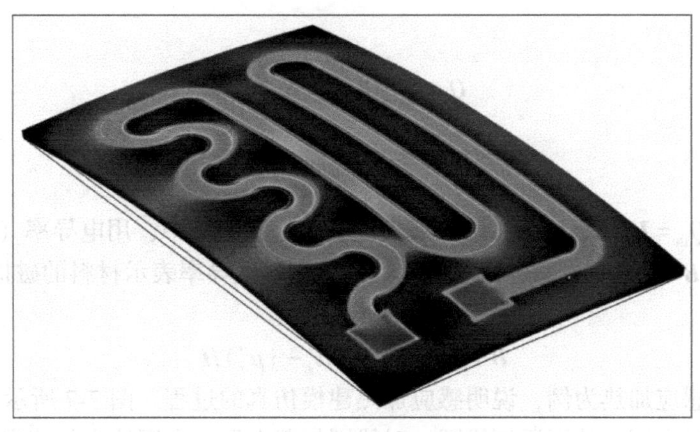

图 7-5　加热电路的热应力分布

7.2 感应热

感应加热是利用电磁感应的方法使被加热的材料的内部产生电流，依靠这些涡流的能量达到加热的目的。它主要用于金属热加工、热处理、焊接和熔化。感应加热系统的基本组成包括感应线圈、交流电源和工件。线圈和电源相连，电源为线圈提供交变电流，流过线圈的交变电流产生一个交变磁场，该磁场使工件产生涡流来加热。

相对于焦耳热效应来说，感应加热虽然和其类似，但有一个最重要的不同之处就是感应热对材料进行加热的电流通过电磁感应的方式产生，是一种非接触式的加热过程。由于感应加热产生的热量主要集中在工件内部，再作用于工件，因此这种加热方法效率很高。

将感应线圈（见图 7-6）放置在某种导电材料上方，通常使用的是铜板，在感应线圈上施加高频交流电，此时带电线圈附近可以产生一个时变磁场。将被加热的材料放置在产生的磁场内部，但不接触线圈，在交变电磁场感应的作用下，材料中会产生涡流，导致电阻损耗，进而达到对材料加热的目的。这种方法只适用于电导率较高的材料。

图 7-6　感应线圈图示

使用 COMSOL 进行感应加热接口对交流线圈中的铁磁体芯建模时，需耦合固体传热与磁场接口，主要考虑了由于感应电流和磁损耗产生的热量，将 $Q_e=Q_{rh}+Q_{ml}$ 添加为热源项。

在频域中：

$$Q_{rh} = \frac{1}{2}\mathrm{Re}(\boldsymbol{J} \cdot \boldsymbol{E}^*) \tag{7-7}$$

$$Q_{ml} = \frac{1}{2}\mathrm{Re}(\mathrm{i}\omega \boldsymbol{B} \cdot \boldsymbol{H}^*) \tag{7-8}$$

在时域中：$Q_{rh}=\boldsymbol{J}\cdot\boldsymbol{E}$，而 Q_{ml} 与磁滞模型有关，在频域中，用电导率（σ）表示材料的电阻损耗，并对 $\boldsymbol{B}$ 和 $\boldsymbol{H}$ 的关系进行线性化处理，用复磁导率表示材料的磁损耗：

$$\boldsymbol{J} = \sigma \boldsymbol{E} \tag{7-9}$$

$$\boldsymbol{B} = \mu_0\mu_r \boldsymbol{H} = \mu_0(\mu_r' - \mathrm{j}\,\mu_r'')\boldsymbol{H} \tag{7-10}$$

现在以铜柱感应加热为例，说明感应加热建模仿真的过程。图 7-7 所示为一个铜柱感应加热的算例，通过在铜柱外围添加线圈，对线圈加载电压，在铜柱中的感应电流便会产生热量，具体设置如图 7-8 所示。

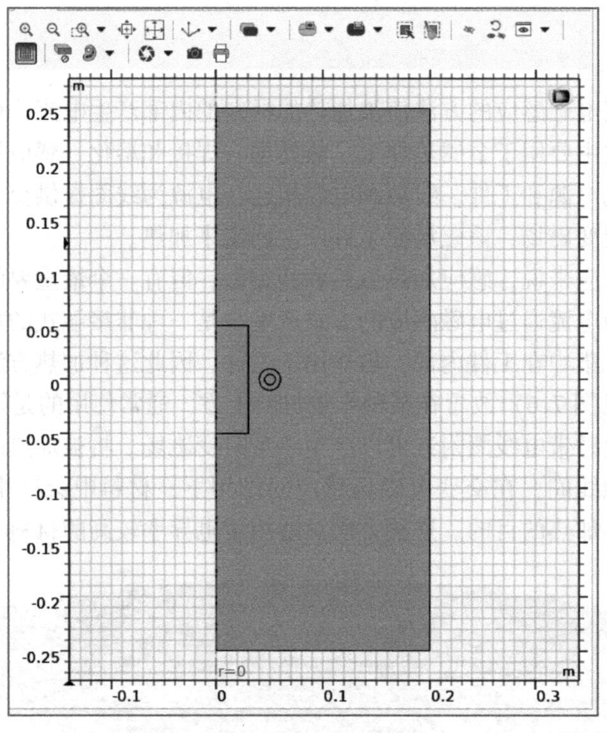

图 7-7　感应加热二维模型

要求解的系统给定为

$$\mathrm{j}\omega\sigma(T)\boldsymbol{A} + \nabla\times(\mu^{-1}\times A) = 0 \tag{7-11}$$

$$\rho C_p \frac{\partial T}{\partial t} - \nabla\cdot\lambda\,\nabla T = Q(T,\boldsymbol{A}) \tag{7-12}$$

式中，ρ 为密度；C_p 为恒压下的热容；λ 为导热系数；Q 为感应发热量。

铜的电导率的表达式为

$$\sigma = \frac{1}{\rho_0[1 + \alpha(T - T_0)]} \tag{7-13}$$

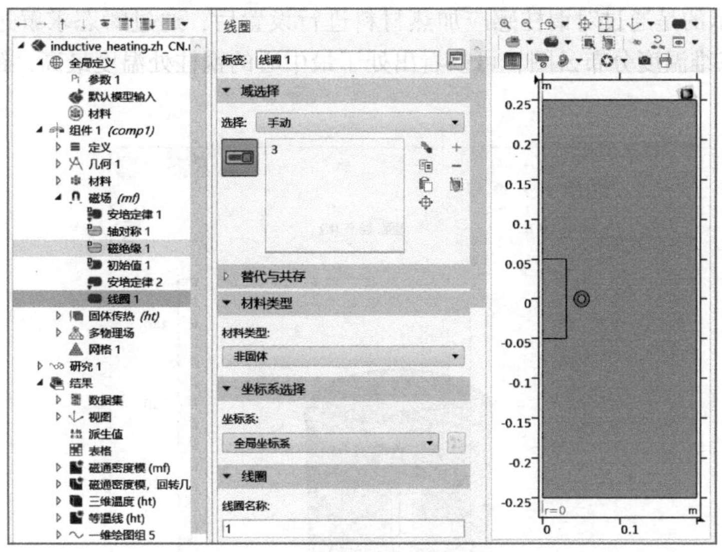

图 7-8　磁场设置

式中，ρ_0 为参考温度 $T_0=293\mathrm{K}$ 时的电阻率；α 为电阻率的温度系数；T 为域中的实际温度。

一段时间内感应发热量的时均值给定为

$$Q=\frac{1}{2}\sigma|\boldsymbol{E}|^2 \tag{7-14}$$

算例主要使用固体传热和磁场进行耦合，如图 7-9 所示，铜柱中的感应电流会产生热量，且当温度升高时，铜的电导率还会发生变化。因此，要准确描述这个过程，同时求解传热和电磁场传播是至关重要的。

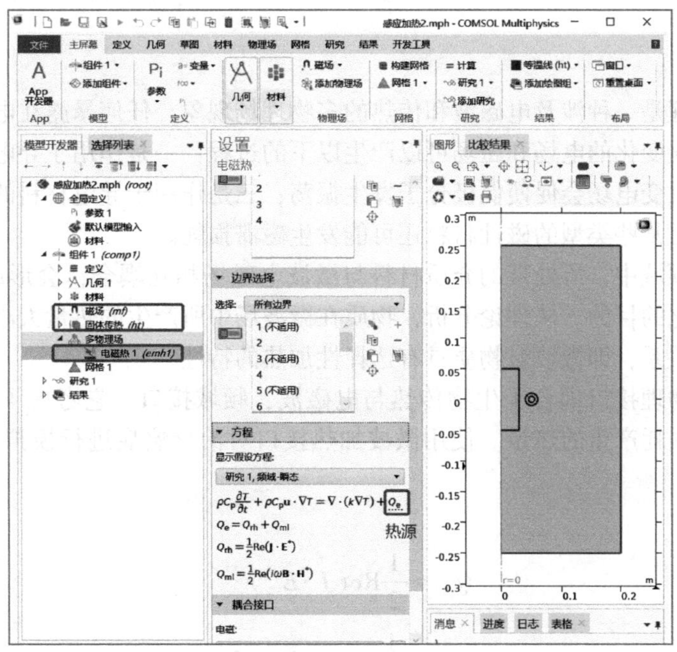

图 7-9　磁场和传热耦合设置

图 7-10 显示的是通过对铜柱感应加热材料进行设置后，通过瞬态求解过程对其进行求解计算，得到三维温度分布云图，可以看出处于最中心的铜柱处温度最高，铜柱周围线圈温度最低。

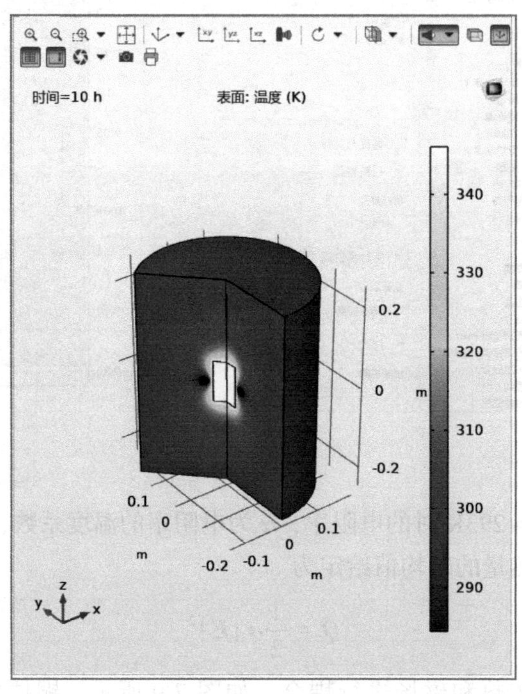

图 7-10 铜柱三维温度分布云图

7.3 微波热

微波加热原理是一种涉及电磁波和传热的多物理场现象，任何暴露在电磁辐射中的材料都会被加热。迅速变化的电场和磁场可以产生以下的过程：一是作用于导电材料的电场引起电流流动；二是时变电场会促使偶极分子发生振荡；三是作用于导电材料的时变磁场也会引起电流流动；四是某些类型的磁性材料还可能发生磁滞损耗。

一般在加工领域中，所处理的介质材料与微波电磁场相互耦合，会形成各种功率耗散，从而达到能量转化的目的。从理论分析，物质在微波场中所产生的热量大小与物质种类及其介电特性有很大关系，即微波对物质具有选择性加热的特性。

微波加热多物理接口耦合了生物传热与电磁波，频域接口。它考虑了高频状态下由电阻、电介质和磁损耗产生的热量。使用微波加热接口对治疗癌症进行模拟。将 $Q_e = Q_{rh} + Q_{ml}$ 添加为热源项。

在频域中：

$$Q_{rh} = \frac{1}{2}\text{Re}(\boldsymbol{J} \cdot \boldsymbol{E}^*) \tag{7-15}$$

$$Q_{ml} = \frac{1}{2}\text{Re}(\text{i}\omega \boldsymbol{B} \cdot \boldsymbol{H}^*) \tag{7-16}$$

在频域中用电导率（σ）、复磁导率（μ''）和复相对介电常数（ε''）表示材料损耗。

微波加热效应的典型应用是癌症治疗，这种治疗方式是对癌症肿瘤附近的局部组织进行加热，尽量避免对周围健康组织造成损伤。医生将一根很细的微波天线直接插入肿瘤，通过微波将其加热，逐渐在肿瘤附近形成凝固区，可以杀死其中的癌细胞，如图 7-11 所示。

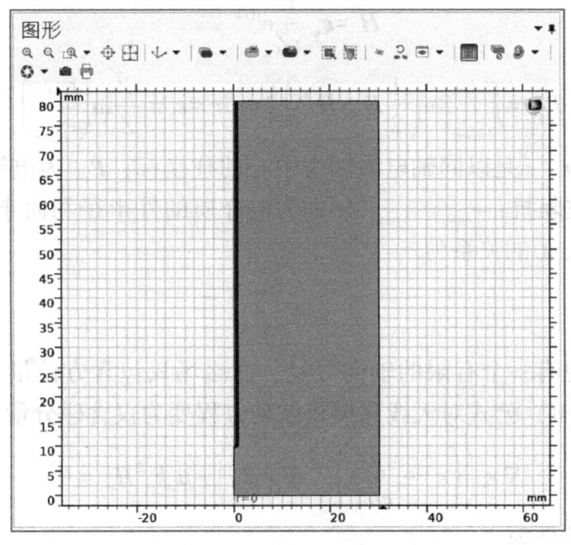

图 7-11　肝组织的微波加热

在此算例中，需要用到“生物传热”和“电磁波，频域”多物理场接口，同时添加电磁波的电磁损耗作为热源，利用该建模方法时需要假设电磁周期时间比热时间尺度短，并且电磁材料属性随温度发生变化，如图 7-12 所示。

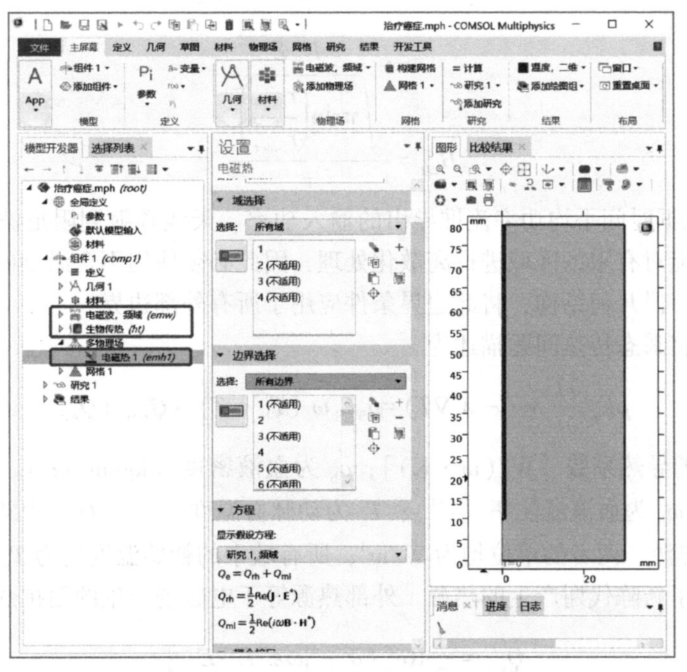

图 7-12　电磁波和生物传热耦合

同轴电缆中电磁波的传播特征为横电磁场（TEM）。假设含复数幅值的时谐物理场包含相位信息，则相应的公式为

$$\boldsymbol{E}=\boldsymbol{e}_r\frac{C}{r}\mathrm{e}^{\mathrm{j}(\omega t-kz)} \tag{7-17}$$

$$\boldsymbol{H}=\boldsymbol{e}_\varphi\frac{C}{rZ}\mathrm{e}^{\mathrm{j}(\omega t-kz)} \tag{7-18}$$

$$\boldsymbol{P}_{\mathrm{av}}=\int_{r_{\mathrm{inner}}}^{r_{\mathrm{outer}}}\mathrm{Re}\left(\frac{1}{2}\boldsymbol{E}\times\boldsymbol{H}^*\right)2\pi r\mathrm{d}r=\boldsymbol{e}_z\pi\frac{C^2}{Z}\ln\left(\frac{r_{\mathrm{outer}}}{r_{\mathrm{inner}}}\right) \tag{7-19}$$

式中，z 为传播方向；r、z 是以同轴电缆轴为中心的柱坐标；$\boldsymbol{P}_{\mathrm{av}}$ 为电缆的时间平均功率流；Z 为电缆电介质中的波阻抗；r_{outer}、r_{inner} 分别为电介质的外半径和内半径；ω 为角频率。传播常数 k 与介质中波长 λ 的关系为

$$k=\frac{2\pi}{\lambda} \tag{7-20}$$

在组织中，电场也有一个有限的轴向分量，而磁场只包含方位量，定义为 H_φ。可以使用轴对称的横向磁（TM）公式对天线建模将波动方程变为仅含磁分量 H_φ 中的标量

$$\nabla\times\left(\left(\varepsilon_r-\frac{\mathrm{j}\sigma}{\omega\varepsilon_0}\right)^{-1}\nabla\times H_\varphi\right)-\mu_r k_0^{\ 2}H_\varphi=0 \tag{7-21}$$

金属表面的边界条件为

$$\boldsymbol{n}\times\boldsymbol{E}=0 \tag{7-22}$$

使用功率级设为10W的端口边界条件对馈电点进行建模。这本质上是使用 $H_{\varphi0}$ 作为输入项的一阶低反射边界条件：

$$\boldsymbol{n}\times\sqrt{\varepsilon}\boldsymbol{E}-\sqrt{\mu}H_\varphi=-2\sqrt{\mu}H_{\varphi0} \tag{7-23}$$

其中

$$H_{\varphi0}=\frac{\sqrt{\dfrac{P_{\mathrm{av}}Z}{\pi r\ln\left(\dfrac{r_{\mathrm{outer}}}{r_{\mathrm{inner}}}\right)}}}{r} \tag{7-24}$$

其中，P_{av} 表示根据时间平均功率流推导出的输入功率。天线辐射到阻尼波呈发散状传播的组织中。由于只能对有限的区域进行离散化处理，因此必须使用不含激励的类似吸收边界条件从天线上截掉一段几何结构，将此边界条件应用于所有外部边界。

生物热方程将瞬态传热问题描述为

$$\rho C_p\frac{\partial T}{\partial t}+(-\lambda\nabla T)=\rho_{\mathrm{b}}C_{\mathrm{b}}\omega_{\mathrm{b}}(T_{\mathrm{b}}-T)+Q_{\mathrm{met}}+Q_{\mathrm{ext}} \tag{7-25}$$

式中，λ 为肝脏的导热系数［W/(m · K)］；ρ_{b} 为血液密度（kg/m^3）；C_{b} 为血液的比热容［J/（kg · K)］；ω_{b} 为血液灌注率（s^{-1}）；T_{b} 为动脉血温度（K）；Q_{met} 为新陈代谢产生的热源，Q_{ext} 为外部热源，两者的单位均为W/m^3，所有域中的初始温度均为 T_{b}。

此模型忽略了新陈代谢产生的热源。外部热源等于电磁场产生的阻抗热：

$$Q_{\mathrm{ext}}=\frac{1}{2}\mathrm{Re}[(\sigma-\mathrm{j}\omega\varepsilon)\boldsymbol{E}\cdot\boldsymbol{E}^*] \tag{7-26}$$

模型假设血液灌注率为 $\omega_b = 0.0036\text{s}^{-1}$，血液流入肝脏时人体温度为 $T_b = 37℃$，之后加热到温度 T。血液的比热容为 $C_b = 3639\text{J}/(\text{kg}\cdot\text{K})$。

为使模型更逼真，可以考虑让 ω_b 随温度而变化。体温上升会使血液流动加快。

本例仅模拟肝脏区域的传热问题，使用热绝缘进行截断，如图 7-13 所示，即

$$-\boldsymbol{n}\cdot\boldsymbol{q} = 0 \tag{7-27}$$

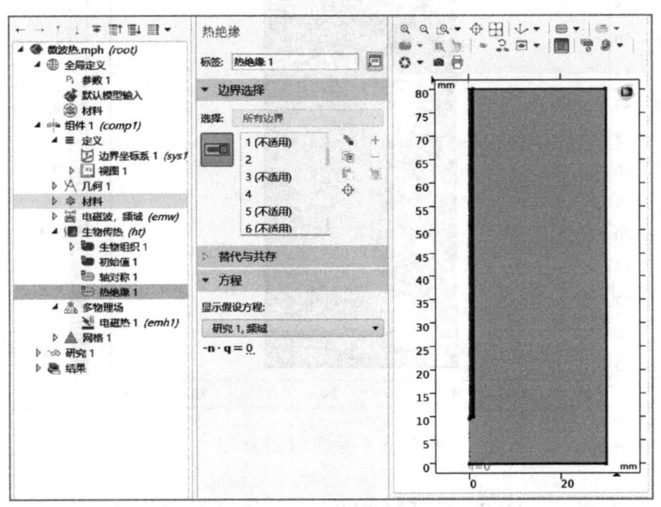

图 7-13　热绝缘设置

除了传热方程，此模型还计算组织损伤积分，由阿伦尼乌斯方程，可以得到此过程中组织损伤程度 α，具体设置如图 7-14 所示，最终将得到图 7-15 所示的受损组织分布图。

$$\frac{\mathrm{d}\alpha}{\mathrm{d}t} = (1-\alpha)^n A exp\left(-\frac{\mathrm{d}E}{RT}\right) \tag{7-28}$$

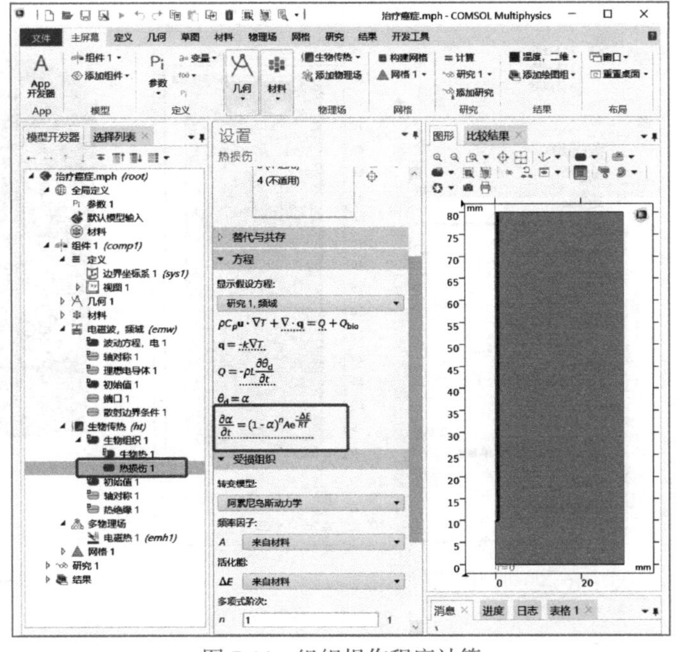

图 7-14　组织损伤程度计算

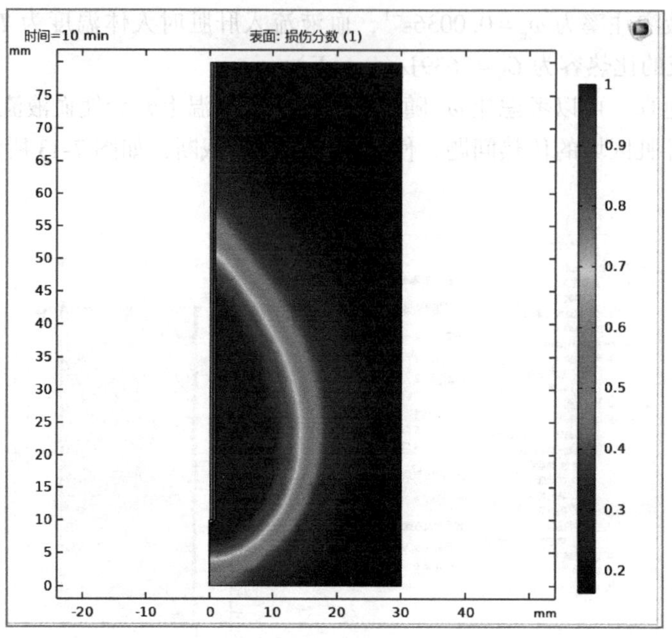

图 7-15　受损组织分布

式中，A 为频率因子（s^{-1}）；dE 为不可逆损伤反应的活化能（J/mol）。这两个参数与组织类型相关，如图 7-16 所示。坏死组织占比 θ_d 表示为

$$\theta_d = \alpha \tag{7-29}$$

由图 7-17 可以看出天线尖端附近温度最高，同时温度聚集范围很小，可以有针对性地杀死受损组织附近的癌细胞，从而不对健康的组织造成损害。

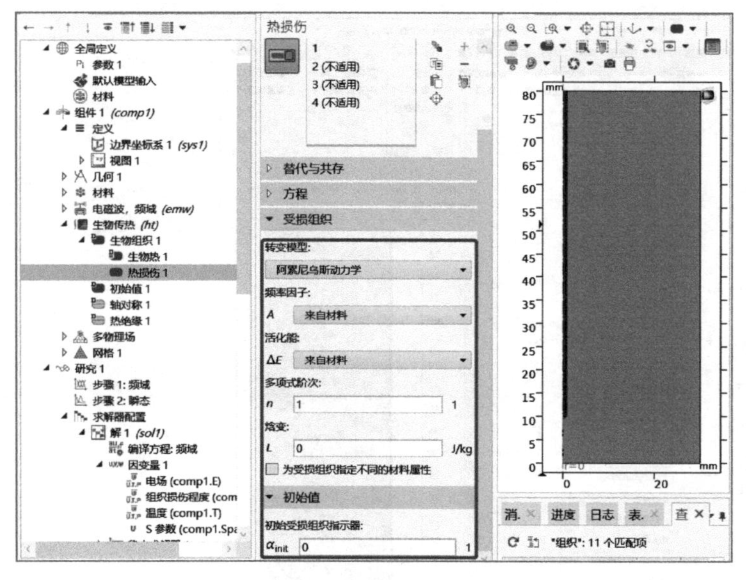

图 7-16　受损组织分布

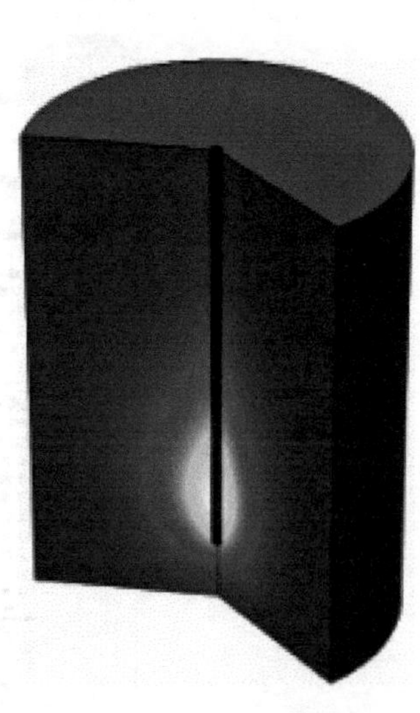

图 7-17　对肝组织进行微波加热，用于治疗癌症

第三部分

应用篇

第 8 章 航空航天与动力领域

8.1 简介

航空航天及动力技术是现代军事领域中的重要支撑，对于制空权、制天权的争夺已经成了现代战争的首要突破口，而航空航天领域技术难度大和系统复杂性高，极具挑战，且试验成本高昂。因此，航空航天领域的仿真技术一直受到全球各国的大力支持，其覆盖面从系统级仿真到跨尺度仿真，从半实物仿真再到当下热门的数字孪生，应用领域从飞行器气动外形到卫星在轨运行，从导弹攻防到电子系统等。COMSOL 仿真一般分为单元级别和组件级别，前者是单学科仿真，后者是多场耦合，研究不同物理对象的时间空间规律变化。本章选取航空航天领域典型的动力叶片、卫星布局和气动生热三个应用案例，依次展示了传热场、流体场和自定义热源方面的软件实操方法。

8.2 案例 1　燃气轮机叶片

8.2.1　物理背景

航空发动机涡轮叶片工作在高温、高压环境中，合理预测叶片表面的温度分布对冷却结构校核、强度应力计算以及寿命评估具有重要意义。然而传统的计算方法忽略了固体叶片导热对温度场分布的影响，导致温度计算参数和实际有着较大的差距，因此本算例以 C3X 叶片为计算模型，考虑了固体导热对温度场分布的影响，同时也初步考虑了内部冷却结构和气膜冷却的影响，具有较好的代表性。

8.2.2　操作步骤

1. 物理场的选择设置

打开软件以后，使用模型向导开始创建模型。第一步，设置模型的空间维度，将其选择为三维模型；第二步，添加所需的物理场。在本案例中，物理模型为湍流模型和流体传热模型，具体路径为**流体流动→湍流和传热→流体传热**（湍流模型的设置和计算结果密切相关，本案例选择 k-ε 模型），并将因变量设置为默认值，然后单击研究，如图 8-1 所示。

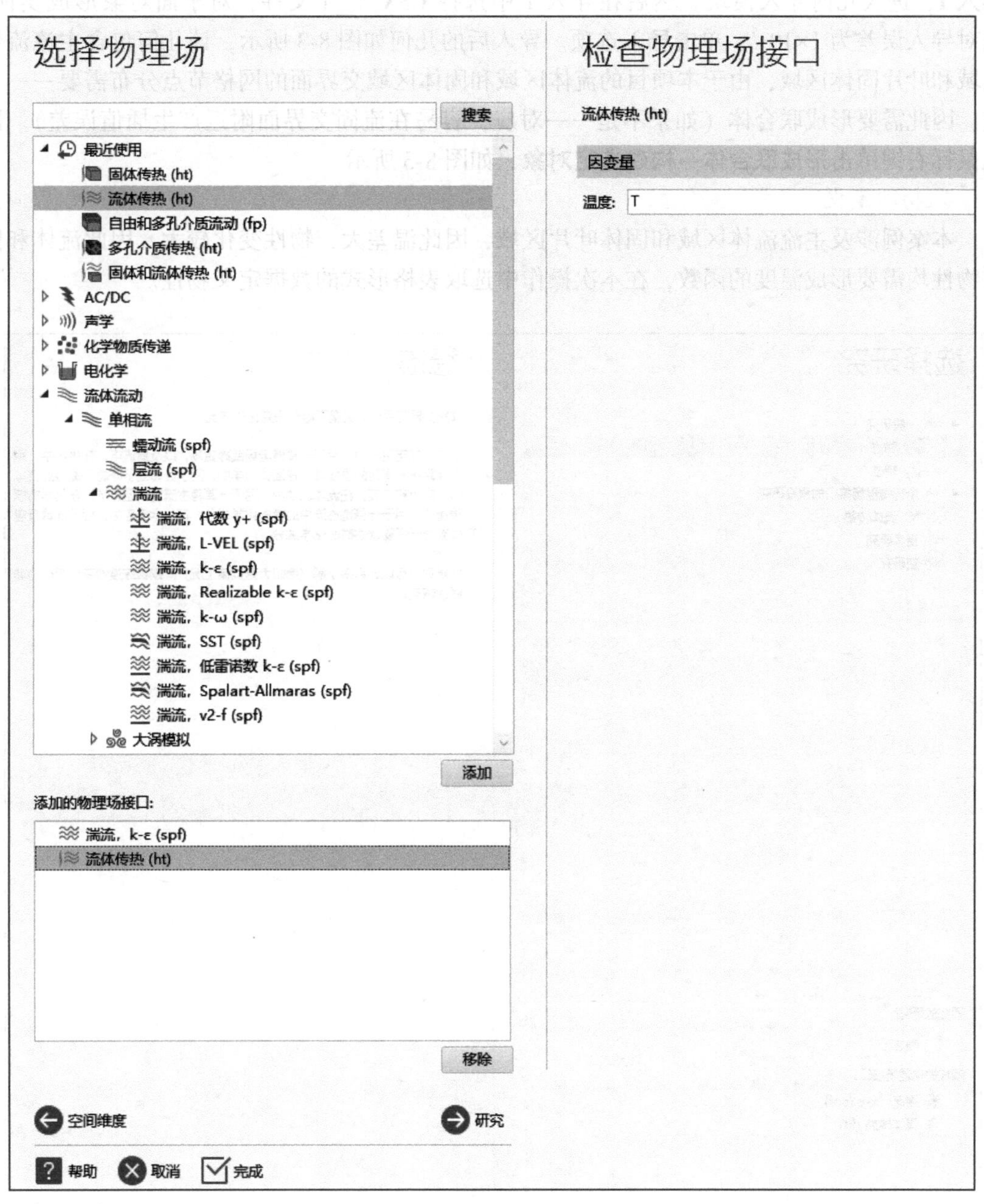

图 8-1　物理场的选择和添加

2. 求解器设置

单击**研究**按钮，会弹出**选择研究树，**在其中选择添加**稳态**（航空发动机的工程模拟一般只考虑稳态状态，在未来计算资源丰富时可以考虑采用非稳态），单击**完成**按钮，如图 8-2 所示。

3. 几何导入

本案例的几何较为复杂，因此导入通用几何格式 *.x_t，导入路径为**几何 1→鼠标右键→**

导入 1，进入几何导入模块。然后在导入 1 中选择 C3X. x _ t 文件，对于面对象形成实体，绝对导入误差为 1×10^{-5}，单击**导入**选项。导入后的几何如图 8-3 所示，该几何包含主流流体区域和叶片固体区域，由于本项目的流体区域和固体区域交界面的网格节点分布需要一一对应，因此需要形成联合体（如果不是一一对应，容易在流固交界面附近产生插值误差）。因此鼠标右键单击**形成联合体→构建选定对象**，如图 8-3 所示。

4. 材料定义

本案例涉及主流流体区域和固体叶片区域，因此温差大，物性变化较大，因此流体和固体物性均需要形成温度的函数，在本次操作中选取表格形式的数据定义物性。

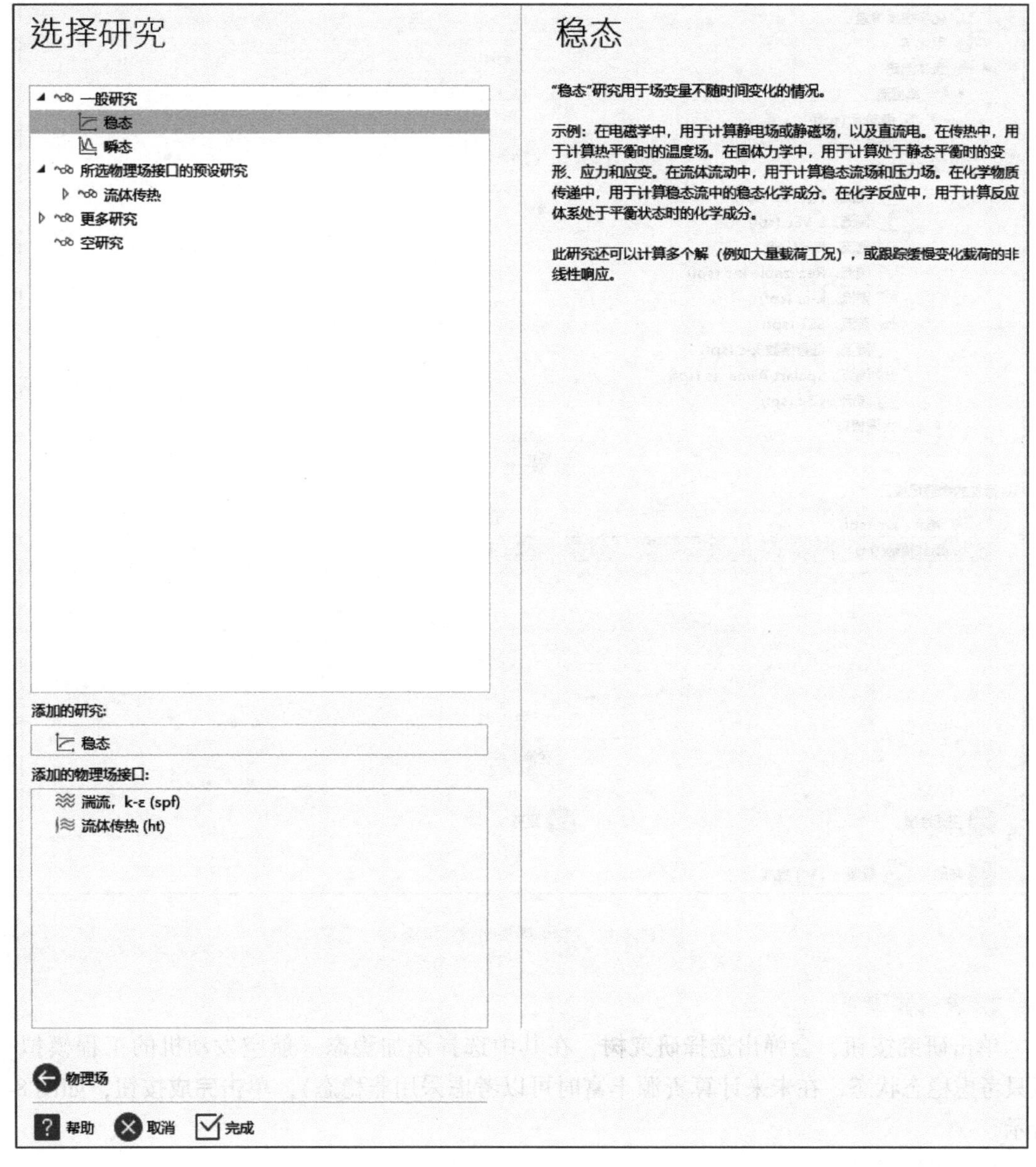

图 8-2 求解器简单设置

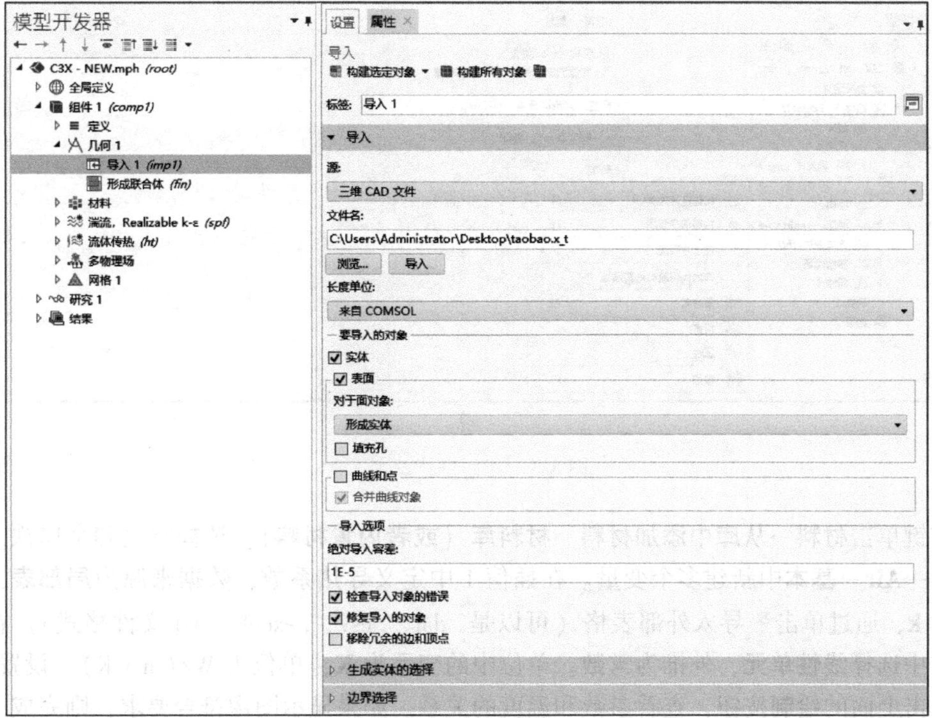
模型开发器
C3X - NEW.mph (root)
全局定义
组件 1 (comp1)
定义
几何 1
导入 1 (imp1)
形成联合体 (fin)
材料
湍流，Realizable k-ε (spf)
流体传热 (ht)
多物理场
网格 1
研究 1
结果
设置
属性
导入
构建选定对象
构建所有对象
标签:
导入 1
导入
源:
三维 CAD 文件
文件名:
C:\Users\Administrator\Desktop\taobao.x_t
浏览...
导入
长度单位:
来自 COMSOL
要导入的对象
实体
表面
对于面对象:
形成实体
填充孔
曲线和点
合并曲线对象
导入选项
绝对导入容差:
1E-5
检查导入对象的错误
修复导入的对象
移除冗余的边和顶点
生成实体的选择
边界选择
a)

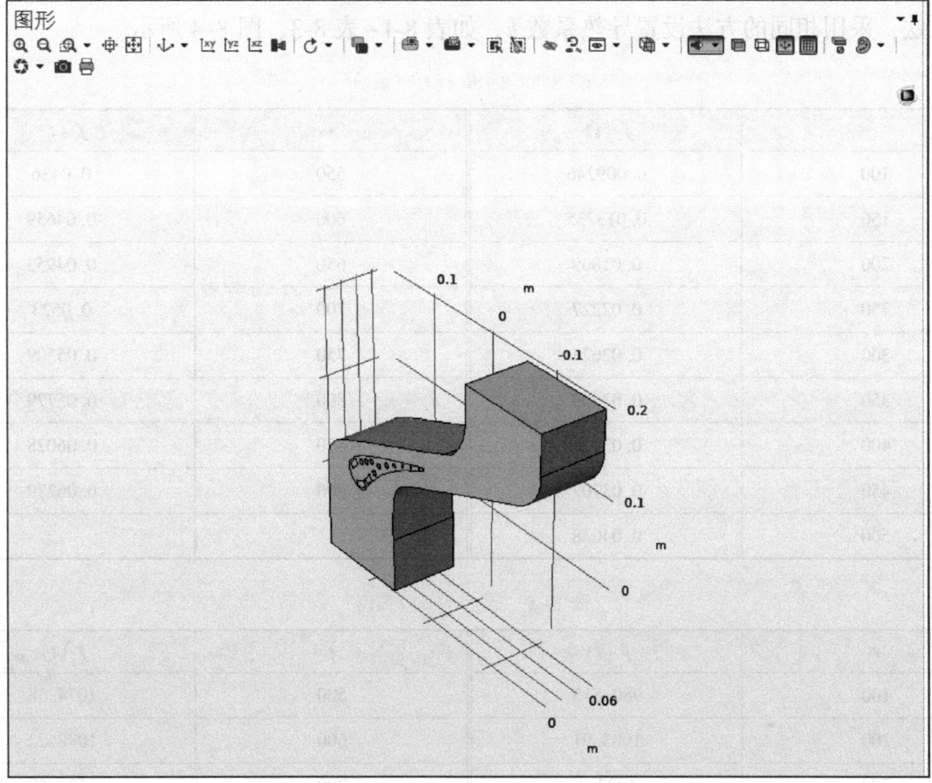
图形
0.1
m
0
-0.1
0.2
0.1
m
0
0.06
0
m
b)

图 8-3　几何操作

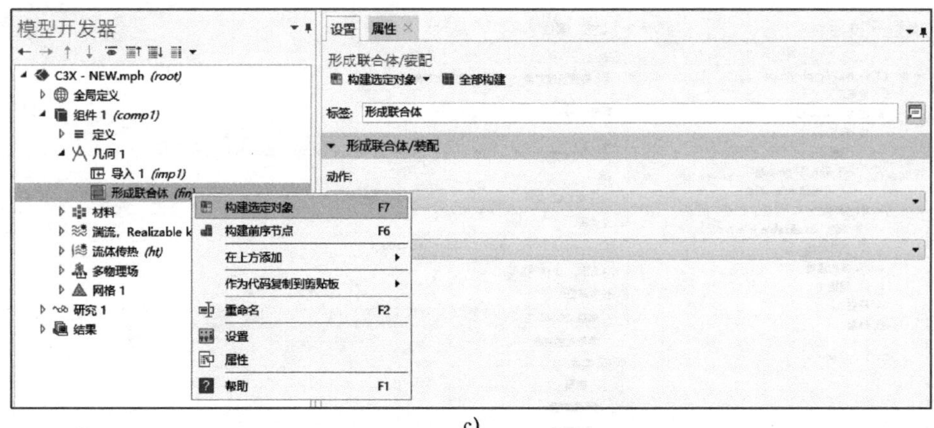

c)

图 8-3　几何操作（续）

右键单击**材料→从库中添加材料→材料库（或者内置材料）**，选择空气和金属铁。然后在材料→**Air→基本**中新建多个变量。在插值 1 中定义导热系数，数据来源为**局部表**，函数名称为 **k**，通过单击 导入外部表格（可以是 . dat、. csv、. excel、. txt 文件格式）。在内插和外推中选择**线性单元**，外推为**常数**。单位中的变元为 **K**，单位为 W/(m · K)。设置完后，可以单击上面的**绘制**按钮，查看参数和温度的关系。如果显示图像符合要求，则完成了空气导热系数的设置。采用相同的设置可以得到插值 2 中的比热容和插值 3 中的动黏度设置。对于金属铁，采用相同的方法设置导热系数 k，如表 8-1～表 8-3、图 8-4 所示。

表 8-1　插值 1(k)(air)

t	$f\ (t)$	t	$f\ (t)$
100	0. 009246	550	0. 0436
150	0. 013735	600	0. 04659
200	0. 01809	650	0. 04953
250	0. 02227	700	0. 0523
300	0. 02624	750	0. 05509
350	0. 03003	800	0. 05779
400	0. 03365	850	0. 06028
450	0. 03707	900	0. 06279
500	0. 04038		

表 8-2　插值 $f(c)$(air)

t	$f\ (t)$	t	$f\ (t)$
100	980. 815	500	1074. 58
200	1003. 91	600	1098. 22
300	1027. 3	700	1121. 68
400	1050. 9	800	1144. 79

表 8-3　插值 1(k)(steel)

t	$f(t)$	t	$f(t)$
294.15	10.0	700.15	17.0
366.15	11.0	811.15	19.0
477.15	13.0	10000.00	20.0
589.15	15.0		

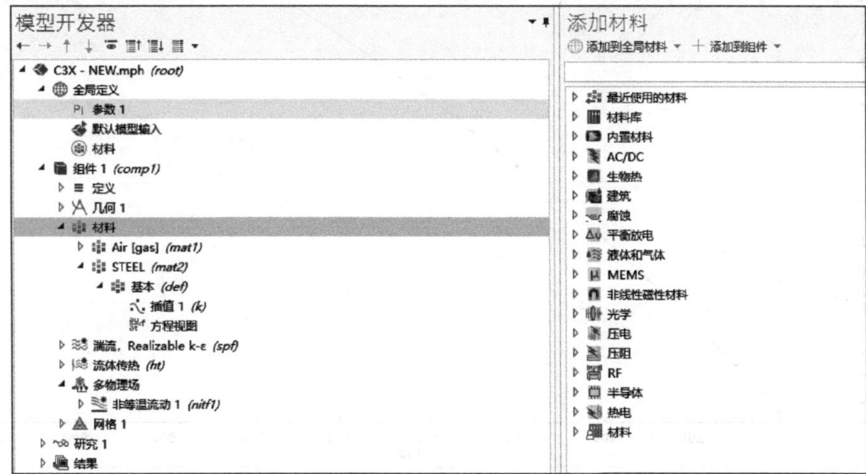

a)

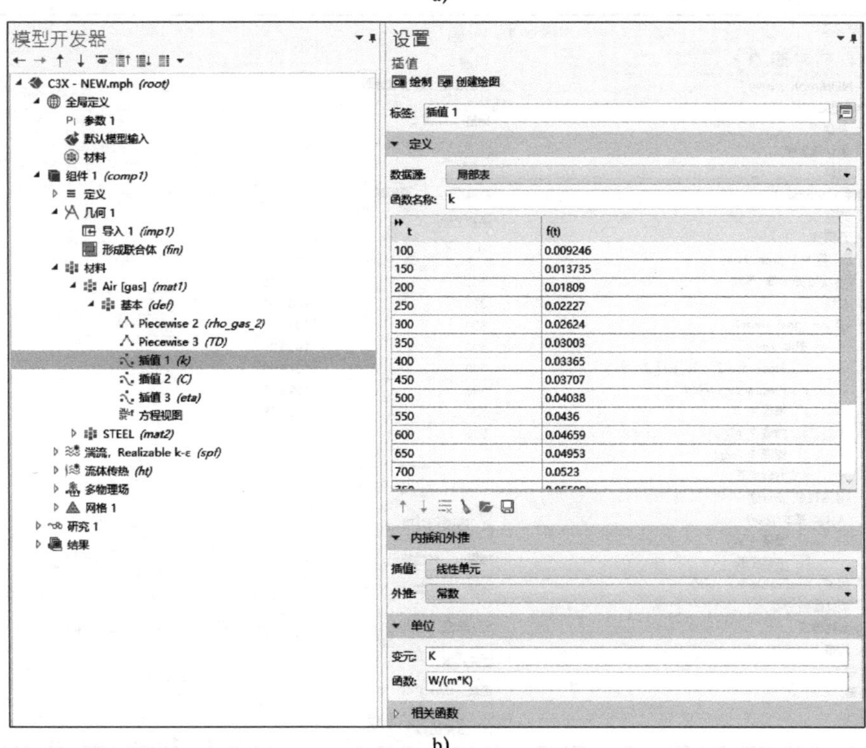

b)

图 8-4　物性设置

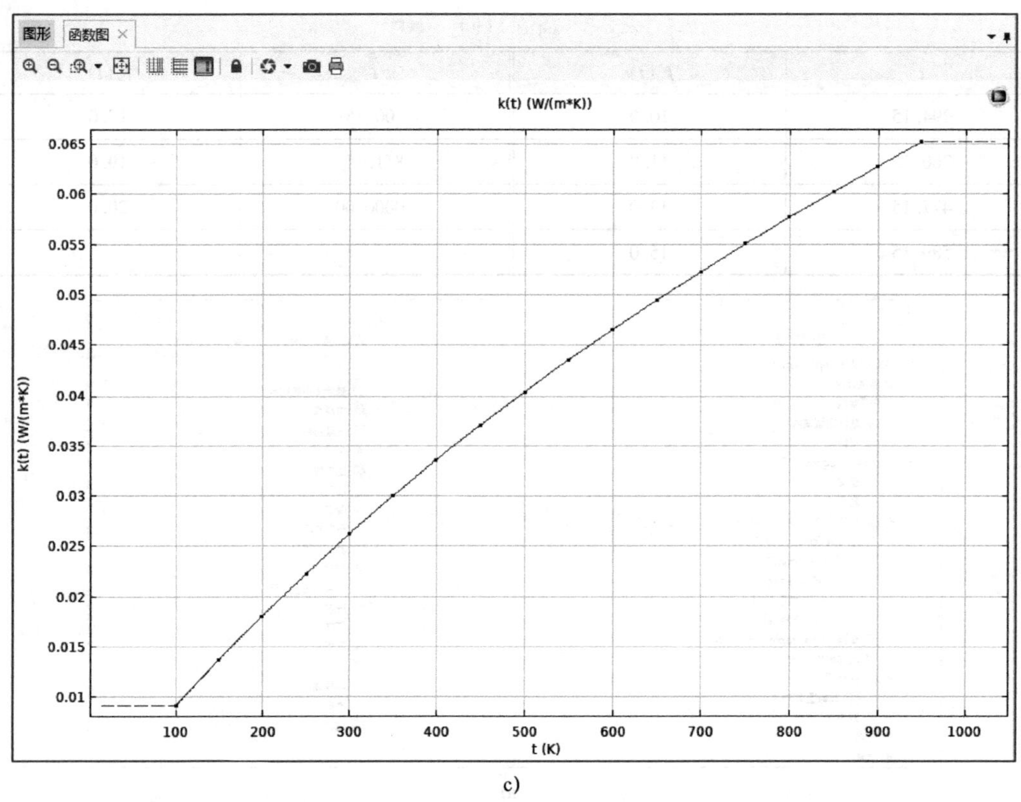

c)

模型开发器

- C3X - NEW.mph *(root)*
  - 全局定义
    - 参数 1
    - 默认模型输入
    - 材料
  - 组件 1 *(comp1)*
    - 定义
    - 几何 1
      - 导入 1 *(imp1)*
      - 形成联合体 *(fin)*
    - 材料
      - Air [gas] *(mat1)*
        - 基本 *(def)*
          - Piecewise 2 *(rho_gas_2)*
          - Piecewise 3 *(TD)*
          - 插值 1 *(k)*
          - 插值 2 *(C)*
          - 插值 3 *(eta)*
          - 方程视图
      - STEEL *(mat2)*
        - 基本 *(def)*
          - 插值 1 *(k)*
          - 方程视图
    - 湍流，Realizable k-ε *(spf)*
    - 流体传热 *(ht)*
    - 多物理场
    - 网格 1
  - 研究 1
  - 结果

设置

插值

绘制　创建绘图

标签：插值 2

定义

数据源：局部表

函数名称：C

t	f(t)
100	980.815
200	1003.91
300	1027.3
400	1050.9
500	1074.58
600	1098.22
700	1121.68
800	1144.79

内插和外推

插值：线性单元

外推：常数

单位

变元：K

函数：J/(kg*K)

相关函数

d)

图 8-4　物性设置（续）

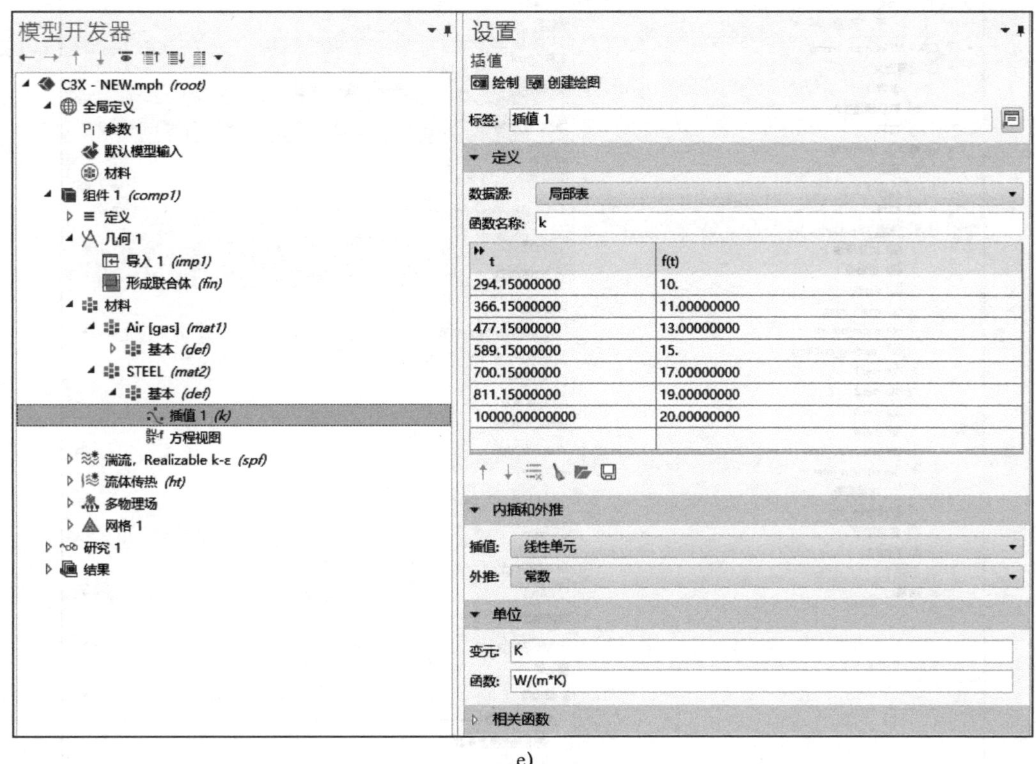

e)

图 8-4　物性设置（续）

5. 湍流 k-ε 模型

湍流模型针对的是流体域，因此首先定义流体域所在的几何。在域选择中，选择方式采用手动，通过鼠标选择相应的流体域。选择可压缩流动，参考压力为 0atm（$1\text{atm} \approx 1.01 \times 10^5\text{Pa}$）（叶轮机械领域参考压力一般设定为 0）。

下面进入边界设置，边界设置包含主流热空气入口、主流热空气出口、冷气入口、周期性交界面等。具体的操作方式为右键单击**湍流 k-ε 模型**，然后单击相应的边界类型，采用手动形式选取边界，并给出边界条件。其中各个面的边界参数，如图 8-5 所示。

6. 流体传热（ht）模型设置

在流体传热模型中首先用鼠标右键新建固体区域和流体区域，完成域位置的确定，然后对每一个边界定义温度，特别需要说明的是，本案例中固体域的扰流柱部分给定的是温度边界条件。每一部分的参数设置如图 8-6 所示。

7. 多物理场设置

上述流体域和固体域是分开设置的，在计算过程中需要考虑耦合效应，因此需要进行耦合设置。在物理场→**添加多物理场→非等温流动，如图 8-7 所示**。

8. 网格设置

网格设置和结果密切相关，需要确定每个部件的网格尺寸、网格生成方式及边界层网格进行设置。具体的为鼠标右键单击网格 1，选择对应的操作。具体操作如图 8-8 所示。

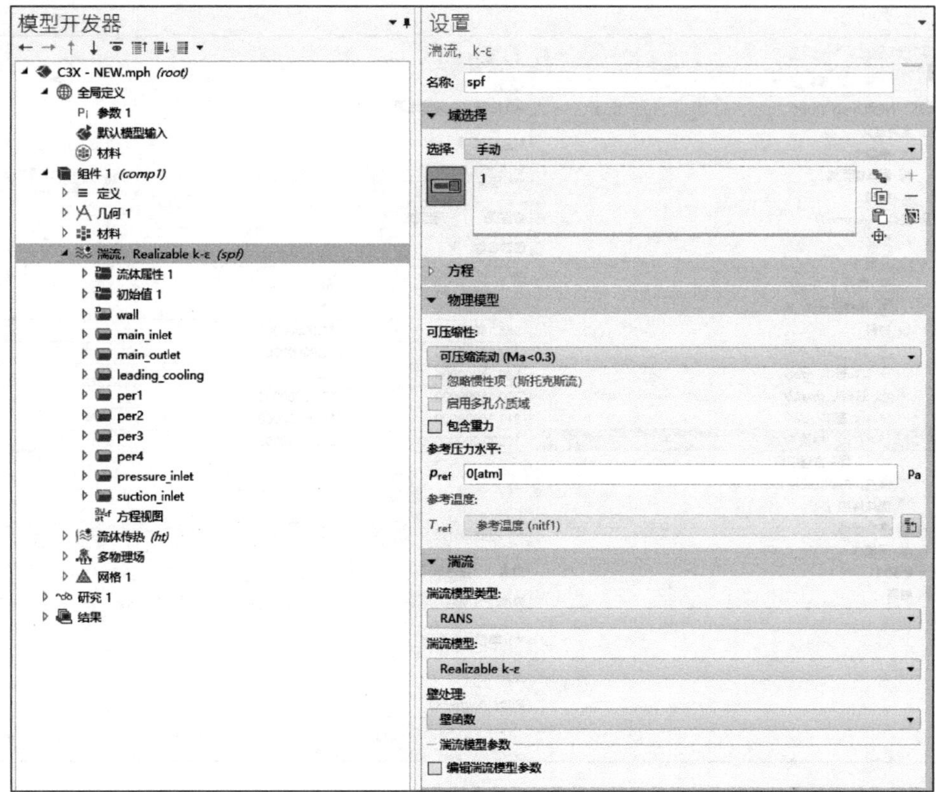

a)

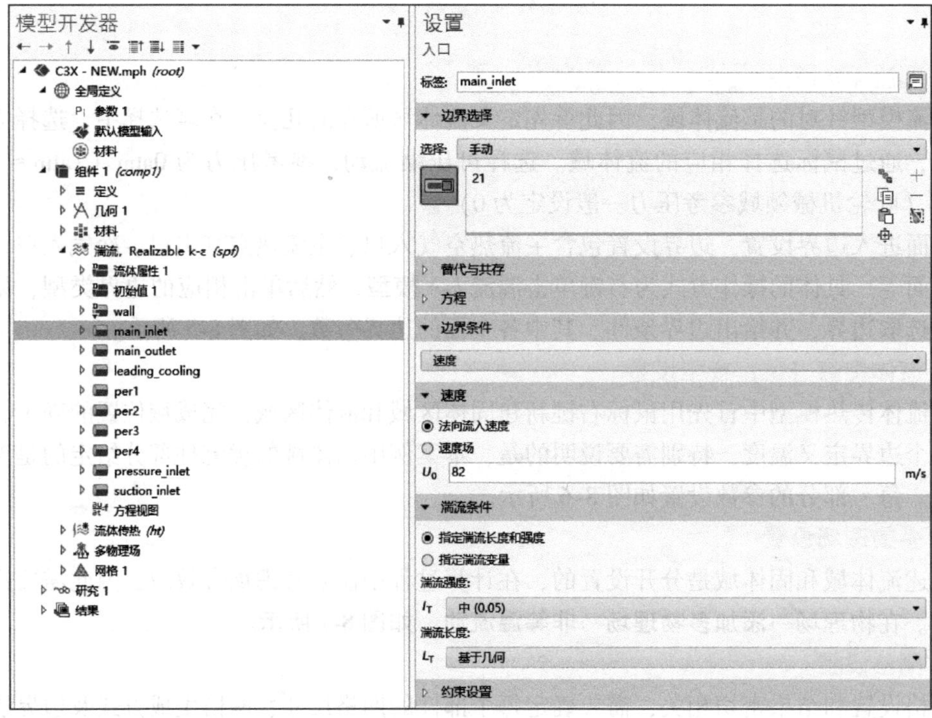

b)

图 8-5　湍流边界设置

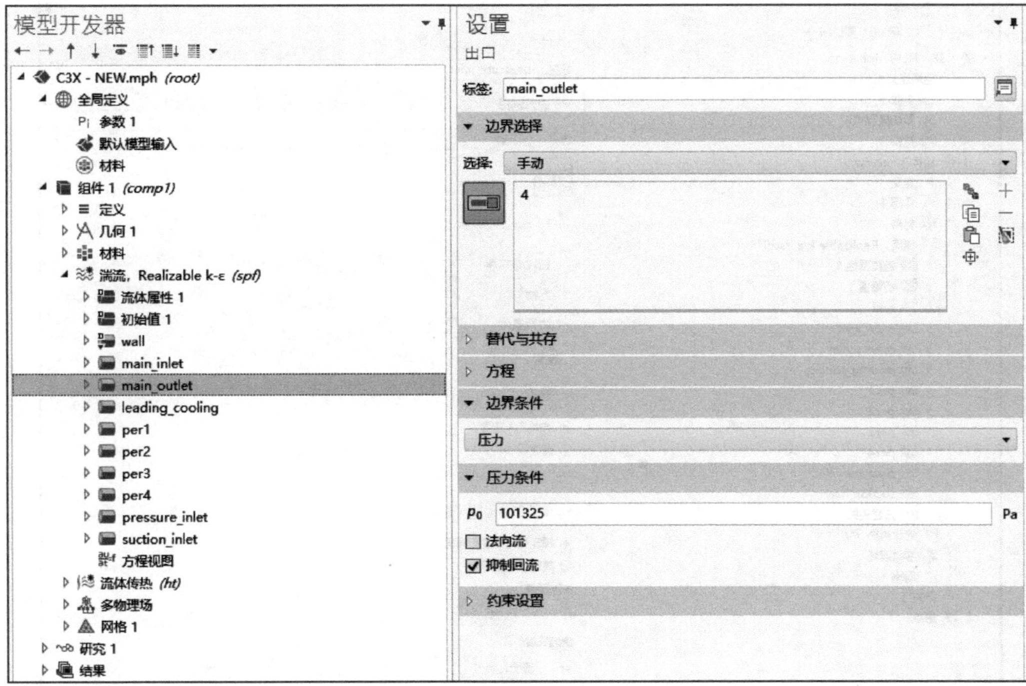

c)

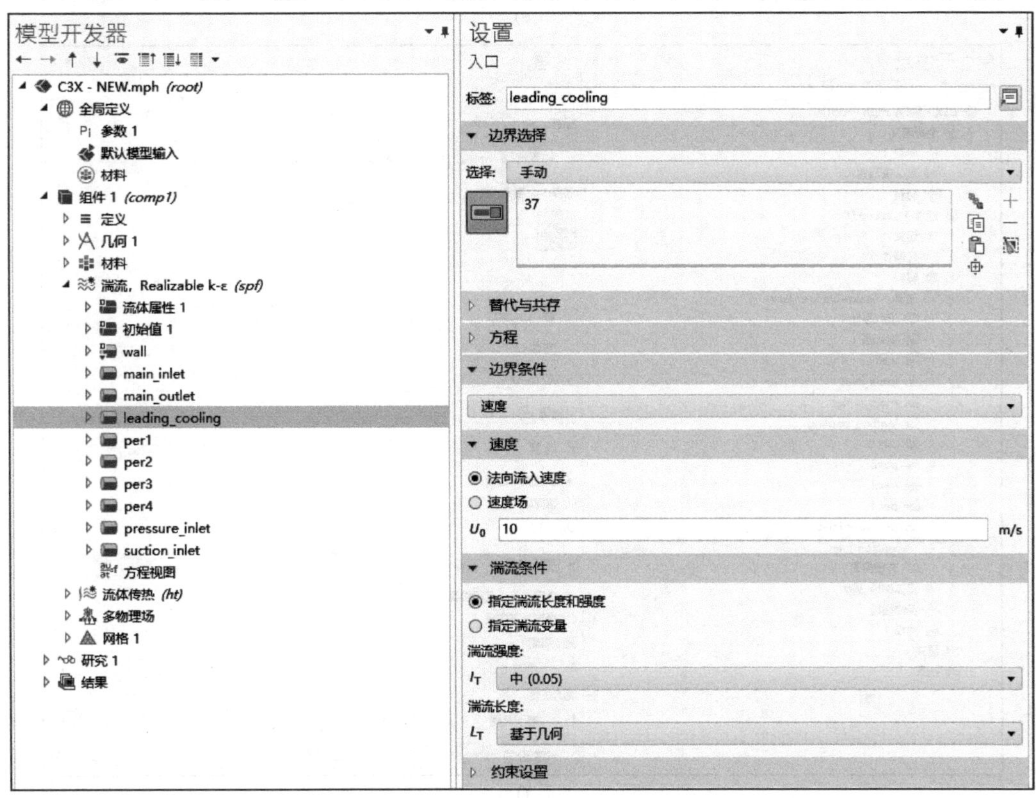

d)

图 8-5　湍流边界设置（续）

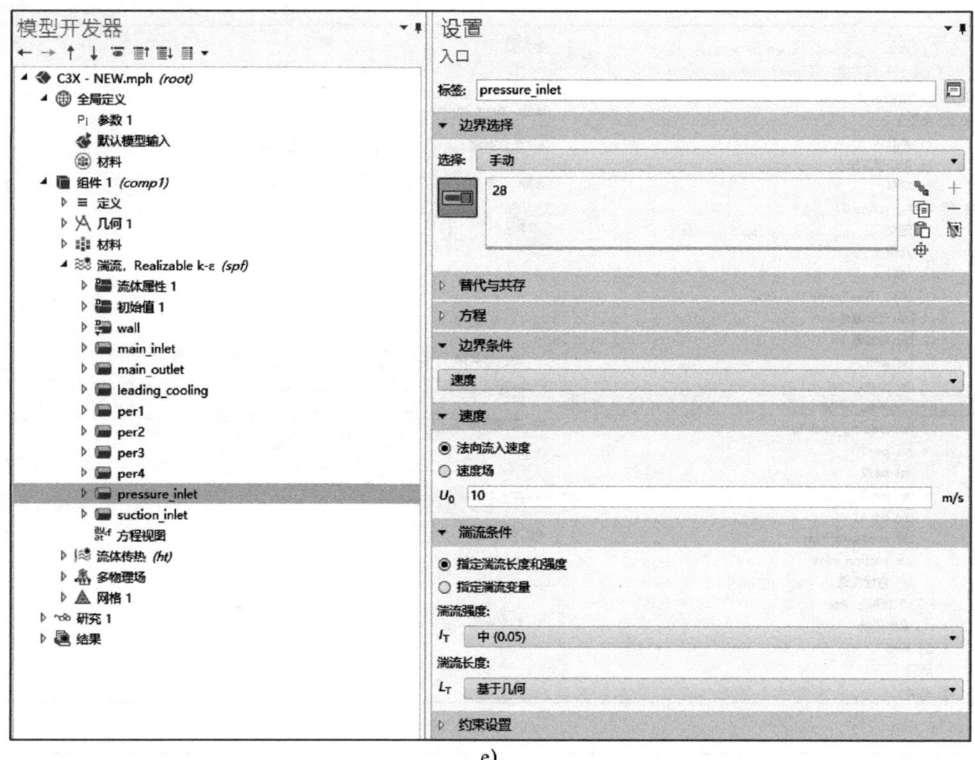

e)

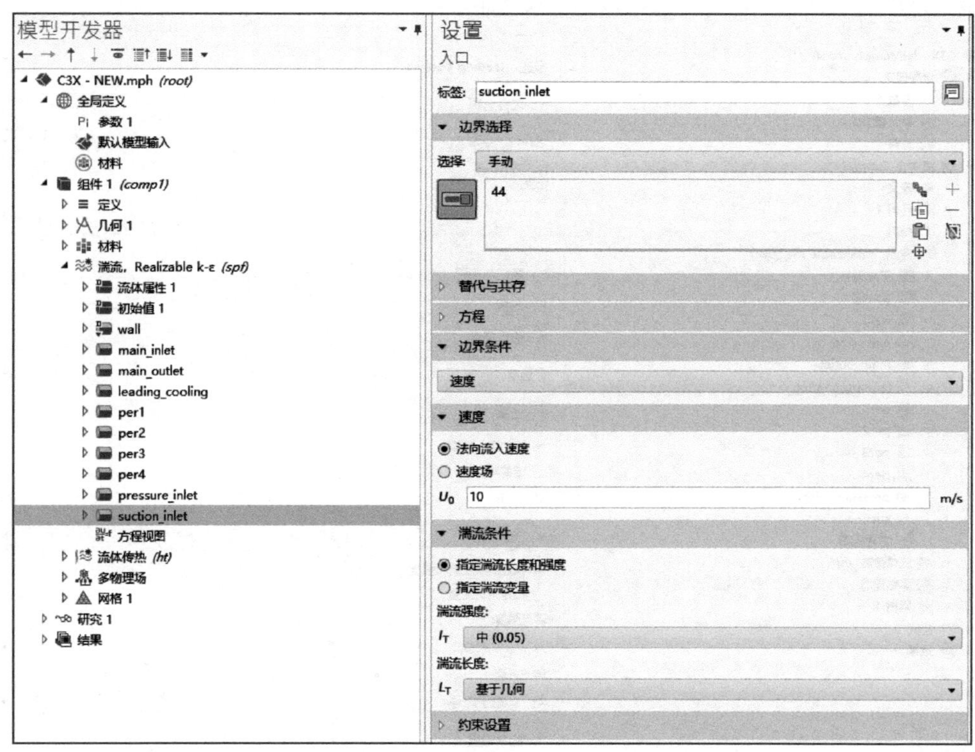

f)

图 8-5　湍流边界设置（续）

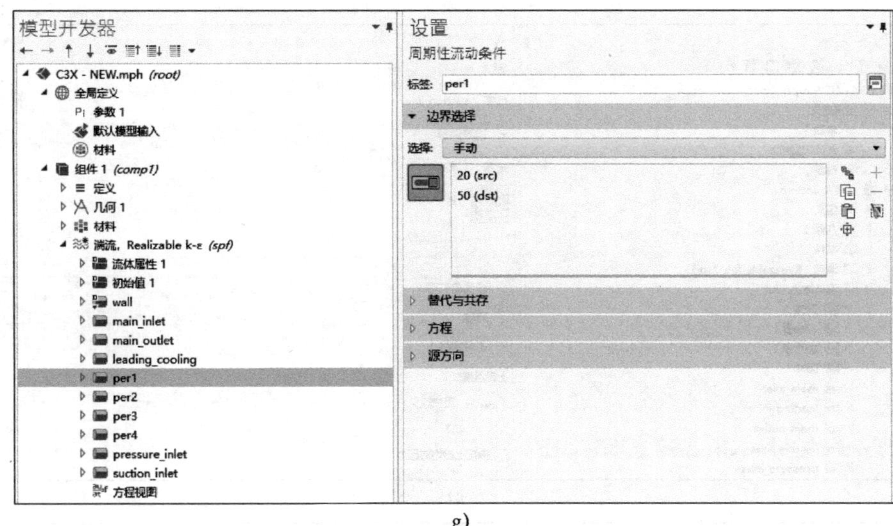

g)

图 8-5　湍流边界设置（续）

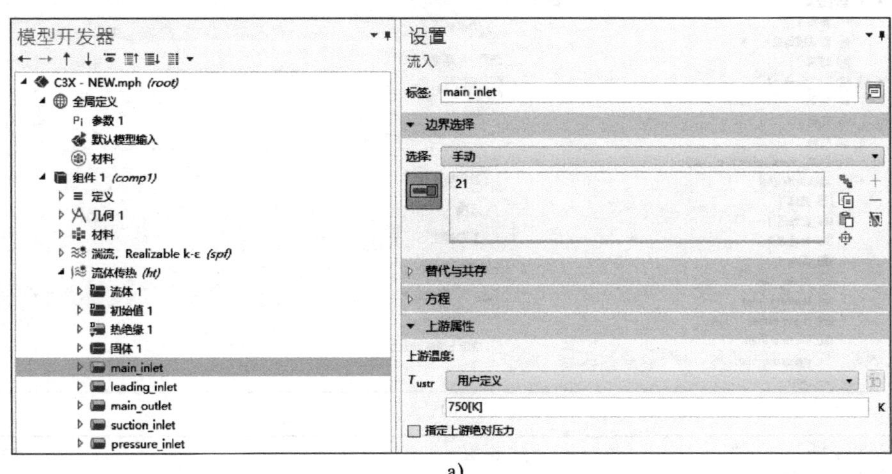

a)

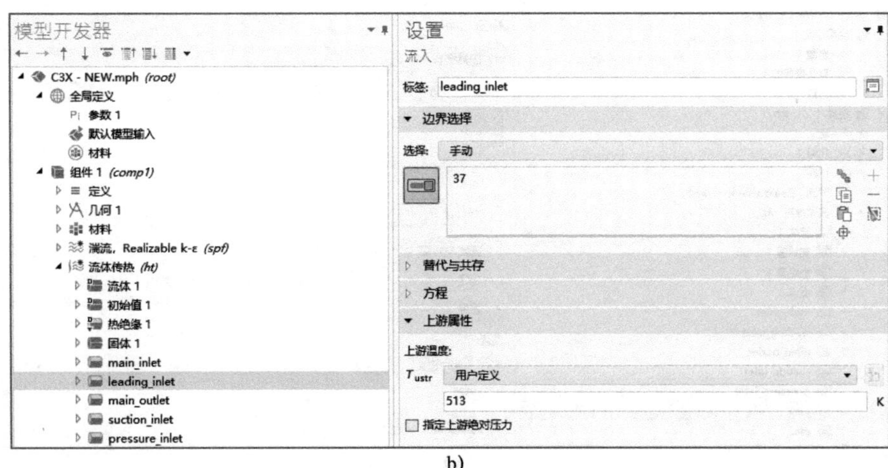

b)

图 8-6　传热边界设置

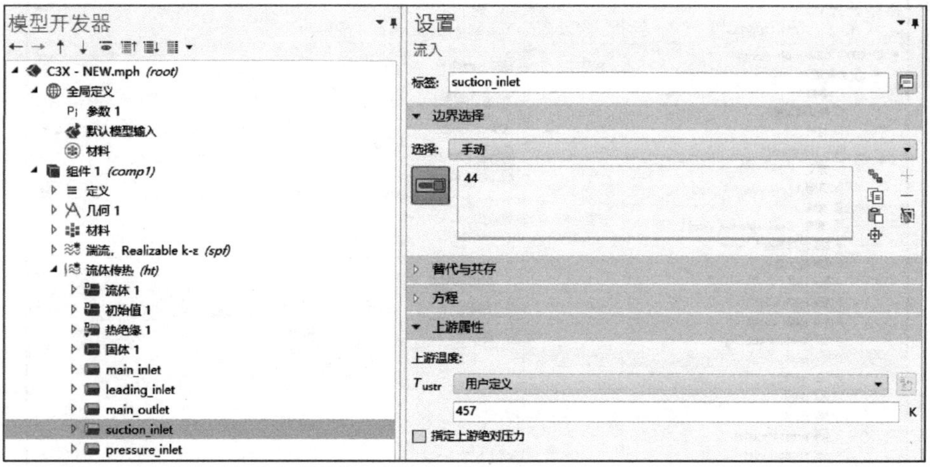

模型开发器
C3X - NEW.mph (root)
全局定义
参数 1
默认模型输入
材料
组件 1 (comp1)
定义
几何 1
材料
湍流，Realizable k-ε (spf)
流体传热 (ht)
流体 1
初始值 1
热绝缘 1
固体 1
main_inlet
leading_inlet
main_outlet
suction_inlet
pressure_inlet
设置
流入
标签: suction_inlet
边界选择
选择: 手动
44
替代与共存
方程
上游属性
上游温度:
T ustr 用户定义
457
K
指定上游绝对压力

c)

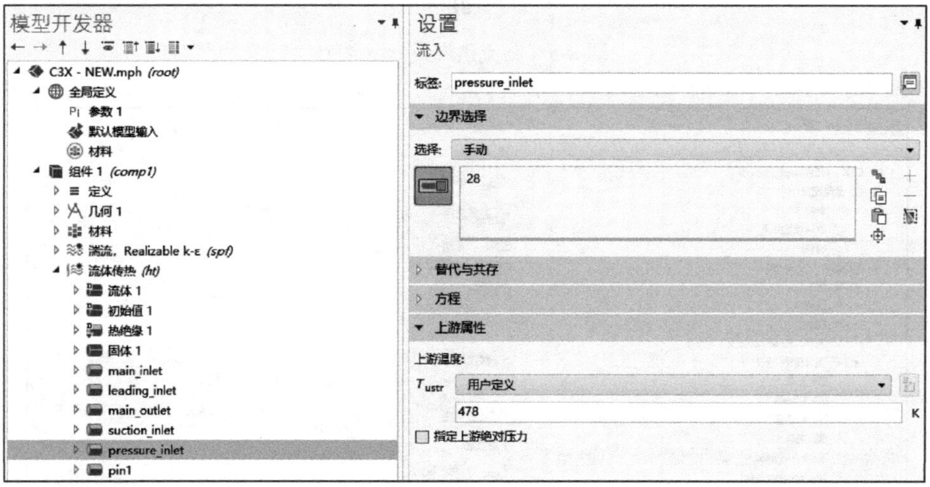

模型开发器
C3X - NEW.mph (root)
全局定义
参数 1
默认模型输入
材料
组件 1 (comp1)
定义
几何 1
材料
湍流，Realizable k-ε (spf)
流体传热 (ht)
流体 1
初始值 1
热绝缘 1
固体 1
main_inlet
leading_inlet
main_outlet
suction_inlet
pressure_inlet
pin1
设置
流入
标签: pressure_inlet
边界选择
选择: 手动
28
替代与共存
方程
上游属性
上游温度:
T ustr 用户定义
478
K
指定上游绝对压力

d)

模型开发器
C3X - NEW.mph (root)
全局定义
参数 1
默认模型输入
材料
组件 1 (comp1)
定义
几何 1
材料
湍流，Realizable k-ε (spf)
流体传热 (ht)
流体 1
初始值 1
热绝缘 1
固体 1
main_inlet
leading_inlet
main_outlet
suction_inlet
pressure_inlet
pin1
pin2
设置
温度
标签: pin1
边界选择
选择: 手动
42
替代与共存
方程
温度
温度:
T 0 用户定义
425
K
约束设置

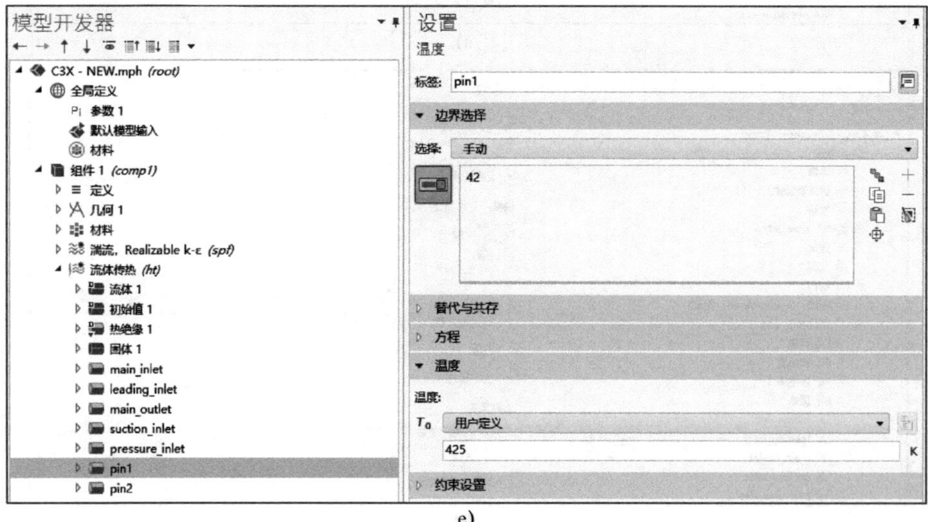

e)

图 8-6　传热边界设置（续）

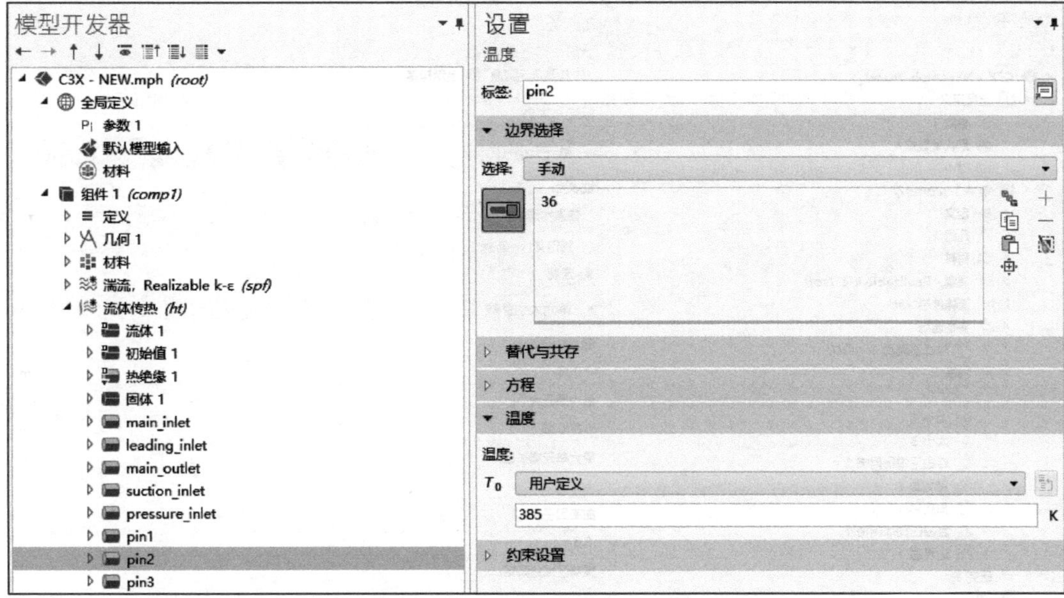

f)

图 8-6　传热边界设置（续）

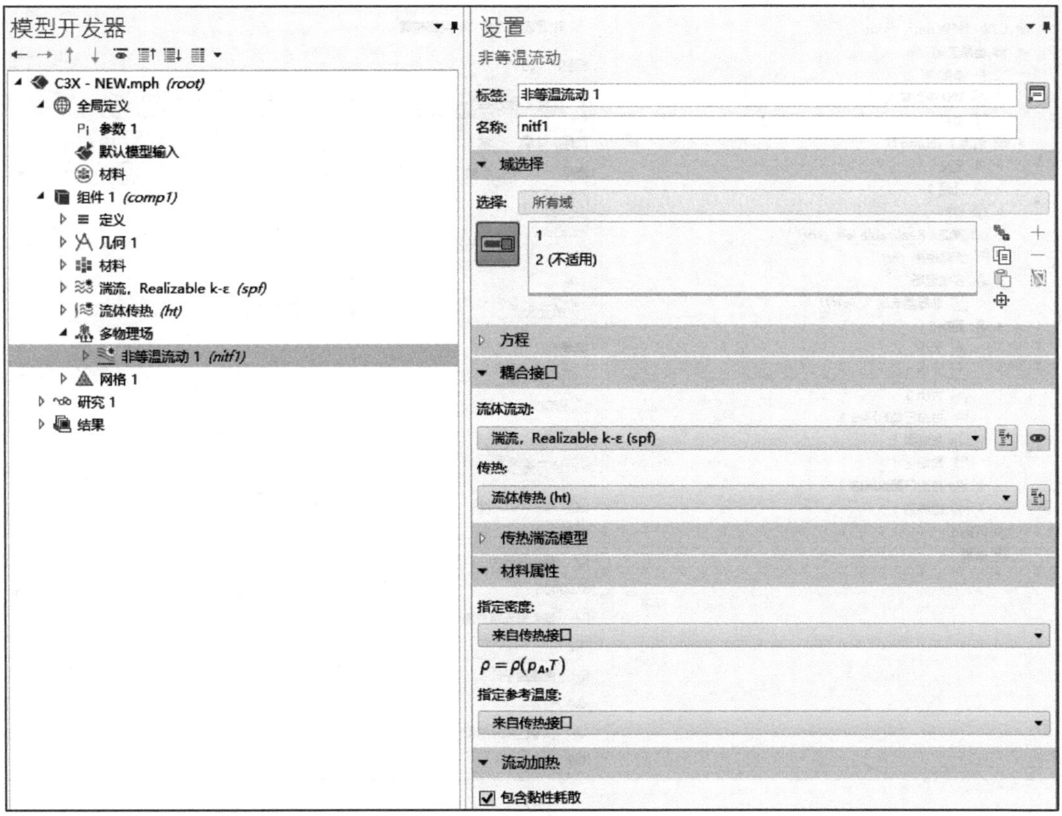

模型开发器
C3X - NEW.mph (root)
全局定义
参数 1
默认模型输入
材料
组件 1 (comp1)
定义
几何 1
材料
湍流，Realizable k-ε (spf)
流体传热 (ht)
多物理场
非等温流动 1 (nitf1)
网格 1
研究 1
结果

设置
非等温流动
标签: 非等温流动 1
名称: nitf1
域选择
选择: 所有域
1
2 (不适用)
方程
耦合接口
流体流动:
湍流，Realizable k-ε (spf)
传热:
流体传热 (ht)
传热湍流模型
材料属性
指定密度:
来自传热接口
$\rho=\rho(p_A,T)$
指定参考温度:
来自传热接口
流动加热
☑ 包含黏性耗散

图 8-7　多物理场耦合设置

模型开发器
C3X - NEW.mph (root)
全局定义
参数 1
默认模型输入
材料
组件 1 (comp1)
定义
几何 1
材料
湍流，Realizable k-ε (spf)
流体传热 (ht)
多物理场
非等温流动 1 (nitf1)
网格 1
大小
大小 1
大小 3
自由三角形网格 1
复制面 1
角细化 1
自由四面体网格 1
边界层 1
研究 1
结果
设置
大小
构建选定对象 全部构建
标签: 大小
单元大小
校准为:
普通物理学
预定义 常规
定制
单元大小参数
最大单元大小:
0.003 m
最小单元大小:
0.00028 m
最大单元增长率:
1.2
曲率因子:
0.6
狭窄区域分辨率:
0.5

a)

模型开发器
C3X - NEW.mph (root)
全局定义
参数 1
默认模型输入
材料
组件 1 (comp1)
定义
几何 1
材料
湍流，Realizable k-ε (spf)
流体传热 (ht)
多物理场
非等温流动 1 (nitf1)
网格 1
大小
大小 1
大小 3
自由三角形网格 1
复制面 1
角细化 1
自由四面体网格 1
边界层 1
研究 1
结果
设置
大小
构建选定对象 全部构建
标签: 大小 1
几何实体选择
几何实体层: 域
选择: 手动
1
单元大小
校准为:
流体动力学
预定义 较细化
定制
单元大小参数
最大单元大小:
0.003 m
最小单元大小:
0.00028 m
最大单元增长率:
1.2
曲率因子:
0.4
狭窄区域分辨率:
0.9

b)

图 8-8 网格设置

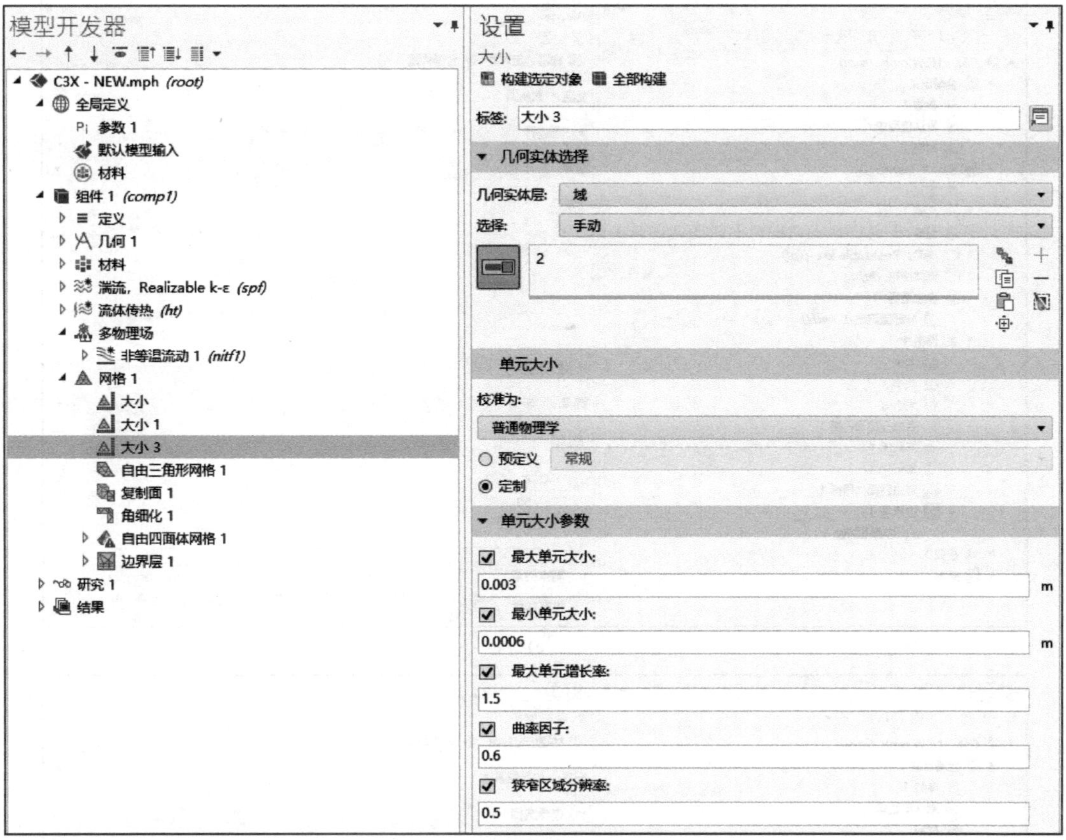

模型开发器
C3X - NEW.mph (root)
全局定义
参数 1
默认模型输入
材料
组件 1 (comp1)
定义
几何 1
材料
湍流，Realizable k-ε (spf)
流体传热 (ht)
多物理场
非等温流动 1 (nitf1)
网格 1
大小
大小 1
大小 3
自由三角形网格 1
复制面 1
角细化 1
自由四面体网格 1
边界层 1
研究 1
结果
设置
大小
构建选定对象
全部构建
标签: 大小 3
几何实体选择
几何实体层: 域
选择: 手动
2
单元大小
校准为:
普通物理学
预定义 常规
定制
单元大小参数
最大单元大小:
0.003
m
最小单元大小:
0.0006
m
最大单元增长率:
1.5
曲率因子:
0.6
狭窄区域分辨率:
0.5

c)

模型开发器
C3X - NEW.mph (root)
全局定义
参数 1
默认模型输入
材料
组件 1 (comp1)
定义
几何 1
材料
湍流，Realizable k-ε (spf)
流体传热 (ht)
多物理场
非等温流动 1 (nitf1)
网格 1
大小
大小 1
大小 3
自由三角形网格 1
复制面 1
角细化 1
自由四面体网格 1
边界层 1
边界层属性 1
研究 1
结果
设置
自由三角形网格
构建选定对象
全部构建
标签: 自由三角形网格 1
边界选择
几何实体层: 边界
选择: 手动
2
3
5
20
缩放几何
控制实体
细分方法

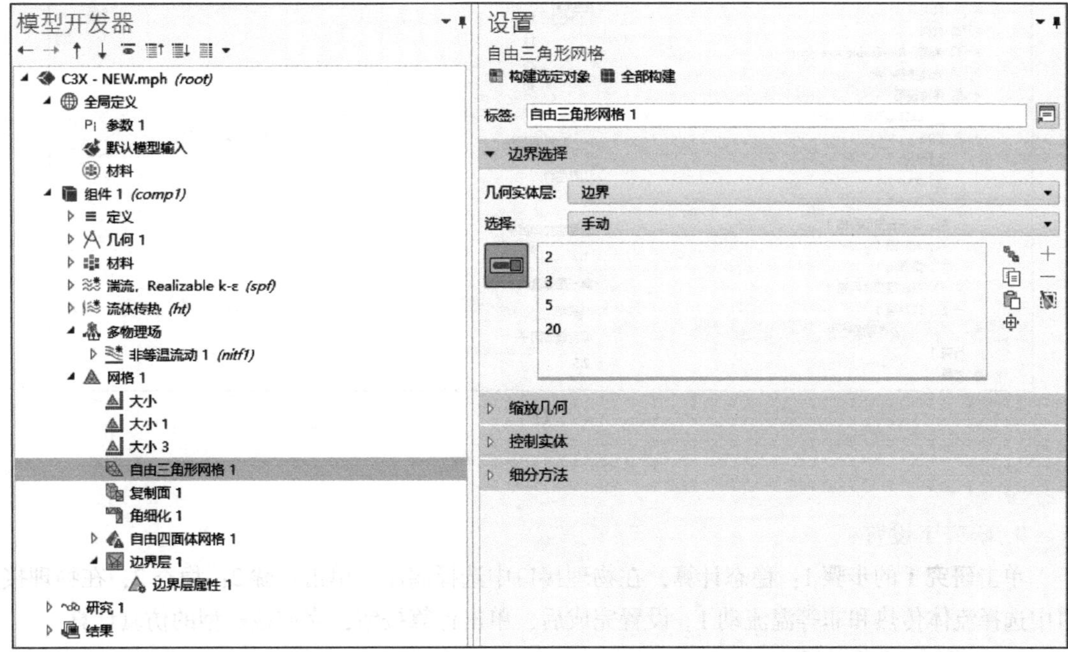

d)

图 8-8 网格设置（续）

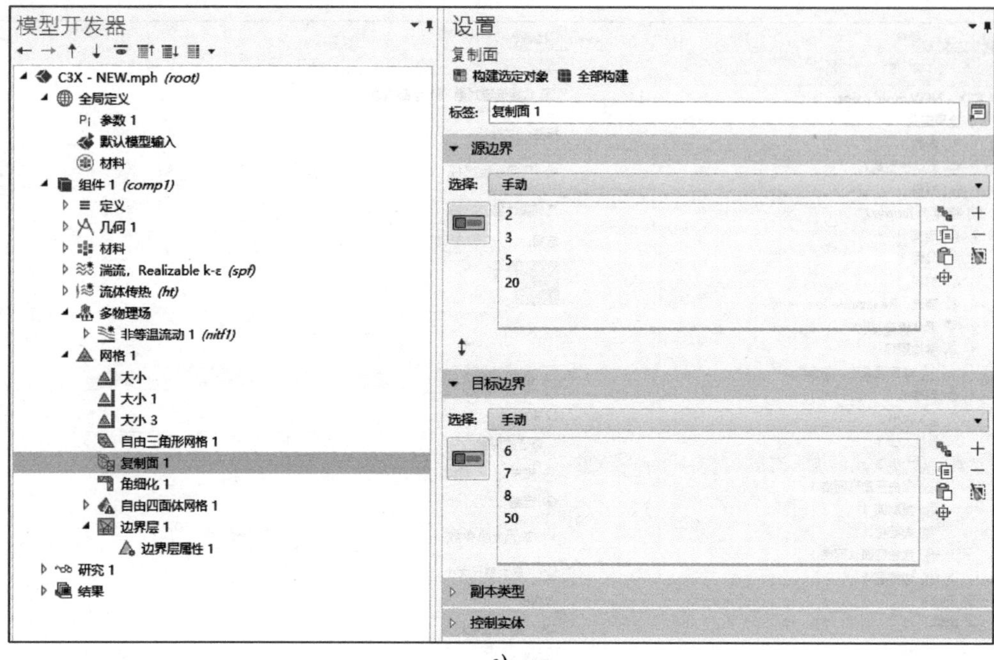

e)

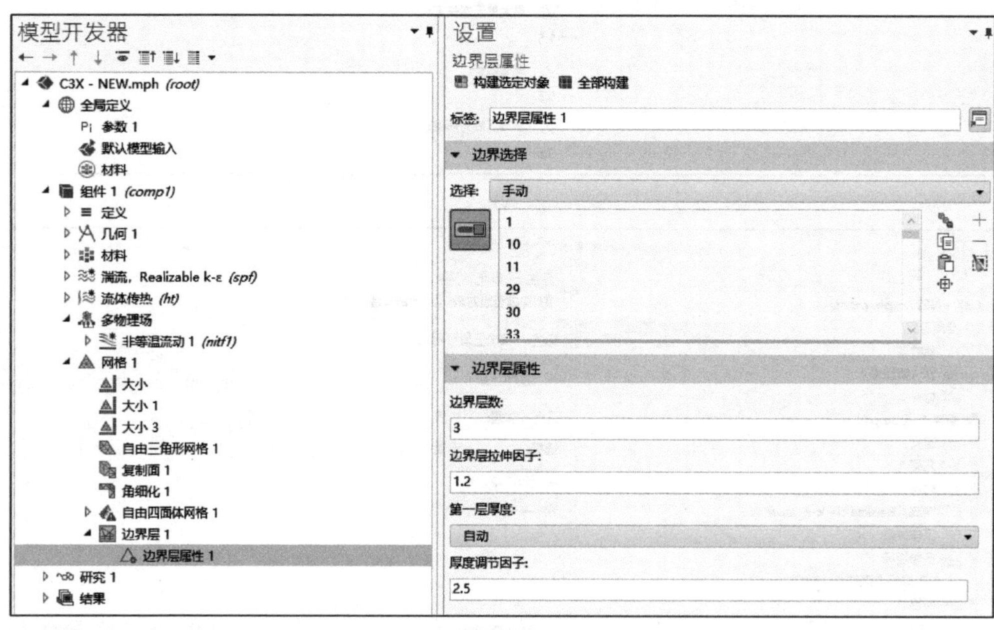

f)

图 8-8　网格设置（续）

9. 研究 1 设置

单击**研究 1** 的步骤 1：稳态计算，在物理接口中选择湍流。单击步骤 2：稳态 2，在物理接口中选择流体传热和非等温流动 1。设置完成后，单击**计算**按钮，完成该模型的仿真计算。

10. 计算结果后处理

对计算结果进行如图 8-9 所示的后处理。

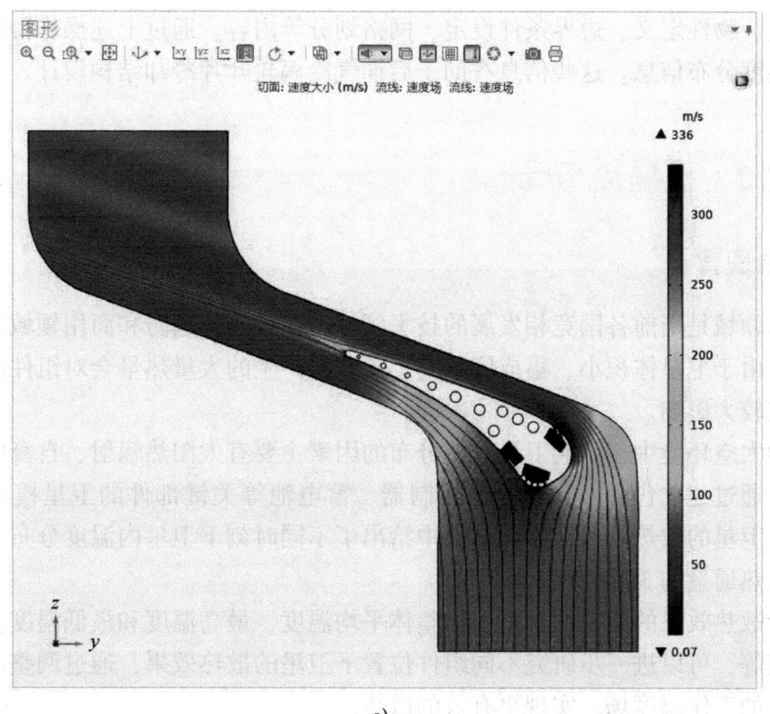

a)

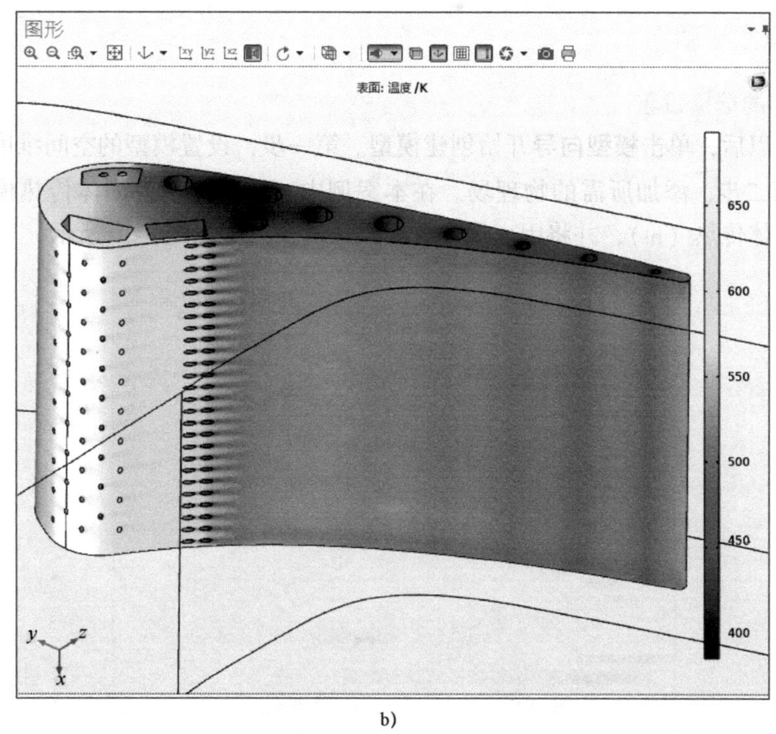

b)

图 8-9 后处理结果展示

8.2.3 案例小结

本案例以涡轮叶片为计算对象，详细介绍了涡轮叶片流固耦合计算方法，展示了几何处理、模型设置、物性定义、边界条件设定、网格划分等内容。通过上述操作得到了涡轮叶片流场信息和温度分布信息。这些信息有助于后期气冷涡轮叶片冷却结构设计。

8.3 案例 2　卫星热布局

8.3.1　物理背景

卫星技术领域是当前各国竞相发展的技术领域，在科研、国防和商用领域发挥着越来越重要的作用。由于卫星体积小、集成度较高，工作时产生的大量热量会对组件的运行性能和使用寿命造成较大影响。

在真实的太空环境中，影响卫星的热分布的因素主要有太阳热辐射、自身电磁热以及辐射散热。本节通过建立包含 OBC、电源控制器、蓄电池等关键部件的卫星模型，研究在特定发热功率下卫星的散热效果，并在结果中给出了不同时刻下卫星内温度分布情况，同时绘制其等温线及热通量的 3D 效果图。

结合考量散热效果的相关物理量，如整体平均温度、最高温度和最低温度差值、核心部件温度临界值等，可以进一步研究不同组件位置下卫星的散热效果，通过调整组件之间的位置来优化卫星的工作温度场，实现更有效的散热。

8.3.2　操作步骤

1. 物理场的选择设置

打开软件以后，单击**模型向导**开始创建模型。第一步，设置模型的空间维度，将其选择为三维；第二步，添加所需的物理场。在本案例中，物理模型为固体传热模型，具体路径为传热→固体传热（ht），并将因变量设置为默认值，具体如图 8-10 所示。

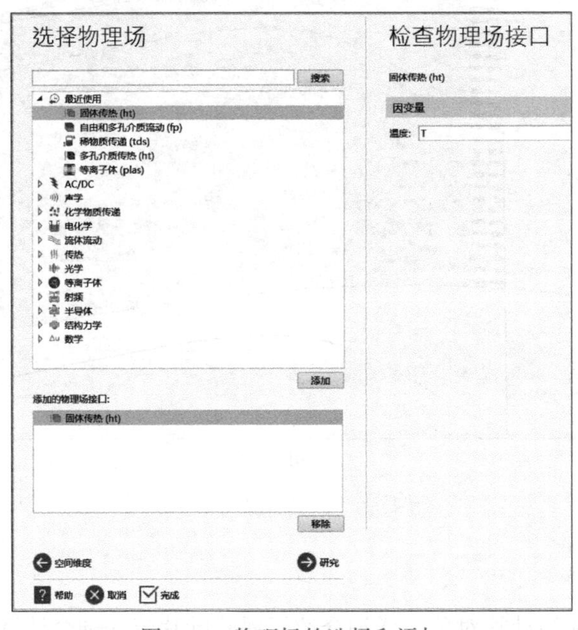

图 8-10　物理场的选择和添加

2. 求解器的设置

单击**研究**按钮，会弹出**选择研究**（见图 8-11），在其中选择添加**瞬态研究**，单击**完成**按钮。

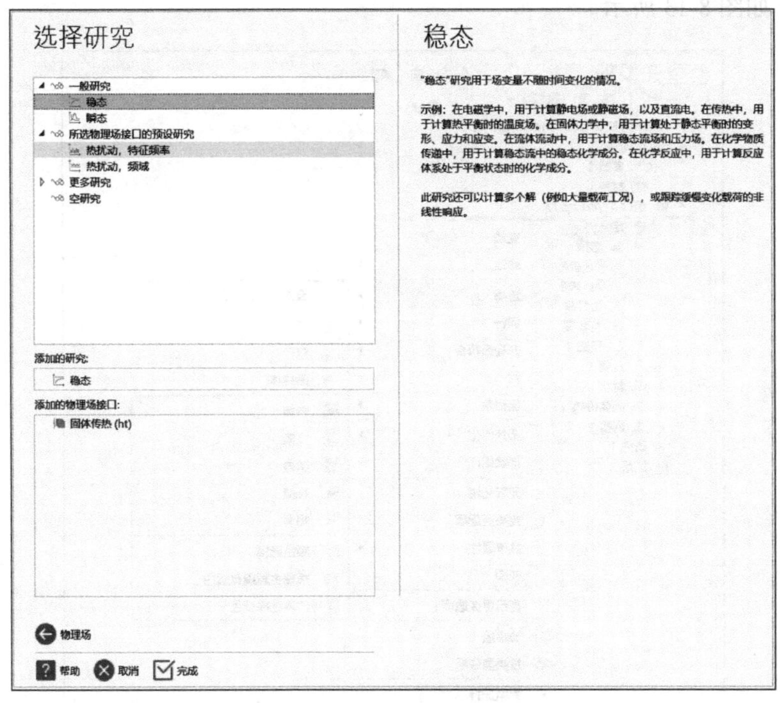

图 8-11　求解器简单设置

3. 全局参数设置

本案例模拟了卫星组件的温度随时间变化过程，因此需要对卫星组件的物性参数等进行设置，单击**参数 1** 进行设置，具体情况如表 8-4、图 8-12 所示。

表 8-4　参数 1

名　称	表 达 式	值	描　述
up _ base	0. 001	0. 001	—
down _ base	-0. 001	-0. 001	—

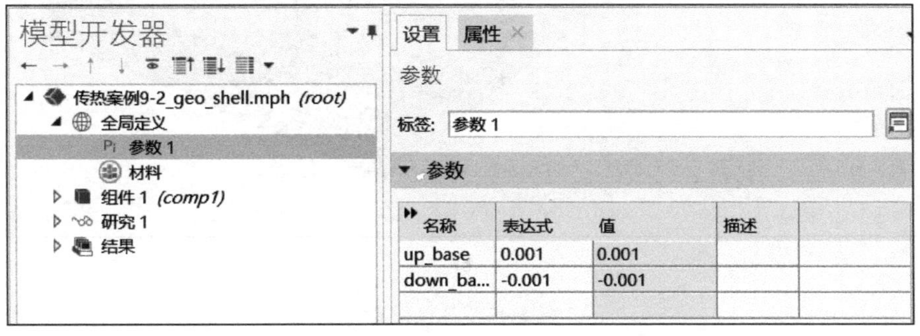

图 8-12　全局参数设置

4. 组件设置

(1) 定义设置

右键单击**显式**，在显示设置窗口，将输入实体栏的**几何实体层**选为边界，并分别定义外表面和内部，如图 8-13 所示。

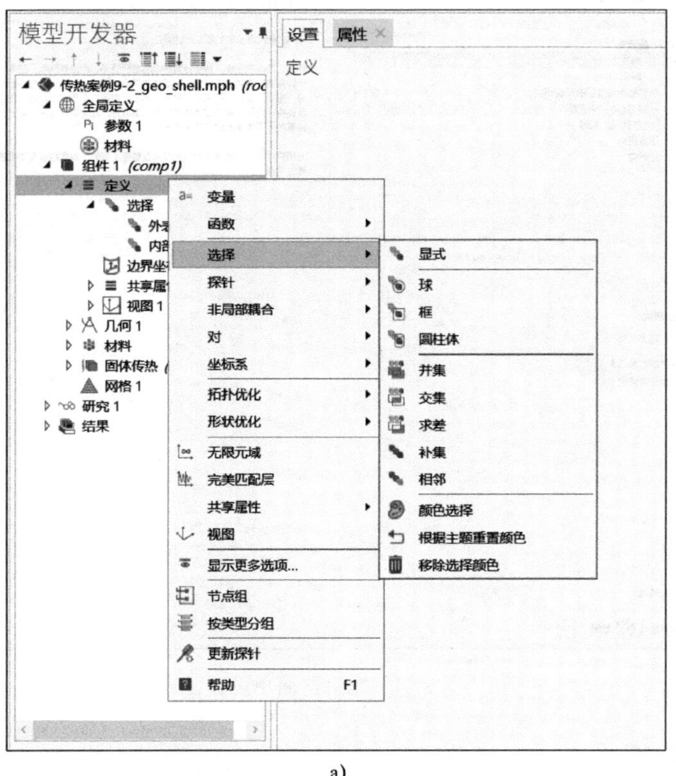

a)

b)

图 8-13　选择设置

然后单击**边界坐标系**，将轴设置为 *z* 轴，如图 8-14 所示。

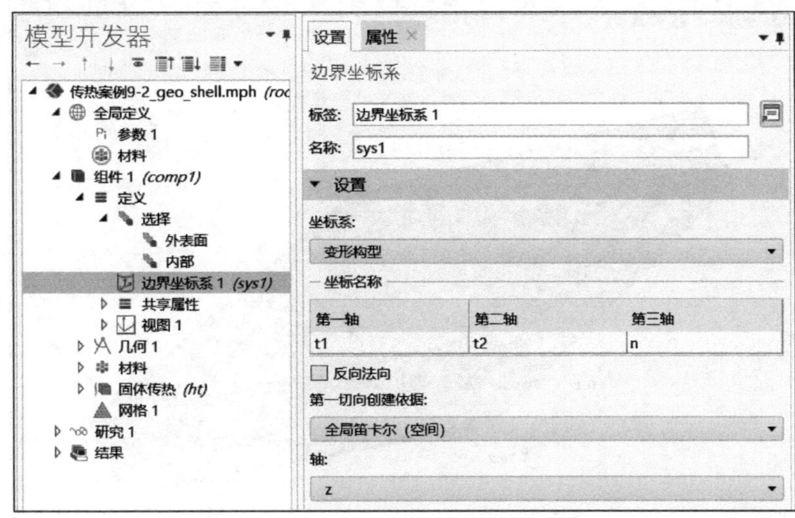

图 8-14　边界坐标系设置

（2）几何设置

首先单击**几何 1**，在设置窗口将单位设置为 **m**，具体操作如图 8-15 所示。

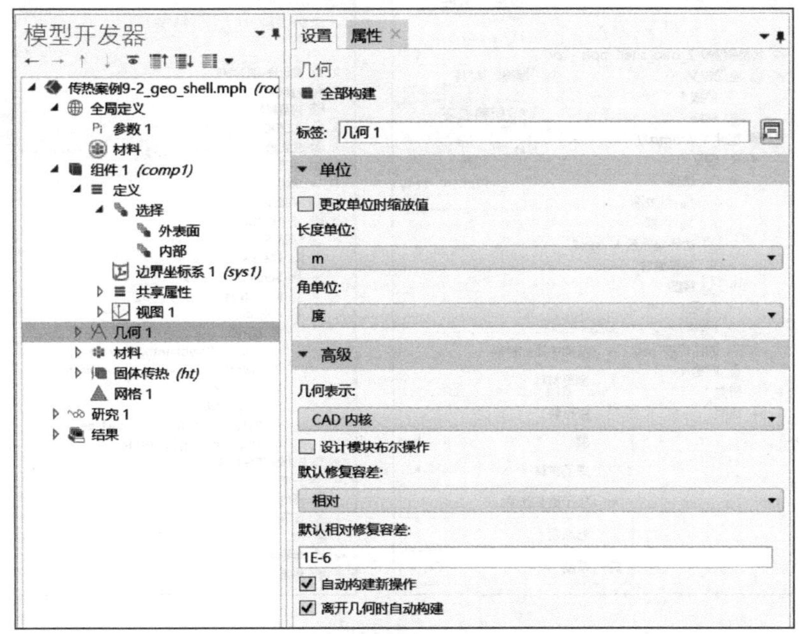

图 8-15　边界坐标系设置

在**几何 1** 节点处右键单击，点选**长方体**，依次设置各个模块的尺寸，单击**构建选定对象**，绘制结果如图 8-16 所示。

（3）材料设置

右键单击**材料**，点选从库中添加材料，如图 8-17 所示。

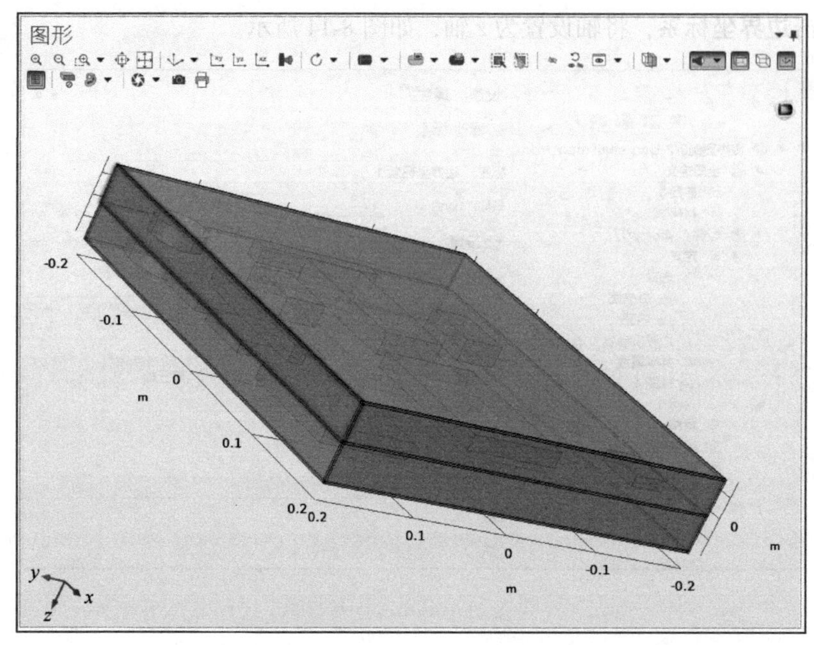

图 8-16 几何尺寸设置

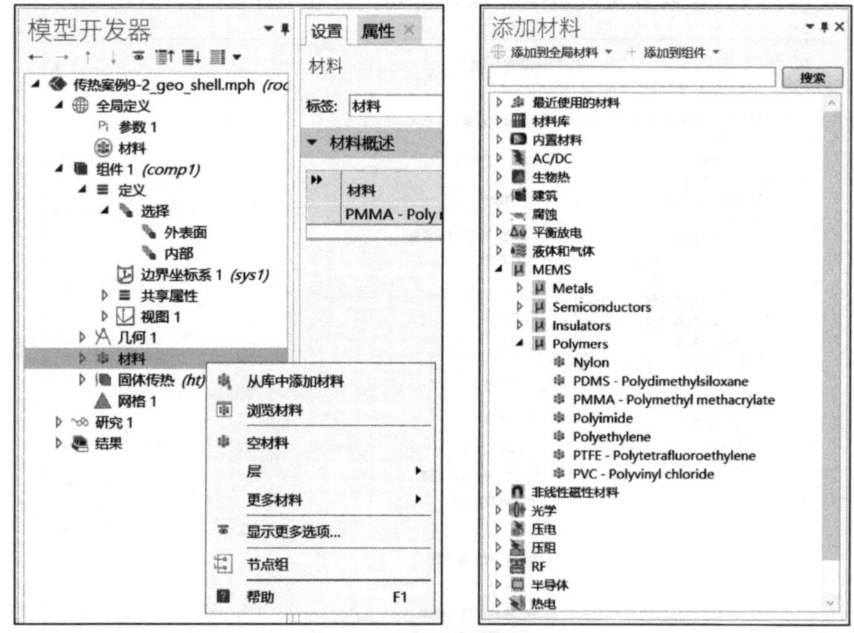

图 8-17 材料设置

5. 物理场设置

固体传热物理场 1 设置

固体传热物理场 1 设置过程里，除了固体传热、初始值、热绝缘外，需要额外添加 OBC、电源控制器、蓄电池、USB、ISM、GPS、磁强计、太阳敏、磁力矩器、动量轮、ASI、边界热源、表面对环境辐射等属性。

首先单击**固体传热 1**，在设置窗口将域选择设置为所有域，如图 8-18 所示。

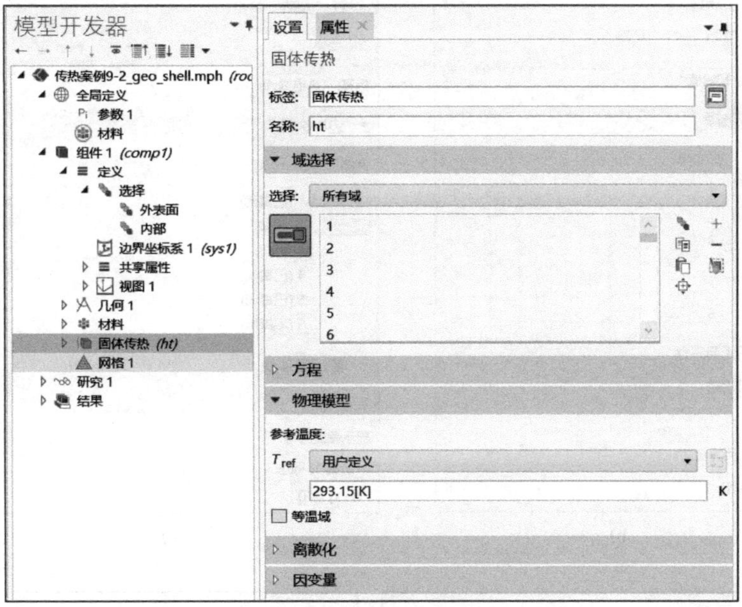

图 8-18　固体传热 1 的属性设置

然后对 OBC、电源控制器、蓄电池、USB、ISM、GPS、磁强计、太阳敏、磁力矩器、动量轮、ASI、边界热源、表面对环境辐射等属性进行设置，如图 8-19 所示。

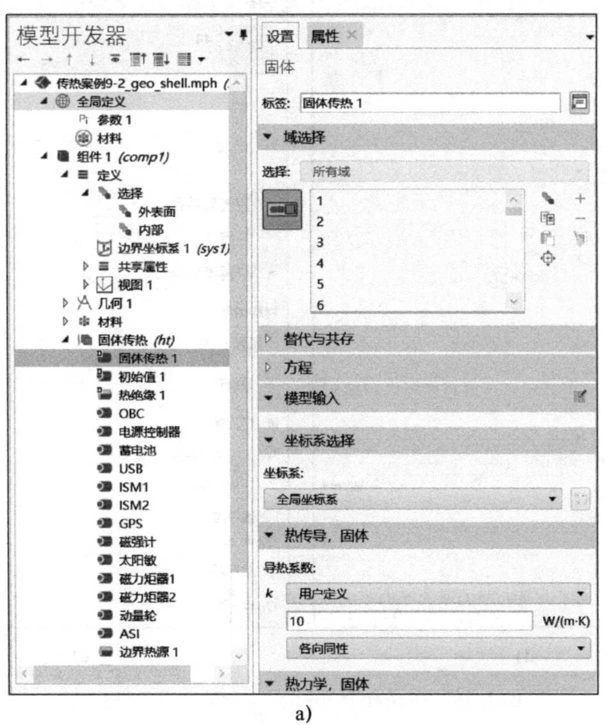

a)

图 8-19　固体传热 1 的剩余属性设置

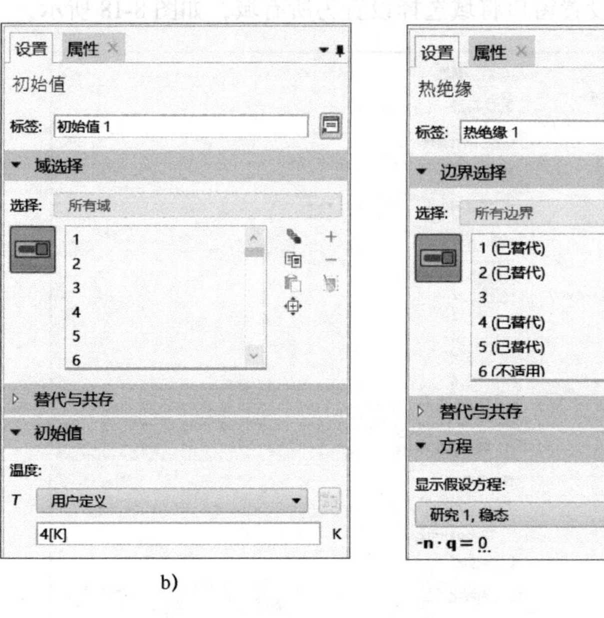

b) c)

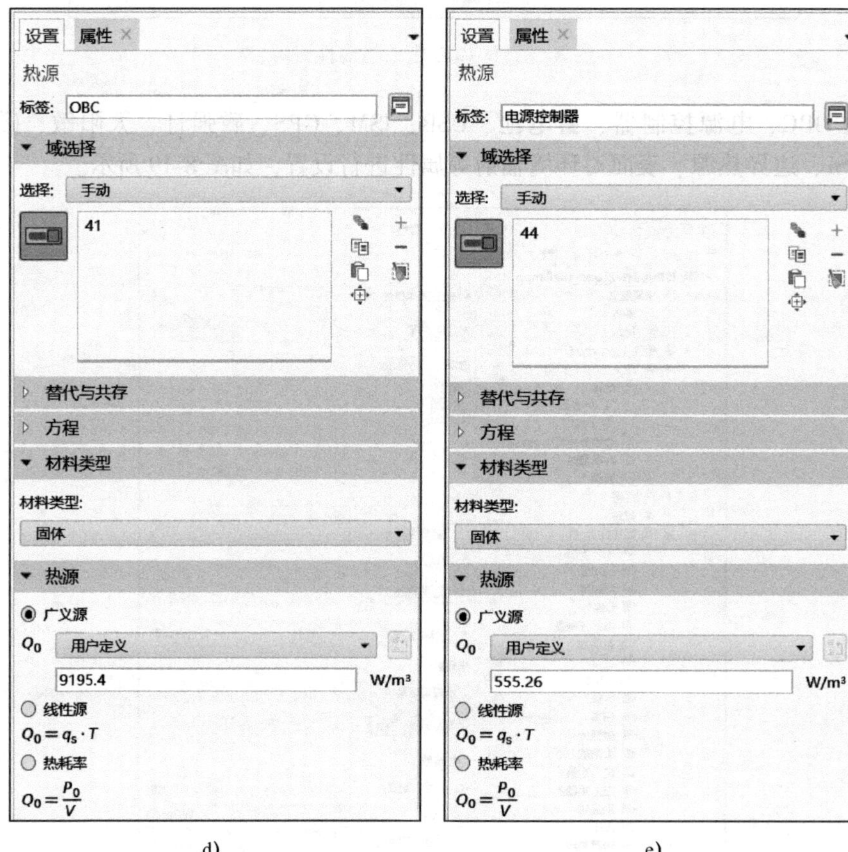

d) e)

图 8-19 固体传热 1 的剩余属性设置（续）

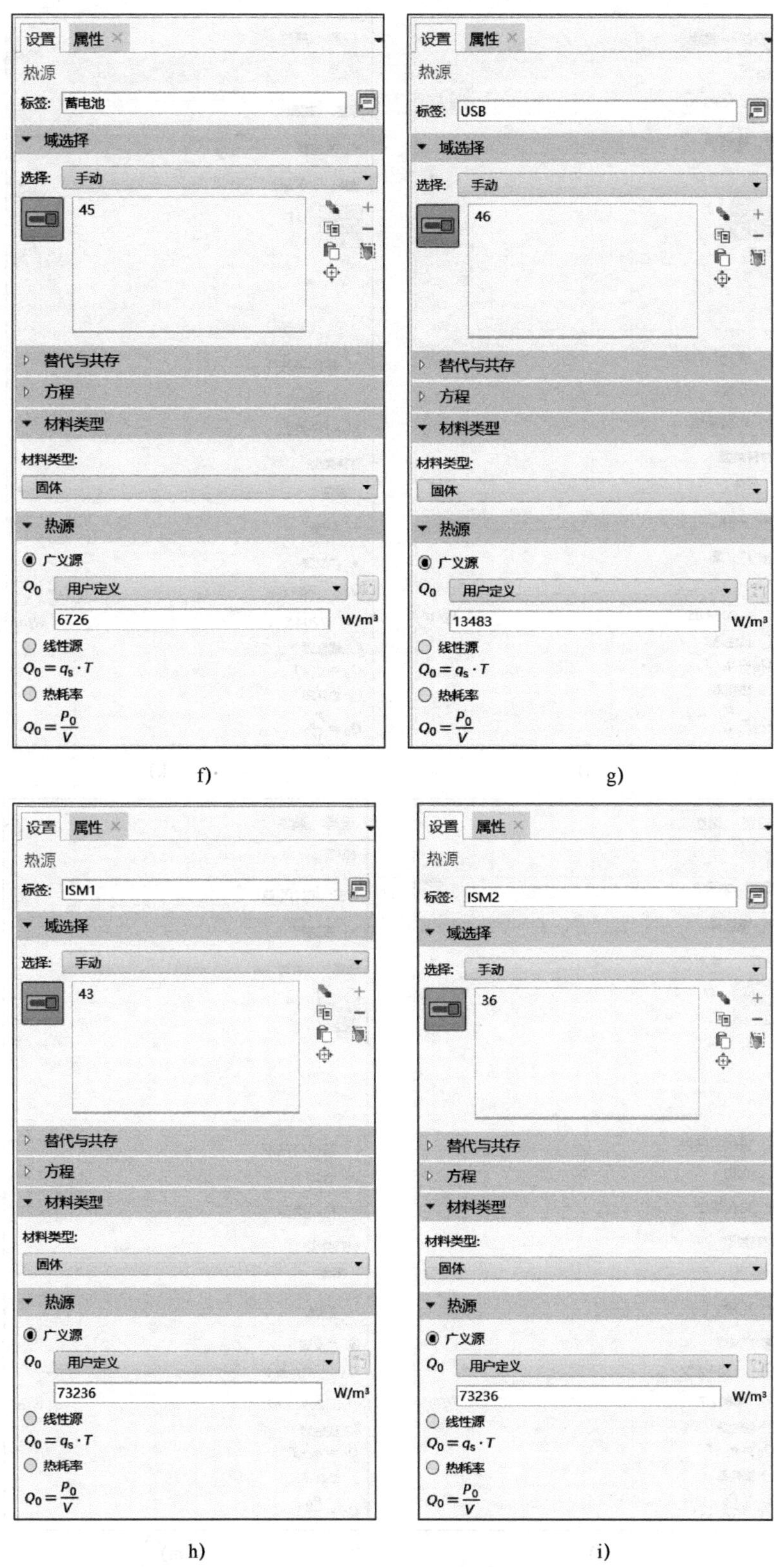

图 8-19　固体传热 1 的剩余属性设置（续）

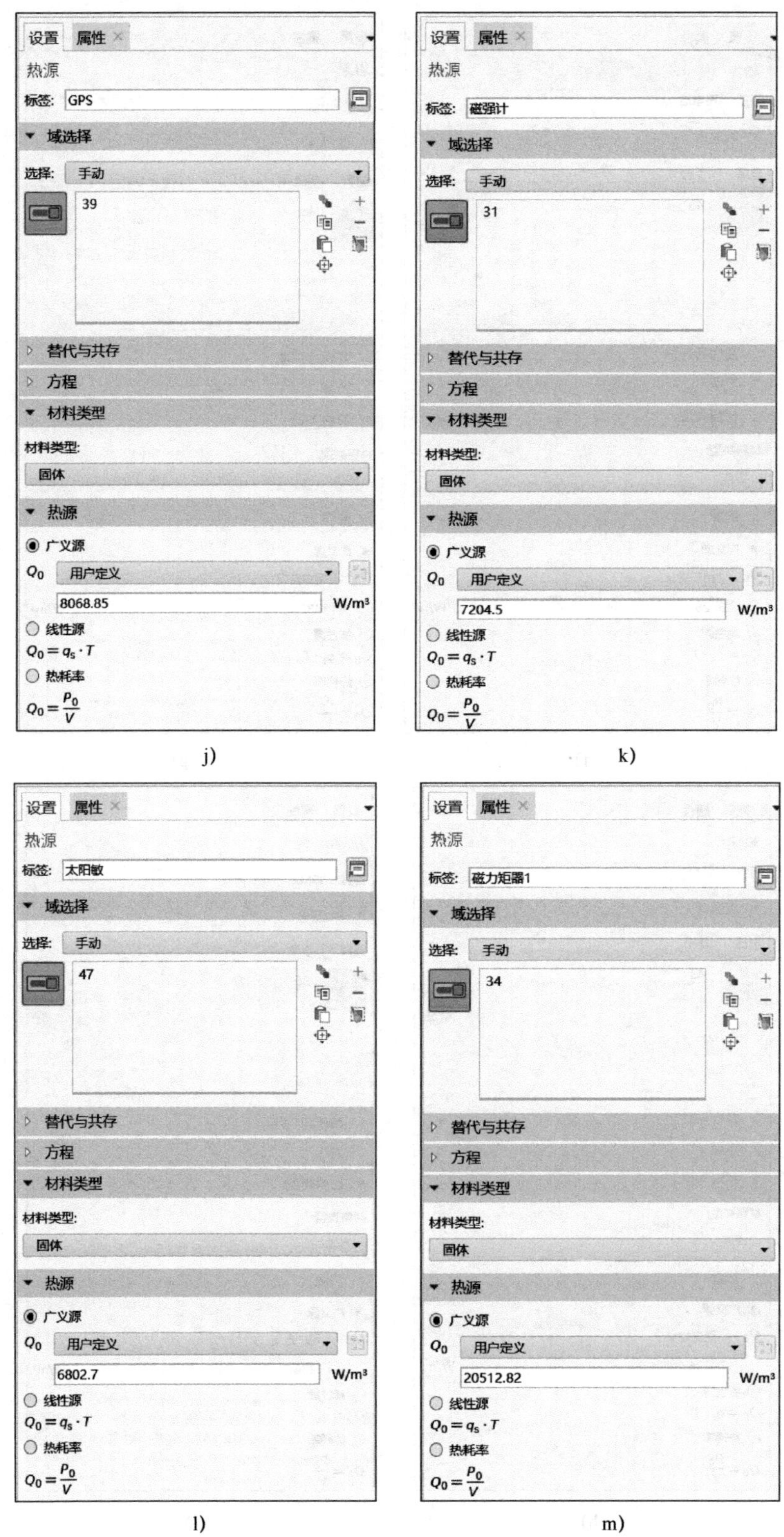

图 8-19　固体传热 1 的剩余属性设置（续）

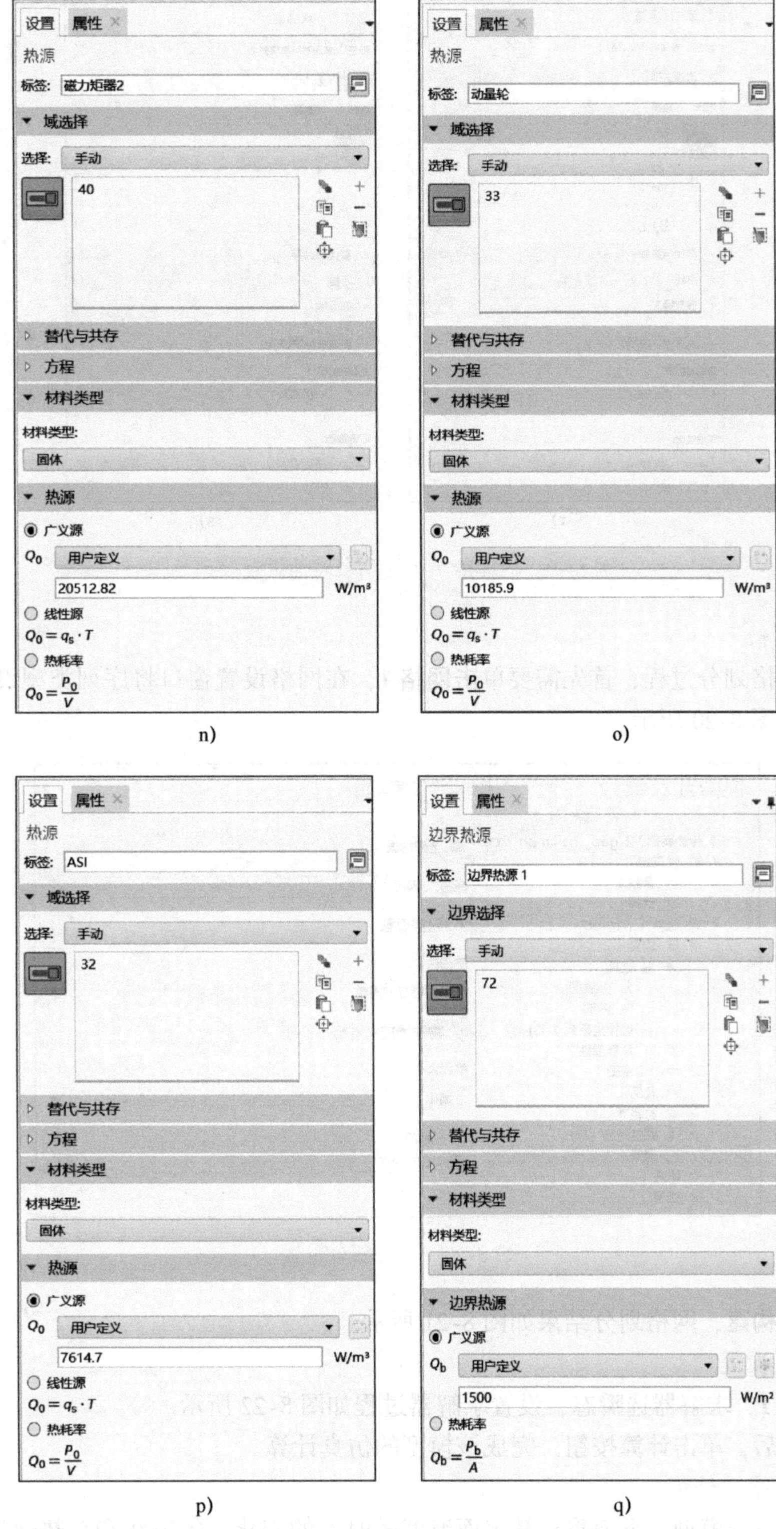

图 8-19 固体传热 1 的剩余属性设置（续）

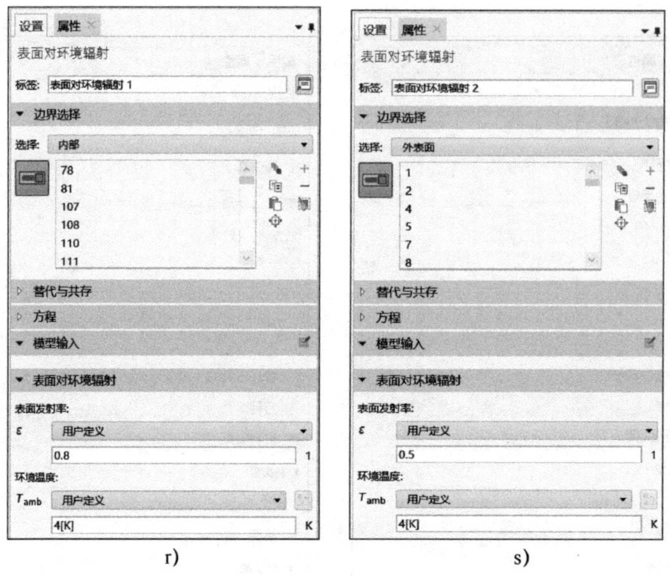

图 8-19 固体传热 1 的剩余属性设置（续）

6. 网格划分

本案例网格划分过程，首先需要单击**网格 1**，在网格设置窗口将序列类型设置为物理场控制网格，如图 8-20 所示。

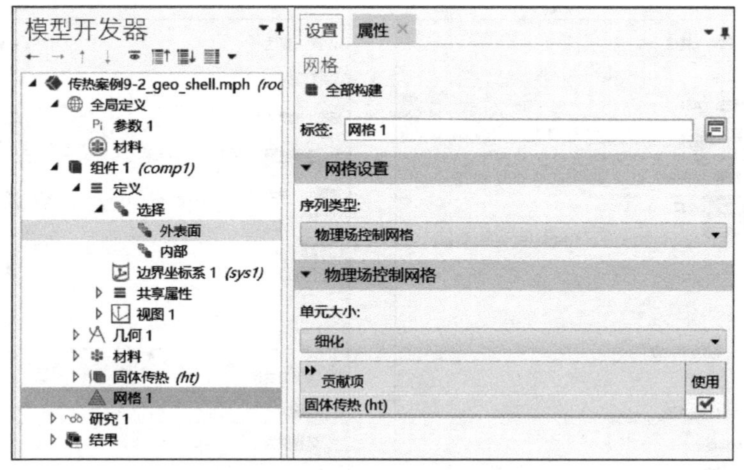

图 8-20 网格划分设置

单击**全部构建**，网格划分结果如图 8-21 所示。

7. 研究 1 设置

单击**研究 1**，求解器选瞬态，设置求解器过程如图 8-22 所示。

设置完成后，单击**计算**按钮，完成该模型的仿真计算。

8. 计算结果后处理

本案例为三维模型，下面将对其表面温度随时间的变化、等温线和总热通量进行分析，其温度的三维分布绘图结果、等温线和总热通量如图 8-23~图 8-25 所示。

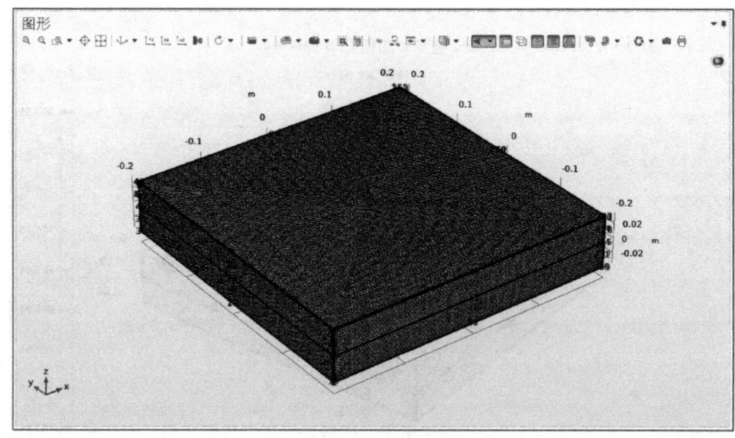

图 8-21　网格划分结果

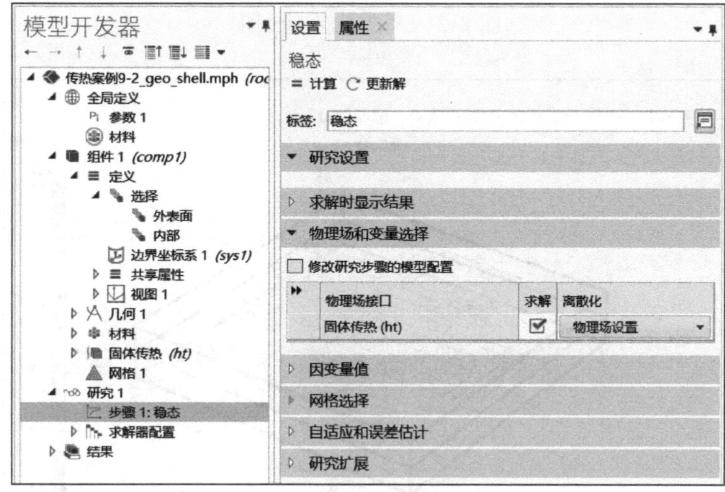

图 8-22　求解器设置

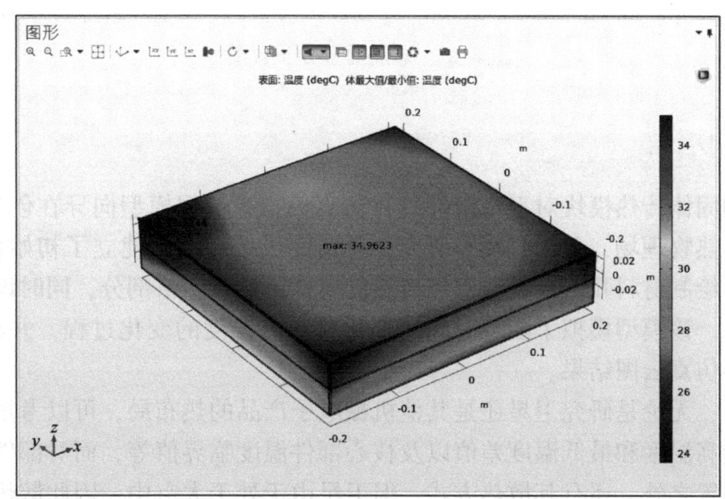

图 8-23　温度场分布云图

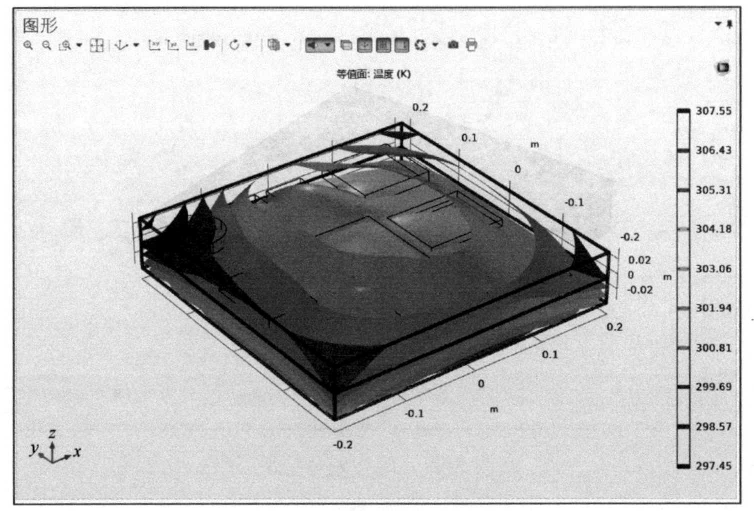

图 8-24　等温线分布云图

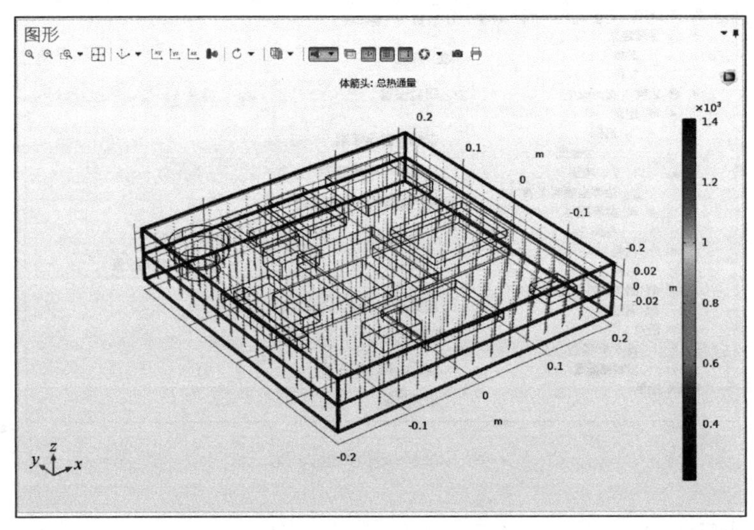

图 8-25　总热通量分布云图

8.3.3　案例小结

本案例使用固体传热模块对卫星组件进行仿真模拟，依据模型向导在创建三维模型后，首先添加固体传热物理场，并选择瞬态研究，单击完成按钮后就建立了初始化的仿真模型。接着定义变量，绘制材料几何，设置固体传热的属性，进行网格剖分，同时设置求解器，最后进行仿真计算。该模型模拟了随着时间的变化材料内温度的变化过程，并绘制其等温线，分析温度的二维仿真云图结果。

一般情况下，无论是研究卫星还是其他机械电子产品的热布局，可以考量的物理量有整体平均温度、最高温度和最低温度差值以及核心部件温度临界值等，而对部件的调整方式除了调整热源件位置之外，还有其散热方式。但卫星由于处于太空中，因此散热方式的选择方面局限性较大，而实际工业产品可以选择风冷、水冷甚至成本较高的相变冷却等方式进行散热，当单位时间内研究对象的产热量与散热量平衡，所研究的对象的温度即可达到稳定状态。

8.4 案例3 稀薄气体气动热

8.4.1 背景介绍

喷射器是被广泛应用的简单机械部件，应用范围包括工业制冷、真空生成、气体再循环以及飞机推进系统中的推力增大。它的工作环境通常处于高速流动的流体环境中，内部的流动过程较为复杂，不同的边界条件设置会对结果产生较大影响。

喷射器通过来自高速主喷管的动量和能量来诱导产生二次流。高能流体（主流）流过缩放式喷嘴，并达到超声速条件。主流离开喷嘴之后，与二次流相互作用，并且通过夹带诱导效应而加速。两股流体沿着称为混合室的等截面管道发生混合，从中可以观察混合层与冲击之间复杂的相互作用。通常在出口之前放置一个扩散器，用于恢复压力并使流动回到滞止状态。

本节建立了高马赫数流动模型，通过设置边界参数以及流体流动属性对喷射器内部湍流场进行研究，并在结果中给出了流体的速度与马赫数分布图。结合考量流动状态的其他物理量，如压强、密度、流线等可以对特定结构和边界条件下的湍流过程做出分析，同时为进一步改进结构布局设计提供参考。

8.4.2 操作步骤

1. 初始化模型设置

打开软件以后，单击**模型向导**开始创建模型。第一步，设置模型的空间维度，将其选择为二维轴对称；第二步，添加所需的物理场。在本案例中，我们需要添加高马赫数流动，***k*-ε**（hmnf）。具体添加路径为：流体流动→高马赫数流动→湍流→高马赫数流动，***k*-ε**（hmnf），并将因变量设置为默认值，具体如图8-26所示。

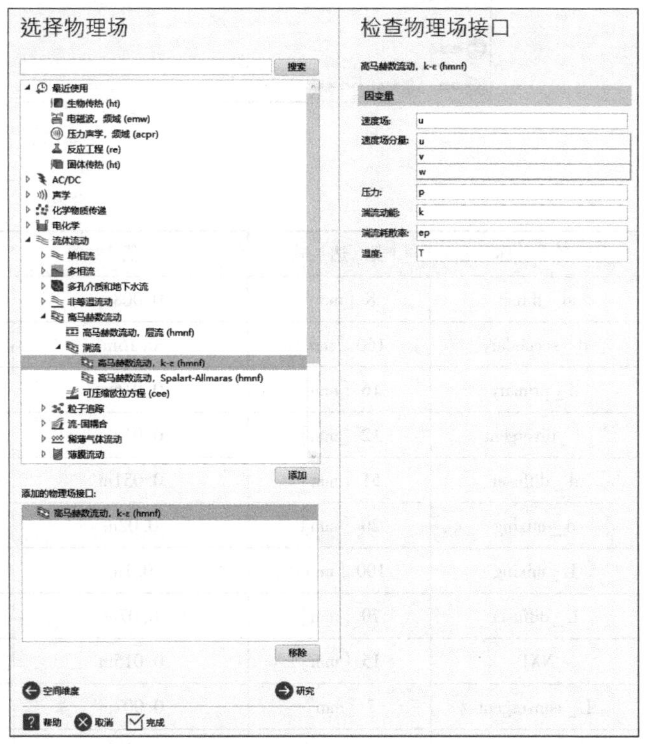

图8-26 物理场及因变量设置

接着单击**研究**按钮，选择**稳态**，最后单击**完成**即可，设置过程如图8-27所示。

2. 全局定义设置

首先添加参数表1（可以使用加载或者手动键入两种方式），参数设置界面如表8-5、图8-28所示。

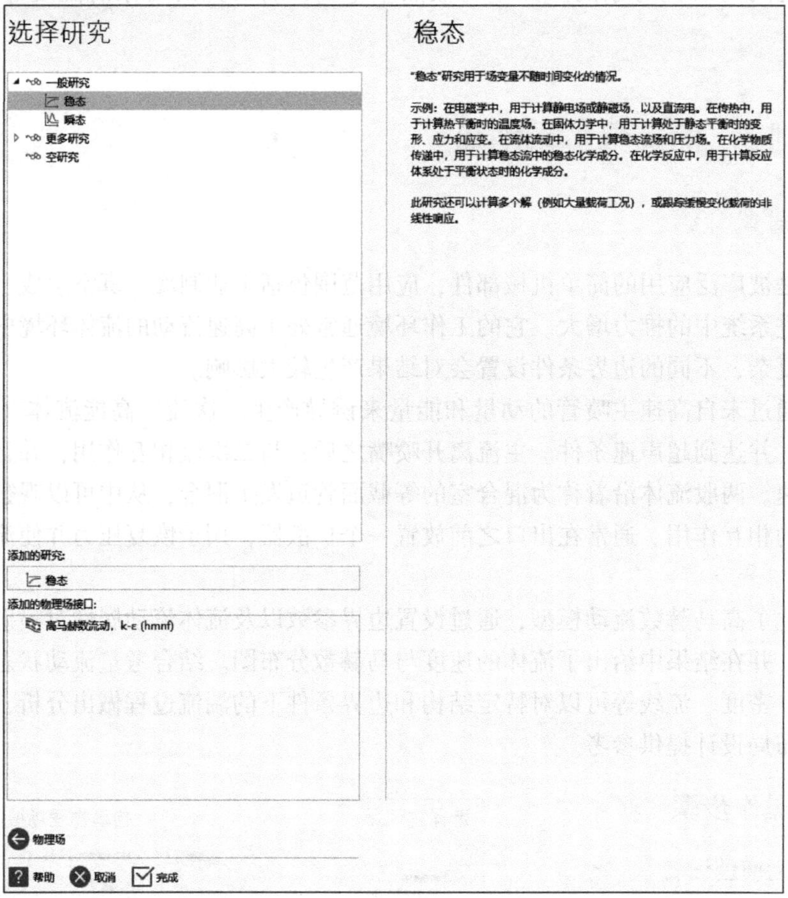

选择研究

- 一般研究
  - 稳态
  - 瞬态
- 更多研究
- 空研究

添加的研究:

稳态

添加的物理场接口:

高马赫数流动，k-ε (hmnf)

物理场

帮助 取消 完成

稳态

"稳态"研究用于场变量不随时间变化的情况。

示例：在电磁学中，用于计算静电场或静磁场，以及直流电。在传热中，用于计算热平衡时的温度场。在固体力学中，用于计算处于静态平衡时的变形、应力和应变。在流体流动中，用于计算稳态流场和压力场。在化学物质传递中，用于计算稳态流中的稳态化学成分。在化学反应中，用于计算反应体系处于平衡状态时的化学成分。

此研究还可以计算多个解（例如大量载荷工况），或跟踪渐慢变化载荷的非线性响应。

图 8-27　求解器设置

表 8-5　参数 1

名　称	表 达 式	值	描　述
d _ throat	8 [mm]	0. 008m	喉部直径
d _ secondary	160 [mm]	0. 16m	二次流入口直径
d _ primary	16 [mm]	0. 016m	主流入口直径
d _ divergent	12 [mm]	0. 012m	喷嘴扩散段直径
d _ diffuser	51 [mm]	0. 051m	扩散器直径
d _ mixing	20 [mm]	0. 02m	混合室直径
L _ mixing	100 [mm]	0. 1m	混合室长度
L _ diffuser	70 [mm]	0. 07m	扩散器长度
NXP	15 [mm]	0. 015m	喷嘴出口和混合室入口之间的距离
L _ convergent	7 [mm]	0. 007m	喷嘴收缩段长度
L _ secondary	90 [mm]	0. 09m	二次流喷嘴长度

（续）

名　称	表 达 式	值	描　述
L _ divergent	23 [mm]	0. 023m	喷嘴扩散段长度
L _ in	15 [mm]	0. 015m	入口长度
L _ out	L _ in	0. 015m	出口长度
thickness	0. 8 [mm]	8×10^{-4}m	喷嘴壁最大厚度
P1	5 [atm]	5.0663×10^{5}Pa	主流总压
P2	0. 55 [atm]	55729Pa	二次流总压
Pout	1 [atm]	1.0133×10^{5}Pa	出口压力
T1	300 [K]	300K	主流总温度
T2	T1	300K	二次流总温度
Rs	287J/(kg · K)	287J/(kg · K)	比气体常数
gamma	1. 41	1. 41	比热率
iso _ diff	0	0	各向同性扩散系数

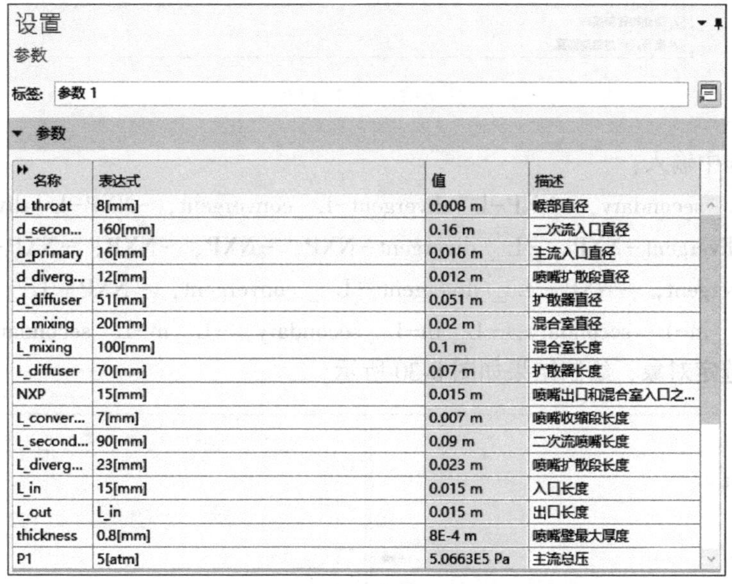

名称	表达式	值	描述
d_throat	8[mm]	0.008 m	喉部直径
d_secon...	160[mm]	0.16 m	二次流入口直径
d_primary	16[mm]	0.016 m	主流入口直径
d_diverg...	12[mm]	0.012 m	喷嘴扩散段直径
d_diffuser	51[mm]	0.051 m	扩散器直径
d_mixing	20[mm]	0.02 m	混合室直径
L_mixing	100[mm]	0.1 m	混合室长度
L_diffuser	70[mm]	0.07 m	扩散器长度
NXP	15[mm]	0.015 m	喷嘴出口和混合室入口之...
L_conver...	7[mm]	0.007 m	喷嘴收缩段长度
L_second...	90[mm]	0.09 m	二次流喷嘴长度
L_diverg...	23[mm]	0.023 m	喷嘴扩散段长度
L_in	15[mm]	0.015 m	入口长度
L_out	L_in	0.015 m	出口长度
thickness	0.8[mm]	8E-4 m	喷嘴壁最大厚度
P1	5[atm]	5.0663E5 Pa	主流总压

图 8-28　参数 1 设置

3. 组件设置

(1) 几何设置

首先单击**几何 1**，在设置窗口将单位设置为 m，设置结果如图 8-29 所示。

在**几何 1** 节点处右键单击，点选**多边形**，接着在**多边形 1（pol1）设置**窗口将标签改为**壁**，**坐标**栏下的数据源选为**“矢量”**，并在 r 文本框中输入：

“d _ primary/2，d _ primary/2，d _ primary/2，d _ throat/2，d _ throat/2，d _ divergent/2，d _ divergent/2，d _ throat/2+thickness，d _ throat/2+thickness，d _ primary/2+thickness，d _ primary/2+thickness，d _ primary/2+thickness，d _ primary/2+thickness，d _ primary/2”；

图 8-29　几何设置

在 z 文本框中输入：

"-L _ in-L _ secondary, -NXP-L _ divergent-L _ convergent, -NXP-L _ divergent-L _ convergent, -L _ divergent-NXP, -L _ divergent-NXP, -NXP, -NXP, -NXP-L _ divergent, -NXP-L _ divergent, -NXP-L _ divergent-L _ convergent, -NXP-L _ divergent-L _ convergent, -L _ in-L _ secondary, -L _ in-L _ secondary, -L _ in-L _ secondary";

单击**构建选定对象**，绘制结果如图 8-30 所示。

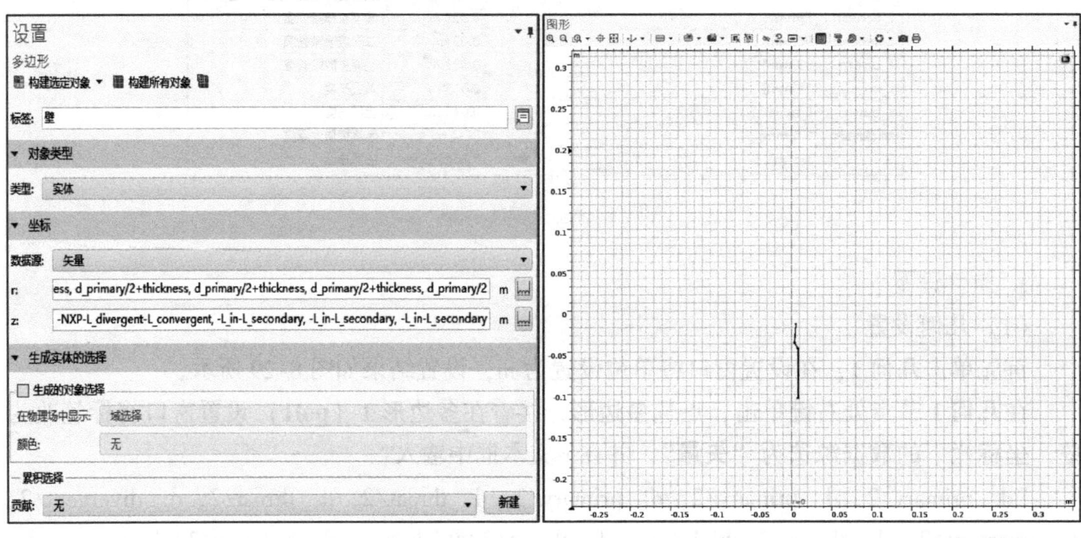

图 8-30　壁 1 绘制

接着用类似的方法依次绘制喷射器（pol2）、求差 1（dif1）、矩形 1（r1）、求差 2（dif2）、线段 1（ls1）、线段 2（ls2）、线段 3（ls3）、网格控制边 1（mce1）、多个壁（sel1）、主流入口（sel2）、二次流入口（sel3）、出口（sel2），最后单击形成联合体（fin），设置过程如图 8-31 所示。

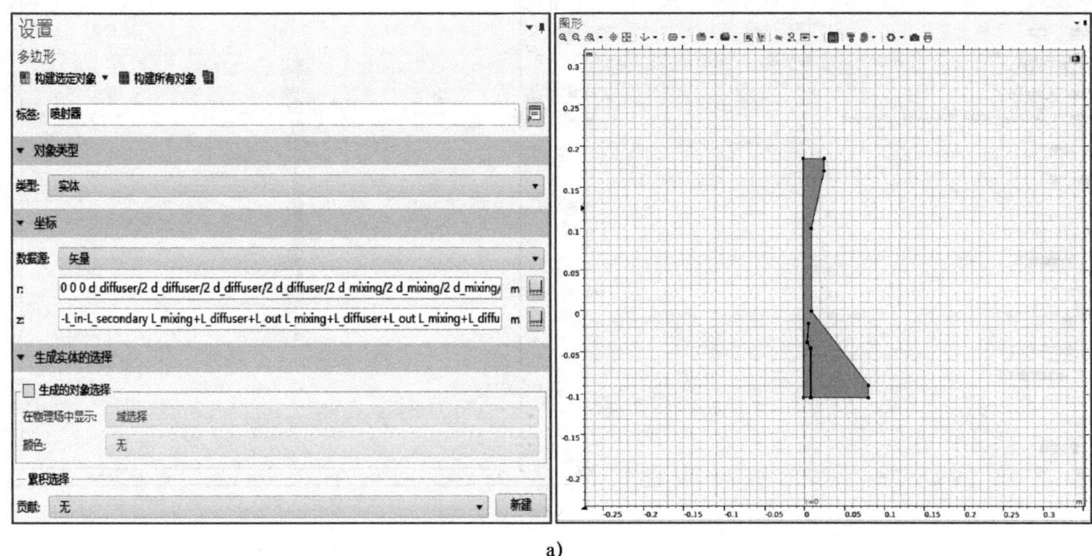

a)

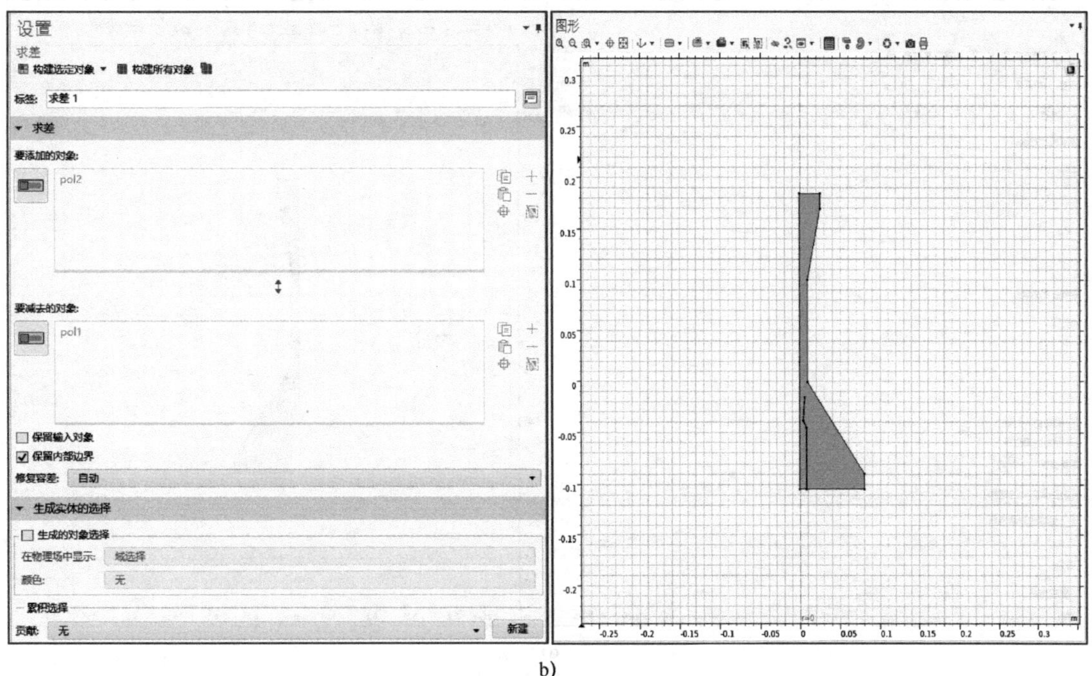

b)

图 8-31　几何设置

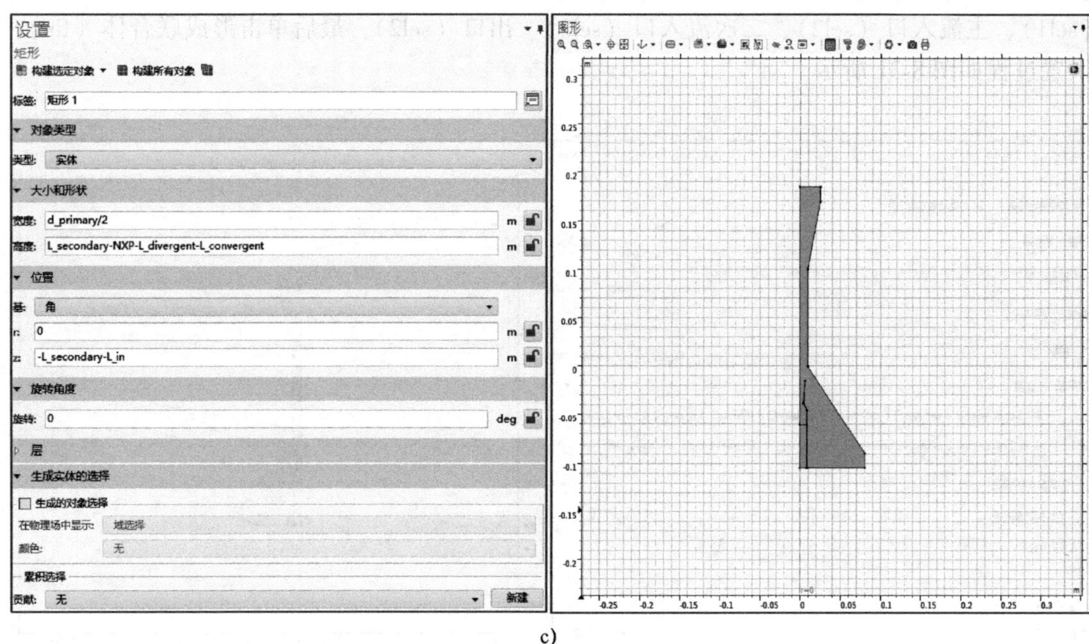

c)

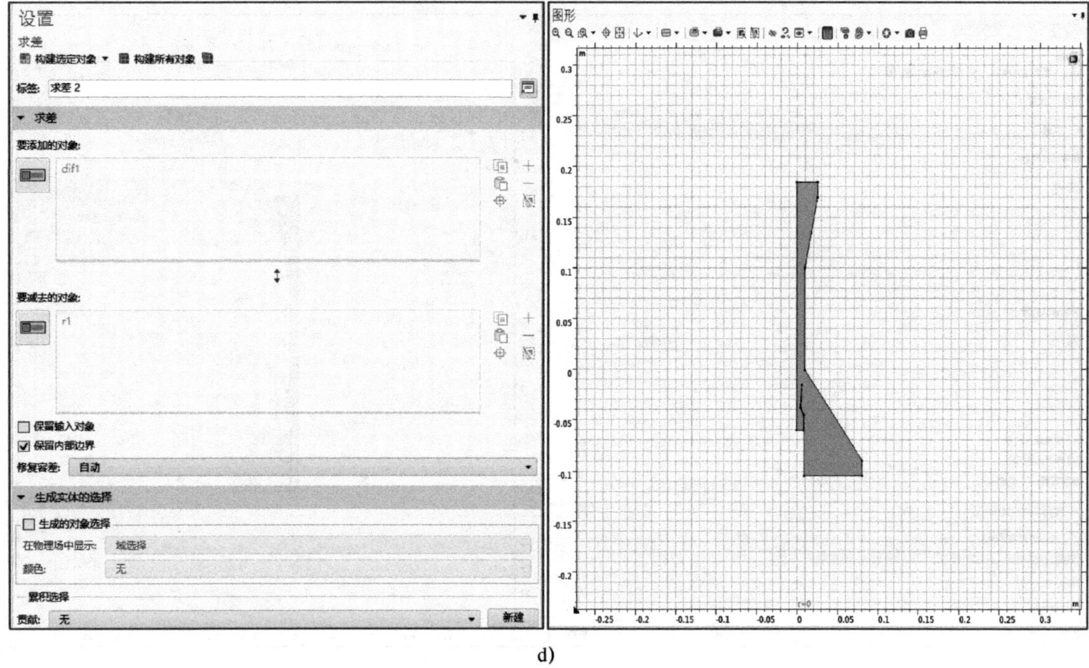

d)

图 8-31　几何设置（续）

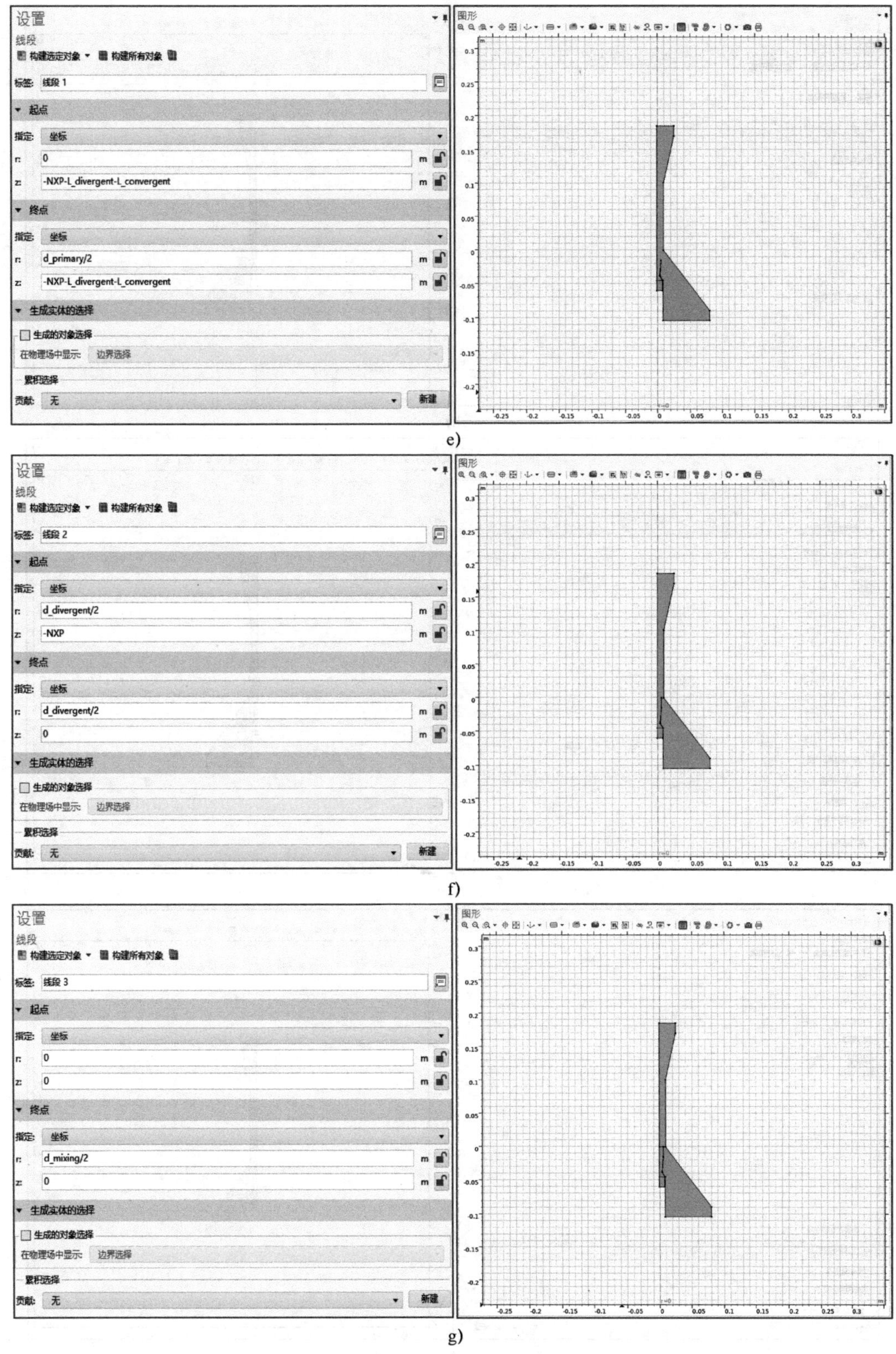
设置
线段
构建选定对象
构建所有对象
标签: 线段 1
起点
指定: 坐标
r: 0
z: -NXP-L_divergent-L_convergent
终点
指定: 坐标
r: d_primary/2
z: -NXP-L_divergent-L_convergent
生成实体的选择
生成的对象选择
在物理场中显示: 边界选择
累积选择
贡献: 无
新建
图形
e)
设置
线段
构建选定对象
构建所有对象
标签: 线段 2
起点
指定: 坐标
r: d_divergent/2
z: -NXP
终点
指定: 坐标
r: d_divergent/2
z: 0
生成实体的选择
生成的对象选择
在物理场中显示: 边界选择
累积选择
贡献: 无
新建
图形
f)
设置
线段
构建选定对象
构建所有对象
标签: 线段 3
起点
指定: 坐标
r: 0
z: 0
终点
指定: 坐标
r: d_mixing/2
z: 0
生成实体的选择
生成的对象选择
在物理场中显示: 边界选择
累积选择
贡献: 无
新建
图形
g)

图 8-31　几何设置（续）

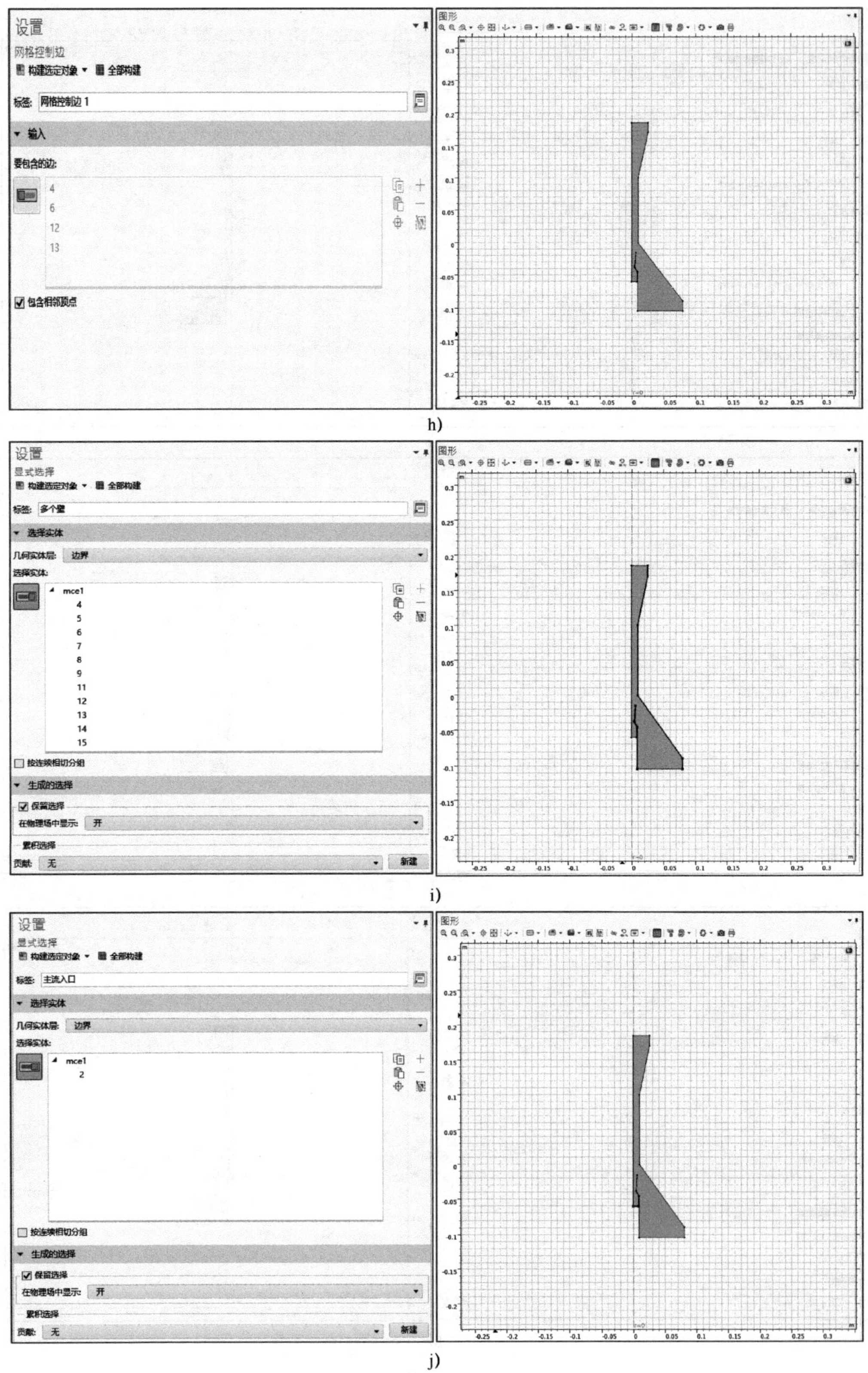
设置
网格控制边
构建选定对象 全部构建
标签: 网格控制边 1
输入
要包含的边:
4
6
12
13
包含相邻顶点
图形
h)
设置
显式选择
构建选定对象 全部构建
标签: 多个壁
选择实体
几何实体层: 边界
选择实体:
mce1
4
5
6
7
8
9
11
12
13
14
15
按连续相切分组
生成的选择
保留选择
在物理场中显示: 开
累积选择
贡献: 无
新建
图形
i)
设置
显式选择
构建选定对象 全部构建
标签: 主流入口
选择实体
几何实体层: 边界
选择实体:
mce1
2
按连续相切分组
生成的选择
保留选择
在物理场中显示: 开
累积选择
贡献: 无
新建
图形
j)

图 8-31 几何设置（续）

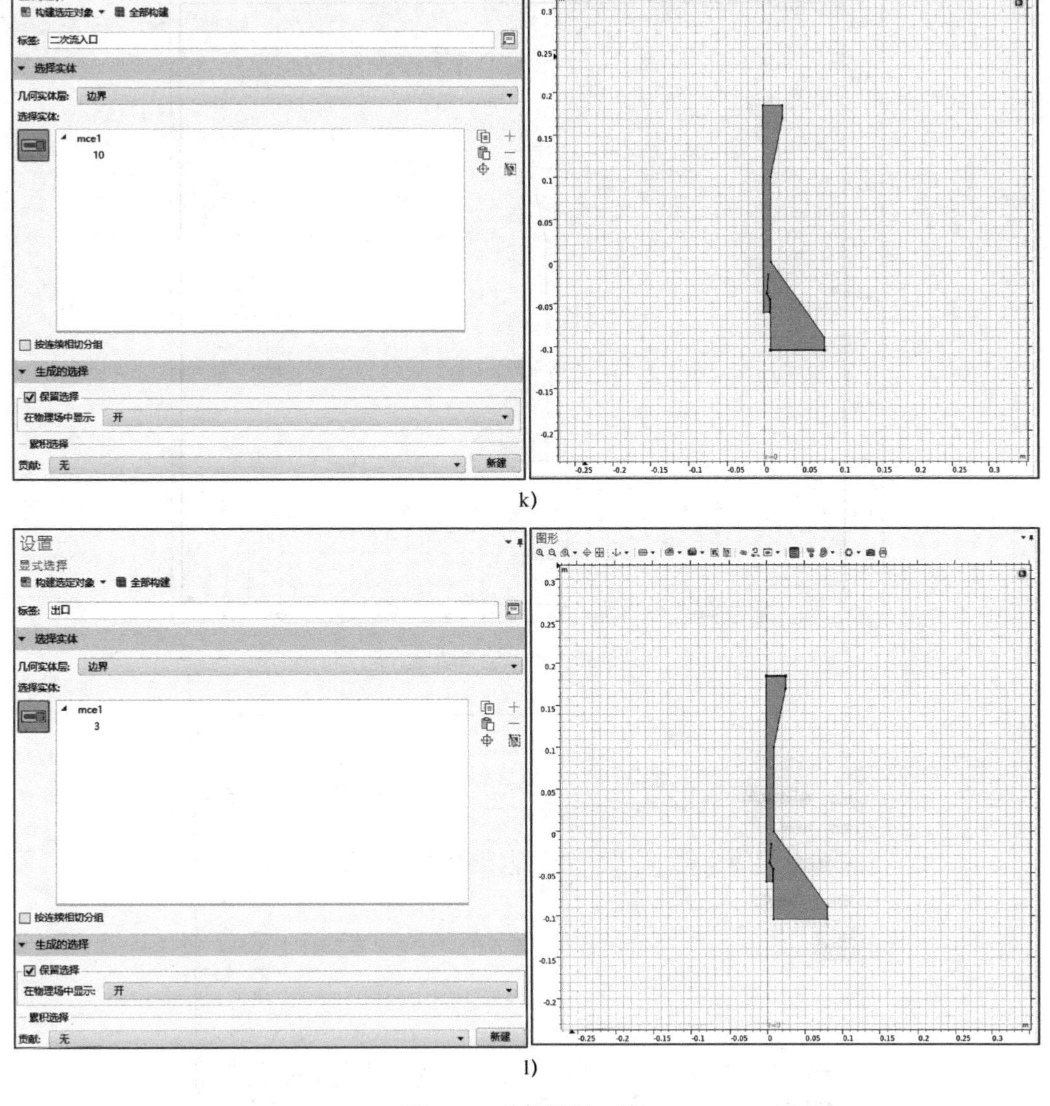

图 8-31　几何设置（续）

由此得到的几何图形如图 8-32 所示。

（2）高马赫数流动，***k*-*ε***（**hmnf**）设置

在组件 1 节点下，单击**高马赫数流动，*k*-*ε*（hmnf）**，在高马赫数流动，k-ε 设置窗口，单击展开**非自洽稳定性**栏，选中热方程以及纳维-斯托克斯方程下的**各项同性扩散**复选框，在 δ_{id} 文本框中都键入“iso _ diff”，结果如图 8-33 所示。

在**高马赫数流动，*k*-*ε*** 节点下单击**流体 1**，并在**流体 1** 设置窗口内对热力学进行如下设置：将 $\boldsymbol{R_s}$ 栏选为**用户定义**并在 R_s 文本框内键入“**Rs**”；将**指定 $\boldsymbol{C_p}$ 或 $\boldsymbol{\gamma}$** 栏选为“**比热率**”，从 γ 列表选择“**用户定义**”，并在 γ 文本框内键入“**gamma**”，设置结果如图 8-34 所示。

在**高马赫数流动，*k*-*ε*** 节点下单击**初始值 1**，并在**初始值 1** 设置窗口将速度场 U 的分量设为“$\boldsymbol{r=0}$，$\boldsymbol{z=100}$”，p 文本框键入“**2［atm］**”设置结果如图 8-35 所示。

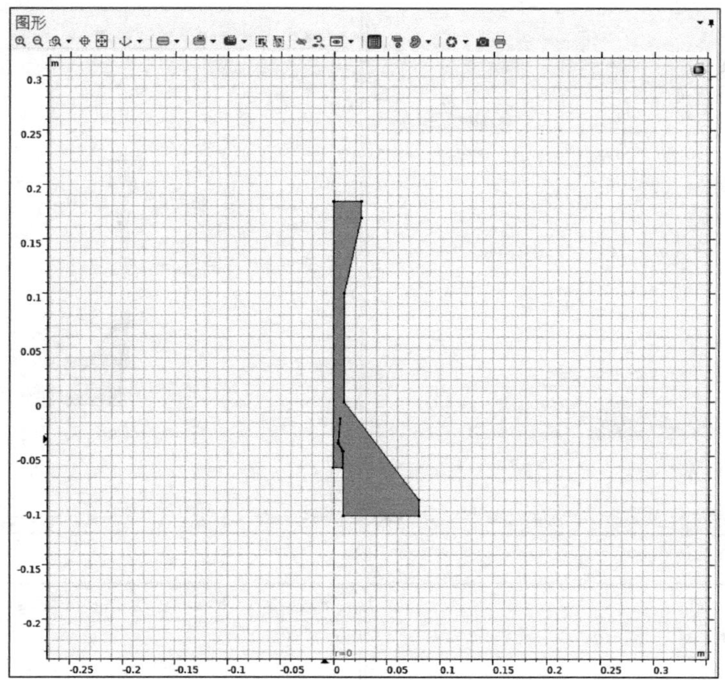

图 8-32　几何绘制结果

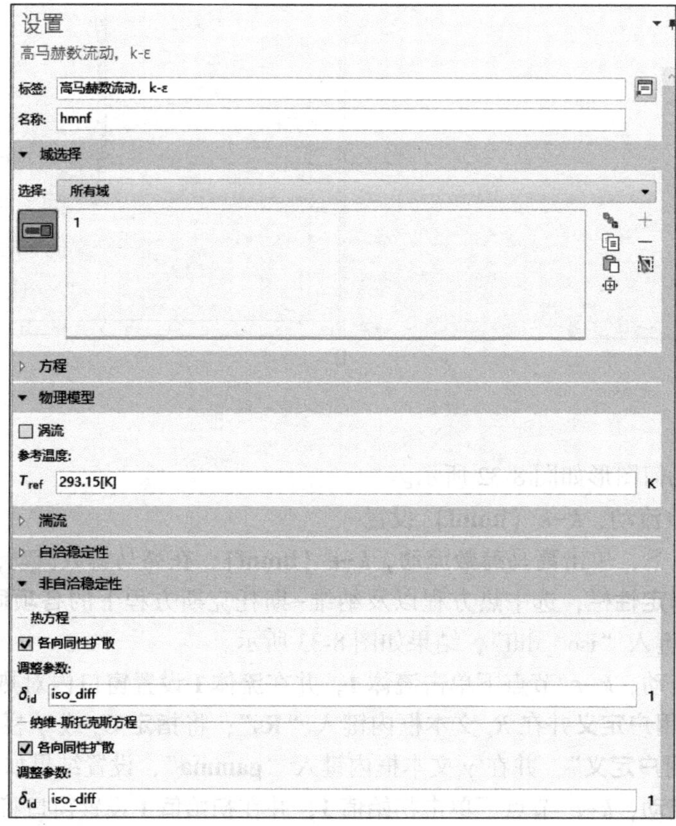

图 8-33　高马赫数流动，k-ε 设置

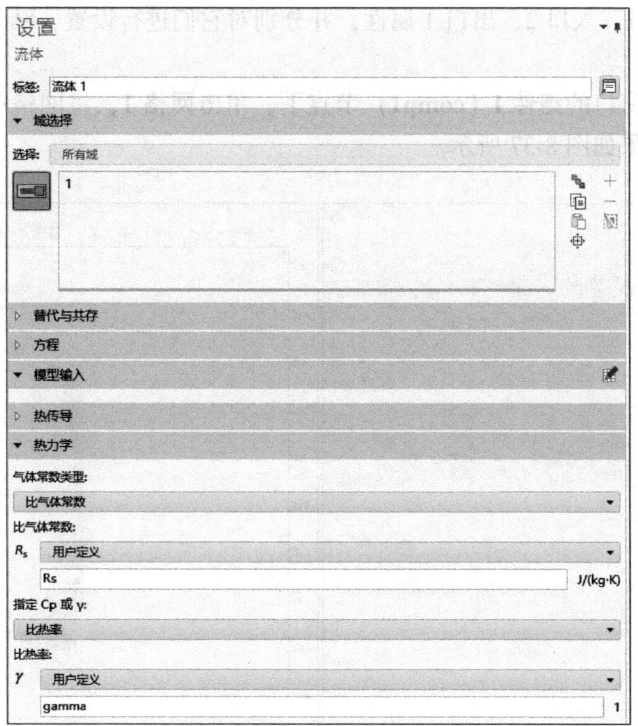

图 8-34　流体 1 设置

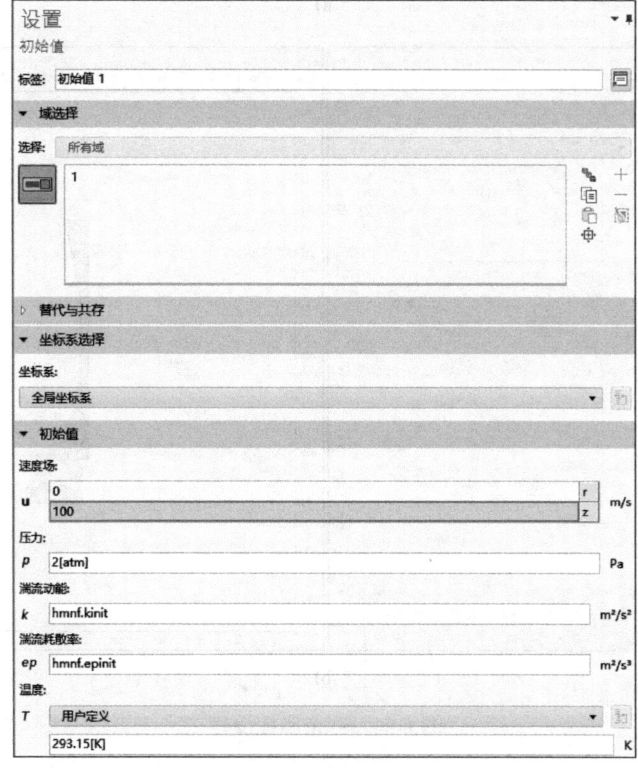

图 8-35　初始值 1 设置

接着添加入口 1、入口 2、出口 1 属性，并分别对它们进行设置，结果如图 8-36 所示。

(3) 网格设置

在**模型开发器**窗口的**组件 1（comp1）**节点下，单击**网格 1**，将网格单元大小选为**粗化**，选择**全部构建**，结果如图 8-37 所示。

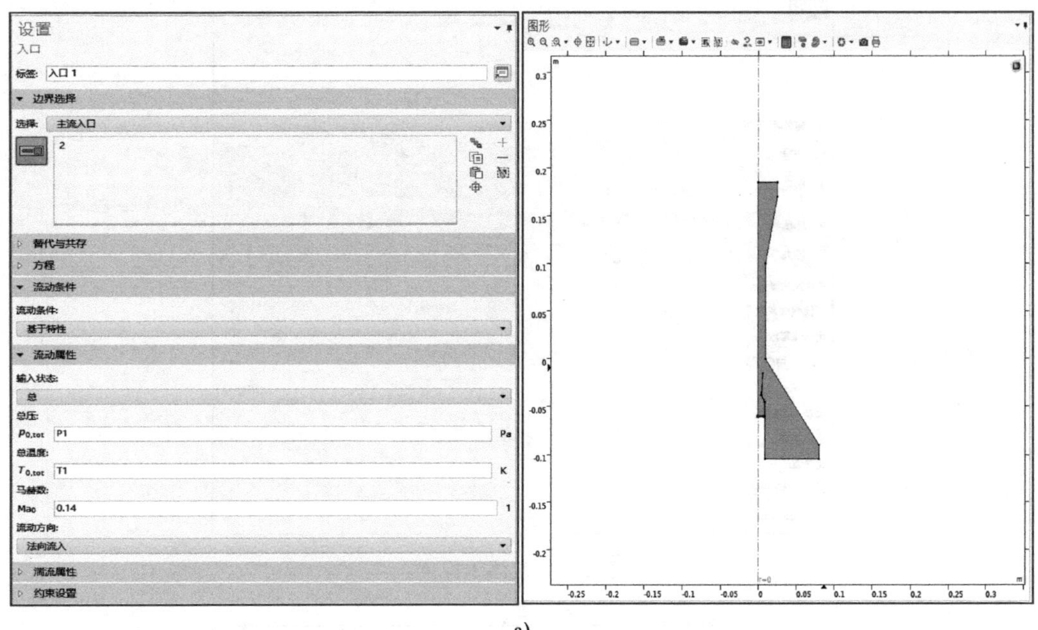

a)

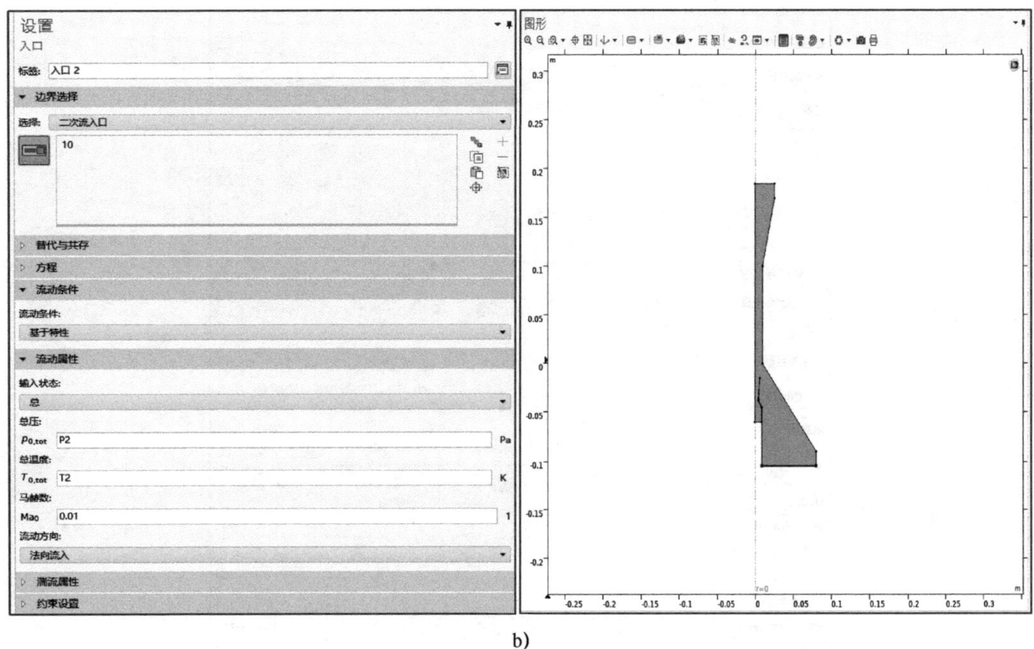

b)

图 8-36　剩余属性设置

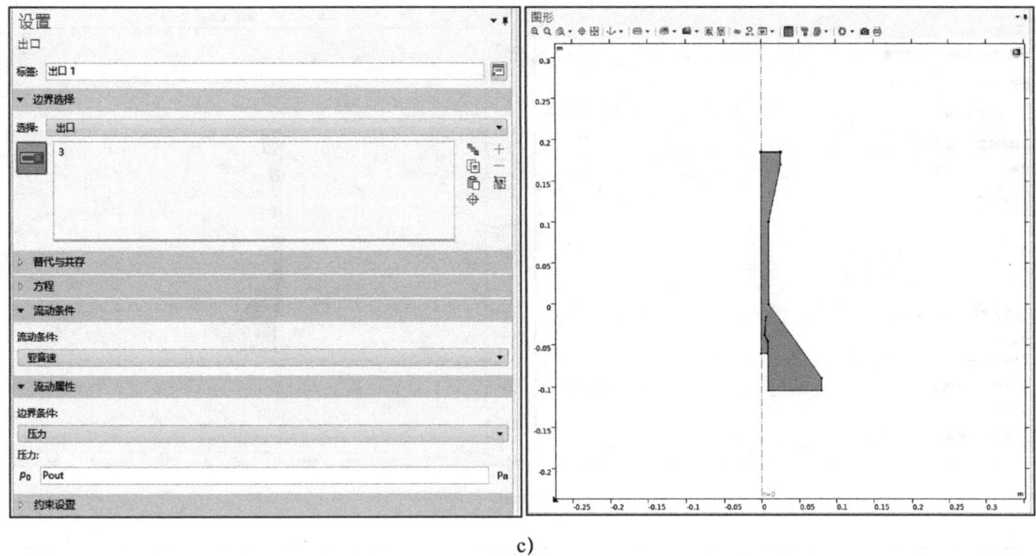

c)

图 8-36 剩余属性设置（续）

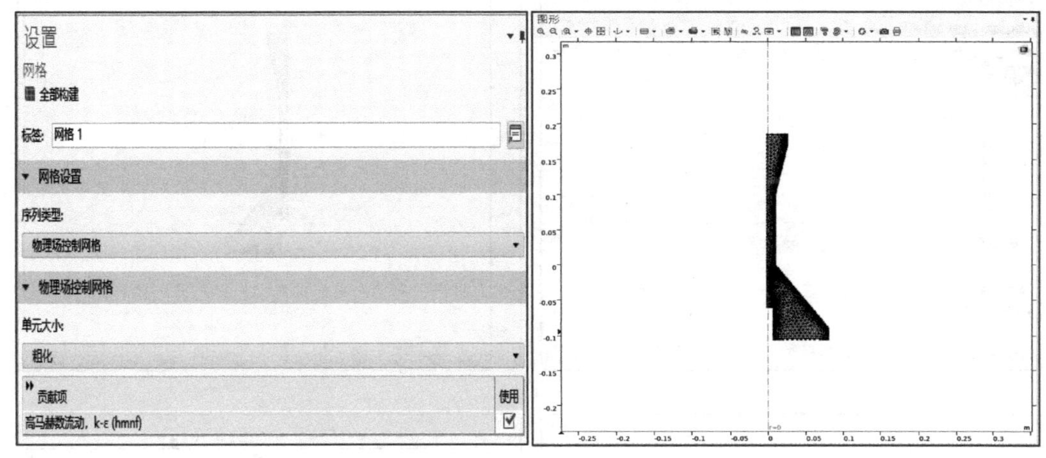

图 8-37 网格 1 设置

在**网格**工具栏单击**添加网格**，得到**网格 2**，右键网格 2 点选**大小**，接着单击**大小 1**，在大小 1 设置窗口将几何实体层选为“边界”，选择改为“**手动**”，接着选择“**4**”“**5**”，校准设为“**流体动力学**”，预定义设为“**极细化**”，设置结果如图 8-38 所示。

接着给**网格 2** 添加大小 2、大小 3、大小 4、角细化、自由三角形网格 1、边界层等属性，设置结果如图 8-39 所示。

4. 研究设置

在**模型开发器**下，单击展开**研究 1** 节点，单击**步骤 1：稳态**，在稳态设置窗口，将网格选为**网格 1**，接着单击展开**研究扩展**，选中**辅助扫描**复选框，单击按钮+添加 **P2（二次流总压）**以及 **iso_diff（各向同性扩散系数）**，并将**运行继续运算**选为“**无参数**”，重用上一步的解选为“**是**”，设置结果如图 8-40 所示。

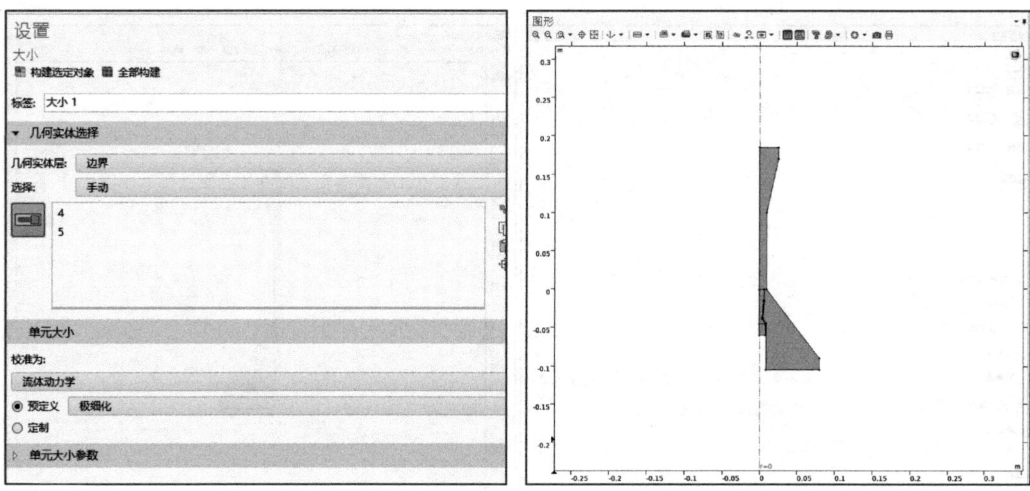

图 8-38　大小 1 设置

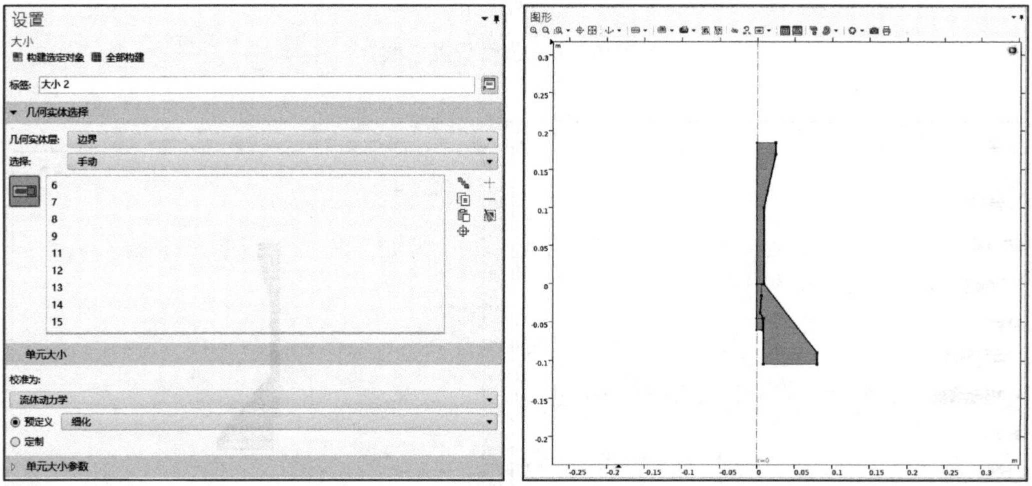

a)

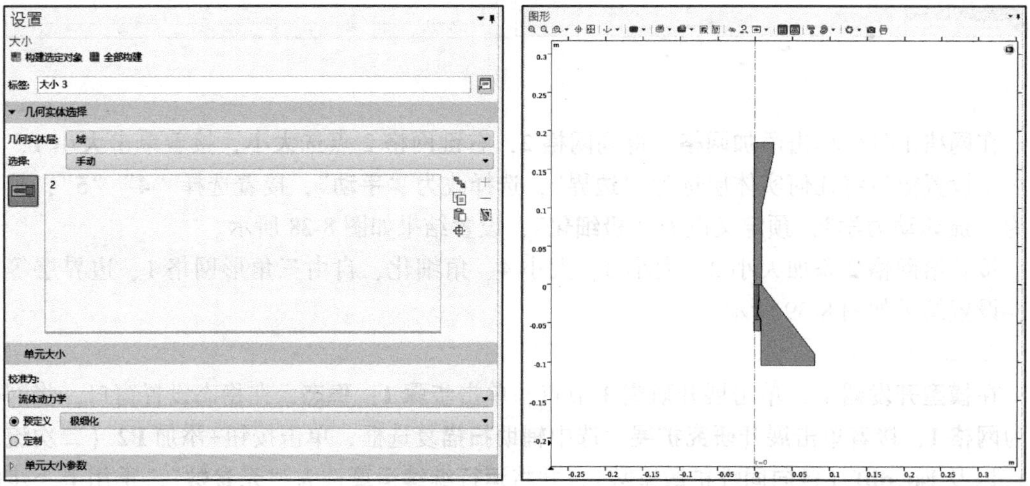

b)

图 8-39　网格 2 剩余属性设置

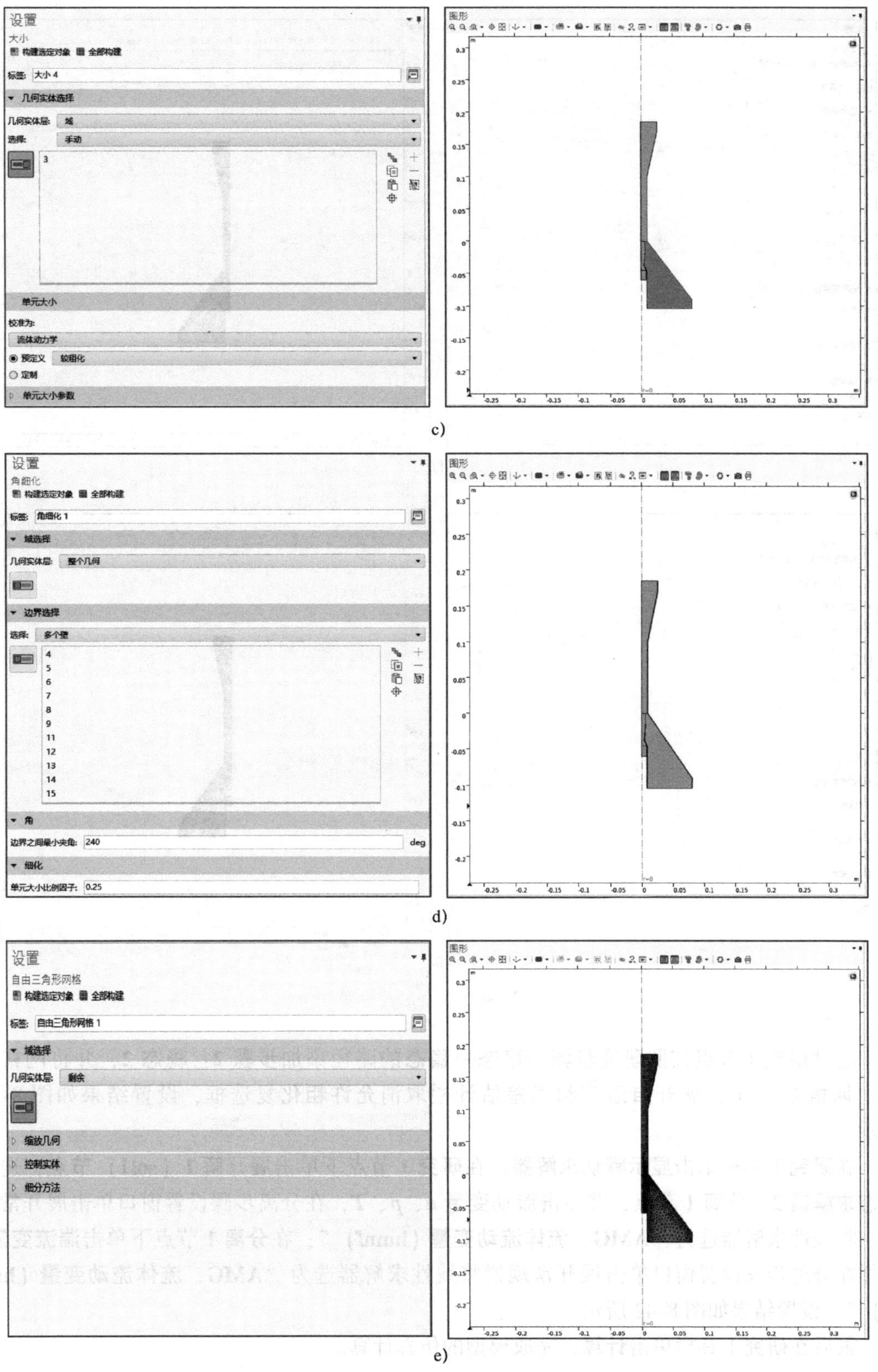

图 8-39　网格 2 剩余属性设置（续）

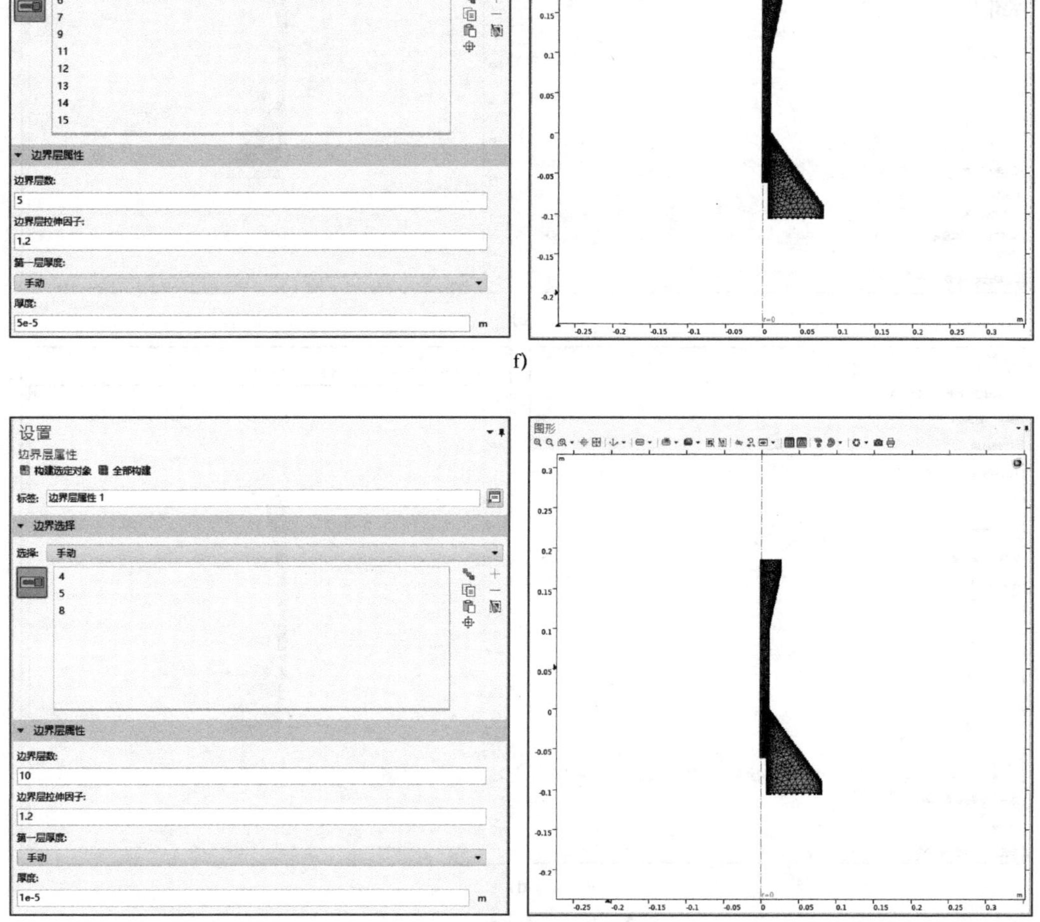

f)

g)

图 8-39　网格 2 剩余属性设置（续）

右键**研究 1** 节点按照**研究步骤→稳态→稳态**的路径添加**步骤 2：稳态 2**，并将网格选为“**网格 2**”，单击展开**自适应和误差估计**栏取消**允许粗化**复选框，设置结果如图 8-41 所示。

在**研究**工具栏单击**显示默认求解器**，在**研究 1** 节点下单击展开**解 1（sol1）节点**，选择**稳态求解器 2→分离 1** 节点，并单击**流动变量** $\boldsymbol{u}$、$\boldsymbol{p}$、$\boldsymbol{T}$，在分离步骤设置窗口单击展开**常规**栏，将线性求解器选为“**AMG，流体流动变量（hmnf）**”；在**分离 1** 节点下单击**湍流变量**，同样在分离步骤设置窗口单击展开**常规**栏将线性求解器选为“**AMG，流体流动变量（hmnf）**”，设置结果如图 8-42 所示。

最后在**研究**工具栏单击**计算**，完成模型的仿真计算。

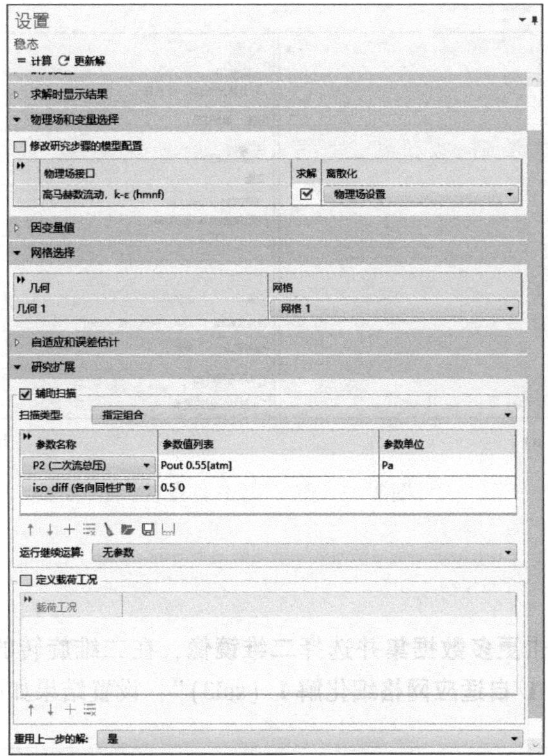

图 8-40　步骤 1：稳态设置

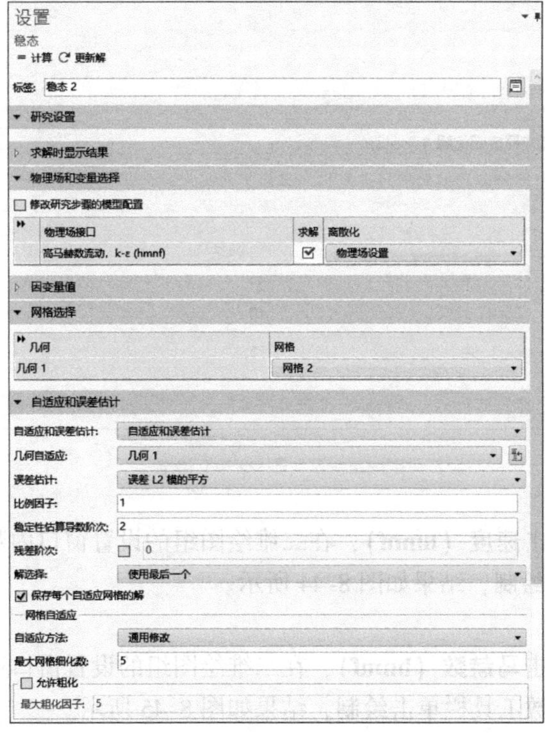

图 8-41　步骤 2：稳态 2 设置

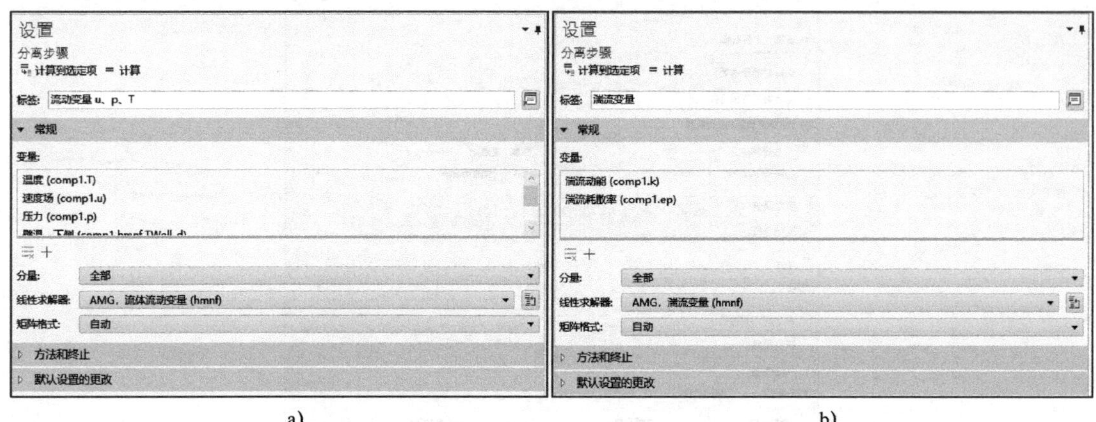

图 8-42　解 1（sol1）设置

5. 结果分析

(1) 速度分布

在**结果**节点下，单击**更多数据集**并选择**二维镜像**，在二维旋转的设置窗口进行如下设置：数据集选择“**研究 1/自适应网格细化解 1（sol3）**”，设置结果如图 8-43 所示。

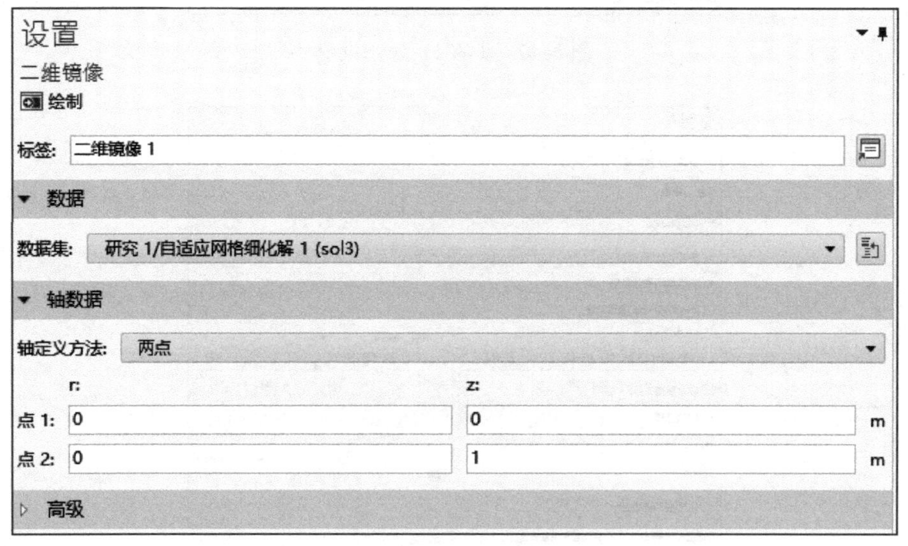

图 8-43　二维镜像 1 设置

在**模型开发器**中单击**速度（hmnf）**，在二维绘图组的设置窗口内数据集选择“**二维镜像 1**”，在**速度**工具栏单击**绘制**，结果如图 8-44 所示。

(2) 马赫数分布

在**模型开发器**中单击**马赫数（hmnf）**，在二维绘图组的设置窗口进行设置，数据集选择“**二维镜像 1**”，在**马赫数**工具栏单击**绘制**，结果如图 8-45 所示。

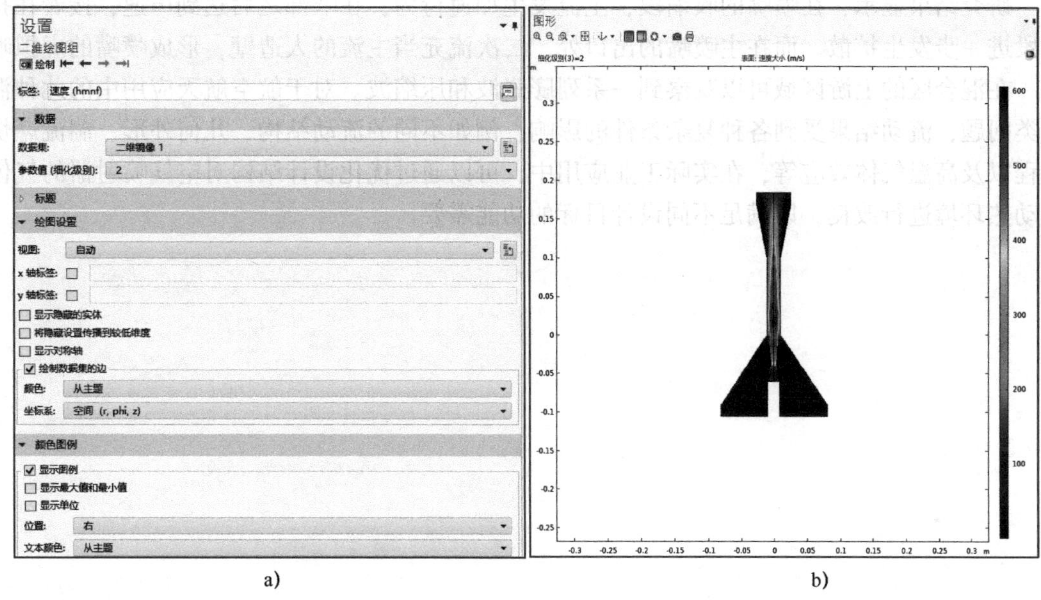

a) b)

图 8-44 速度分布

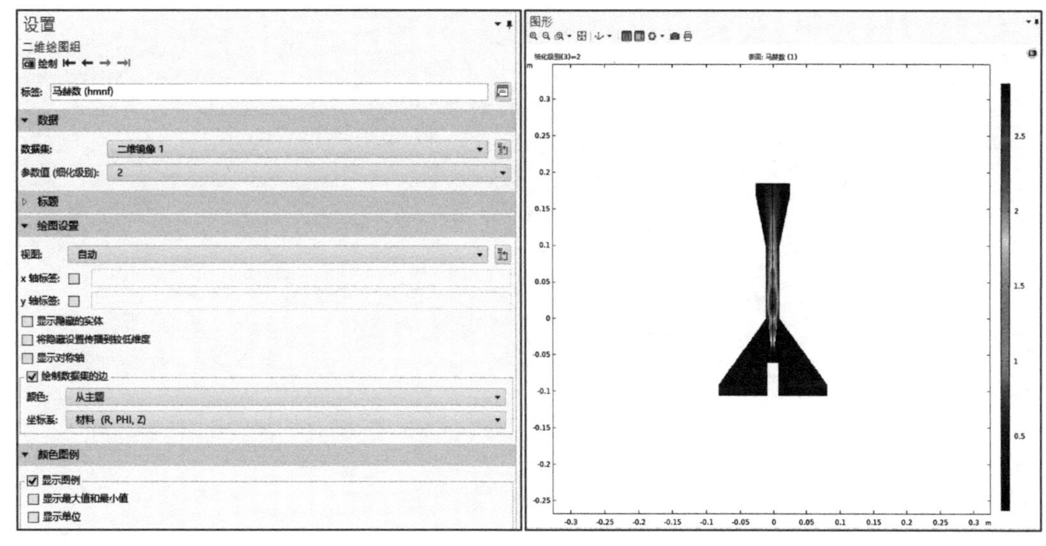

图 8-45 马赫数分布

8.4.3 案例小结

本案例使用高马赫数流动模块对稀薄气体进行稳态研究，模拟了超声速空气喷射器内的可压缩湍流气流，设置了高马赫数流动属性与流体参数，并赋予相应的初始值和出入口属性，对网格划分方式以及求解方式进行相应调整。在完成了上述步骤后，绘制流体的速度分布与马赫数分布图，展示了稀薄气体高马赫数流动条件下的流动结果，为后续实际应用场景中的喷射器内气流特性研究提供了参考。

研究结果显示，在喷嘴的收缩段，主流发生加速行为，在喉部之后达到声速，接着在扩散段进一步发生扩散。而在主喷嘴的出口处，二次流充当主流的人造壁，形成喷嘴的虚拟喉部。在混合区的上游区域可以观察到一系列膨胀波和压缩波。对于航空航天应用中的此种湍流类问题，流动结果受到各种复杂条件的影响，例如不同的流动结构、几何外形、湍流燃烧过程以及高温气体效应等，在实际工业应用中，可以通过优化设计结构对空气喷射器的气体气动热环境进行改良，以满足不同设计目标的功能需要。

第 9 章 材料领域

9.1 简介

材料领域的发展一直被视为整个人类社会文明发展的写照，从石器、青铜器、铁器到现如今的智能新材料、环保材料、可再生材料等，科技社会的发展不断对材料的新工艺和新技术提出了新要求，由此，利用仿真技术突破材料领域瓶颈的方法进入了大家的视野。针对常见的材料工艺过程，在 COMSOL Multiphysics 中均有包含，如：微波加热金属粉末、注塑成型冷却、激光焊接、超材料声学隐身等，本书选取了材料领域典型的激光烧蚀、增材制造和气相沉积单个应用案例，分别展示了传热场、热应力和化学反应三个方面的软件操作方法。

9.2 案例 1　超快激光加热金属膜

9.2.1　物理背景

激光烧蚀是利用高功率激光束照射材料，材料吸收激光能量后蒸发或升华，从而使得材料从固体或液体表面去除的一种材料加工工艺。激光加工因其非接触加工的性质，不会产生机械损伤和刀具磨损，因而在精细化加工领域，例如宝石加工领域，发挥着日益重要的作用。

激光烧蚀微孔的直径与深度受到激光的能量密度影响，本案例通过设置激光相关的组件属性：高斯激光、铜离子热容、晶格热容、晶格热导率、耦合系数、激光脉冲、热源和环境温度，研究在特定加热条件下烧蚀材料的瞬态传热特性，并在结果中给出了固体表面温度的二维分布图。

对激光烧蚀过程中的不同能量密度对于固体材料烧蚀处的温度影响，可以进行更深入的研究，并通过调整热源强度实现目标加工结果。

9.2.2　操作步骤

1. 物理场的选择设置

打开软件以后，使用模型向导开始创建模型。第一步，设置模型的空间维度，将其选择为二维轴对称；第二步，添加所需的物理场。在本案例中，物理模型为固体传热模型，具体路径为传热→固体传热（ht），并将因变量设置为默认值，具体如图 9-1 所示。

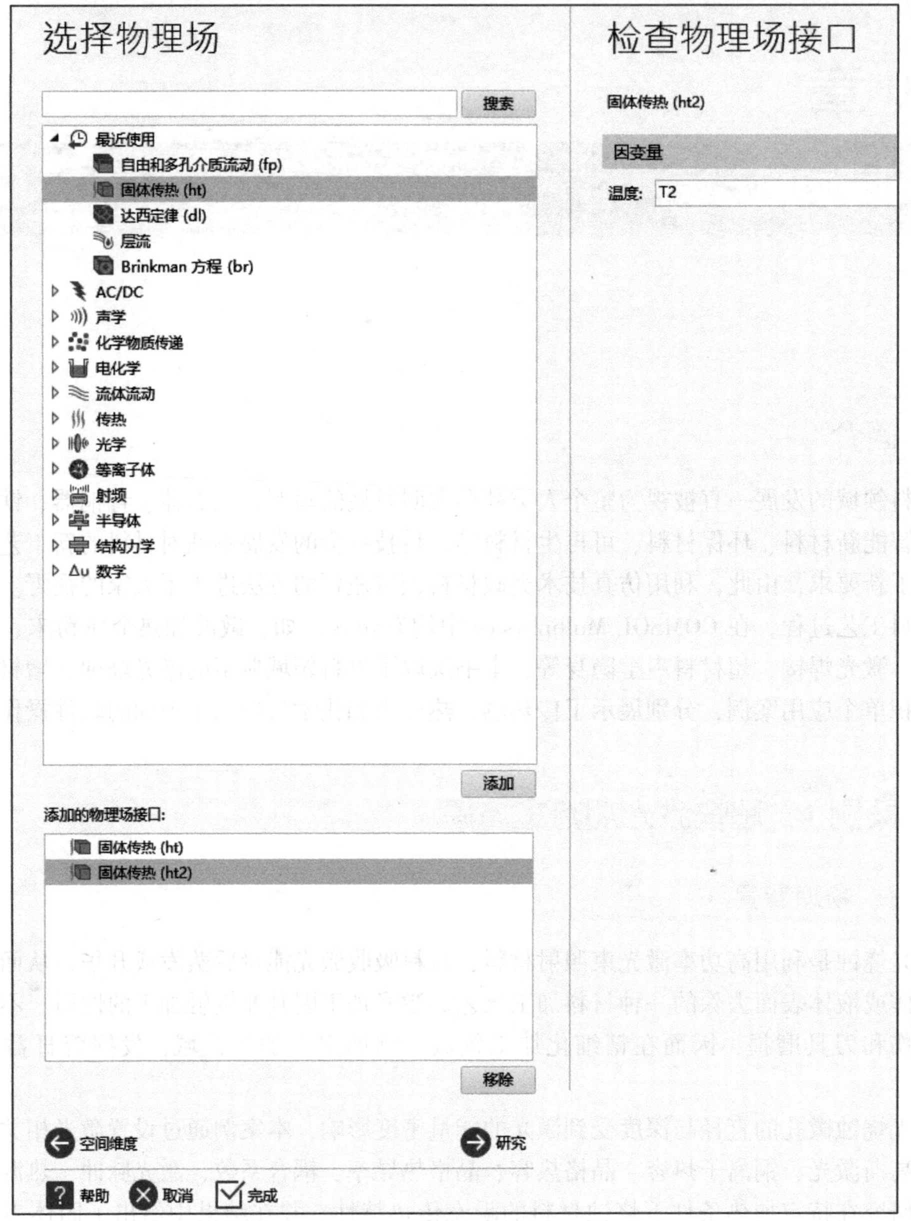

图 9-1　物理场的选择和添加

2. 求解器设置

单击**研究**按钮，会弹出**选择研究**，在其中选择添加**瞬态研究**，单击**完成**按钮，如图 9-2 所示。

3. 全局参数设置

本案例是对二维轴对称固体材料的激光加热过程进行仿真，因此需要对固体材料的物性参数，激光参数等进行设置，具体情况如表 9-1～表 9-3、图 9-3 所示。

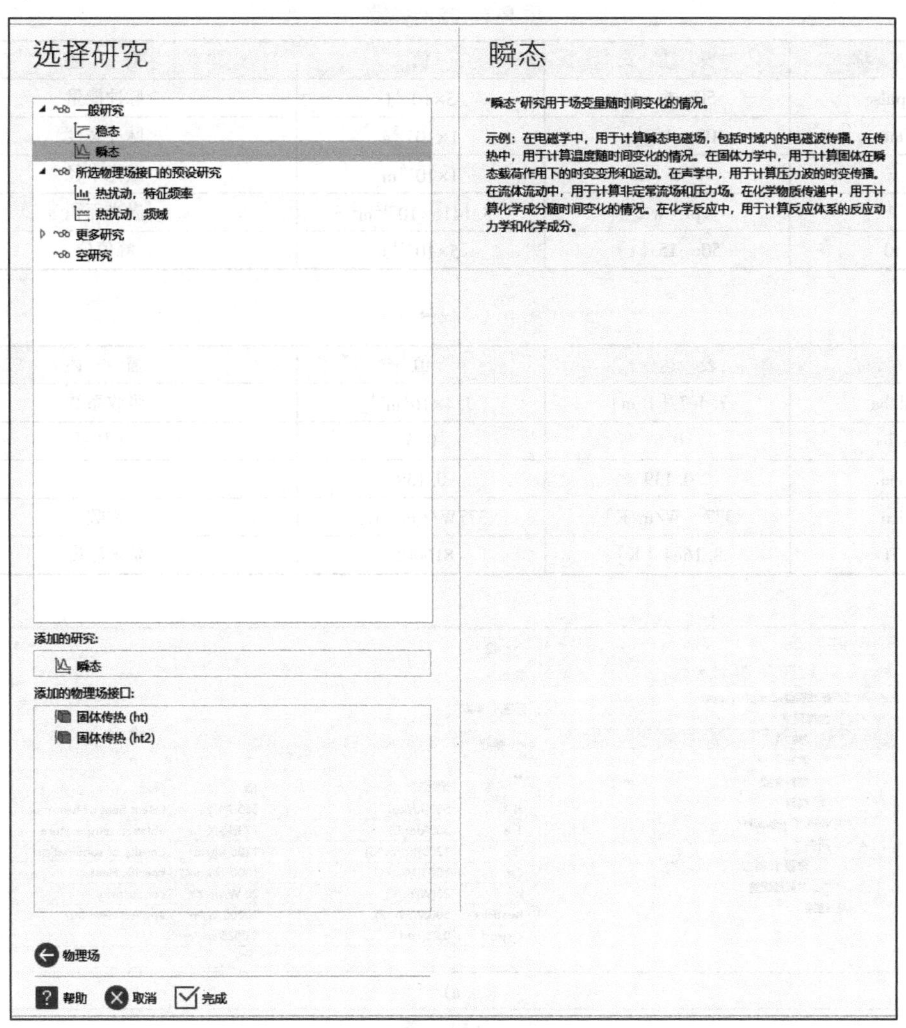

图 9-2　求解器简单设置

表 9-1　参数 1

名　称	表 达 式	值	描　述
H _ s	500 [kJ/kg]	5×10^5J/kg	升华熔化潜热
T _ a	500 [degC]	773.15K	烧蚀温度
rho	1200 [kg/m^3]	1200kg/m^3	升华密度
Cp	1000 [J/kg/K]	1000J/(kg · K)	比热容
k	20 [W/m/K]	20W/(m · K)	传导率
heatFlux	50 [kW/m^2]	50000W/m^2	应用热通量
r _ sport	0.25 [cm]	0.0025m	

表 9-2 激光参数

名 称	表 达 式	值	描 述
Epulse	50e-6 [J]	5×10^{-5}J	脉冲能量
tau	100e-15 [s]	1×10^{-13}s	脉冲宽度
w	1e-6 [m]	1×10^{-6}m	激光半径
A	pi * w^2	3.1416×10^{-12}m^2	激光面积
t0	50e-15 [s]	5×10^{-14}s	峰值位

表 9-3 材料参数

名 称	表 达 式	值	描 述
alpha	7.4e7 [1/m]	7.4×10^{7}m^{-1}	吸收系数
reflec	0.6	0.6	反射率
eta	0.139	0.139	
kxi	377 [W/m/K]	377W/(m·K)	常数
Tf	8.16e4 [K]	81600K	费米温度

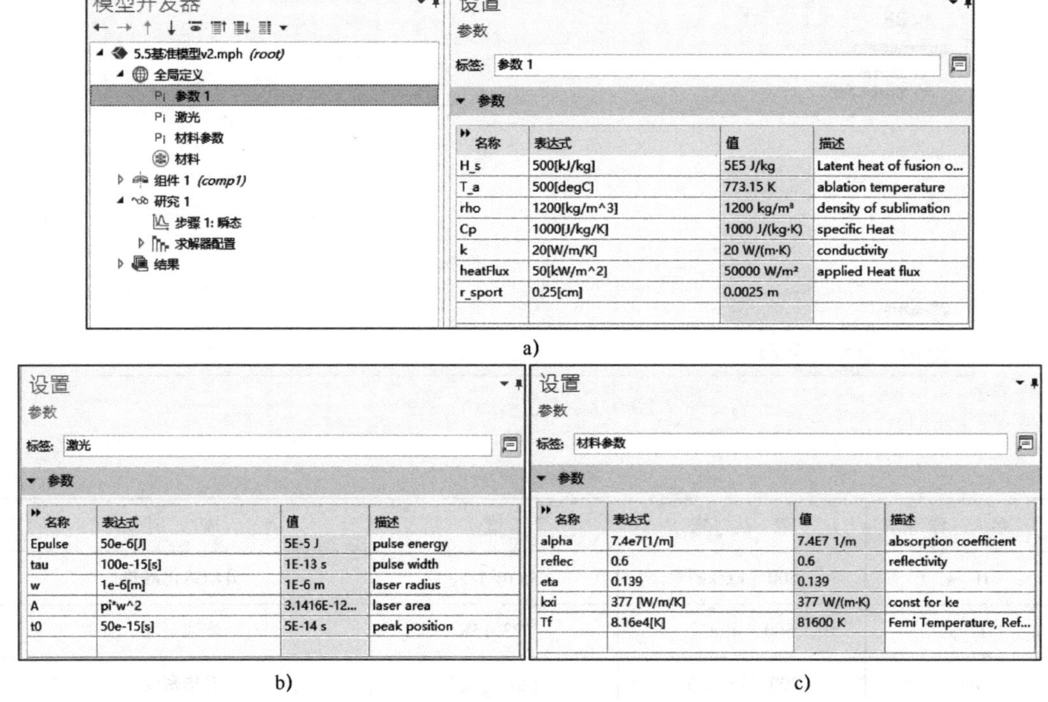

图 9-3 全局参数设置

4. 组件的定义设置

右键**定义**，单击**变量**，添加变量 1，在变量设置窗口将其标签改为物理参数，然后在变量中设置参数表；使用同样的方式添加其余物理函数，具体设置过程如图 9-4 所示。

5. 几何设置

首先单击**几何 1**，在设置窗口将单位设置为 μm，具体操作步骤如图 9-5 所示。

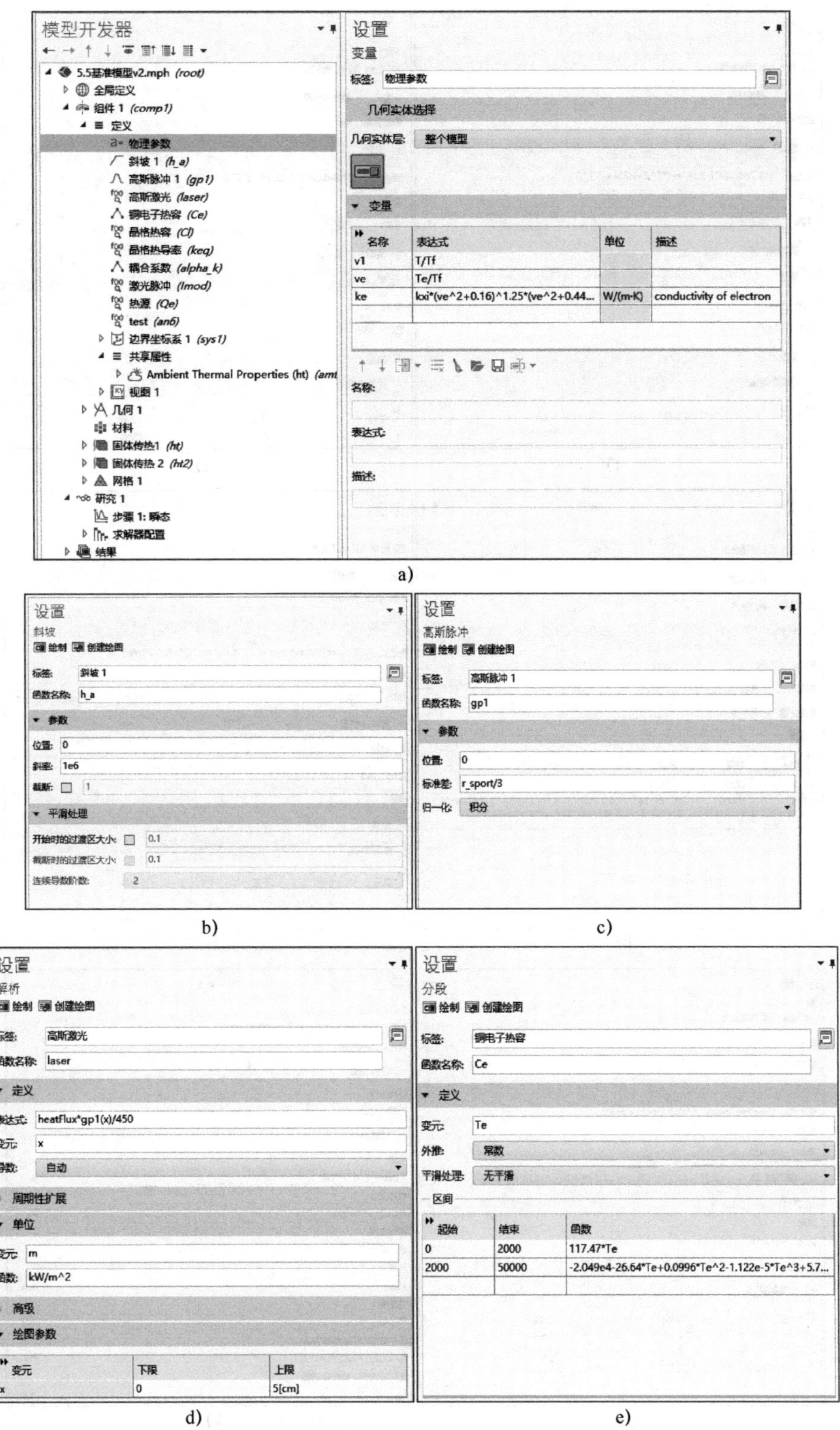
模型开发器
5.5基准模型v2.mph (root)
全局定义
组件 1 (comp1)
定义
物理参数
斜坡 1 (h_a)
高斯脉冲 1 (gp1)
高斯激光 (laser)
铜电子热容 (Ce)
晶格热容 (Cl)
晶格热导率 (keq)
耦合系数 (alpha_k)
激光脉冲 (Imod)
热源 (Qe)
test (an6)
边界坐标系 1 (sys1)
共享属性
Ambient Thermal Properties (ht)
视图 1
几何 1
材料
固体传热1 (ht)
固体传热 2 (ht2)
网格 1
研究 1
步骤 1: 瞬态
求解器配置
结果
设置
变量
标签: 物理参数
几何实体选择
几何实体层: 整个模型
变量
名称
表达式
单位
描述
v1
T/Tf
ve
Te/Tf
ke
kxi*(ve^2+0.16)^1.25*(ve^2+0.44...
W/(m·K)
conductivity of electron
名称:
表达式:
描述:
a)
设置
斜坡
绘制
创建绘图
标签: 斜坡 1
函数名称: h_a
参数
位置: 0
斜率: 1e6
截断: 1
平滑处理
开始时的过渡区大小: 0.1
截断时的过渡区大小: 0.1
连续导数阶数: 2
b)
设置
高斯脉冲
绘制
创建绘图
标签: 高斯脉冲 1
函数名称: gp1
参数
位置: 0
标准差: r_sport/3
归一化: 积分
c)
设置
解析
绘制
创建绘图
标签: 高斯激光
函数名称: laser
定义
表达式: heatFlux*gp1(x)/450
变元: x
导数: 自动
周期性扩展
单位
变元: m
函数: kW/m^2
高级
绘图参数
变元
下限
上限
x
0
5[cm]
d)
设置
分段
绘制
创建绘图
标签: 铜电子热容
函数名称: Ce
定义
变元: Te
外推: 常数
平滑处理: 无平滑
区间
起始
结束
函数
0
2000
117.47*Te
2000
50000
-2.049e4-26.64*Te+0.0996*Te^2-1.122e-5*Te^3+5.7...
e)

图 9-4　组件的定义设置

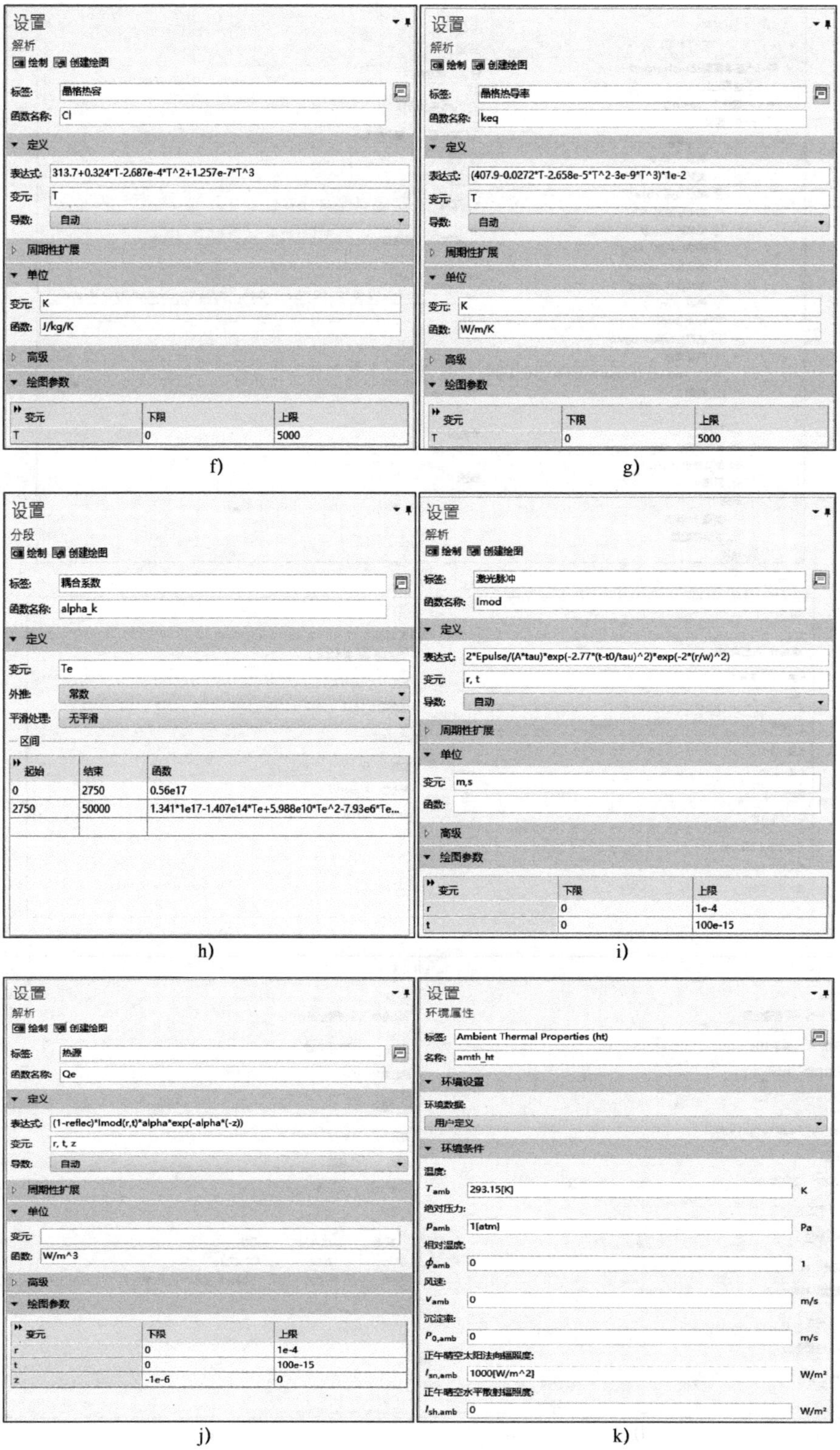

设置
解析
绘制 创建绘图
标签: 晶格热容
函数名称: Cl
▾ 定义
表达式: 313.7+0.324*T-2.687e-4*T^2+1.257e-7*T^3
变元: T
导数: 自动
▹ 周期性扩展
▾ 单位
变元: K
函数: J/kg/K
▹ 高级
▾ 绘图参数

变元	下限	上限
T	0	5000

f)

设置
解析
绘制 创建绘图
标签: 晶格热导率
函数名称: keq
▾ 定义
表达式: (407.9-0.0272*T-2.658e-5*T^2-3e-9*T^3)*1e-2
变元: T
导数: 自动
▹ 周期性扩展
▾ 单位
变元: K
函数: W/m/K
▹ 高级
▾ 绘图参数

变元	下限	上限
T	0	5000

g)

设置
分段
绘制 创建绘图
标签: 耦合系数
函数名称: alpha_k
▾ 定义
变元: Te
外推: 常数
平滑处理: 无平滑
区间

起始	结束	函数
0	2750	0.56e17
2750	50000	1.341*1e17-1.407e14*Te+5.988e10*Te^2-7.93e6*Te...

h)

设置
解析
绘制 创建绘图
标签: 激光脉冲
函数名称: Imod
▾ 定义
表达式: 2*Epulse/(A*tau)*exp(-2.77*(t-t0/tau)^2)*exp(-2*(r/w)^2)
变元: r, t
导数: 自动
▹ 周期性扩展
▾ 单位
变元: m,s
函数:
▹ 高级
▾ 绘图参数

变元	下限	上限
r	0	1e-4
t	0	100e-15

i)

设置
解析
绘制 创建绘图
标签: 热源
函数名称: Qe
▾ 定义
表达式: (1-reflec)*Imod(r,t)*alpha*exp(-alpha*(-z))
变元: r, t, z
导数: 自动
▹ 周期性扩展
▾ 单位
变元:
函数: W/m^3
▹ 高级
▾ 绘图参数

变元	下限	上限
r	0	1e-4
t	0	100e-15
z	-1e-6	0

j)

设置
环境属性
标签: Ambient Thermal Properties (ht)
名称: amth_ht
▾ 环境设置
环境数据:
用户定义
▾ 环境条件
温度:
T_{amb} 293.15[K] K
绝对压力:
p_{amb} 1[atm] Pa
相对湿度:
ϕ_{amb} 0 1
风速:
v_{amb} 0 m/s
沉淀率:
$P_{0,amb}$ 0 m/s
正午晴空太阳法向辐照度:
$I_{sn,amb}$ 1000[W/m^2] W/m²
正午晴空水平散射辐照度:
$I_{sh,amb}$ 0 W/m²

k)

图 9-4 组件的定义设置（续）

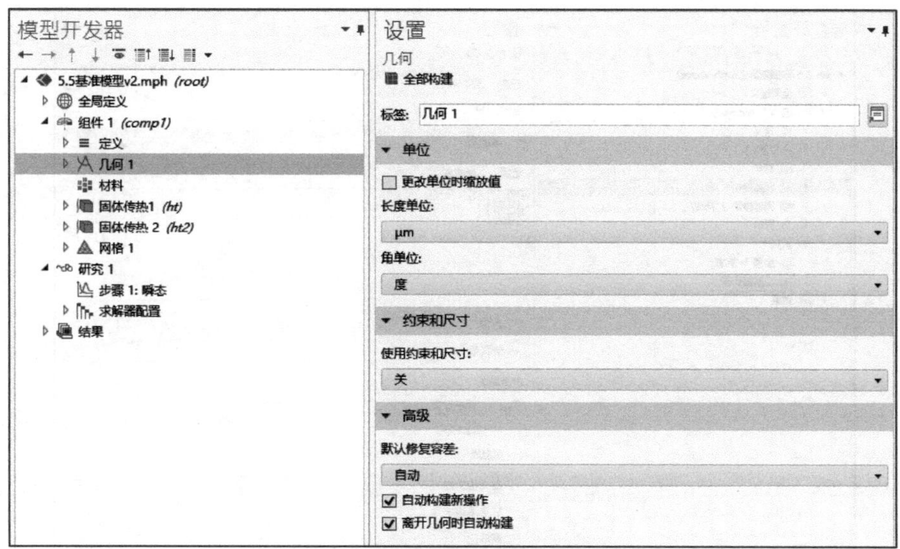

图 9-5 几何设置

在**几何 1** 节点处右键单击，点选**矩形**添加此图形，将其宽度和高度分别设置为 10、1，位置设置为 $r=0$，$z=-1$，单击**构建选定对象**，绘制结果如图 9-6 所示。

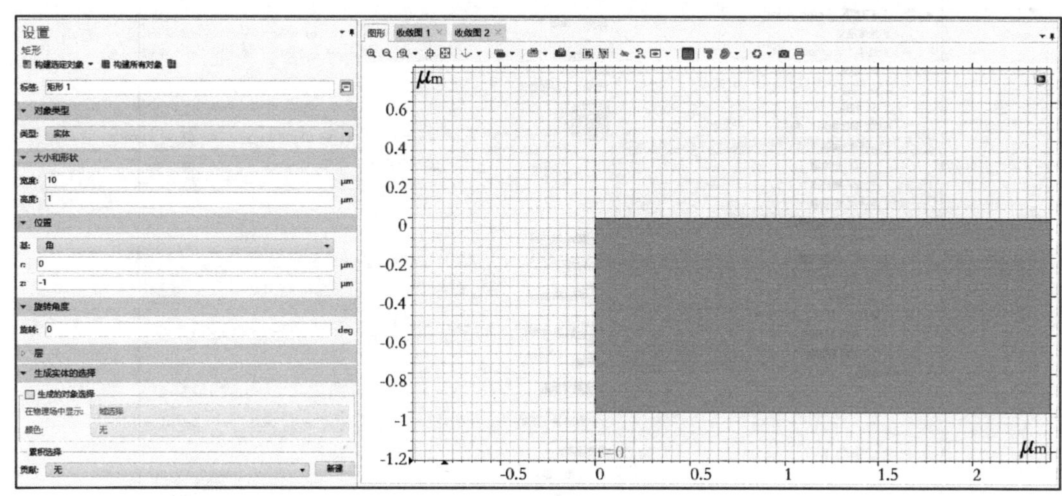

图 9-6 矩形绘制

至此，固体材料的几何设置完成。

6. 物理场设置

(1) 固体传热物理场 1 设置

固体传热物理场 1 设置过程里，除了初始化的固体、初始值、轴对称、热绝缘外，需要额外添加烧蚀热通量和热源等属性。

首先单击**固体传热 1**，在设置窗口将域选择设置为所有域，如图 9-7 所示。

然后对固体、初始值、轴对称、热绝缘、烧蚀热通量、热源等属性进行设置，如图 9-8 所示。

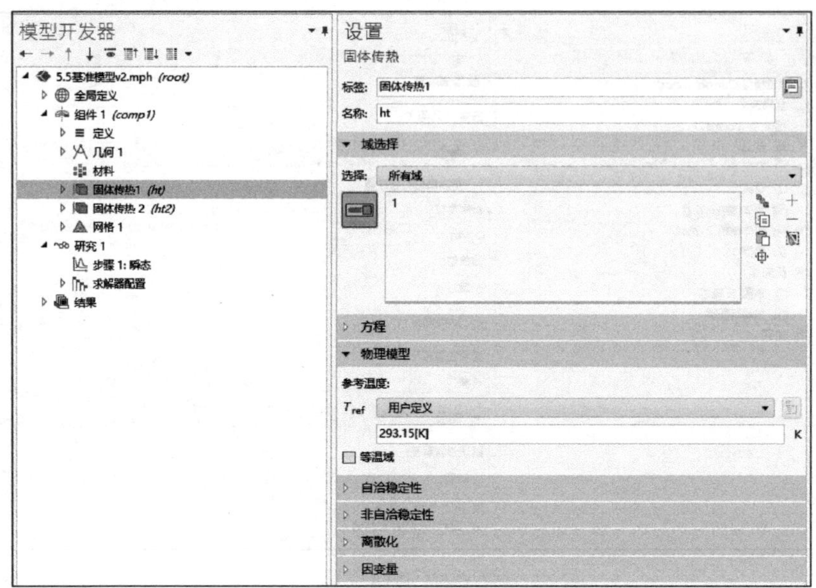

图 9-7　固体传热 1 的属性设置

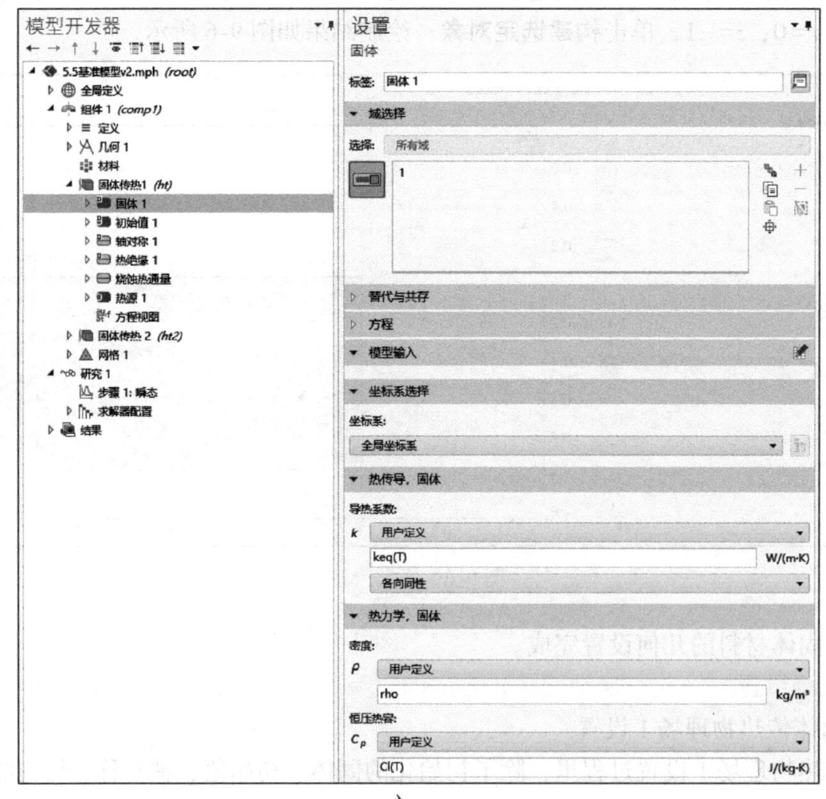

a)

图 9-8　固体传热 1 的剩余属性设置

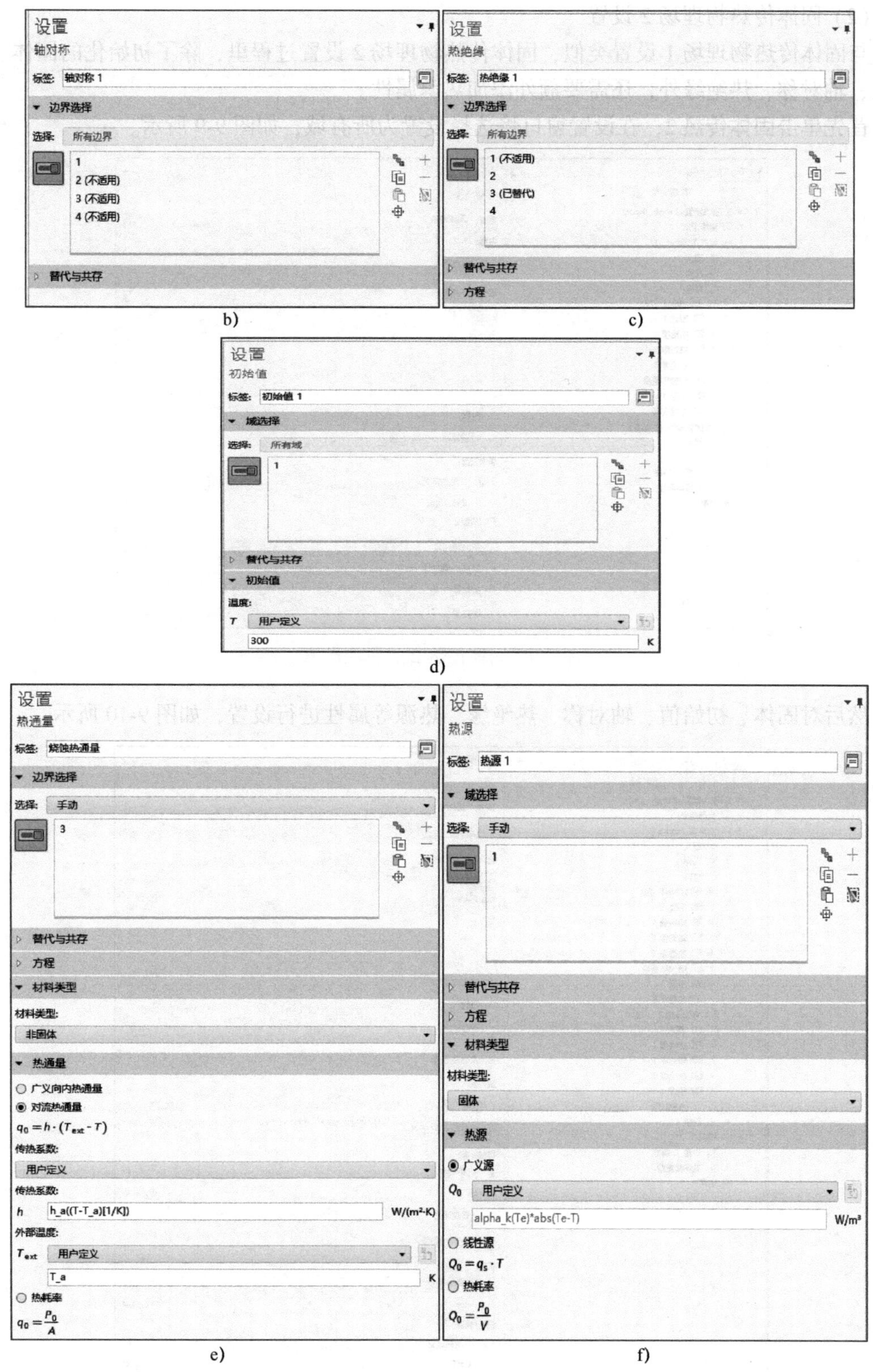

图 9-8 固体传热 1 的剩余属性设置（续）

（2）固体传热物理场 2 设置

与固体传热物理场 1 设置类似，固体传热物理场 2 设置过程里，除了初始化的固体、初始值、轴对称、热绝缘外，还需要额外添加热源属性。

首先单击**固体传热 2**，在设置窗口将选择设置为所有域，如图 9-9 所示。

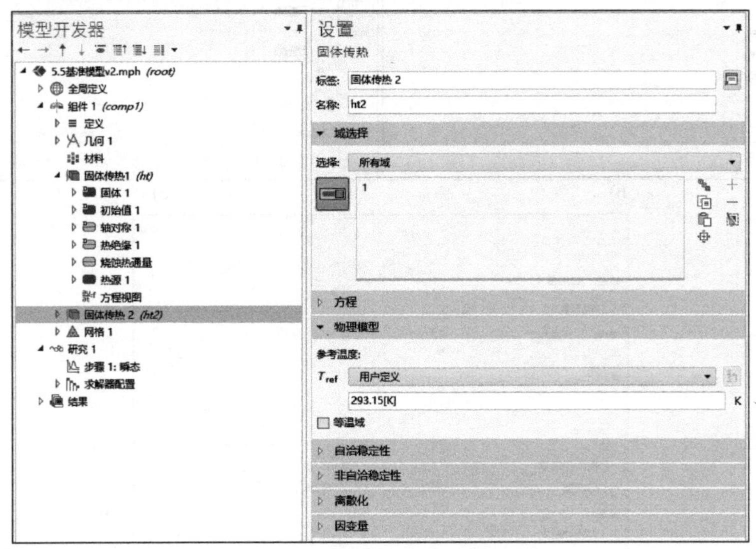

图 9-9　固体传热 2 的属性设置

然后对固体、初始值、轴对称、热绝缘、热源等属性进行设置，如图 9-10 所示。

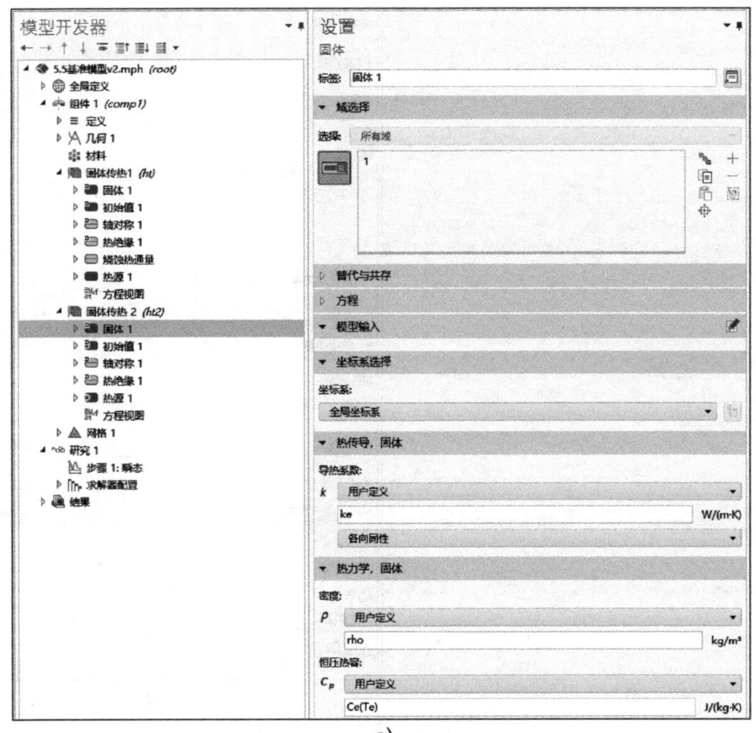

a）

图 9-10　固体传热 2 的剩余属性设置

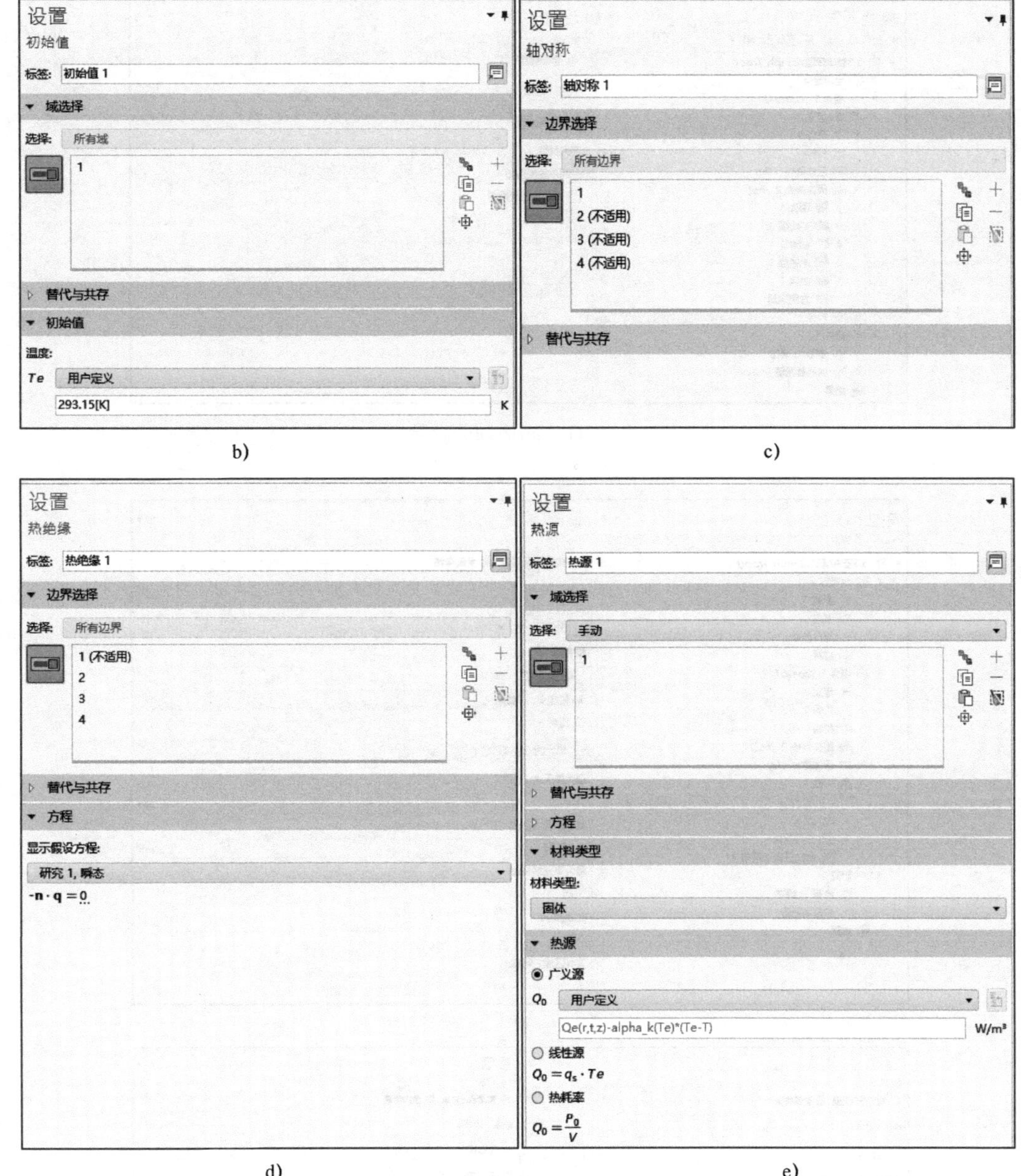

图 9-10　固体传热 2 的剩余属性设置（续）

7. 网格划分

本案例网格划分过程，首先需要单击**网格 1**，在网格设置窗口将序列类型设置为用户控制网格，如图 9-11 所示。

然后右键单击**网格 1** 添加边、边界层等属性，接着逐步对尺寸、边、边界层、自由三角形网格进行设置，具体步骤如图 9-12 所示。

单击**构建选定对象**，网格划分结果如图 9-13 所示。

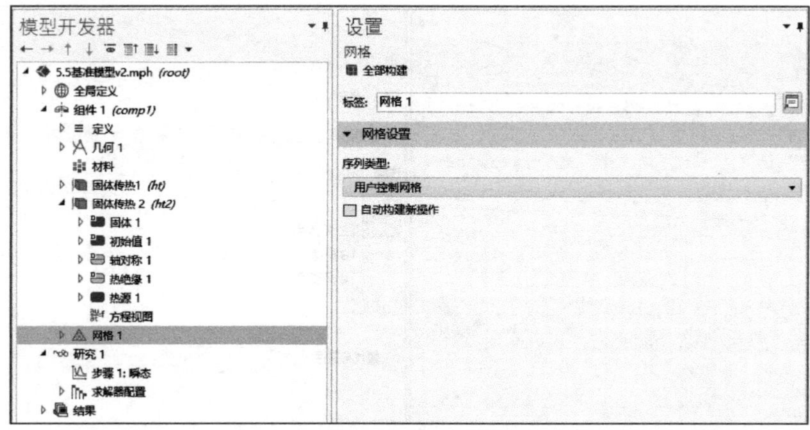

图 9-11　网格划分设置

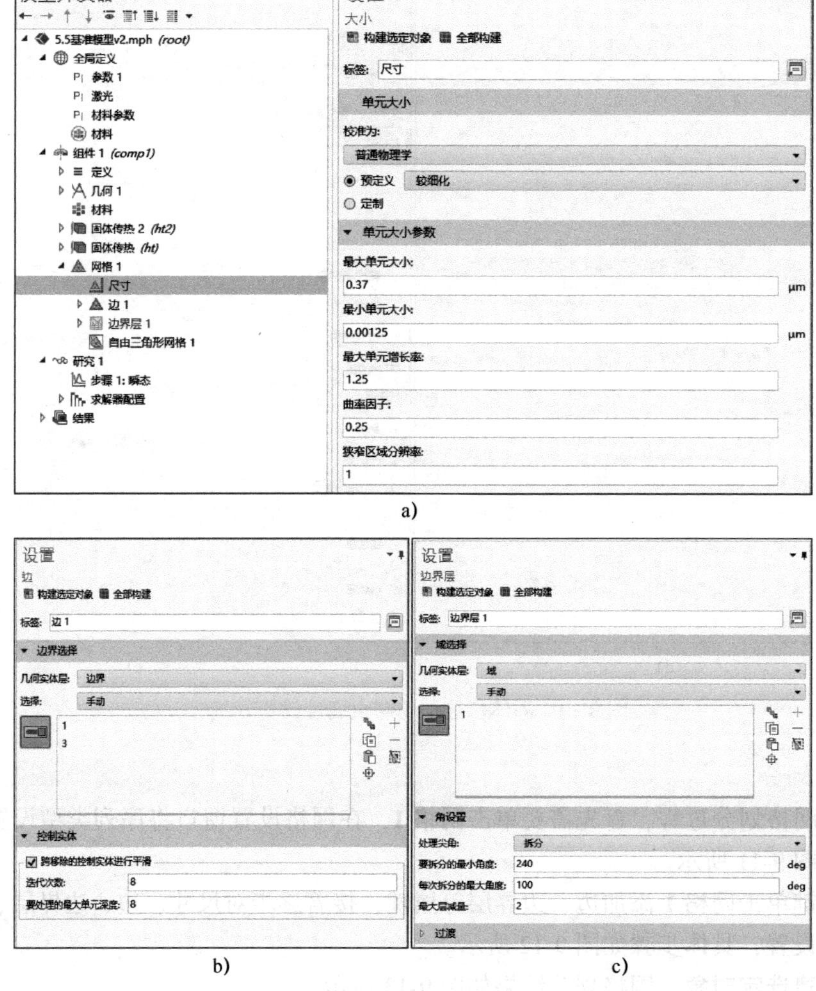

图 9-12　网格属性设置

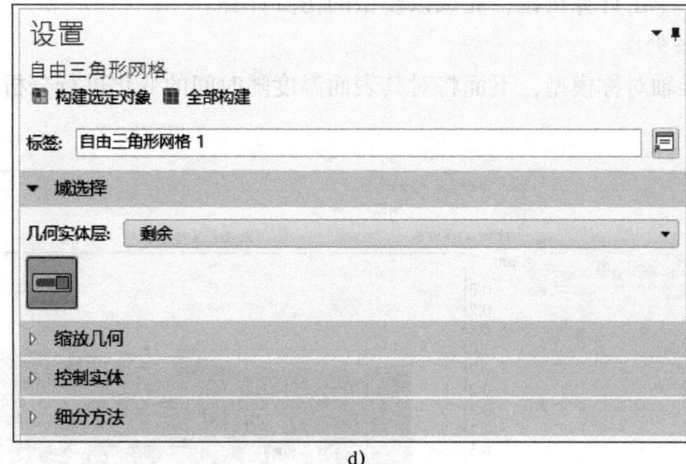

d)

图 9-12 网格属性设置（续）

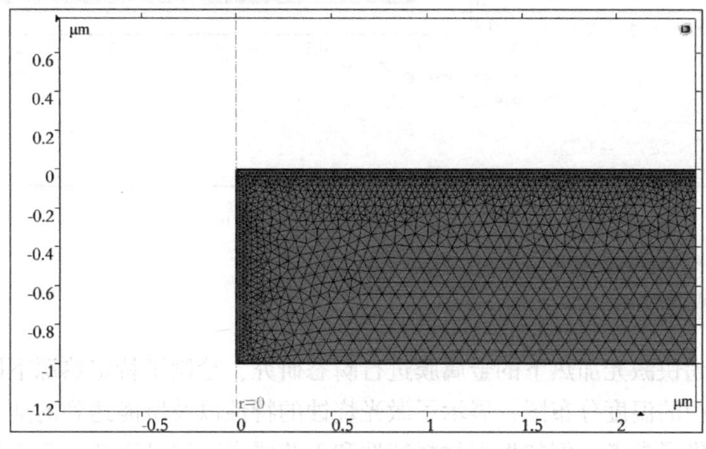

图 9-13 网格划分结果

8. 研究 1 设置

单击**研究 1**，求解器选瞬态，设置求解器过程如图 9-14 所示。

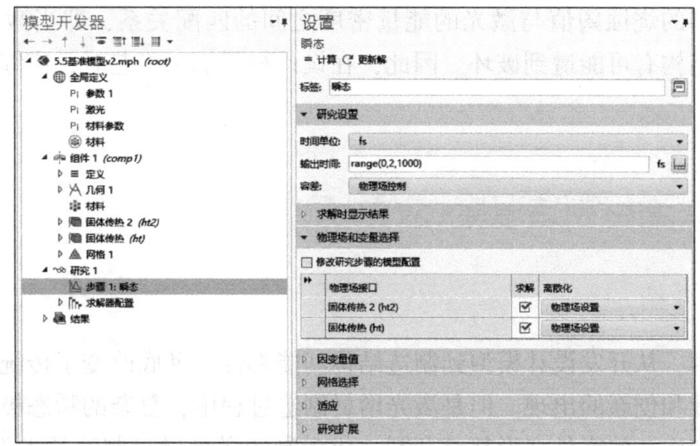

图 9-14 求解器设置

设置完成后，单击**计算**按钮，完成该模型的仿真计算。

9. 计算结果后处理

本案例为二维轴对称模型，下面将对其表面温度随时间的变化进行分析，温度的二维分布如图 9-15 所示。

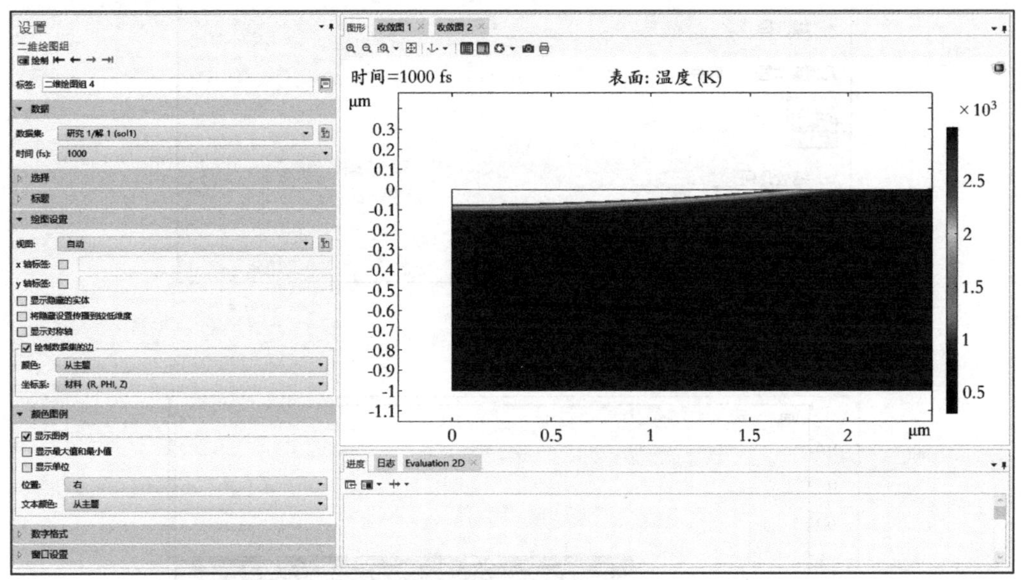

图 9-15　表面温度的二维分布图

9.2.3　案例小结

本案例针对超快激光加热下的金属膜进行瞬态研究，绘制了特定热源下固体材料表面受到激光烧蚀过程中的温度分布图，展示了激光烧蚀的特性以及所能达到的加工结果。本案例为后续的设计提供了参考，例如根据材料特性和工艺要求决定是否选择激光烧蚀、选定该工艺时具体的热源强度设置。

该模型模拟了随着时间的变化材料内热传导过程，分析了温度的二维仿真云图结果，可以发现越接近材料轴心或材料表面，温度越高，材料被烧蚀得也越严重。在实际工业生产应用中，应注意材料的烧蚀阈值与激光的能量密度之间的匹配关系，即当激光能量密度过大时，材料本体的结构有可能遭到破坏。因此，在设计材料加工工艺时，应综合考虑材料属性和激光参数。

9.3　案例 2　增材制造温度-应力场

9.3.1　背景介绍

增材制造技术，从开发设计模型到制造结构功能部件，彻底改变了传统制造业模式，推动下一代工程设计和创新的出现。但是激光增材制造过程中，复杂的瞬态极速冷热循环过程会导致热应力的产生，使零件变形甚至开裂，成为制约激光增材制造技术发展的关键问题。

由于热弹塑性有限元法计算量大，受计算规模和计算效率限制，目前计算仍以薄壁、圆环等形状简单、尺寸较小的零件为主。

本例演示如何对受到沉积光束功率热源的层压复合壳进行热应力分析。此分析采用的复合壳包含六层反对称角铺设层，并使用具有正交各向异性材料属性的碳-环氧材料作为薄层材料。此外，本例还演示了如何计算薄层的均匀热膨胀系数，并分析热源位置对应力和变形分布的影响。综合分析增材制造复合壳的温度场和热应力场，对于后续复合材料增材制造的工艺设计以及性能优化具有指导意义。

9.3.2　操作步骤

1. 物理场的选择及因变量设置

打开软件以后，单击**模型向导**开始创建模型。第一步，设置模型的空间维度，将其选择为三维；第二步，添加所需的物理场。在本案例中，需要添加多层壳及壳传热场。具体添加路径为**结构力学→热-结构相互作用→热应力，多层壳**，并将因变量设置为默认值，具体如图 9-16 所示。

图 9-16　物理场及因变量设置

2. 求解器设置

单击**研究**按钮，会弹出**选择研究树**，在其中选择添加**稳态研究**，单击**完成**按钮，如图 9-17 所示。

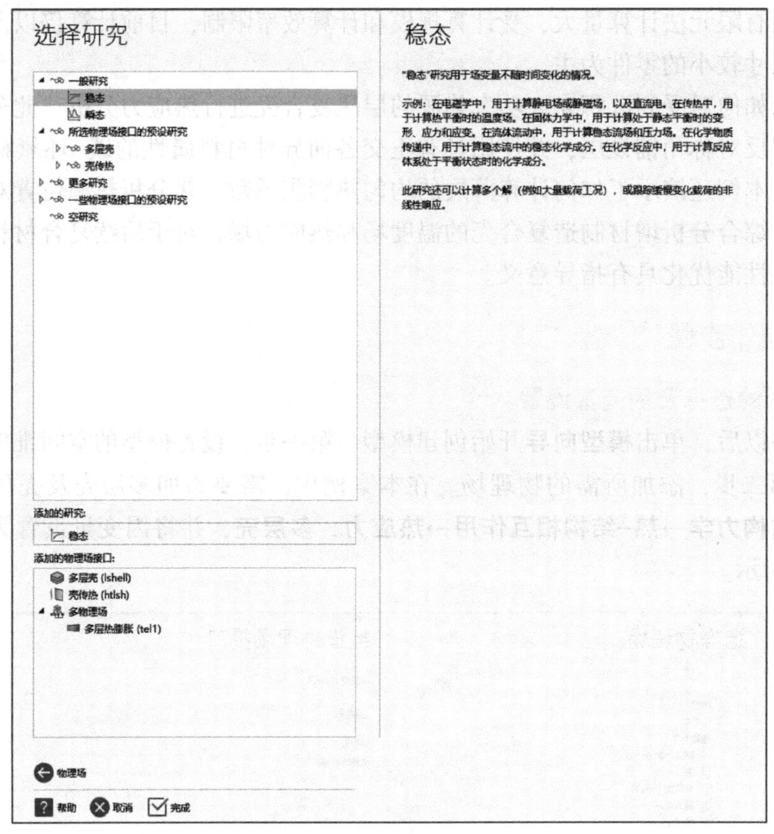

图 9-17　求解器设置

3. 全局定义

首先添加两个参数表（表 9-4、表 9-5），可以使用加载或者手动键入两种方式，参数设置界面如图 9-18 所示。

表 9-4　参数 1

名　称	表　达　式	值	描　述
D_11	141.34 [GPa]	1.4134×10^{11}Pa	弹性矩阵，11 分量
D_12	3.35 [GPa]	3.35×10^{9}Pa	弹性矩阵，12 分量
D_13	D_12	3.35×10^{9}Pa	弹性矩阵，13 分量
D_22	10.25 [GPa]	1.025×10^{10}Pa	弹性矩阵，22 分量
D_23	2.83 [GPa]	2.83×10^{9}Pa	弹性矩阵，23 分量
D_33	D_22	1.025×10^{10}Pa	弹性矩阵，33 分量
D_44	4.52 [GPa]	4.52×10^{9}Pa	弹性矩阵，44 分量
D_55	2.95 [GPa]	2.95×10^{9}Pa	弹性矩阵，55 分量
D_66	D_44	4.52×10^{9}Pa	弹性矩阵，66 分量
k1	6.2 [W/(m*K)]	6.2W/(m·K)	层热传导性，纤维方向
k2	0.5 [W/(m*K)]	0.5W/(m·K)	层热传导性，垂直于纤维方向
th	0.125 [mm]	1.25×10^{-4}m	层厚
a	25 [cm]	0.25m	边长

（续）

名　称	表 达 式	值	描　述
P0	10 [W]	10W	沉积光束功率
ht	20[W/(m^2 * K)]	$20W/(m^2 \cdot K)$	热传递系数
yp	0 [m]	0m	光束 y 值

表 9-5　参数 2

名　称	表 达 式	值	描　述
V _ f	0. 6	0. 6	纤维体积分数
V _ m	0. 4	0. 4	基质体积分数
E1 _ f	230 [GPa]	$2.3\times10^{11}Pa$	纤维杨氏模量，纤维方向
E _ m	4 [GPa]	$4\times10^{9}Pa$	基质杨氏模量
nu12 _ f	0. 2	0. 2	纤维泊松比
nu _ m	0. 35	0. 35	基质泊松比
alpha1 _ f	−0. 6e−6 [1/K]	$-6\times10^{-7}K^{-1}$	纤维热膨胀系数，纤维方向
alpha2 _ f	8. 5e−6 [1/K]	$8.5\times10^{-6}K^{-1}$	纤维热膨胀系数，垂直于纤维方向
alpha _ m	55e−6 [1/K]	$5.5\times10^{-5}K^{-1}$	基质热膨胀系数
alpha1	(V _ f * alpha1 _ f * E1 _ f+ V _ m * alpha _ m * E _ m)/ (V _ f * E1 _ f+V _ m * E _ m)	$3.7249\times10^{-8}K^{-1}$	层热膨胀系数，纤维方向
nu12	V _ f * nu12 _ f+V _ m * nu _ m	0. 26	层泊松比
alpha2	V _ f * alpha2 _ f * （1+ nu12 _ f * alpha1 _ f/alpha2 _ f) +V _ m * alpha _ m * （1+nu _ m) −nu12 * alpha1	$3.4718\times10^{-5}K^{-1}$	层热膨胀系数，垂直于纤维方向

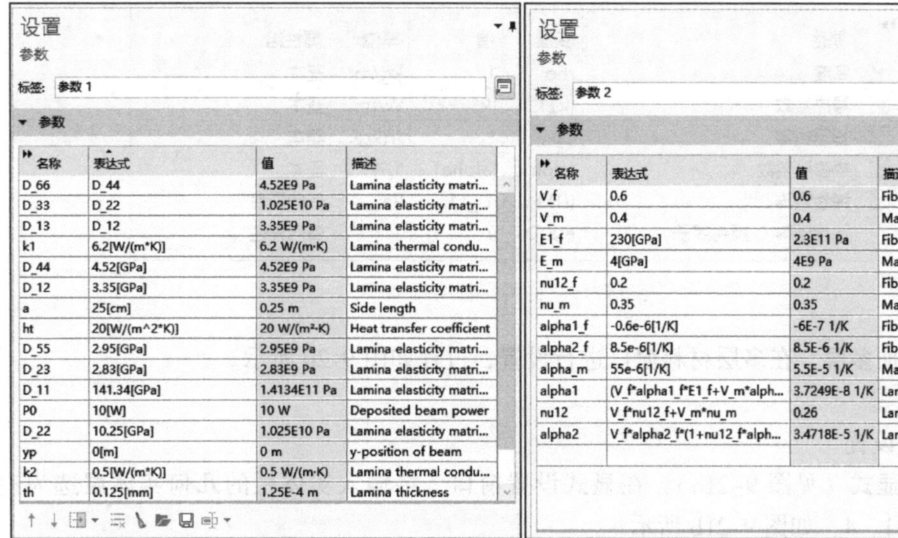

a）参数1　　b）参数2

图 9-18　参数设置

对全局材料进行设置，首先单击材料节点下的**材料 1**，在材料属性明细表格中键入属性参数，如表 9-6、图 9-19 所示。

表 9-6　材料属性

属　性	变　量	值	单　位	属 性 组
密度	rho	1	kg/m^3	基本
导热系数	{k11；k22；k33}；kij=0	{k1；k2；k2}	W/(m·K)	基本
恒压热容	*Cp*	1	J/(kg·K)	基本
热膨胀系数	{alpha11；alpha22；alpha33}；alphaij=0	{alpha1；alpha2；alpha2}	1/K	基本
弹性矩阵	{D11；D12；D22；D13；D23；D33；D14；D24；D34；D44；D15；D25；D35；D45；D55；D16；D26；D36；D46；D56；D66}；Dij=Dji	{D_11；D_12；D_22；D_13；D_23；D_33；0；0；0；D_44；0；0；0；0；D_55；0；0；0；0；0；D_66}	Pa	各向异性

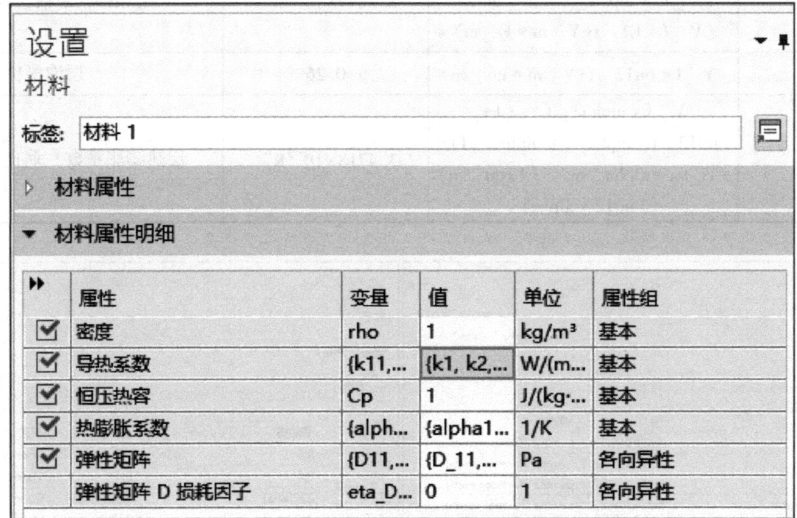

图 9-19　材料属性明细

最后选添加**多层**，在多层材料窗口进行设置，过程如图 9-20 所示。

4. 组件设置

（1）定义设置

右键单击**显式**（见图 9-21a），在显式设置窗口，将输入实体栏的**几何实体层**选为边，并将边选择为 1、4，如图 9-21b 所示。

然后单击边界坐标系，将轴设置为 *x* 轴，如图 9-22 所示。

图 9-20　多层材料属性设置

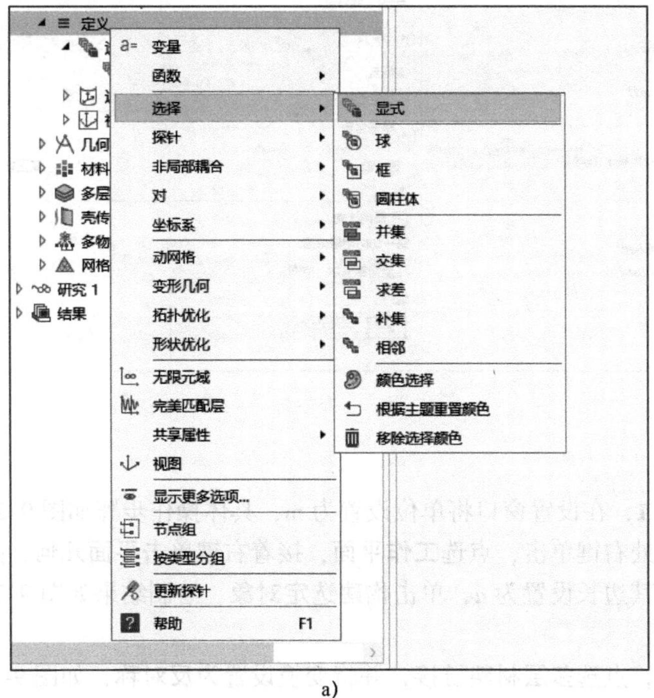

a)

图 9-21　选择设置

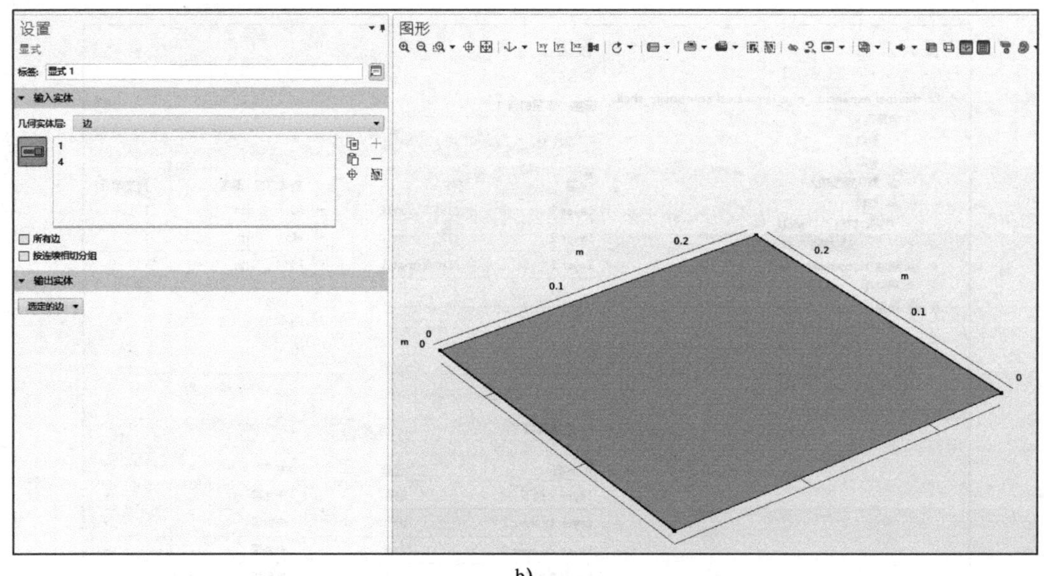

b)

图 9-21　选择设置（续）

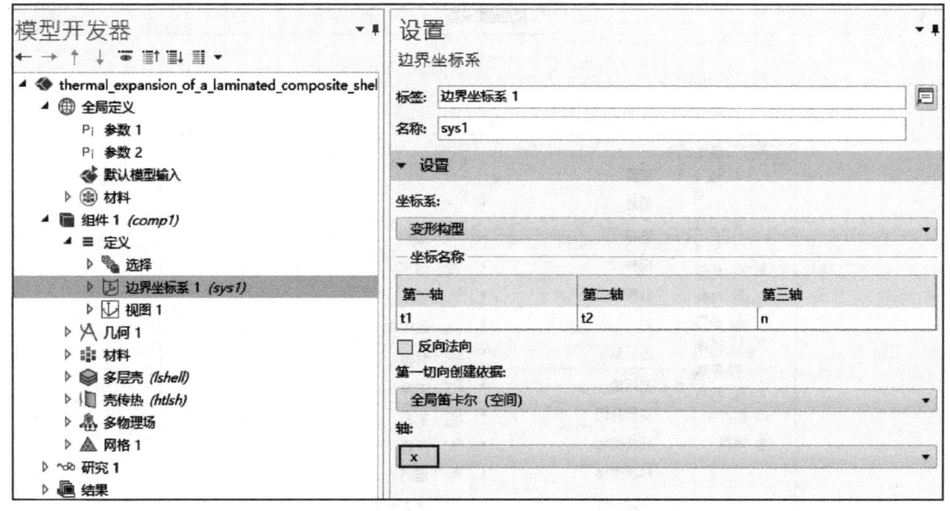

图 9-22　边界坐标系设置

（2）几何设置

首先单击**几何 1**，在设置窗口将单位设置为 m，具体操作步骤如图 9-23 所示。

在**几何 1** 节点处右键单击，点选**工作平面**，接着右键单击**平面几何**，点选正方形，并在正方形设置窗口将其边长设置为 a，单击**构建选定对象**，绘制结果如图 9-24 所示。

（3）材料设置

右键单击**材料**，点选**多层材料链接**，并将变换设置为**反对称**，如图 9-25 所示。

（4）多层壳设置

首先添加固定约束属性（且将边选择为显式 1），并逐步对初始化属性，如线弹性材料（固体模型选择为各向异性）、自由、初始值进行设置，步骤如图 9-26 所示。

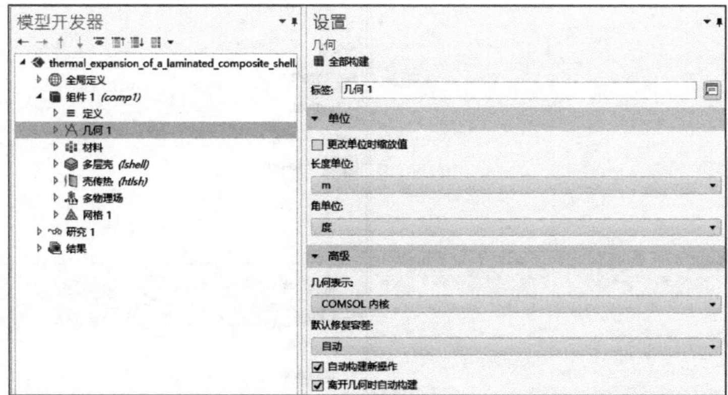

图 9-23　几何设置

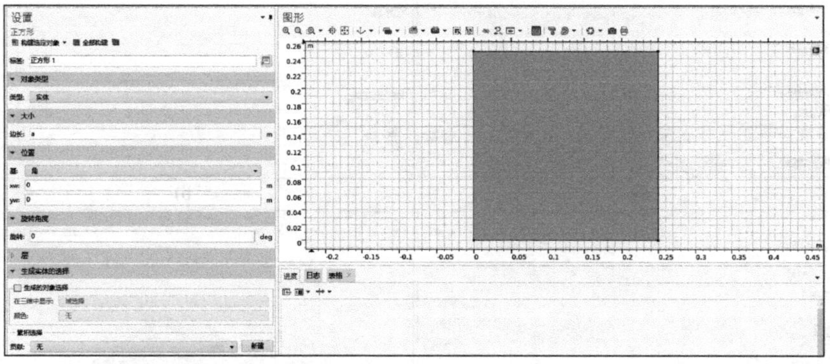

图 9-24　正方形绘制

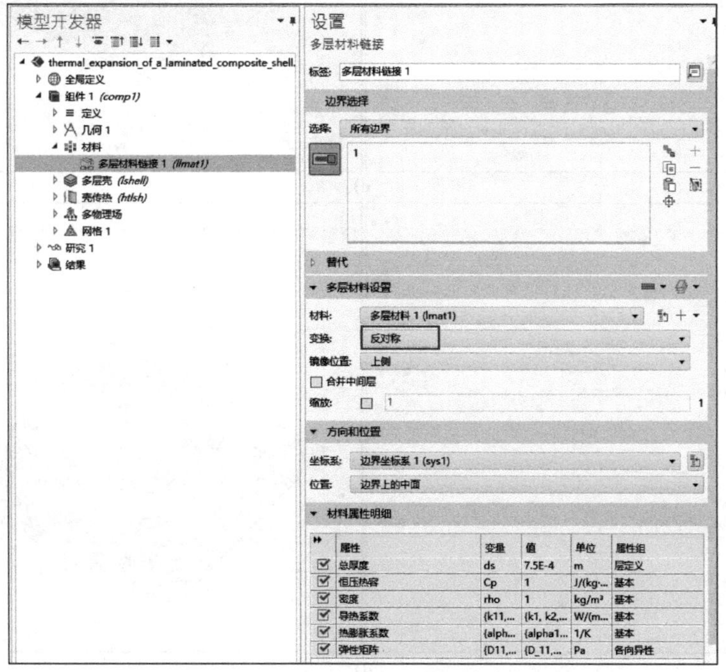

图 9-25　多层材料链接设置

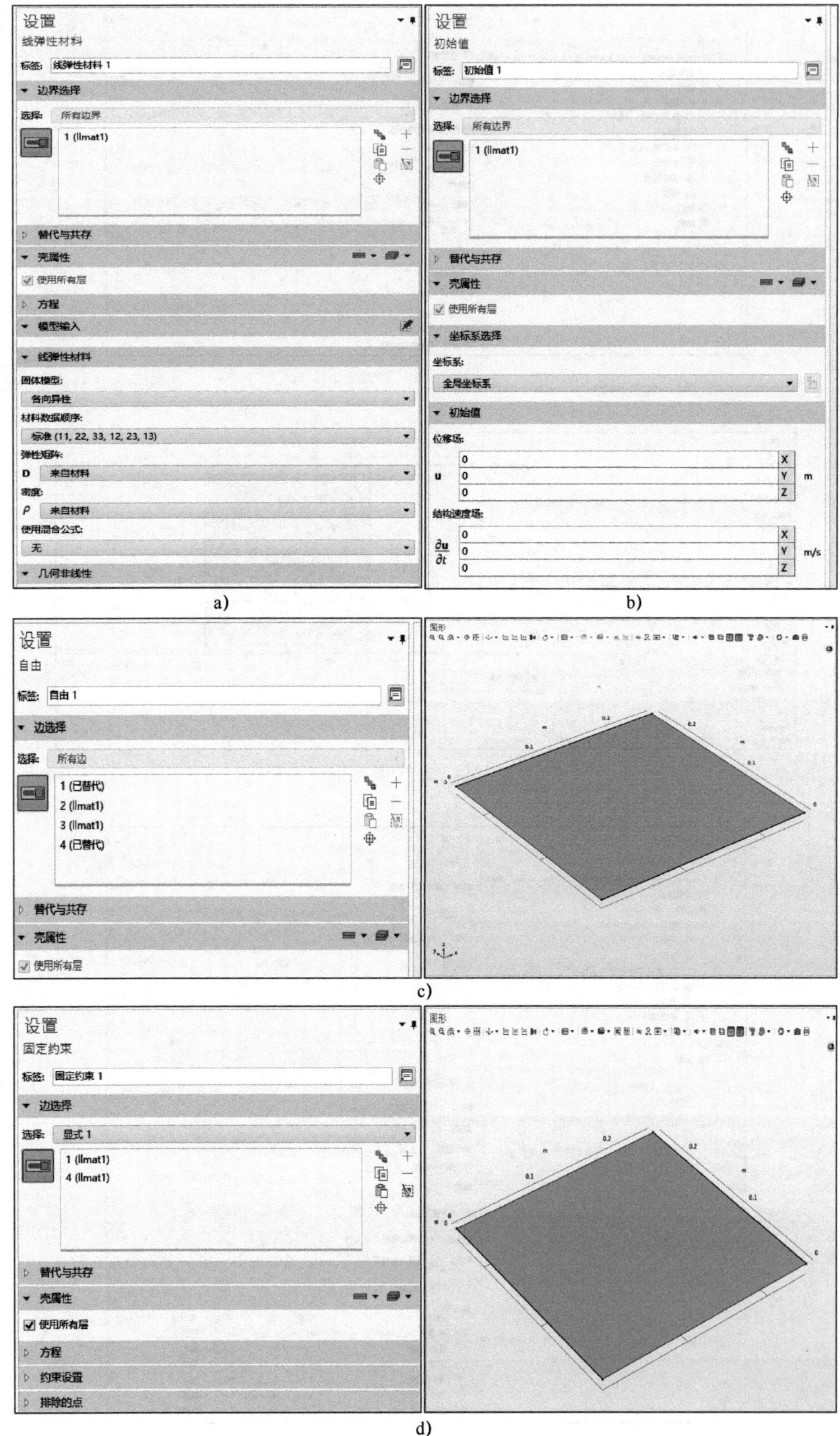

图 9-26　多层壳属性设置

（5）壳传热设置

首先添加“沉积光束功率，界面 1”［界面只选择 **Layer 向下（asym）**］、“热通量，界面 1”（界面只选择 **Layer 向下**）以及温度（将边选择为**显式 1**）这些额外属性，并逐步对初始化属性，如固体（将层类型设置为**常规**）、初始值、热绝缘进行设置，具体步骤如图 9-27 所示。

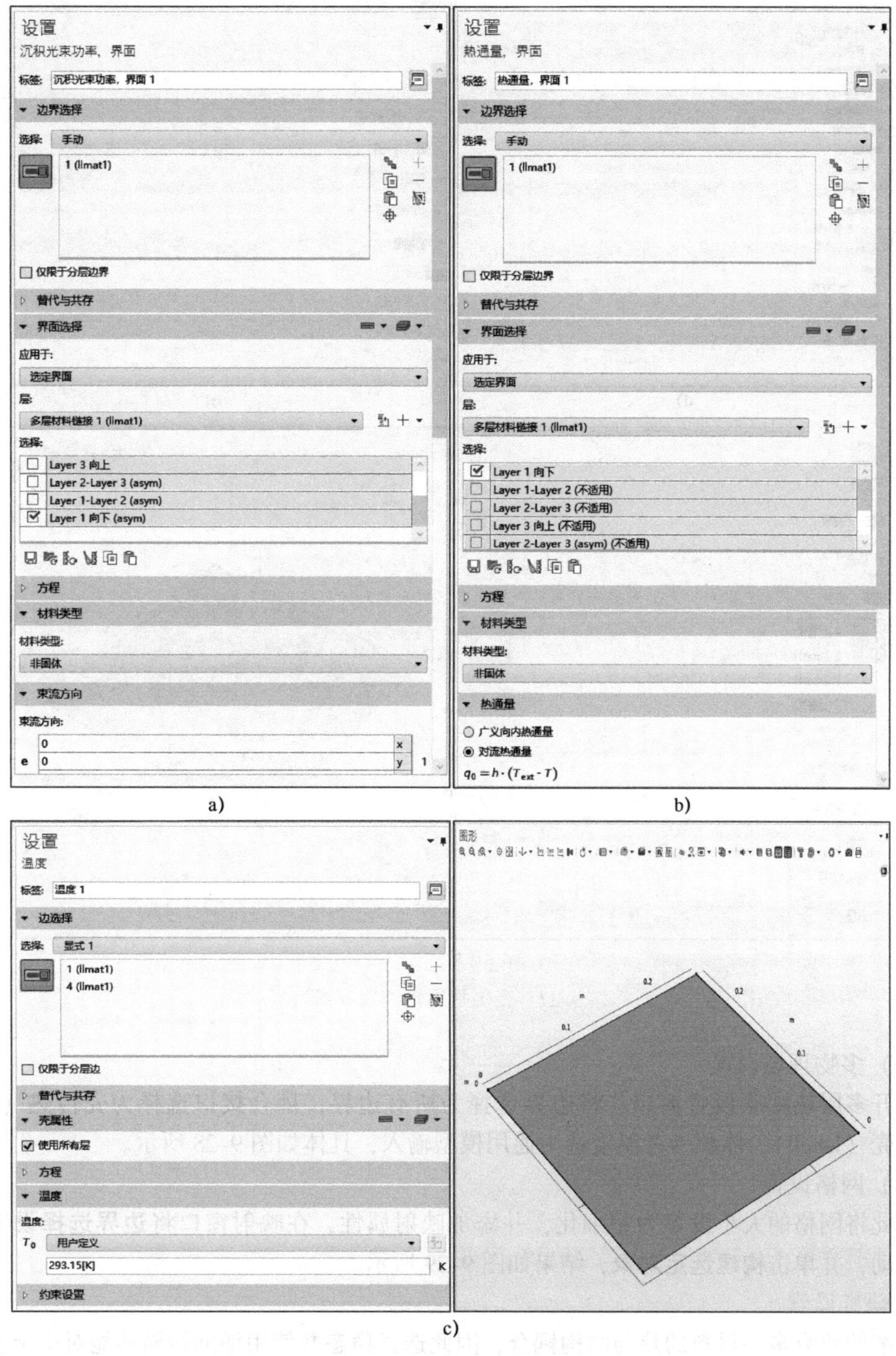

图 9-27　壳传热属性设置

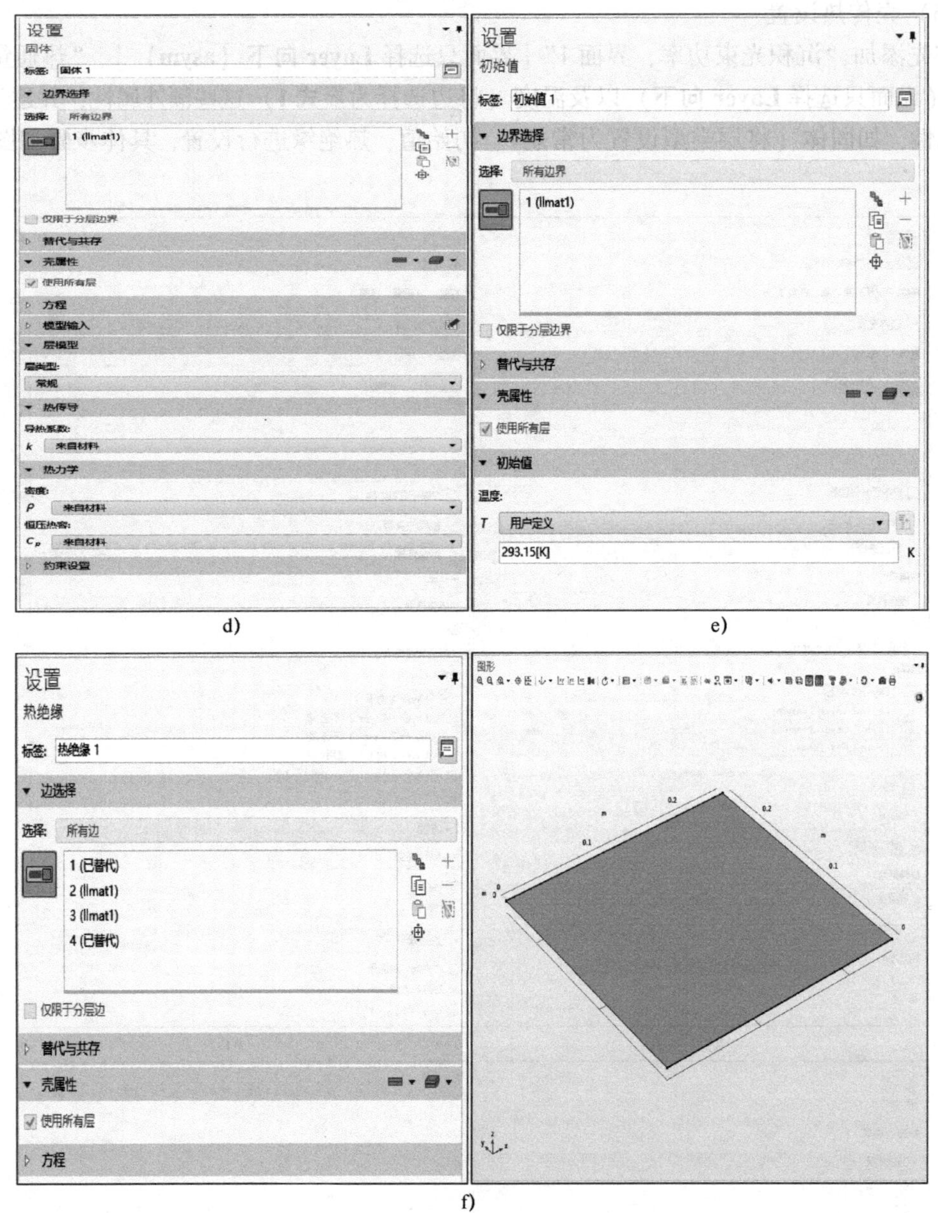

d)　　　　e)

f)

图 9-27　壳传热属性设置（续）

(6) 多物理场设置

打开多层热膨胀设置窗口，将边界选择为所有边界，耦合接口选择为壳传热（htlsh）和多层壳（lshell），体积参考温度选为通用模型输入，具体如图 9-28 所示。

(7) 网格设置

在此将网格的大小设置为超细化，并添加映射属性，在映射窗口将**边界选择**设置为边界、手动，并单击**构建选定对象**，结果如图 9-29 所示。

5. 研究设置

本案例研究多层材料的热与结构耦合，因此选择稳态并使用辅助扫描功能对指定组合参数进行扫描，过程如图 9-30 所示。

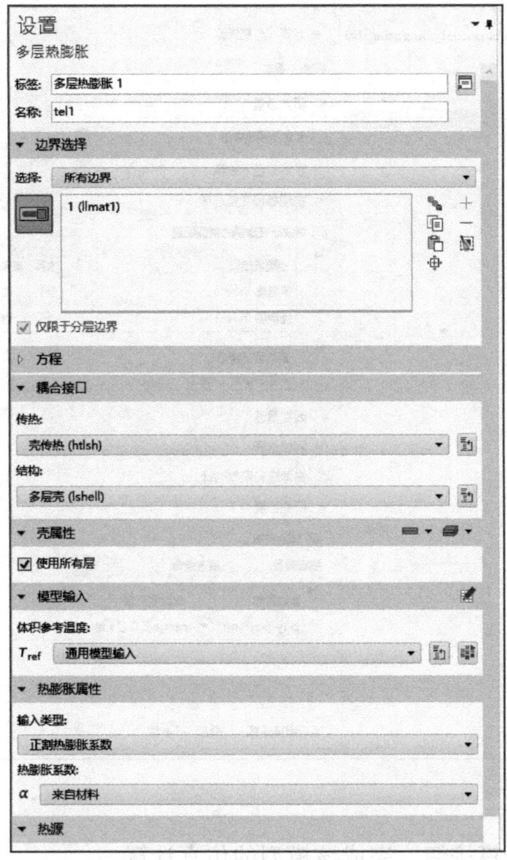

图 9-28　多物理场设置

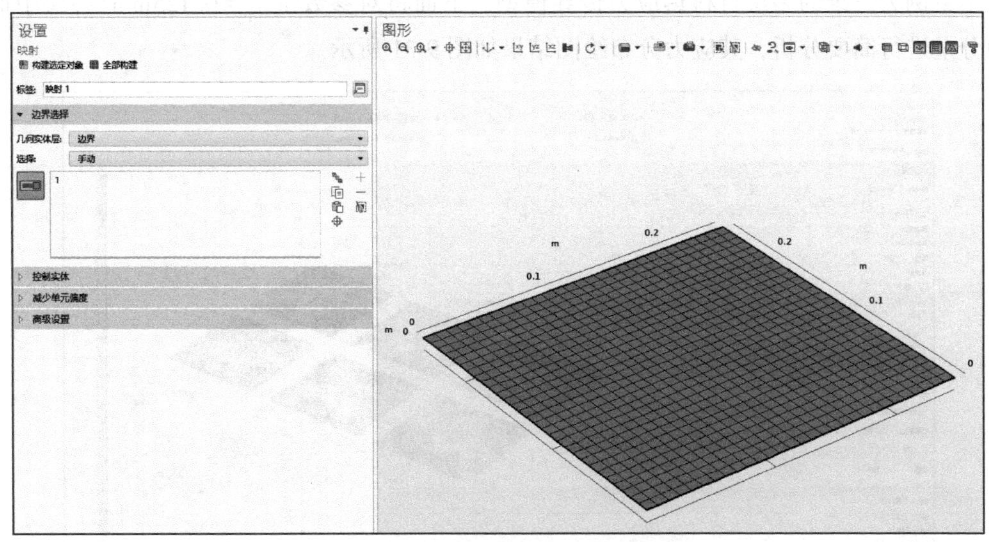

图 9-29　网格设置

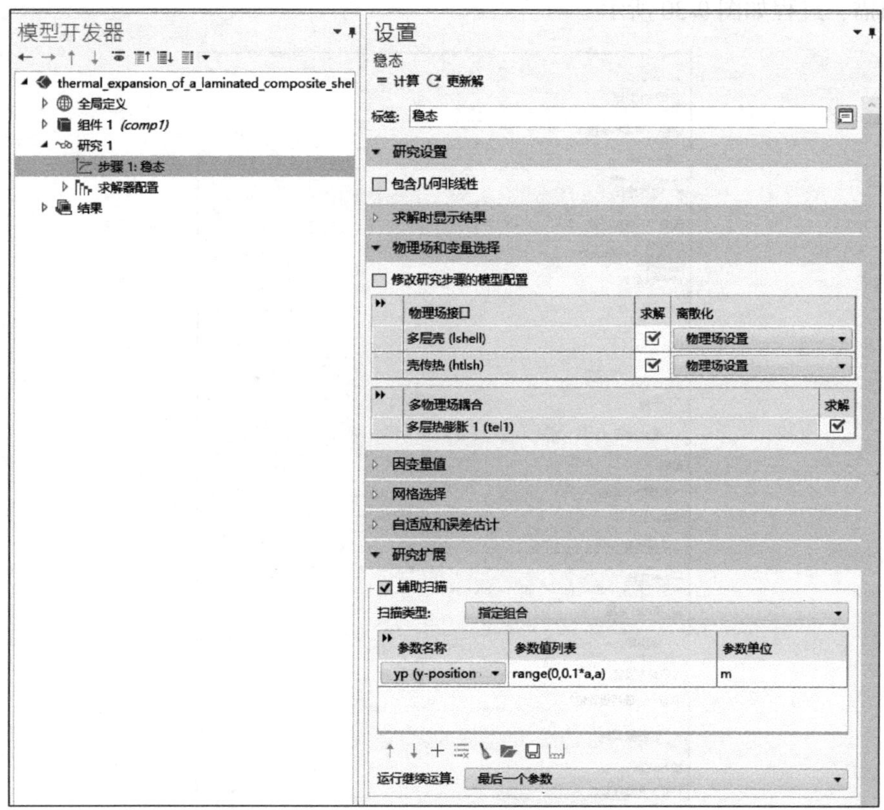

图 9-30　研究设置

设置完成后，单击**计算**按钮，完成该模型的仿真计算。

6. 结果分析

本案例为三维的多层材料热应力传导模型，下面将对参数量 $y_p=0.125\text{m}$ 时各层中面的应力分量进行简要分析，其应力分布绘图结果如图 9-31 所示。

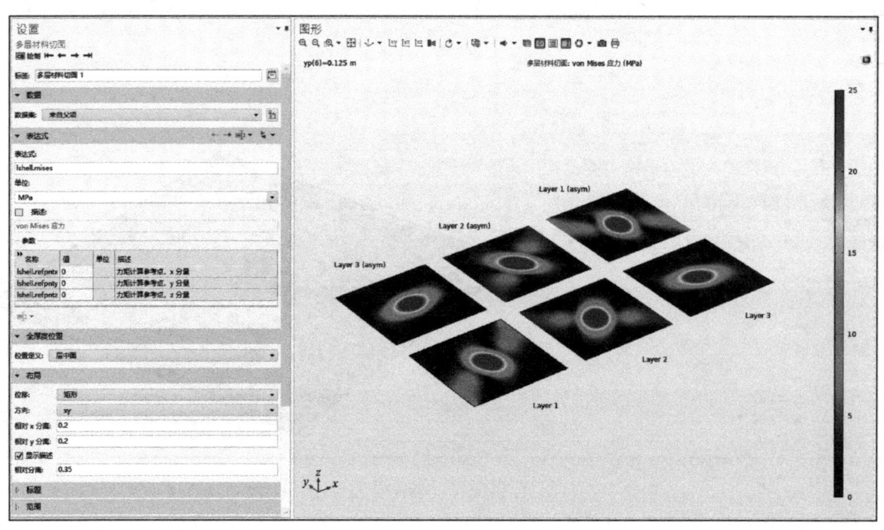

图 9-31　多层材料切面的 Von Mises 应力云图

绘制图 9-31 时，首先添加一个三维绘图组，将参数值选择为 0.125，如图 9-32 所示。

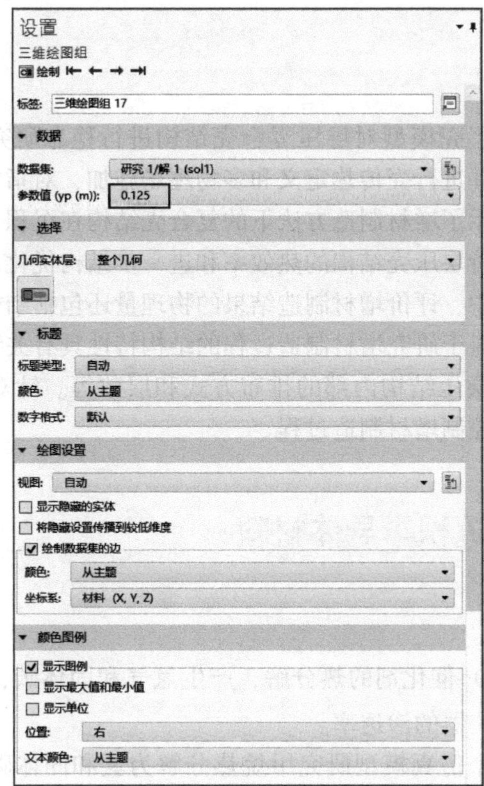

图 9-32　三维绘图组设置

接着选择多层材料切面，并在表达式栏输入 “lshell. mises”，单位选为 MPa，全厚度位置定义选为层中面；将位移选为矩阵，相对 x 分离和相对 y 分离均设置为 0.2，相对分离设置为 0.35，具体如图 9-33 所示。

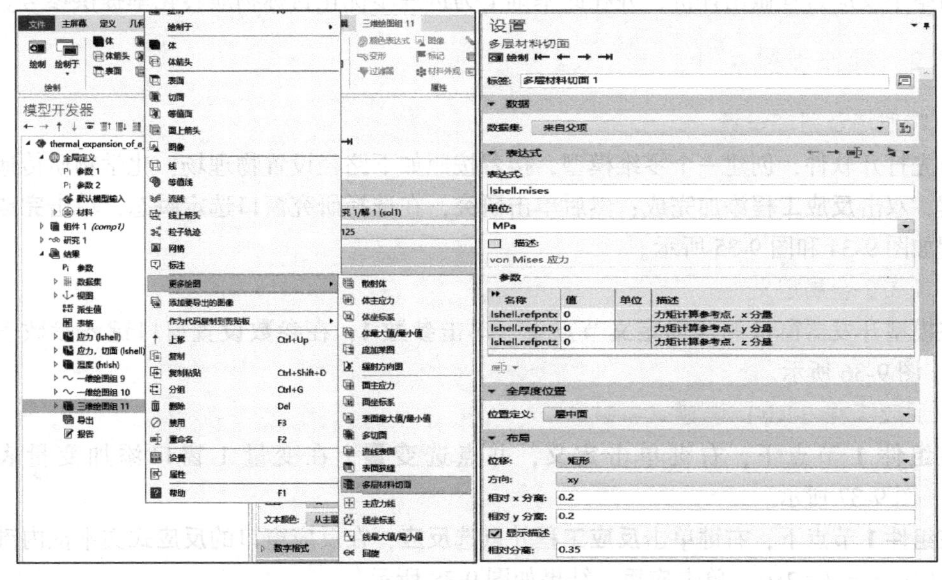

图 9-33　多层材料切面设置

设置完成后，单击**绘图**按钮，$y_p(6)=0.125$m 时多层材料切面的 Von Mises 应力云图绘制完成。

9.3.3 案例小结

本案例使用热应力多层壳模型对层压复合壳结构进行稳态研究，通过设置多层壳的约束、边界、材料等属性，并进行壳传热定义和多物理场施加，对指定截面上各层中面的应力分量进行绘制。本案例展示了增材制造方法下的复合壳结构在沉积光束功率热源作用下的热应力分布情况，有助于评价层压壳结构的热效率和进一步结构优化。

在实际生产应用过程中，评价增材制造结果的物理量还包括结构的变形、温度场以及残余应力分布，这些物理量对于研究增材制造过程的结构特性具有关键作用。同时对热应力结果产生影响的因素还包括层压结构内部的排布方式和层数等。针对不同变量物理响应开展进一步研究，可以更好地控制增材制造过程。

9.4 案例3 化学沉积半导体材料

9.4.1 背景介绍

甲烷经过固体 Ni/Al_2O_3 催化剂的热分解，产生氢气和固体碳，碳沉积反过来会阻碍催化剂的流动，从而影响反应器的渗透率。

本案例将分别建立两个仿真模型研究甲烷热分解为氢和固体碳的过程。在第一个模型中，通过“反应工程”接口模拟理想反应器中的等温过程，还分析了碳沉积对催化剂活性的影响。在第二个模型中，研究了碳沉积对孔隙率和流体流动的影响，其中包括沉积物的时间和空间依赖性。

根据各物质的浓度曲线，以及存在碳沉积后结构内部的流体速度场分布和孔隙率分布，可以对整个反应过程做出评价，并在此基础上为进一步优化目标物质转化率提供参考。

9.4.2 操作步骤

1. 物理场及研究设置

首先打开软件，创建一个零维模型，接着按照如下路径设置物理场：化学物质传递→反应工程，双击**反应工程**添加完成；然后单击**研究**，在选择研究窗口选定瞬态，单击**完成**。设置过程如图 9-34 和图 9-35 所示。

2. 4.2.2 全局定义

在模型开发器窗口的**全局定义**节点下，单击**参数 1**，在参数设置窗口键入参数表，如表 9-7、图 9-36 所示。

3. 反应工程（RE）设置

在**组件 1** 节点下，右键单击**定义**，并点选**变量**，在变量 1 窗口添加变量表，如表 9-8、图 9-37 所示。

在**组件 1** 节点下，右键单击**反应工程**并点选**反应**，在反应窗口的**反应式**文本框内键入反应式：$CH_4 \Longrightarrow C+2H_2$，单击**应用**，结果如图 9-38 所示。

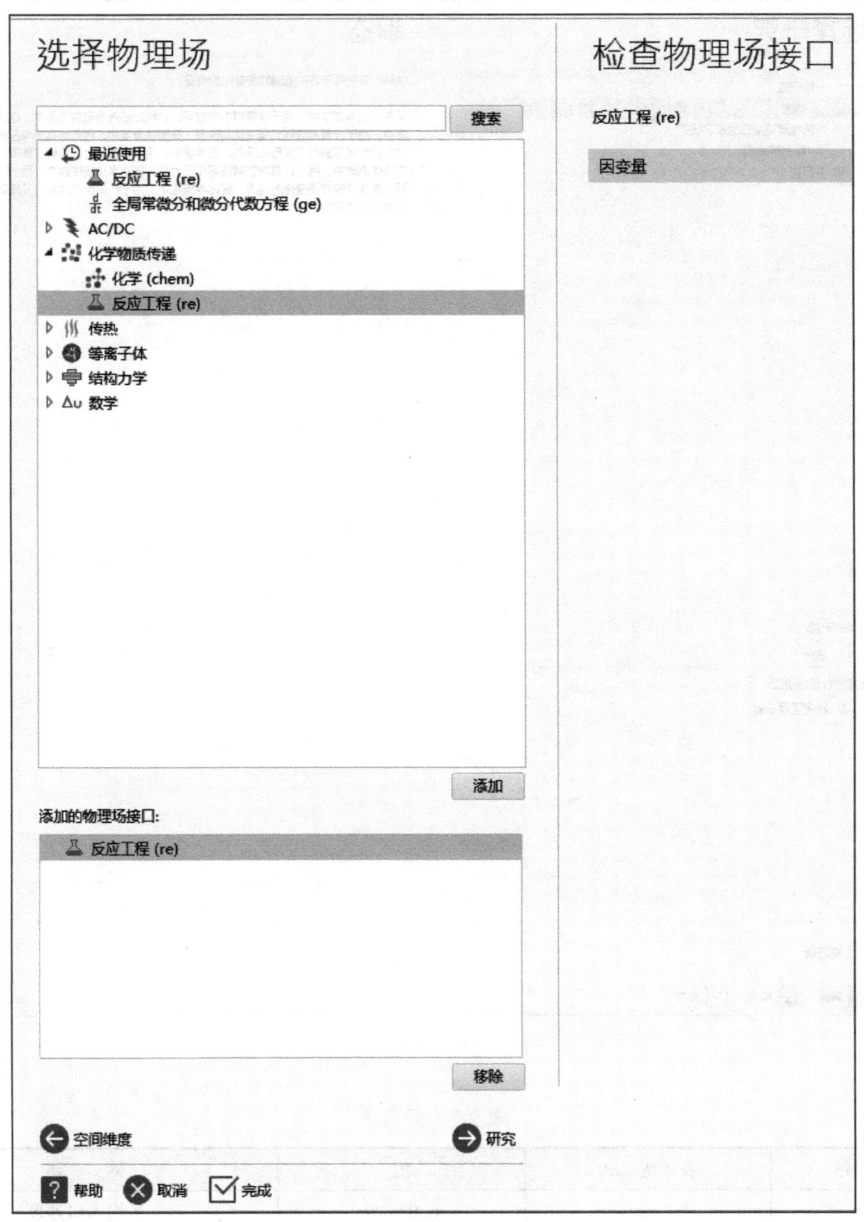

图 9-34　物理场设置

接着将反应速率改为**用户定义**，并在反应速率文本框键入：re.c_a*k*(P_CH4-P_H2^2/Kp)/(1+kH*sqrt（P_H2))^2，结果如图 9-39 所示。

右键单击**反应工程**并点选**附加源**，在附加源设置窗口的**附加速率表达式**文本框内，将物质 a 对应的表达式键入：-ka*re.r_1^2*re.c_C*re.c_a，如图 9-40 所示。

单击**反应工程**节点下**初始值 1**，将体物质表设置如图 9-41 所示。

反应工程并点选**物质**，在物质设置窗口的**物质**文本框内键入：a，单击**应用**，结果如图 9-42 所示。

选择研究

一般研究
瞬态
所选物理场接口的预设研究
稳态平推流
空研究

添加的研究:
瞬态

添加的物理场接口:
反应工程 (re)

物理场

帮助 取消 完成

瞬态

"瞬态"研究用于场变量随时间变化的情况。

示例：在电磁学中，用于计算瞬态电磁场，包括时域内的电磁波传播。在传热中，用于计算温度随时间变化的情况。在固体力学中，用于计算固体在瞬态载荷作用下的时变变形和运动。在声学中，用于计算压力波的时变传播。在流体流动中，用于计算非定常流场和压力场。在化学物质传递中，用于计算化学成分随时间变化的情况。在化学反应中，用于计算反应体系的反应动力学和化学成分。

图 9-35　研究设置

表 9-7　参数 1

名　称	表 达 式	值	描　述
u _ in	3 [cm/s]	0.03m/s	平均入口速度
c _ CH4in	15 [mol/m^3]	$15mol/m^3$	入口浓度，CH_4
c _ H2in	0 [mol/m^3]	$0mol/m^3$	入口浓度，H_2
rho	1 [kg/m^3]	$1kg/m^3$	密度，流体
rho _ cat	3630 [kg/m^3]	$3630kg/m^3$	密度，Ni/Al_2O_3 催化剂
eta	1e-5 [Pa * s]	$1\times10^{-5}Pa\cdot s$	动力黏度，流体
por0	0.4	0.4	孔隙率，清洁催化剂
kappa0	1e-9 [m^2]	$1\times10^{-9}m^2$	渗透率，清洁催化剂
rho _ soot	4e3 [kg/m^3]	$4000kg/m^3$	密度，碳沉积物
M _ a	161 [g/mol]	0.161kg/mol	摩尔质量

（续）

名　　称	表 达 式	值	描　　述
D _ CH4H2	4e-6 [m^2/s]	$4\times10^{-6}m^2/s$	二元扩散系数
Cp _ CH4	2230 [J/(kg * K)]	2230J/(kg · K)	比热容，CH_4
Cp _ C	710 [J/(kg * K)]	710J/(kg · K)	比热容，C
Cp _ H2	14400 [J/(kg * K)]	14400J/(kg · K)	比热容，H_2
Cp _ cat	500 [J/(kg * K)]	500J/(kg · K)	比热容，Ni/Al_2O_3 催化剂
h _ CH4	-7.46e5 [J/mol]	-7.46×10^5J/mol	摩尔生成焓，CH_4
h _ C	0 [J/mol]	0J/mol	摩尔生成焓，C
h _ H2	0 [J/mol]	0J/mol	摩尔生成焓，H_2
s _ CH4	186.4 [J/(mol * K)]	186.4J/(mol · K)	摩尔熵，CH_4
s _ C	5.74 [J/(mol * K)]	5.74J/(mol · K)	摩尔熵，C
s _ H2	130.7 [J/(mol * K)]	130.7J/(mol · K)	摩尔熵，H_2
kt _ CH4	0.030 [W/(m * K)]	0.03W/(m · K)	热导率，CH_4
kt _ H2	0.185 [W/(m * K)]	0.185W/(m · K)	热导率，H_2
kt _ C	3 [W/(m * K)]	3W/(m · K)	热导率，C
kt _ cat	3 [W/(m * K)]	3W/(m · K)	热导率，Ni/Al_2O_3 催化剂
amount _ cat	300 [g/m^3]	$0.3kg/m^3$	

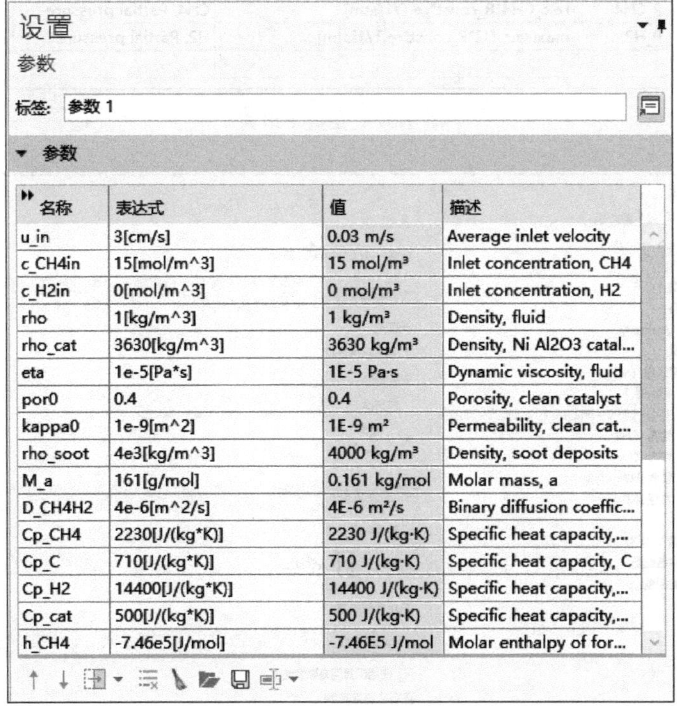

名称	表达式	值	描述
u_in	3[cm/s]	0.03 m/s	Average inlet velocity
c_CH4in	15[mol/m^3]	15 mol/m³	Inlet concentration, CH4
c_H2in	0[mol/m^3]	0 mol/m³	Inlet concentration, H2
rho	1[kg/m^3]	1 kg/m³	Density, fluid
rho_cat	3630[kg/m^3]	3630 kg/m³	Density, Ni Al2O3 catal...
eta	1e-5[Pa*s]	1E-5 Pa·s	Dynamic viscosity, fluid
por0	0.4	0.4	Porosity, clean catalyst
kappa0	1e-9[m^2]	1E-9 m²	Permeability, clean cat...
rho_soot	4e3[kg/m^3]	4000 kg/m³	Density, soot deposits
M_a	161[g/mol]	0.161 kg/mol	Molar mass, a
D_CH4H2	4e-6[m^2/s]	4E-6 m²/s	Binary diffusion coeffic...
Cp_CH4	2230[J/(kg*K)]	2230 J/(kg·K)	Specific heat capacity,...
Cp_C	710[J/(kg*K)]	710 J/(kg·K)	Specific heat capacity, C
Cp_H2	14400[J/(kg*K)]	14400 J/(kg·K)	Specific heat capacity,...
Cp_cat	500[J/(kg*K)]	500 J/(kg·K)	Specific heat capacity,...
h_CH4	-7.46e5[J/mol]	-7.46E5 J/mol	Molar enthalpy of for...

图 9-36　参数 1 设置

表 9-8　变量 1

名　称	表 达 式	单　位	描　述
k	2.31e-5 * exp(20.492-104200[J/mol]/(R _ const * re.T))[s^-1]	s^{-1}	阿伦尼乌斯表达式
Kp	5.088e5 * exp(-91200[J/mol]/(R _ const * re.T))		阿伦尼乌斯表达式
kH	exp(163200[J/mol]/(R _ const * re.T)-22.426)		阿伦尼乌斯表达式
ka	6.238e6 * exp(135600[J/mol]/(R _ const * re.T)-32.077)[m^9 * mol^-3 * s]	$(m^9 \cdot s)/mol^3$	阿伦尼乌斯表达式
P _ CH4	re.c _ CH4 * R _ const * re.T/1[atm]		CH_4，分压
P _ H2	max(re.c _ H2 * R _ const * re.T/1[atm],eps)		H_2，分压

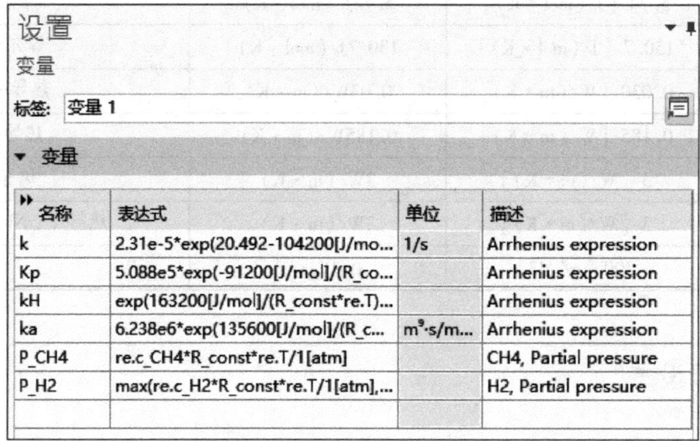

图 9-37　变量 1 设置

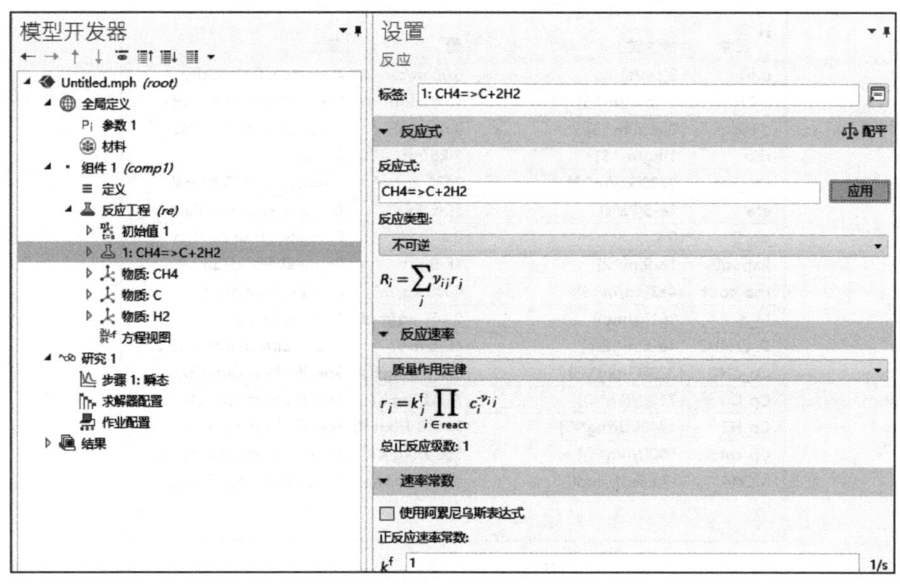

图 9-38　反应 1 设置

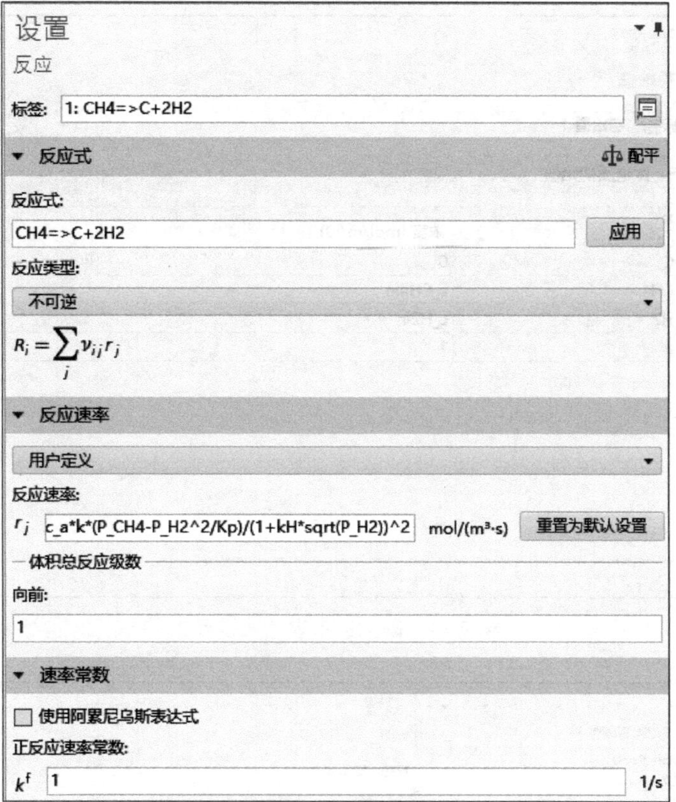

图 9-39 反应速率设置

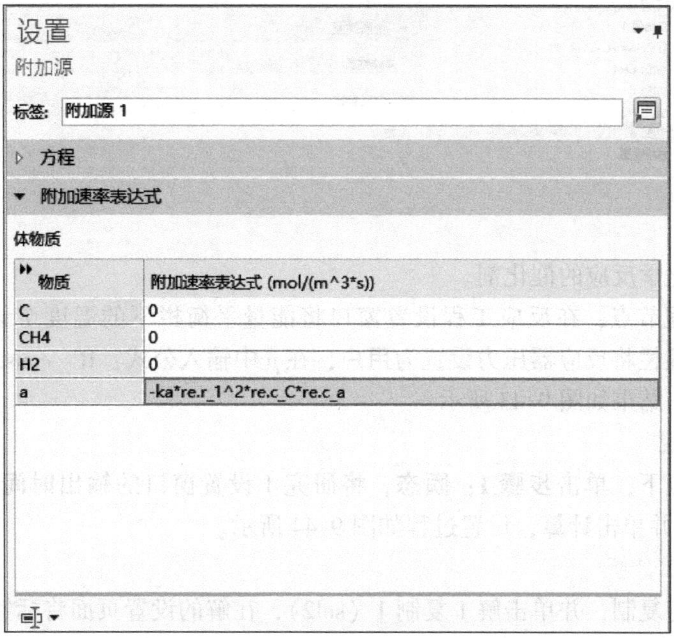

设置

附加源

标签: 附加源 1

方程

附加速率表达式

体物质

物质	附加速率表达式 (mol/(m^3*s))
C	0
CH4	0
H2	0
a	-ka*re.r_1^2*re.c_C*re.c_a

图 9-40 附加速率表达式设置 1

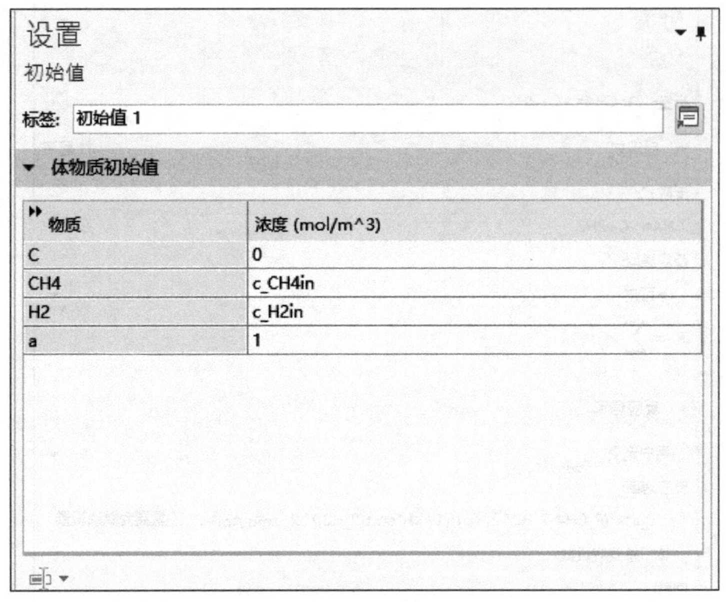

图 9-41　附加速率表达式设置 2

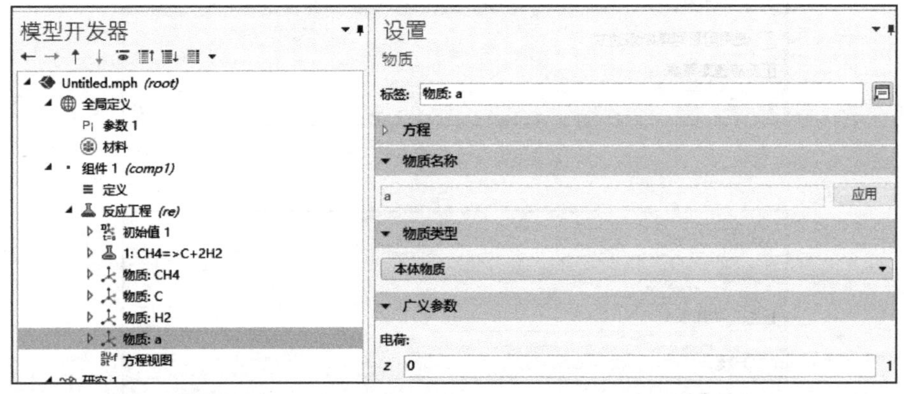

图 9-42　物质 a 设置

物质 a 即该化学反应的催化剂。

单击**反应工程**节点，在反应工程设置窗口将能量平衡栏下的温度 T 设置为 **850 [K]**，并且在混合物属性栏将反应器压力设置为**用户**，在 p 中输入公式：R _ const * re. T * （re. c _ CH4+re. c _ H2)，结果如图 9-43 所示。

4. 研究 1 设置

在**研究 1** 节点下，单击**步骤 1：瞬态，**将研究 1 设置窗口的**输出时间**改为 “range（0，500，20000）”，并单击**计算，**设置过程如图 9-44 所示。

5. 模型 1 结果分析

右键解 1 选定复制，并单击解 1 复制 1（sol2)，在解的设置页面将标签改为存在催化剂失活，步骤如图 9-45 所示。

在**结果**节点下单击浓度，在浓度设置窗口将标签改为“催化剂活性（re）”，并在数据集中选择“研究 1/存在催化剂失活（sol2）”，在标题栏将标题类型选为手动，将标题改为“催化剂活性（re）”，结果如图 9-46 所示。

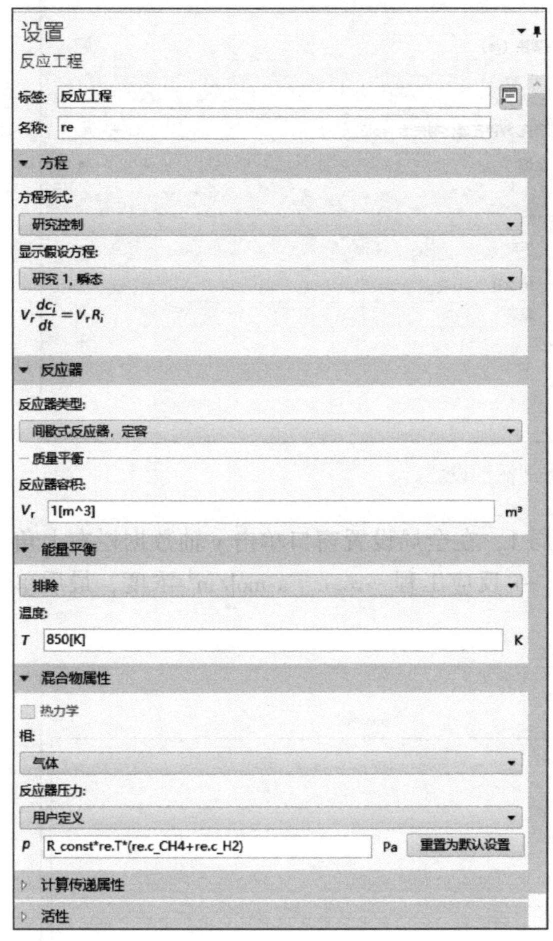

图 9-43　反应工程设置

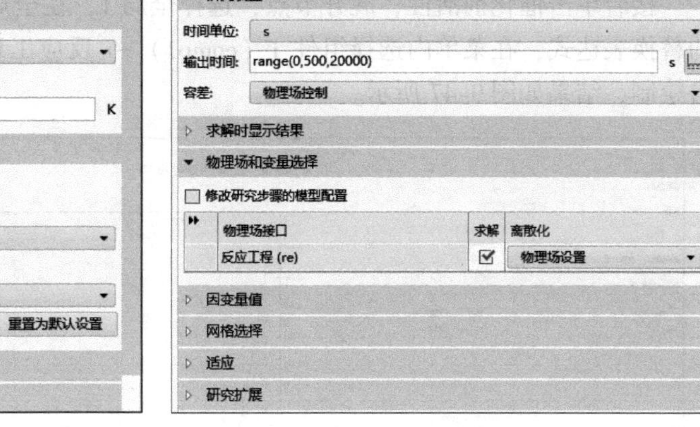

图 9-44　瞬态设置

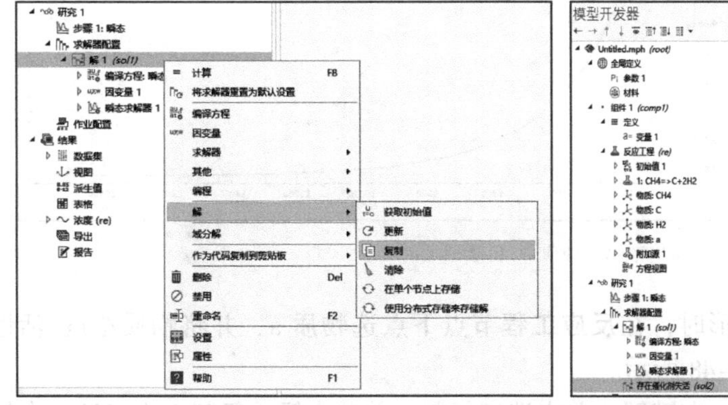

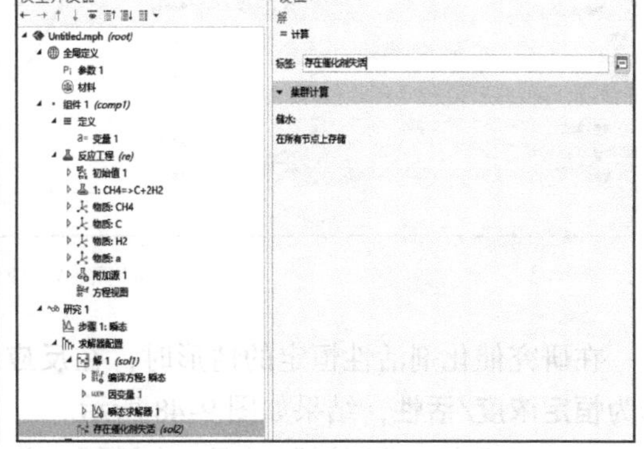

图 9-45　存在催化剂失活设置

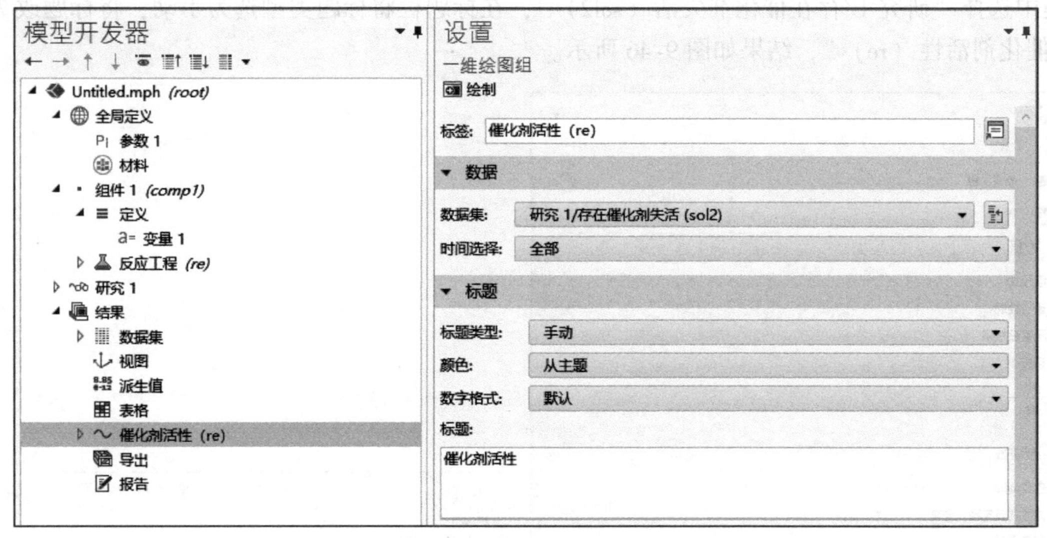

图 9-46　催化剂活性设置

接着单击催化剂活性，展开节点，选择全局 1，在全局设置窗口单击 y 轴数据栏右上角的替换表达式，在菜单内选择组件 1（comp1）→ 反应工程→re. c _ a-mol/m^3-浓度，最后单击绘制，结果如图 9-47 所示。

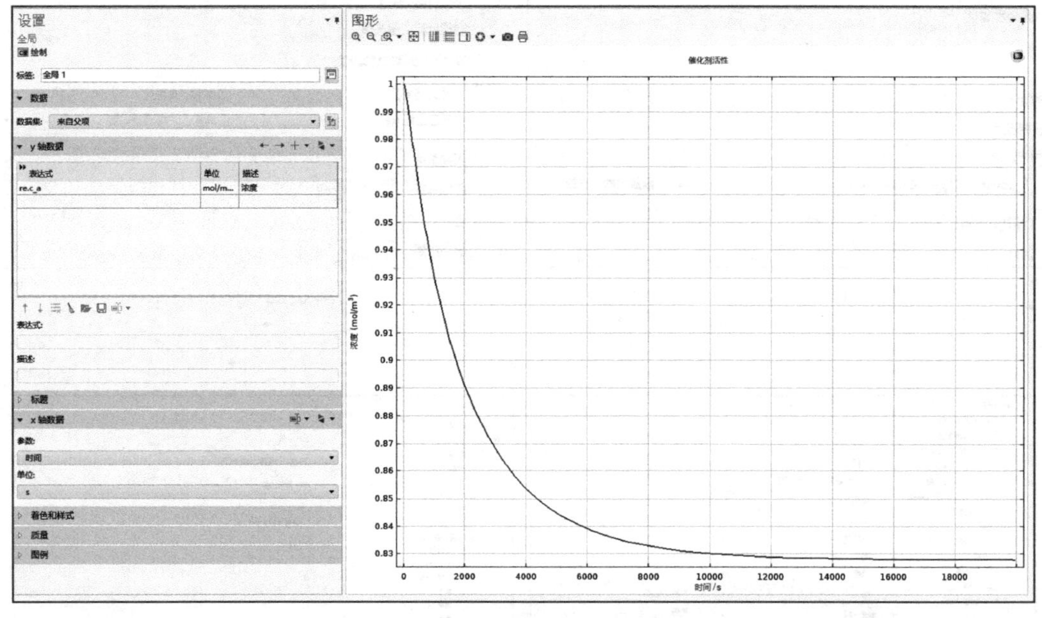

图 9-47　绘制催化剂活性图

在研究催化剂活性恒定的情形时，在**反应工程**节点下点选**物质 a**，并将物质浓度/活性选为**恒定浓度/活性**，结果如图 9-48 所示。

接着在研究 1 求解器配置下，右键**解 1** 单击选定复制，并单击**解 1 复制 1（sol3）**，在解的设置页面将标签改为**恒定催化剂活性**，结果如图 9-49 所示。

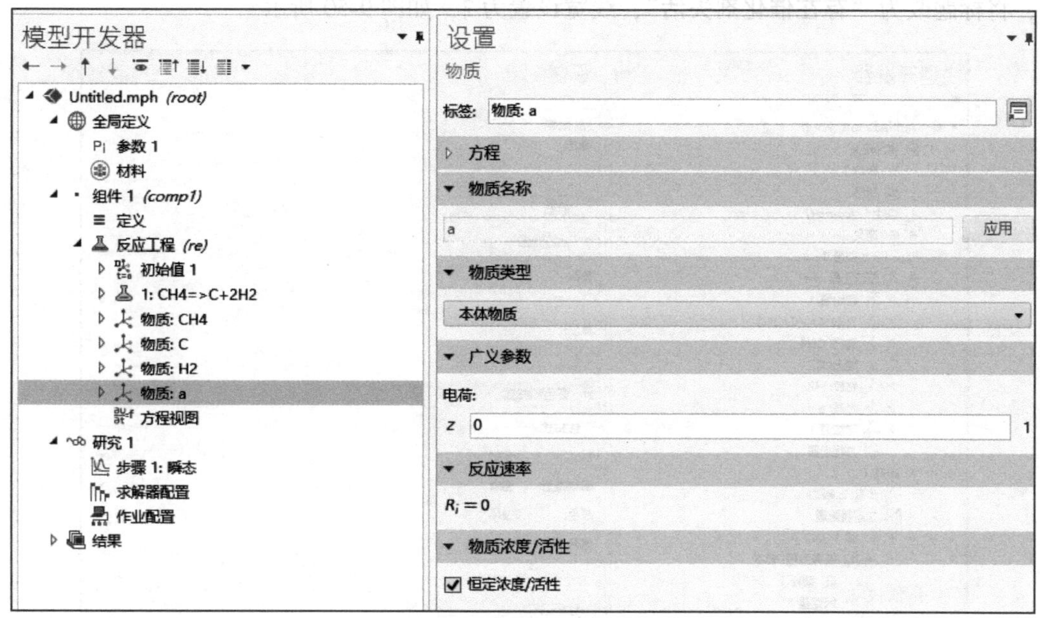

图 9-48 物质 a 设置

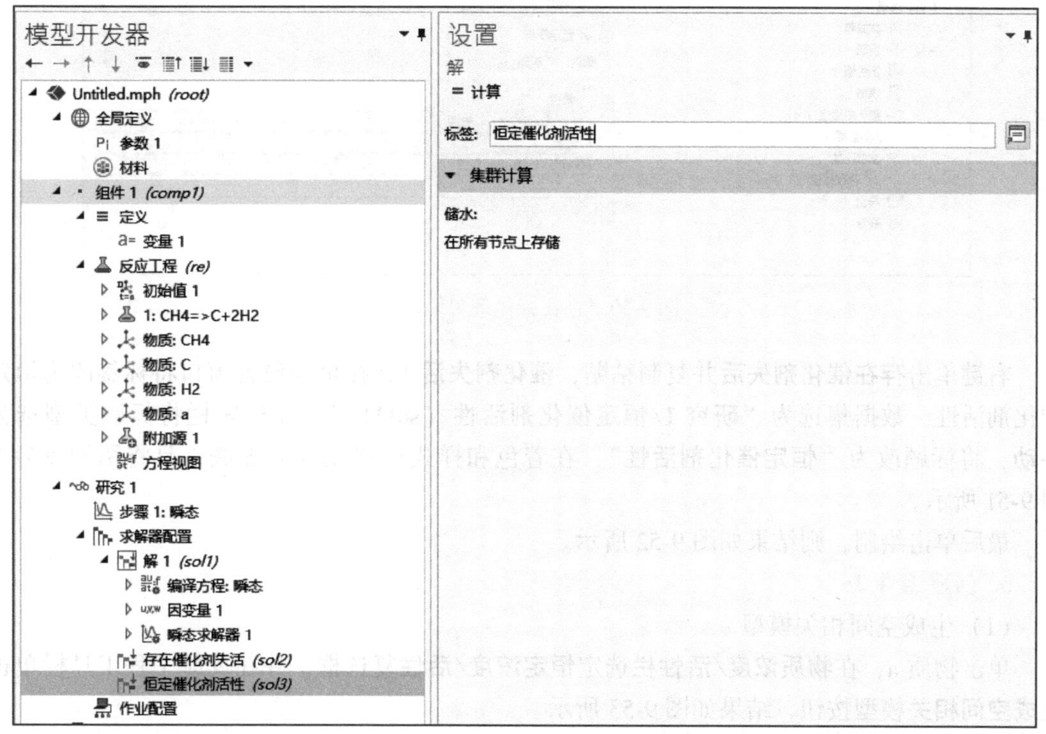

图 9-49 恒定催化剂活性设置

在**结果**节点下单击**浓度（re）**，在一维绘图组内将标签改为“**浓度比较**”，定位到标题栏，并在数据集中选择“**研究 1/存在催化剂失活（sol2）**”，在标题栏将标题类型选为手动，将标题改为“**存在催化剂失活**”，线宽设置为 2，如图 9-50 所示。

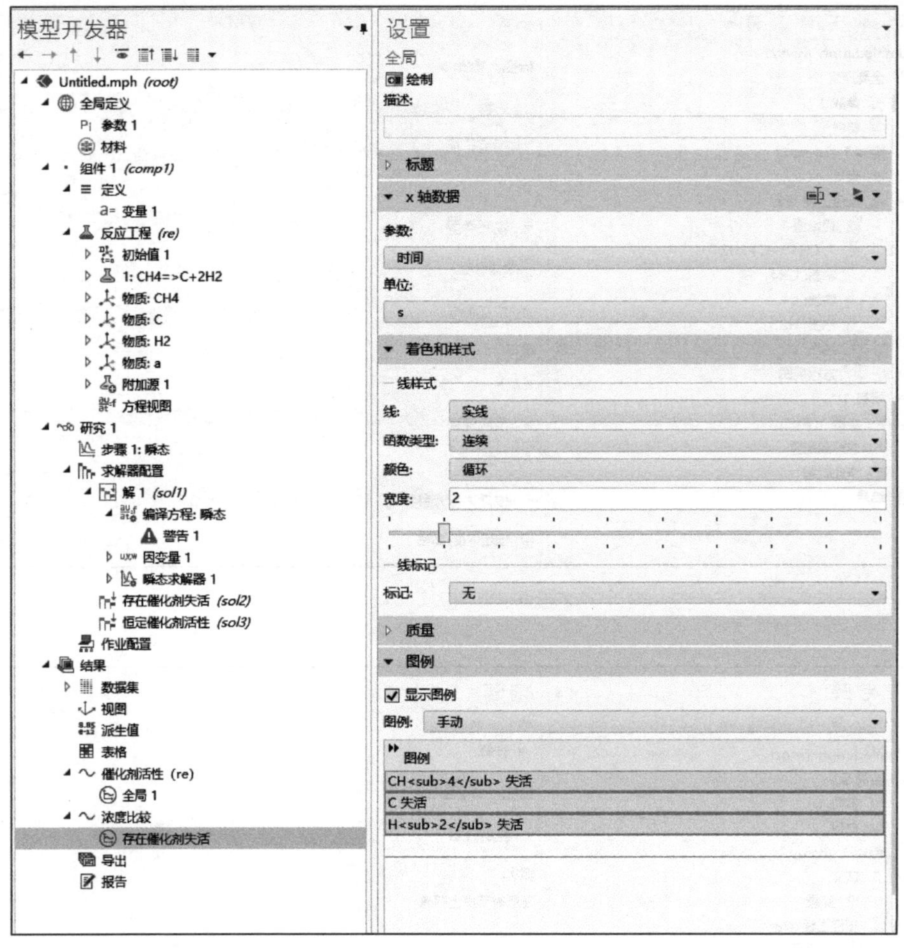

图 9-50　存在催化剂失活设置

右键单击**存在催化剂失活**并复制粘贴，**催化剂失活 1**，在全局设置窗口将标签改为恒定催化剂活性，数据集选为“**研究 1/恒定催化剂活性（sol3）**”，在标题栏将标题类型选为**手动**，将标题改为“**恒定催化剂活性**”，在着色和样式栏将线选为**虚线**，且将图例改为如图 9-51 所示。

最后单击绘制，则结果如图 9-52 所示。

6. 创建组件 2

（1）生成空间相关模型

单击物质 a，在**物质浓度/活性栏**选定**恒定浓度/活性**复选框，并在反应工程工具栏单击**生成空间相关模型**按钮，结果如图 9-53 所示。

在生成空间相关模型 1 中，在分量设置栏进行如图 9-54 所示设置。

最后单击**创建/刷新**按钮，创建了组件 2，结果如图 9-55 所示。

（2）参数 2 设置

在**组件 2** 节点下右键单击**定义**，并且单击变量，设置变量 2 如表 9-9 和图 9-56 所示。

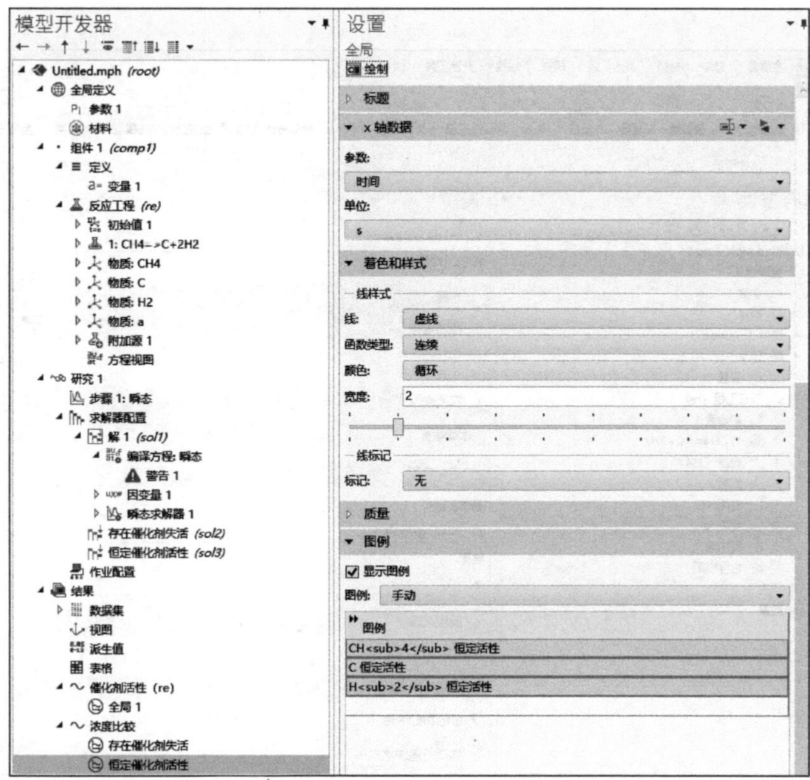

图 9-51　恒定催化剂活性设置

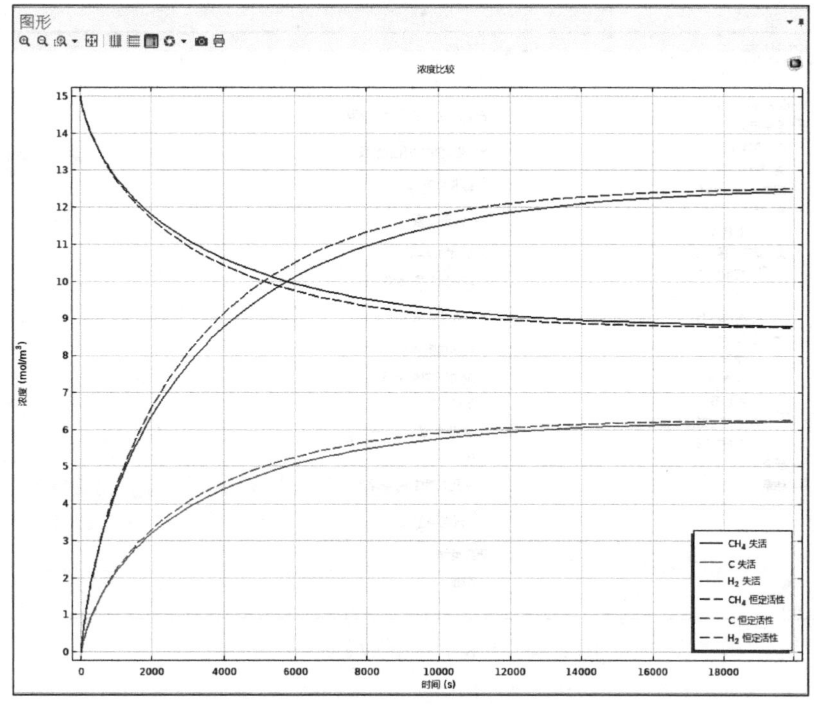

图 9-52　浓度比较

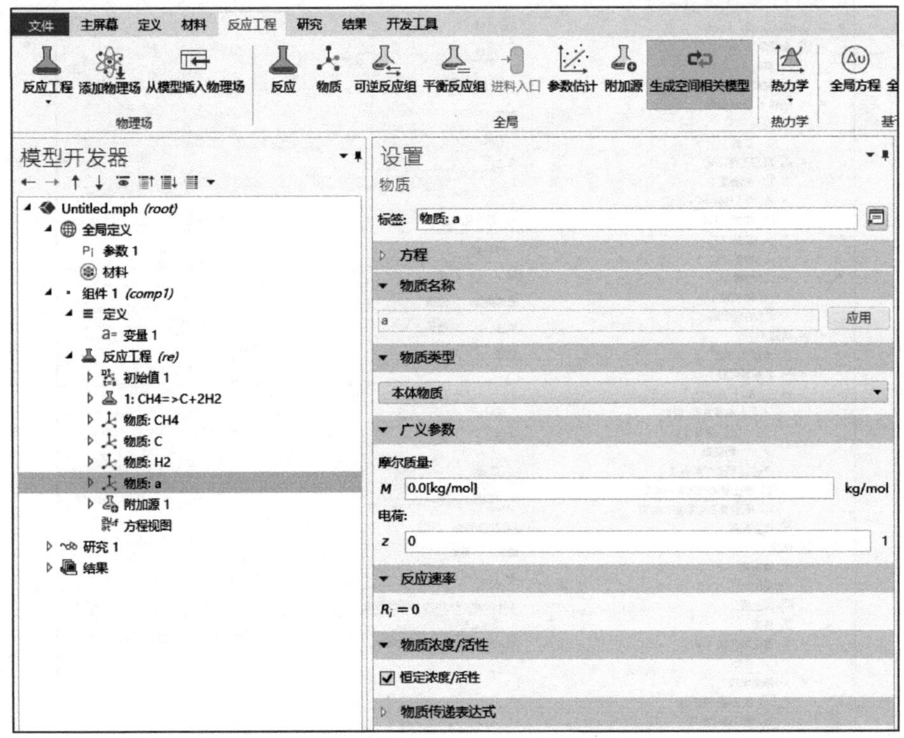

图 9-53　创建生成空间相关模型属性

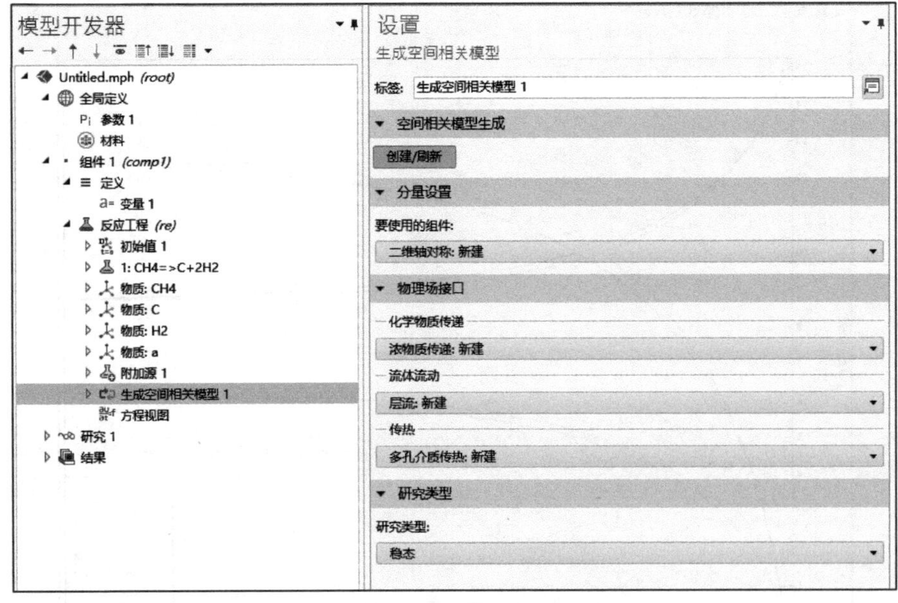

图 9-54　生成空间相关模型属性设置

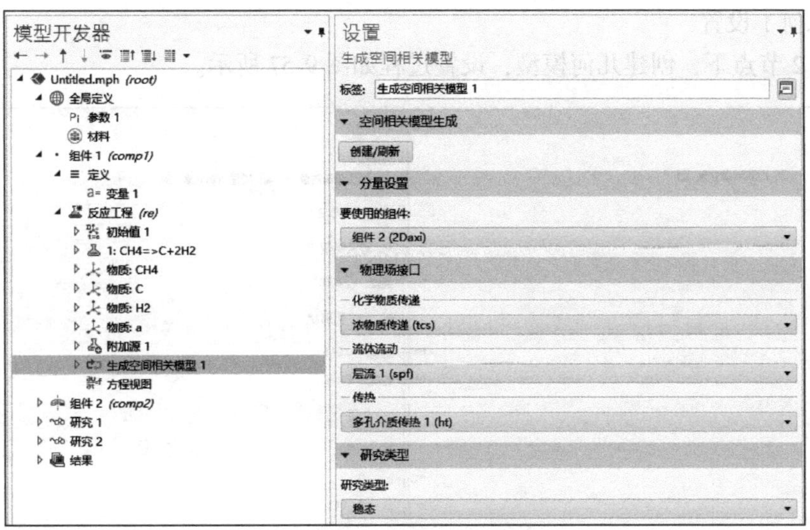

图 9-55 组件 2 生成

表 9-9 变量 2

名 称	表 达 式	单 位	描 述
k	2. 31e-5 * amount _ cat * 1e3 * exp(20. 492-104200[J/mol]/(R _ const * chem. T))[m^3 * s^-1 * kg^-1]	s^{-1}	阿伦尼乌斯表达式
Kp	5. 088e5 * exp(-91200[J/mol]/(R _ const * chem. T))		阿伦尼乌斯表达式
kH	exp(163200[J/mol]/(R _ const * chem. T)-22. 426)		阿伦尼乌斯表达式
P _ CH4	chem. c _ CH4 * R _ const * chem. T/1[atm]		CH_4, 分压
P _ H2	max(chem. c _ H2 * R _ const * chem. T/1[atm], eps)		H_2, 分压
kappa	kappa0 * (por/por0)^3. 55	m^2	渗透率
Tvar	T	K	

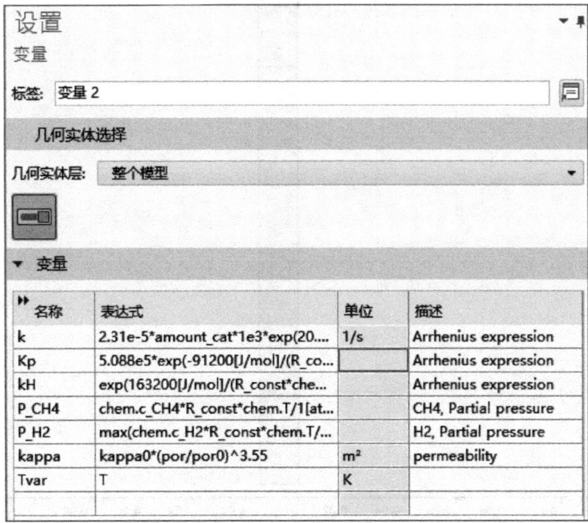

图 9-56 参数 2 设置

（3）几何 1 设置

在组件 2 节点下，创建几何模型，设置过程如图 9-57 所示。

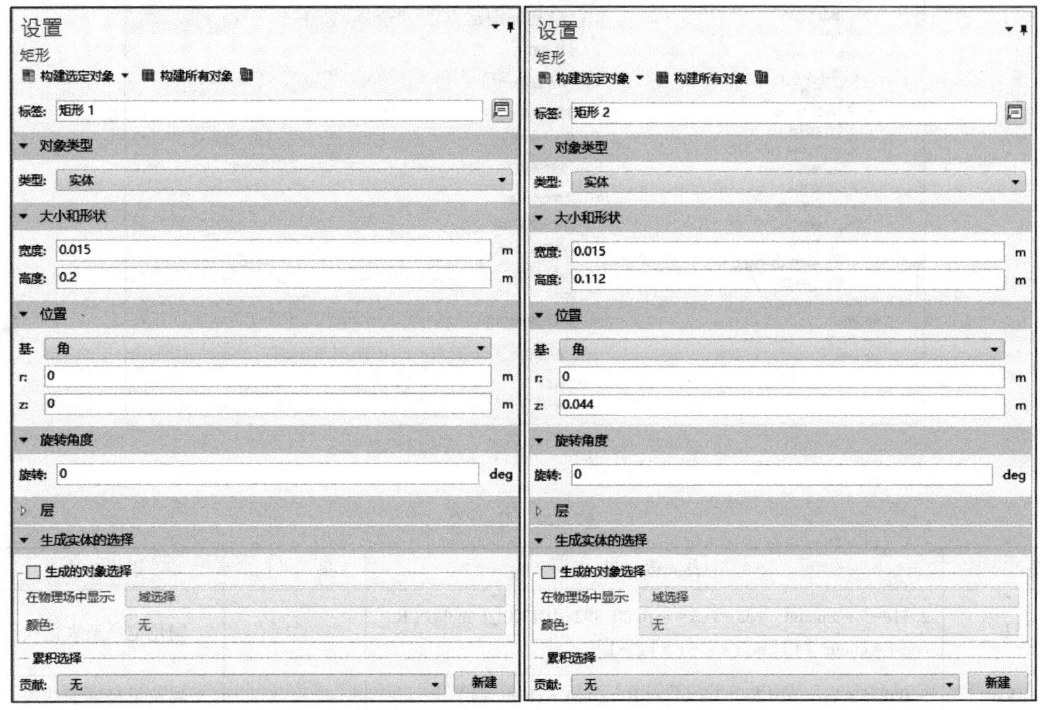

图 9-57　几何设置

单击构件选定对象，结果如图 9-58 所示。

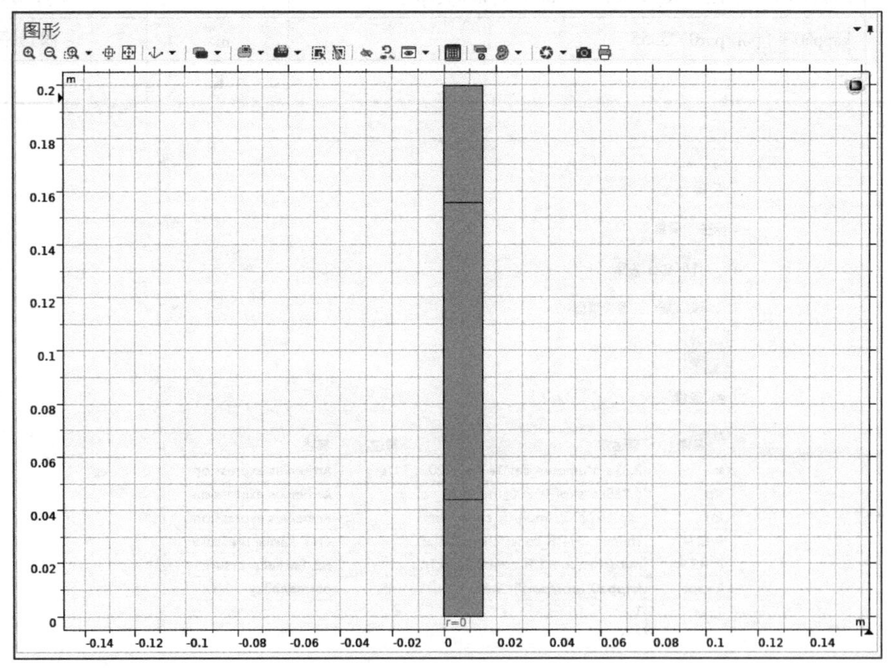

图 9-58　几何绘制

(4) 孔隙率变化设置

在组件 2 节点下添加物理场，具体路径为数学→常微分和微分代数方程接口→域常微分和微分代数方程（dode），并将标签改为“**孔隙率变化**”，结果如图 9-59 所示。

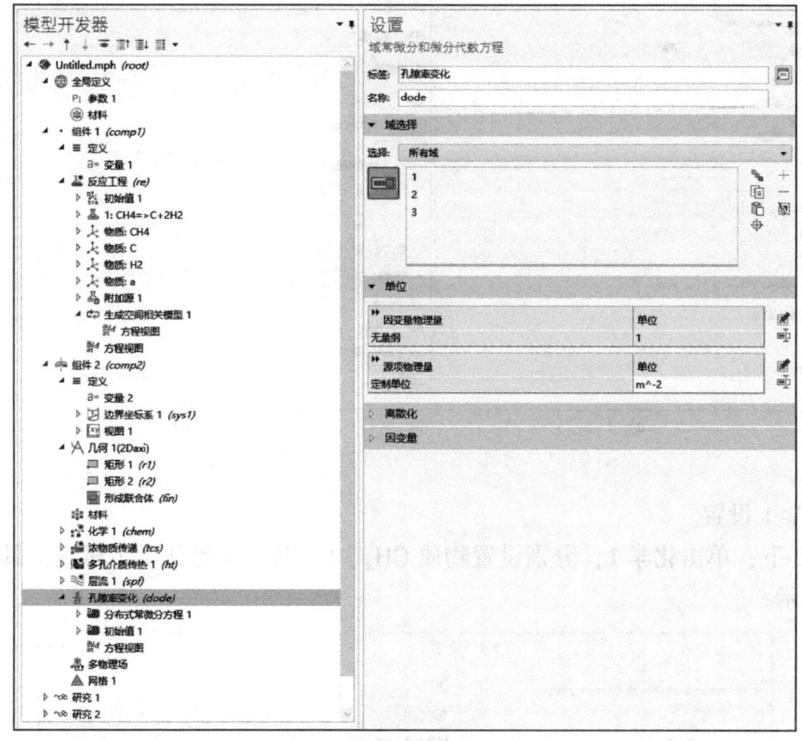

图 9-59　孔隙率变化场添加

接着单击清除按钮，将域选择为“**2**”，因变量、源项物理量等设置完成后，结果如图 9-60 所示。

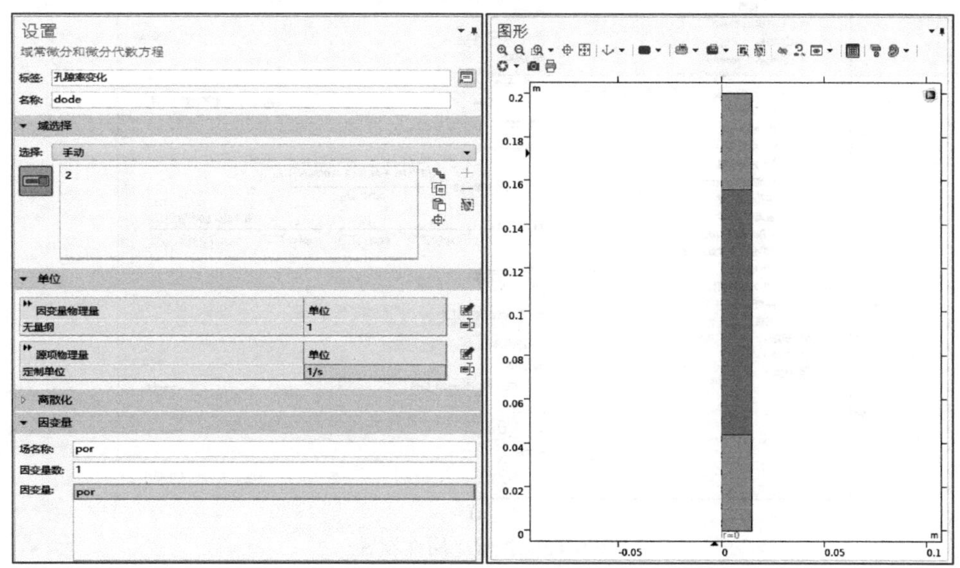

图 9-60　孔隙变化属性设置

单击**分布式常微分方程 1**，将源项设置为“**-por * chem. r _ 1 * chem. M _ C/rho _ soot**”，接着单击**初始值 1**，将 por 设置为“**por0**”，结果如图 9-61 所示。

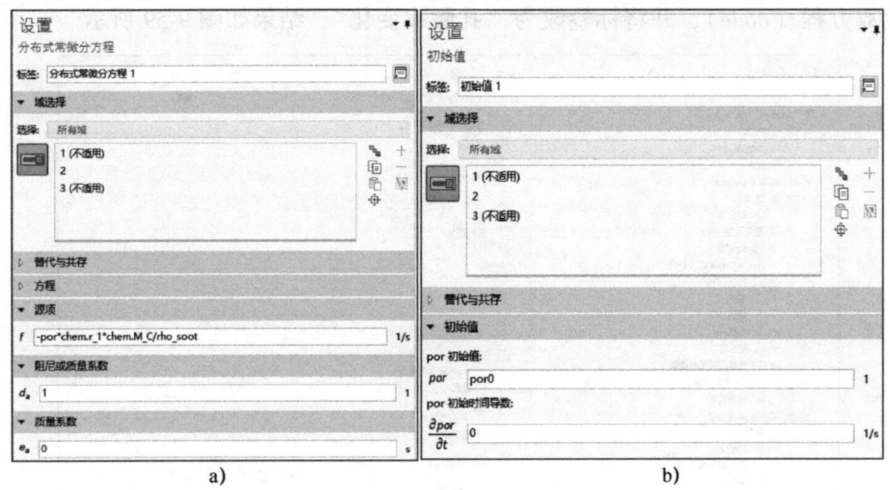

a) b)

图 9-61 分布式常微分方程及初始值设置

（5）化学 1 设置

在组件 2 下，单击**化学 1**，分别设置物质 CH_4、C、H_2、a 等化学 1 属性，具体设置细节如图 9-62 所示。

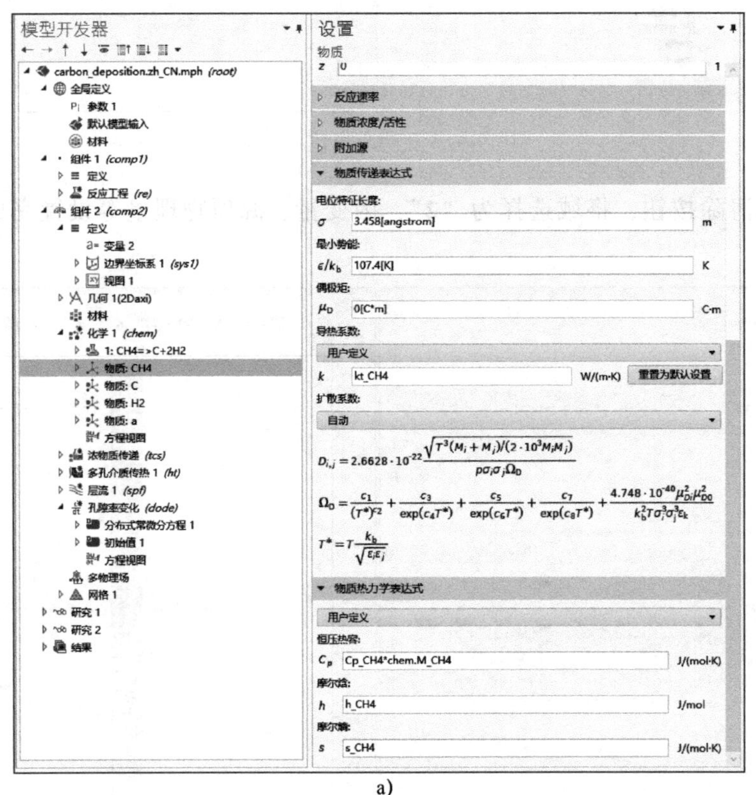

a)

图 9-62 化学 1 属性设置

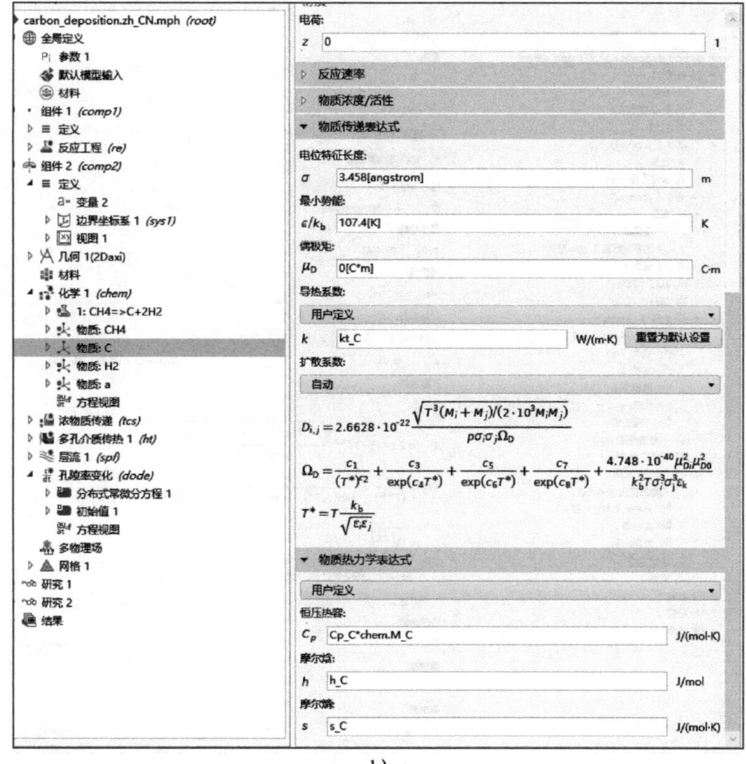

b)

c)

图 9-62　化学 1 属性设置（续）

d)

图 9-62　化学 1 属性设置（续）

（6）浓物质传递（tcs）设置

在组件 2 下，单击**浓物质传递**，在浓物质传递设置窗口，定位到附加传递机理栏，并选中“**多孔介质的质量传递**”复选框，结果如图 9-63 所示。

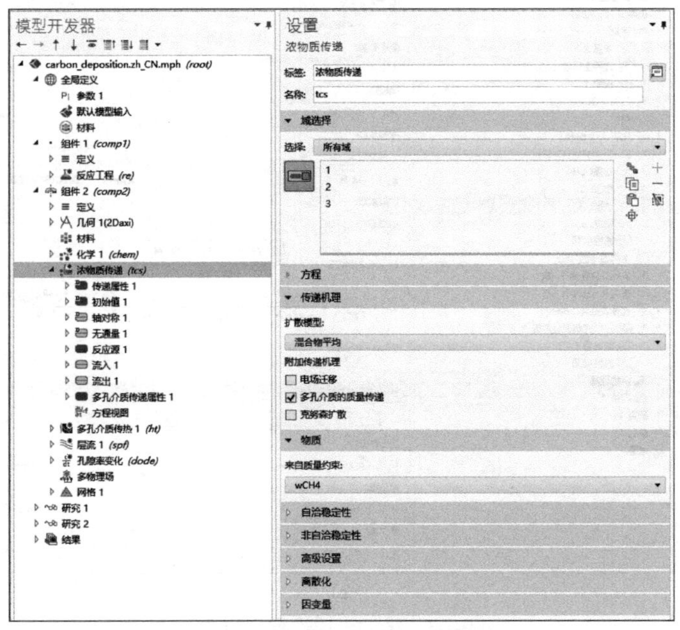

图 9-63　浓物质传递设置

接着设置传递属性 1、反应源 1（域选为 **2**，反应体积设为**孔隙体积**）、流入 1、流出 1、多孔介质传递属性 1 等，具体过程如图 9-64 所示。

(7) 多孔介质传热（ht）设置

在组件 2 下，单击**多孔介质传热**节点，分别对多孔介质 1（主要是流体 1 及多孔基体 1）、热源 1、温度 1、流出 1、温度 2、流体 1 等属性进行设置，结果如图 9-65 所示。

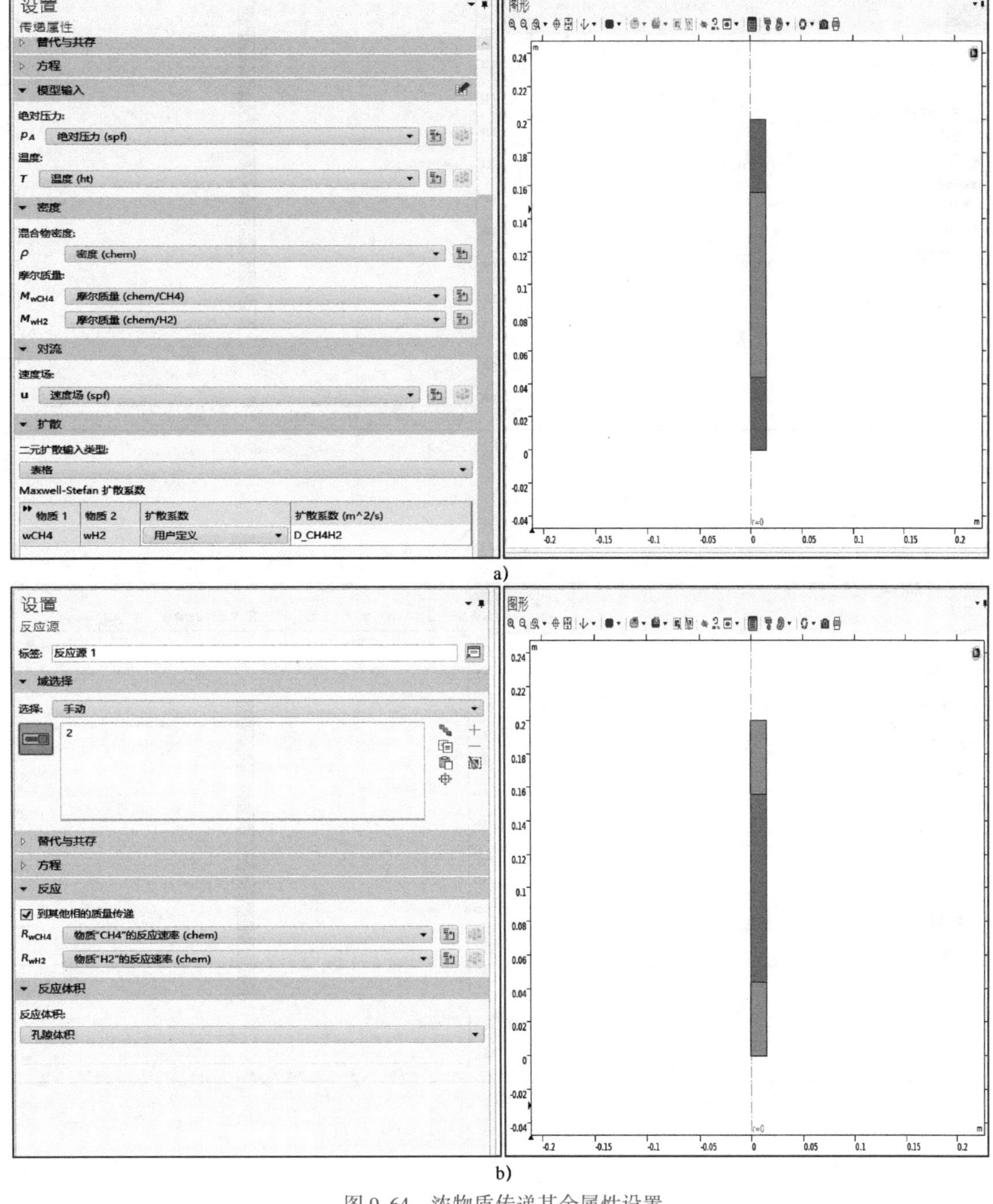

图 9-64　浓物质传递其余属性设置

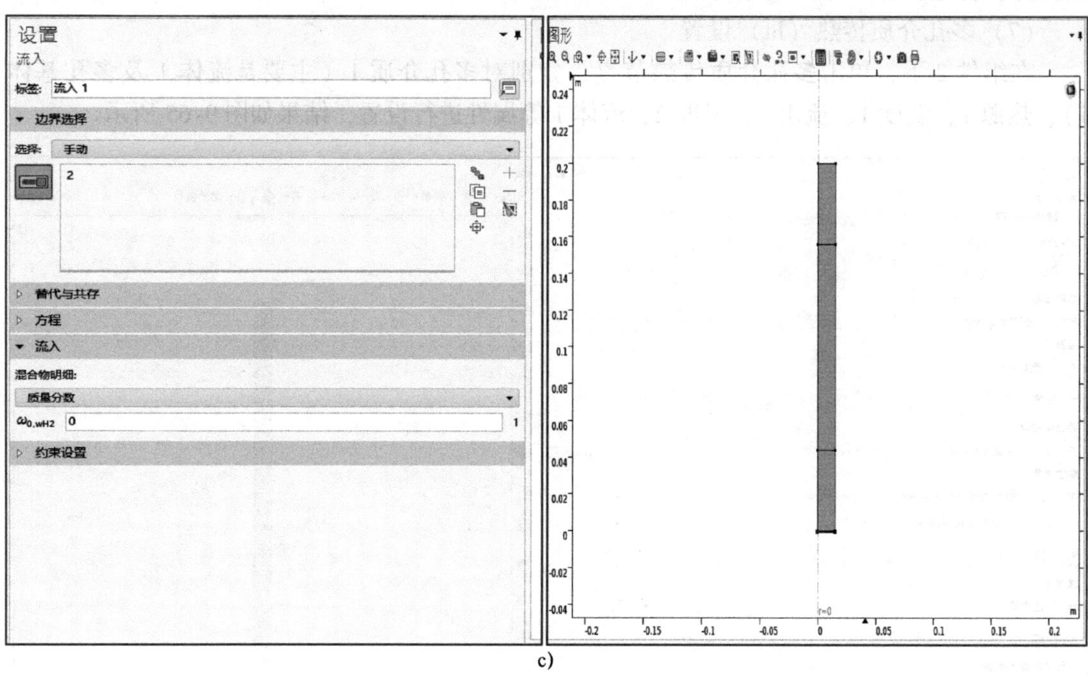

c)

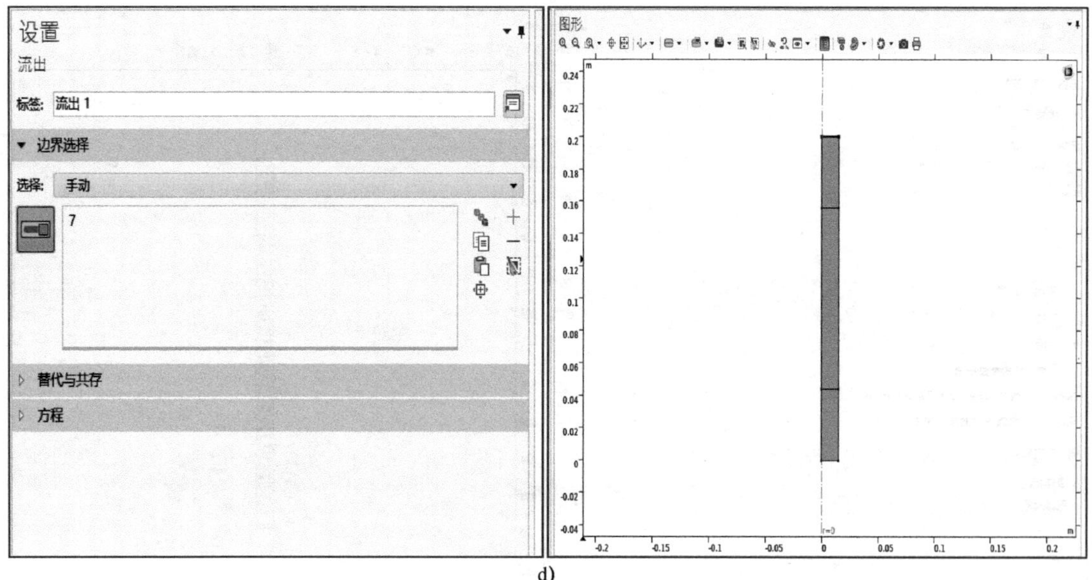

d)

图 9-64　浓物质传递其余属性设置（续）

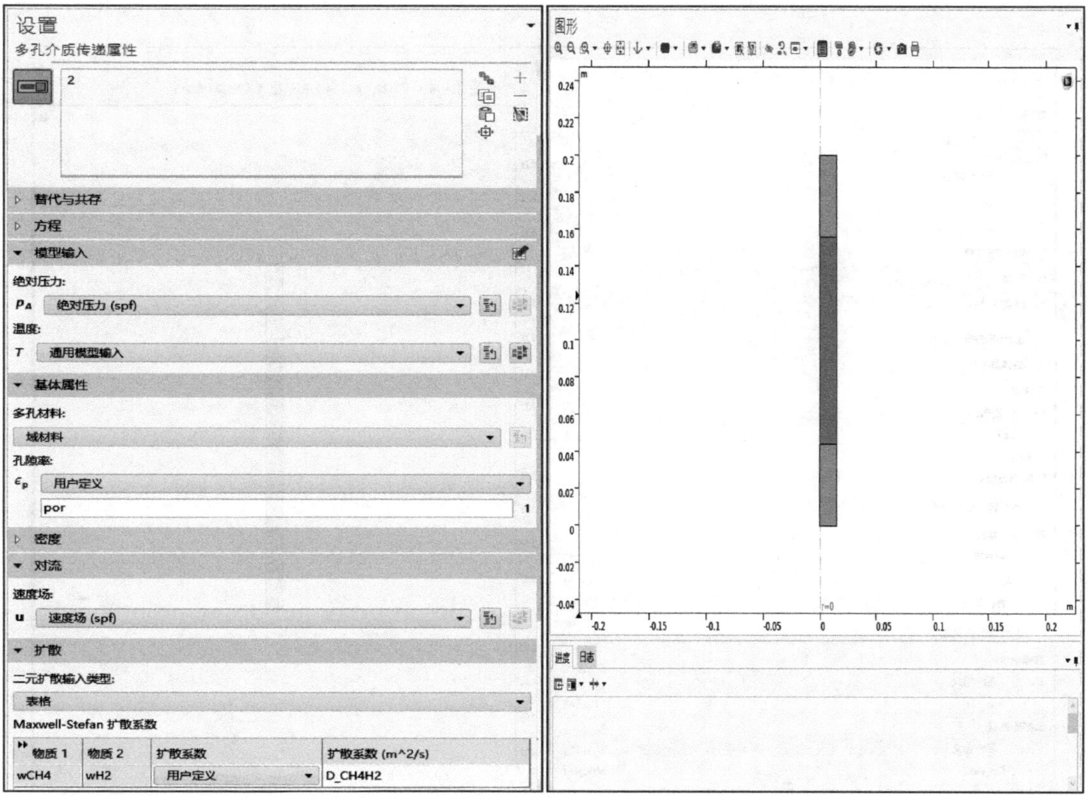

e)

图 9-64　浓物质传递其余属性设置（续）

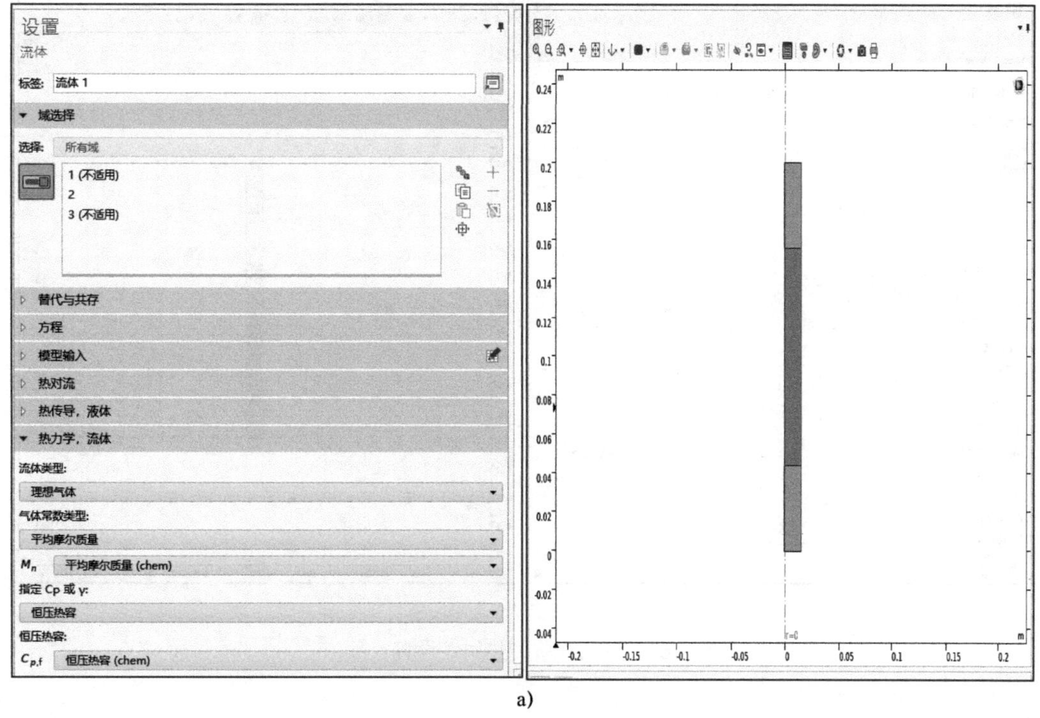

a)

图 9-65　多孔介质传热属性设置

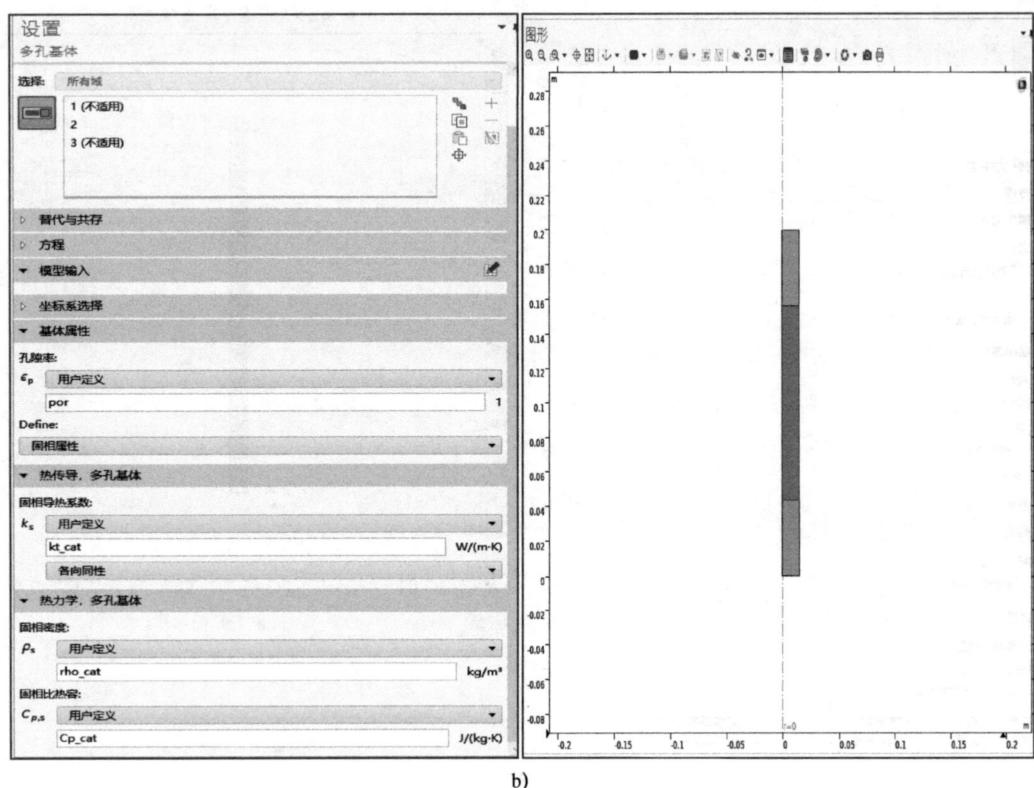

b)

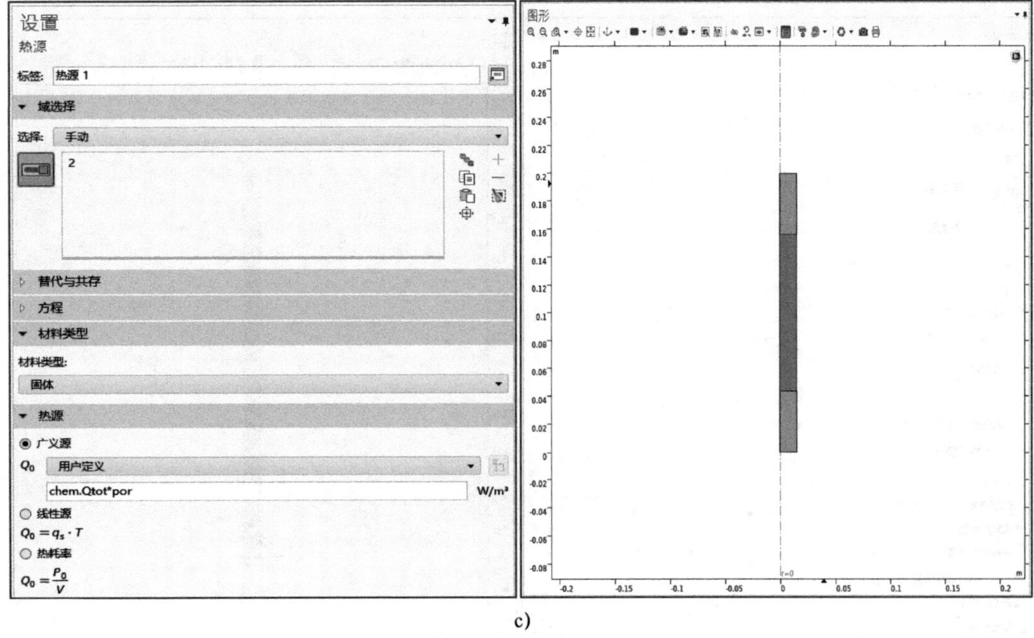

c)

图 9-65　多孔介质传热属性设置（续）

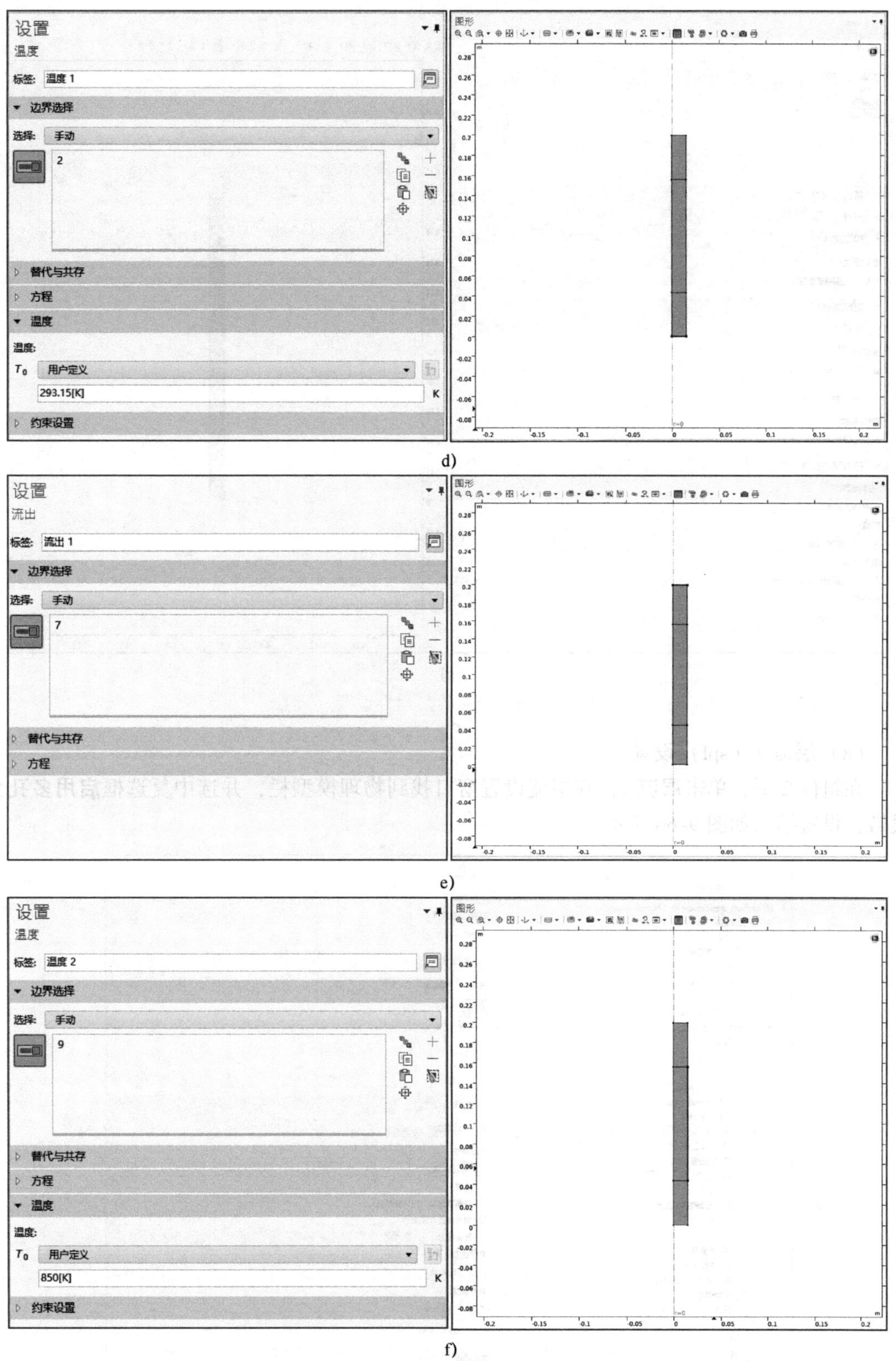

图 9-65　多孔介质传热属性设置（续）

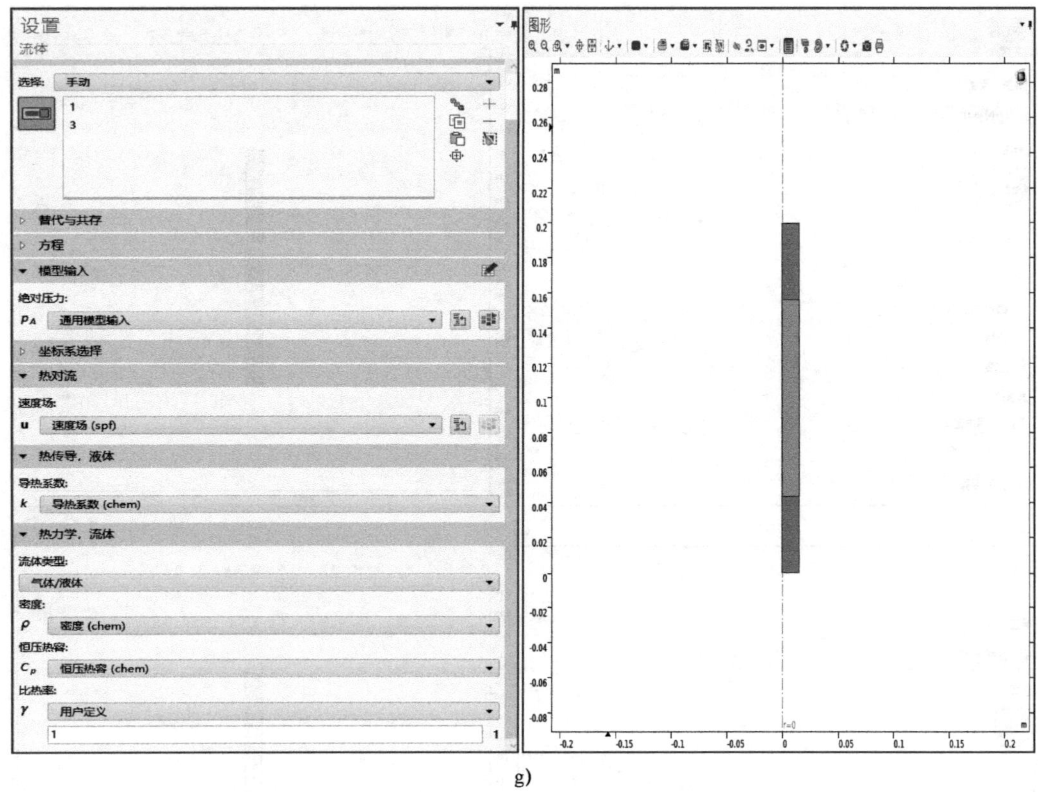

g)

图 9-65　多孔介质传热属性设置（续）

（8）层流 1（spf）设置

在组件 2 下，单击**层流** 1，在层流设置窗口找到物理模型栏，并选中复选框**启用多孔介质域**，设置结果如图 9-66 所示。

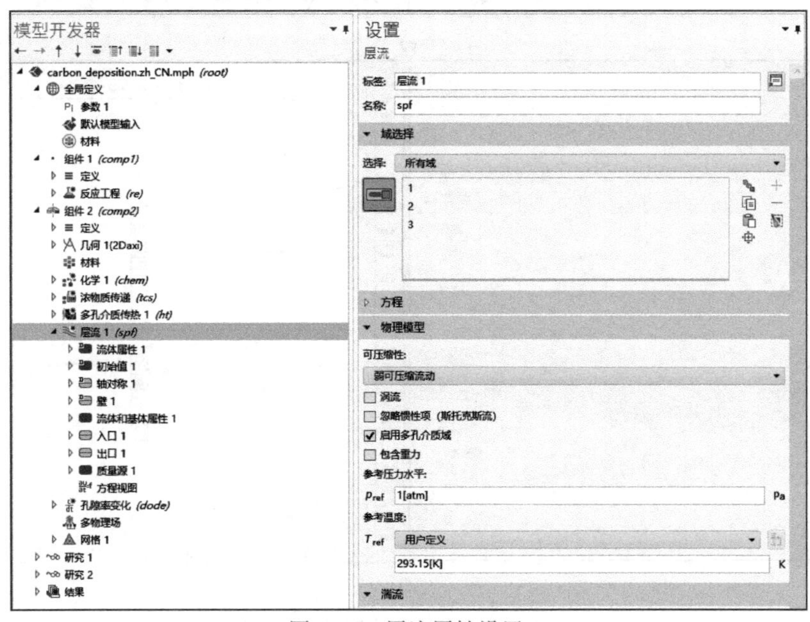

图 9-66　层流属性设置

接着分别对流体属性 1、流体和基本属性 1、入口 1、出口 1、质量源 1 等属性进行设置，结果如图 9-67 所示。

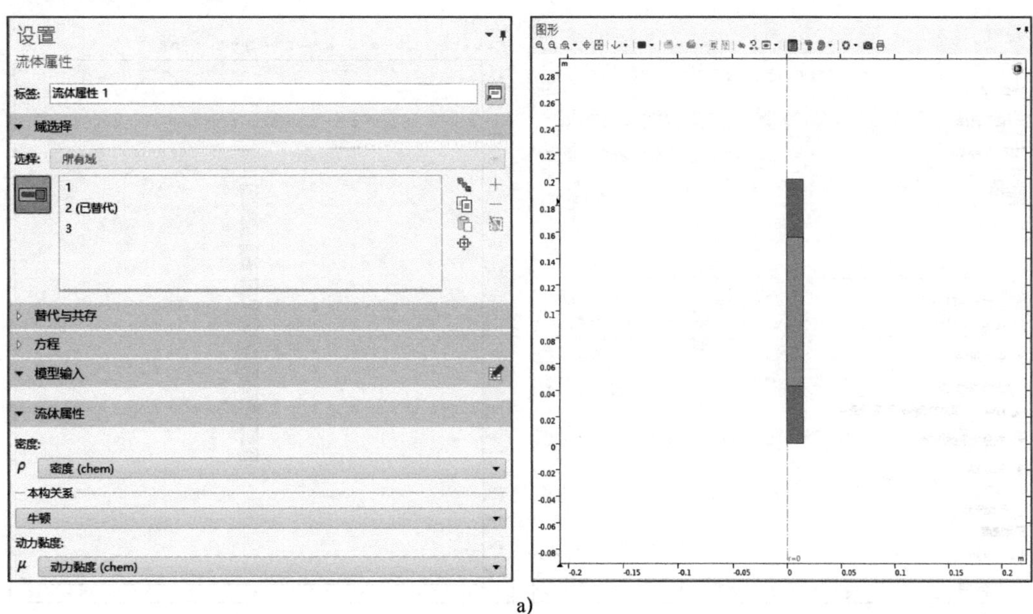

a)

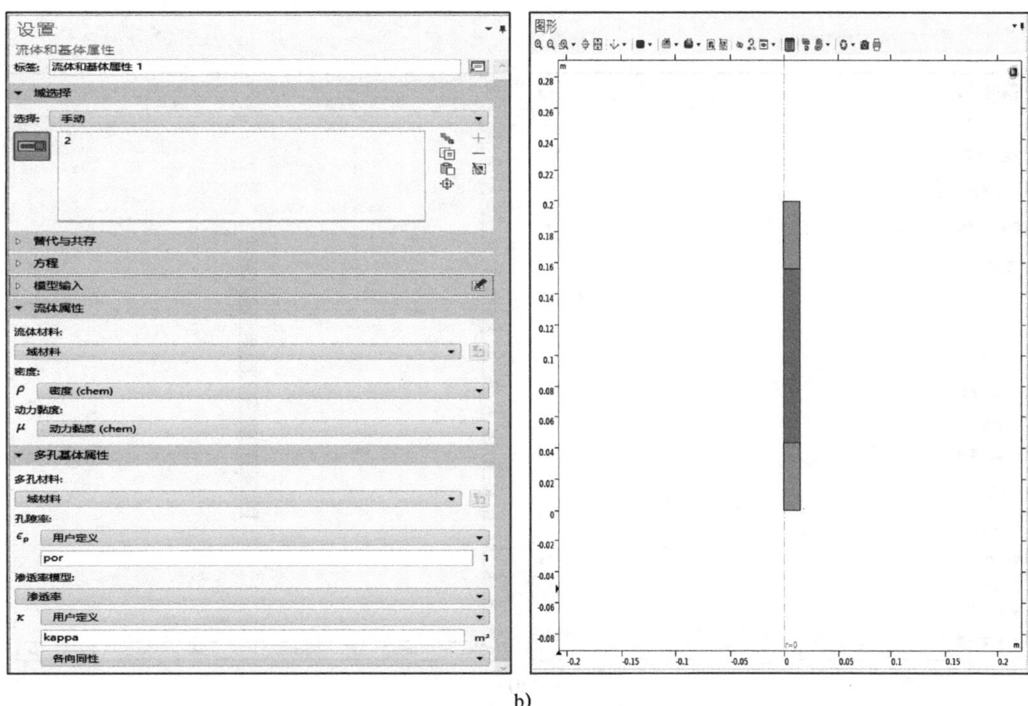

b)

图 9-67　层流其余属性设置

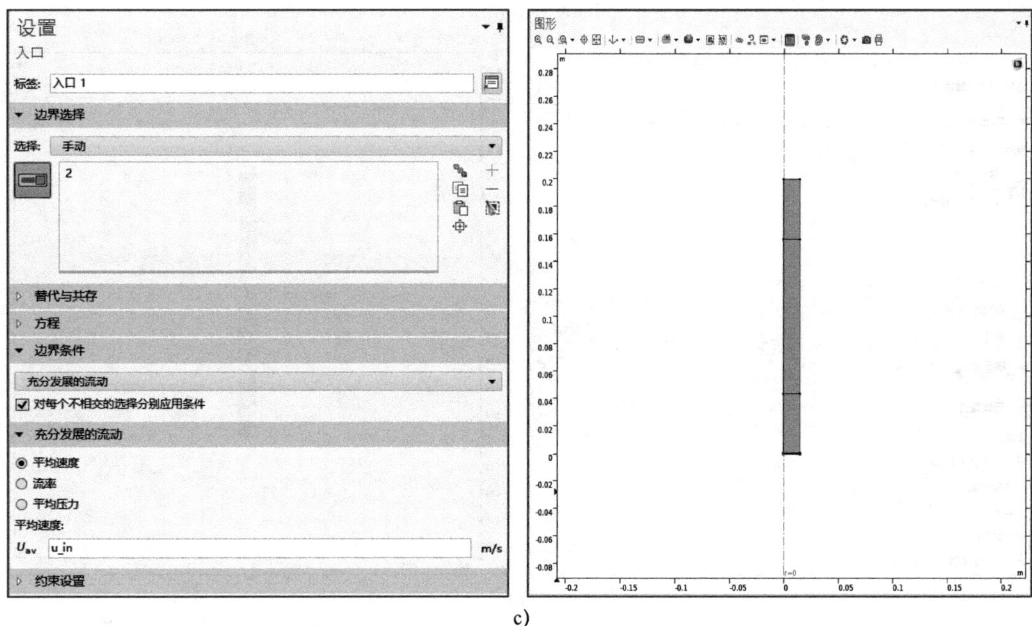

c)

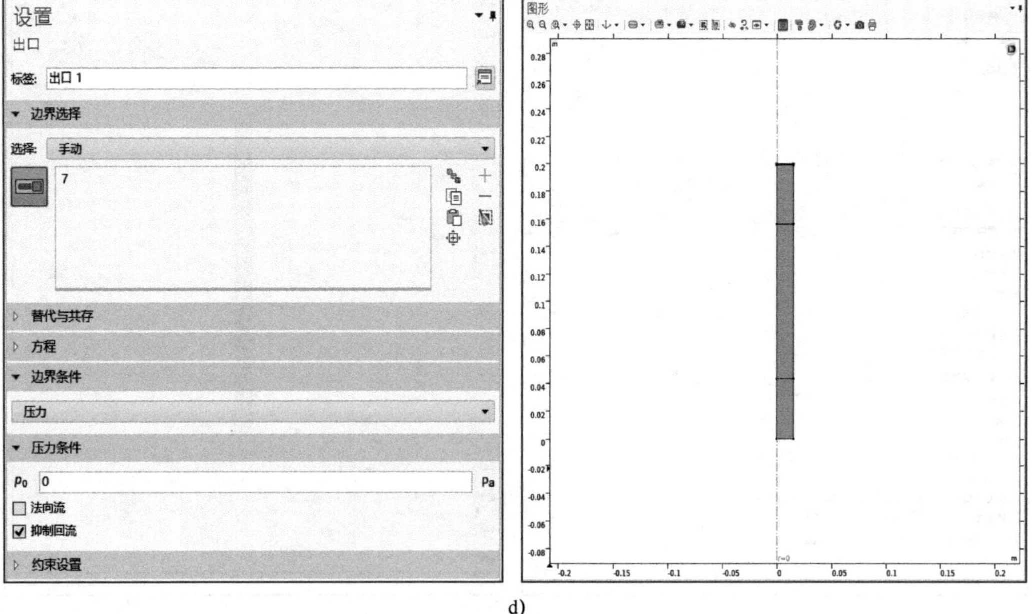

d)

图 9-67　层流其余属性设置（续）

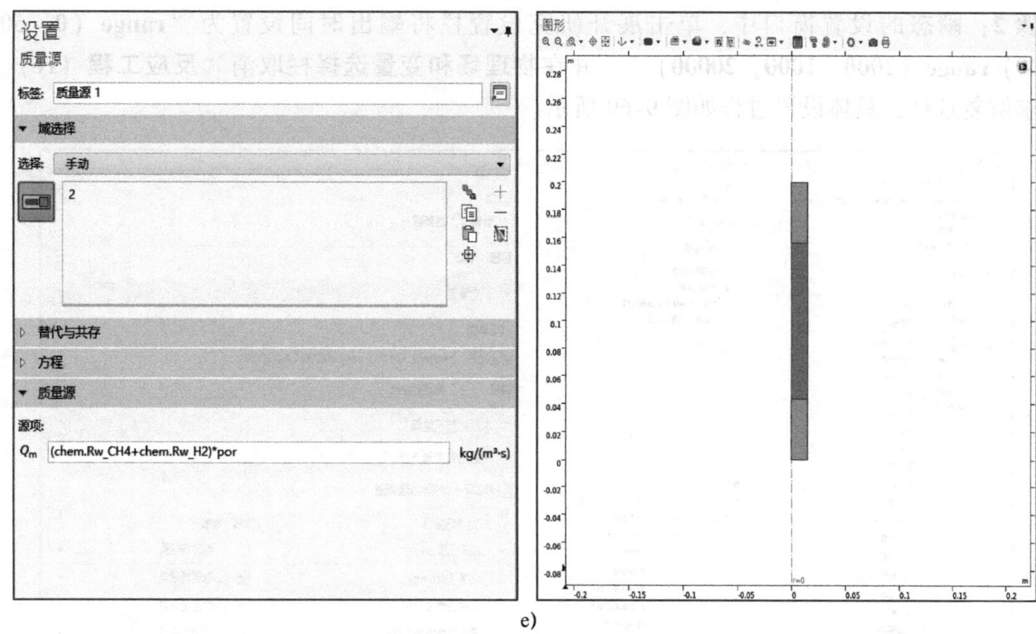

e)

图 9-67　层流其余属性设置（续）

7. 研究 2 设置

在**模型开发器**窗口单击**研究 2** 展开其节点，单击**步骤 1：稳态**，在稳态设置窗口只保留物理场接口：**层流 1** 的求解复选框，其余物理场接口全部取消，结果如图 9-68 所示。

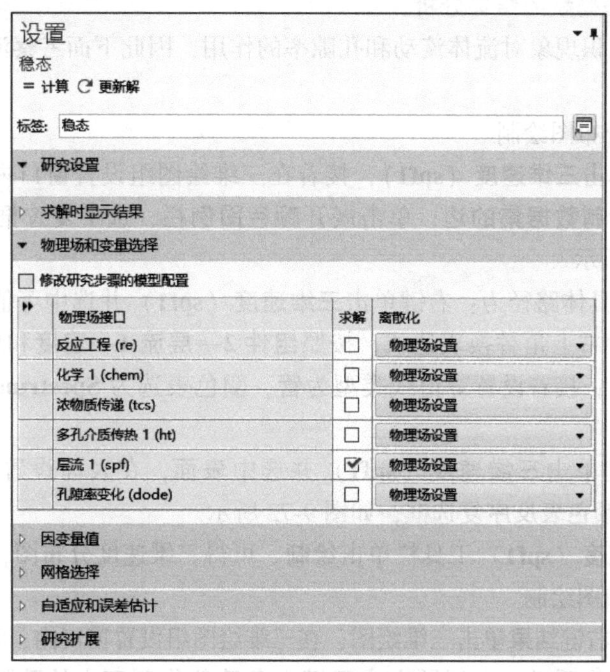

图 9-68　稳态求解器设置

然后添加瞬态求解器，具体添加路径为：右键研究 2→研究步骤→瞬态→瞬态；接着在**步骤 2：瞬态**的设置窗口中，单击展开研究设置栏将**输出时间**设置为“**range（0，50，1000）range（2000，1000，20000）**”，并在**物理场和变量选择**栏取消“**反应工程（re）**”的求解复选框，具体设置过程如图 9-69 所示。

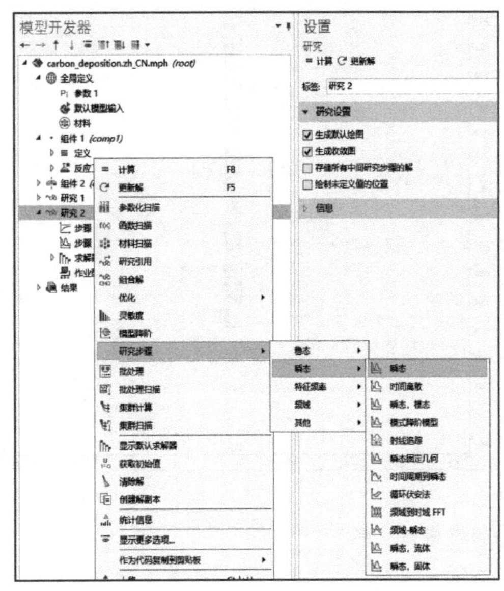

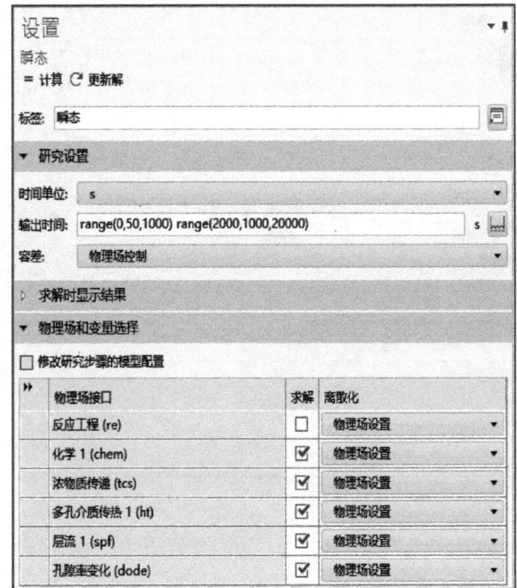

图 9-69 瞬态求解器设置

至此模型 2 设置完成，然后在研究工具栏单击**计算**。

8. 空间相关瞬态模型的结果分析

此模型研究碳沉积现象对流体流动和孔隙率的作用，因此下面考察流体三维速度分布及孔隙率分布。

（1）三维速度分布图绘制

在**结果节点下**单击**三维速度（spf1）**，接着在三维绘图组设置窗口内，单击展开**绘图设置**栏，取消复选框**绘制数据集的边**；单击展开**颜色图例**栏，选中复选框**显示图例**和**显示单位**，结果如图 9-70 所示。

添加**等值线 1**，具体路径为：右键单击**三维速度**（**spf1**）并选中等值线；在等值线设置窗口，单击表达式栏右上角替换表达式，按照**组件 2→层流 1→速度和压力→P-压力-Pa**，选定后双击进行替换；接着设置等值线类型为**管**，颜色表选为 **Spectrum**；最后设置结果如图 9-71 所示。

添加**表面**，右键单击**三维速度**（**spf1**）并选中**表面**，在表面设置窗口将颜色表选为 **Twilight**，然后选中**颜色表反序**复选框，如图 9-72 所示。

最后，在**三维速度**（**spf1**）工具栏单击**绘制**，可得三维速度分布图，如图 9-73 所示。

（2）孔隙率分布图绘制

在**结果**节点下，右键**结果**单击三维绘图，在三维绘图组设置窗口内，将标签改为**孔隙率分布**，并将标题类型选为手动，在标题文本区键入**多孔催化剂床内的孔隙率**，结果如图 9-74 所示。

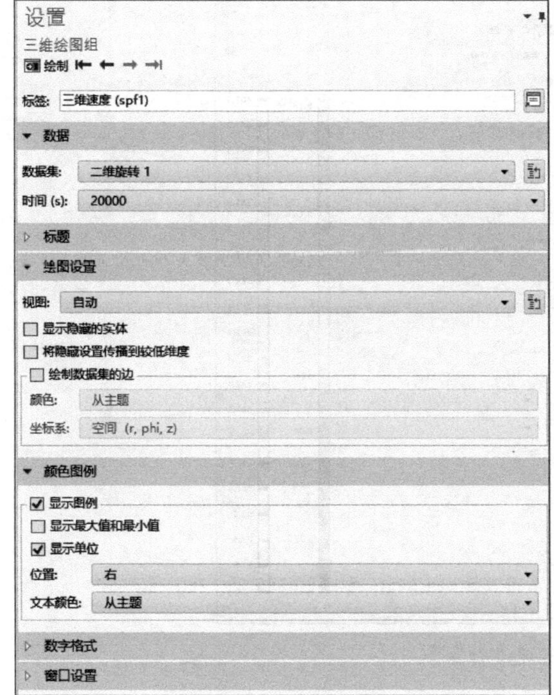

图 9-70　绘图设置

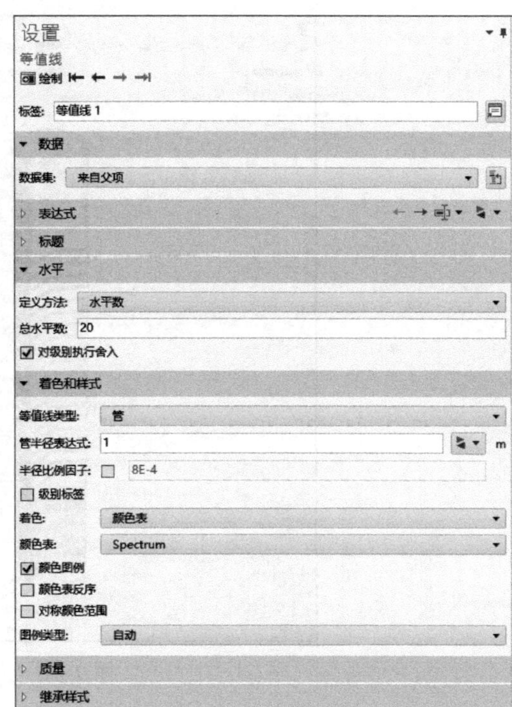

图 9-71　等值线设置

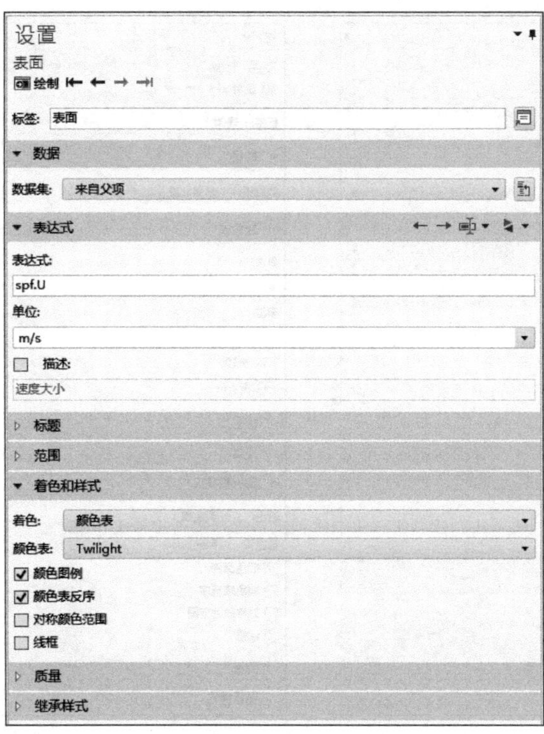

图 9-72　表面设置

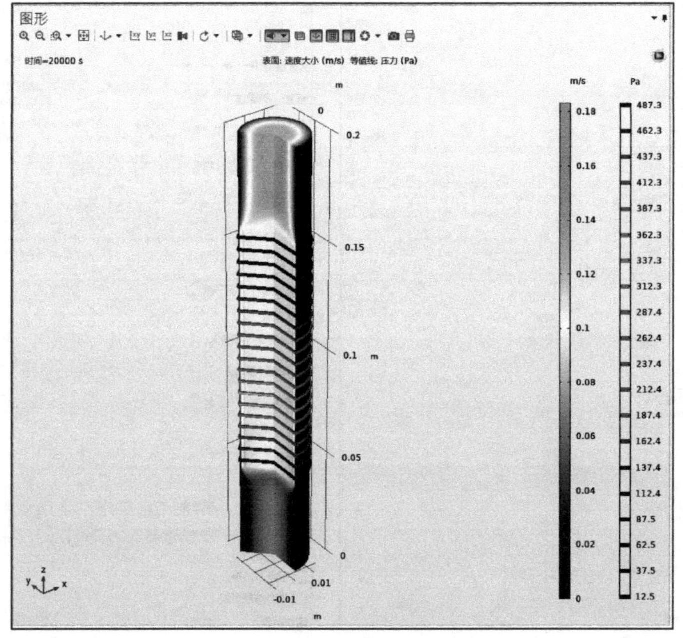

图 9-73　三维速度分布图

接着添加**表面**，右键单击**孔隙率分布**并选中**表面** 1，在表面设置窗口将表达式改为“por”，设置结果如图 9-75 所示。

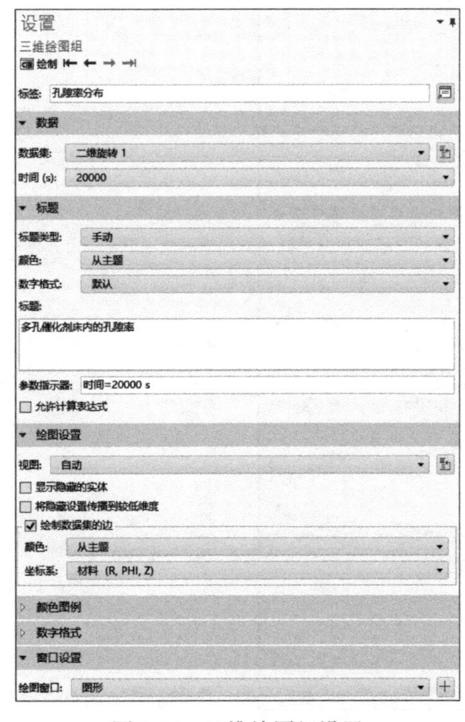

图 9-74　三维绘图组设置

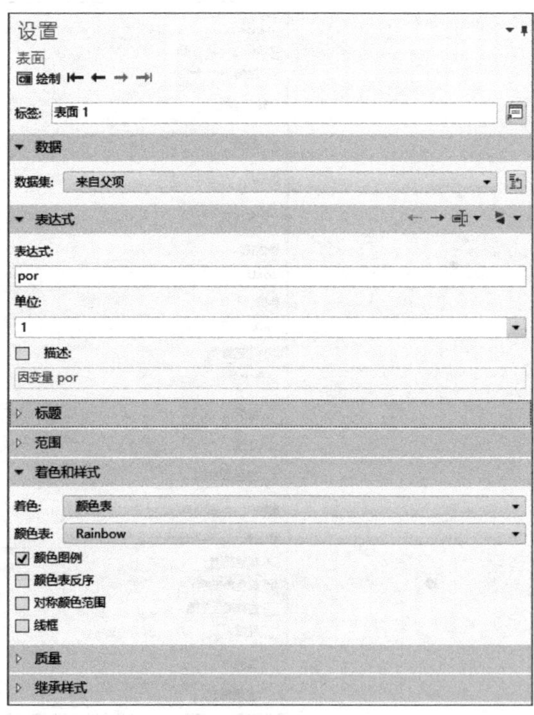

图 9-75　表面设置

最后单击**孔隙率分布**，在三维绘图组设置窗口单击**绘制**，结果如图 9-76 所示。

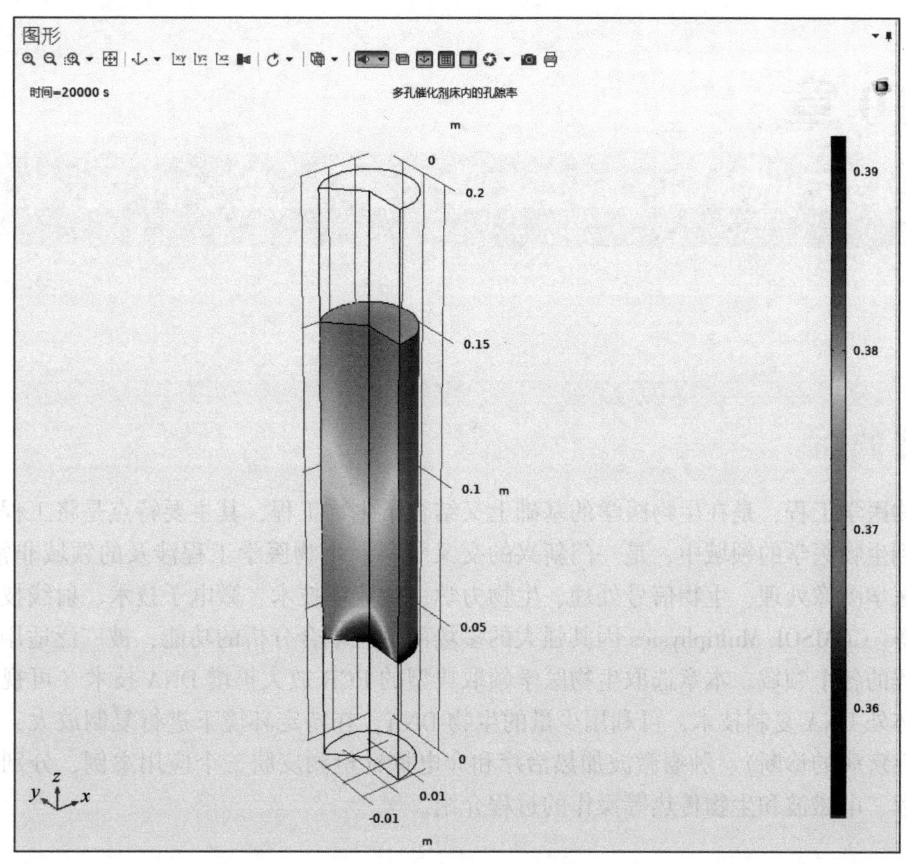

图 9-76　孔隙率分布图

9.4.3　案例小结

本案例研究了 CH_4 热分解为 H_2 和固体 C 的过程。在第一个模型中，通过“反应工程”接口模拟理想反应器中的等温过程，还分析了碳沉积对催化剂活性的影响，结果显示催化剂的活性随时间的变化，一开始快速衰减，接着缓慢衰减。在第二个模型中，研究了碳沉积对孔隙率和流体流动的影响，结果显示随着时间的变化，催化床入口区域的孔隙率变得越来越小，有堵塞的风险，此外气体在多孔介质床内流速分布比较小。

第 10 章 生物领域

10.1 简介

生物医学工程，是在生物医学的基础上又结合了生物工程，其主要特点是将工程学的方法应用到生物医学的领域中，是一门新兴的交叉学科。生物医学工程涉及的领域非常广泛，涵盖了医学图像处理、生物信号处理、生物力学、微流体技术、微电子技术、射线技术、精密机械等。COMSOL Multiphysics 因其强大的多场问题全耦合分析的功能，被广泛适用于生物医学工程的各个领域。本章选取生物医学领取典型的 PCR 放大扩增 DNA 技术（可视作特殊的生物体外 DNA 复制技术，可利用少量的生物 DNA，在特定环境下进行复制放大，常应用于感染性疾病的诊断）、肿瘤微波加热治疗和介电探针检测皮肤三个应用案例，分别展示了反应工程、电磁波和生物传热等操作的过程介绍。

10.2 案例 1 用于 DNA 扩增的便携式芯片

10.2.1 背景介绍

聚合酶链反应（PCR）是分子生物学、医学诊断和生物化学工程中扩增特定 DNA 序列的最有效方法之一。一直以来，为现场应用开发基于 PCR 的便携式芯片实验室系统广受关注，而其中一个颇具前途的策略是基于自然对流的 PCR。

此模型研究单链 DNA（ssDNA）、双链 DNA（dsDNA）和引物退火 DNA（aDNA）组分浓度的时空变化。流体运动的驱动机制是导致浮力流动的温度诱导密度差。这种方法无须外部驱动机制，温差足以使 PCR 混合物发生循环并在闭环中扩增 DNA。

本例在结果部分绘制出了三种 DNA 序列的浓度场和速度场，并且给出了总反应速率的图示。在该阶段，可以针对 DNA 序列的实时通量评价 PCR 反应的效率，根据反应目标优化热源温差与内部环境设置，以实现反应效率的提升。

10.2.2 操作步骤

1. 物理场及研究设置

首先打开软件，建立一个零维仿真模型，接着按照如下路径设置物理场：化学物质传递→

反应工程，双击**反应工程**添加完成；然后单击**研究**，在选择研究窗口选定瞬态，单击**完成**。设置过程如图 10-1 和图 10-2 所示。

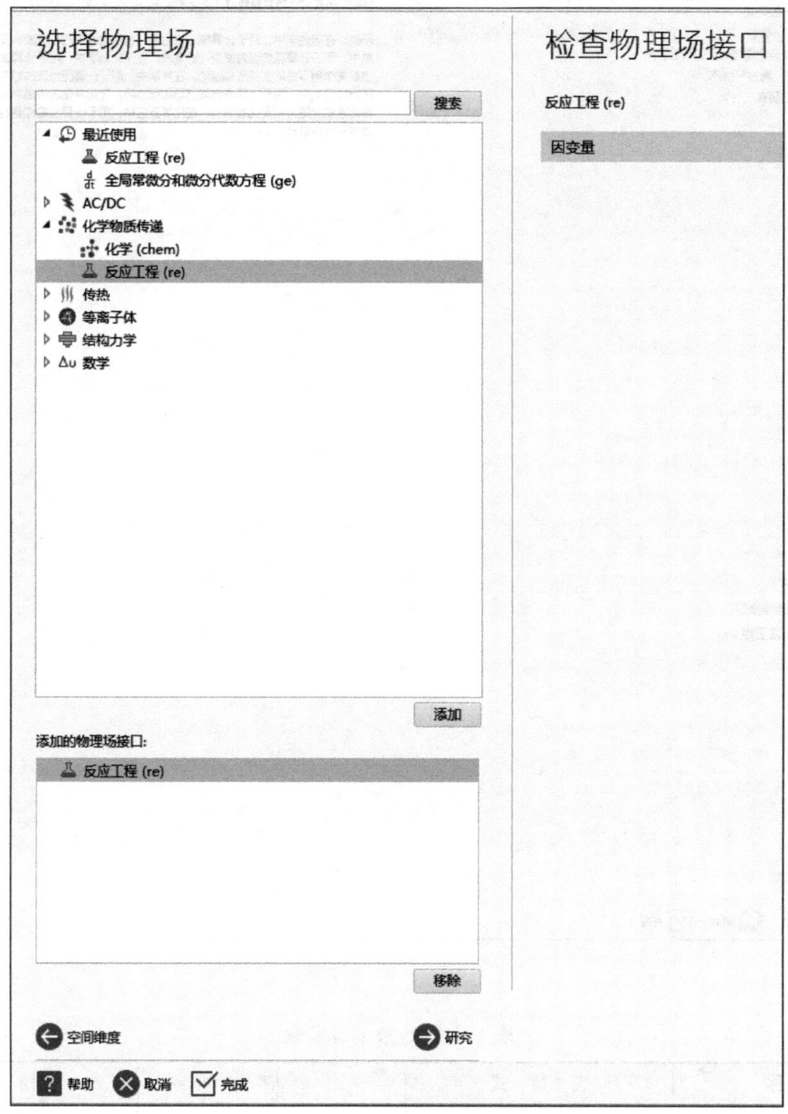

图 10-1　物理场设置

2. 全局定义

(1) 参数 1 设置

在模型开发器窗口的**全局定义**节点下，单击**参数 1**，在参数设置窗口键入参数表，如表 10-1 和图 10-3 所示。

(2) 热力学系统设置

右键单击**全局定义**，点选全局定义→热力学→热力学系统→选择液体→数据库选择 COMSOL，物质选择 water（7732-185，H_2O），热力学模型选择 Water（IAPWS）进行添加，如图 10-4 所示。

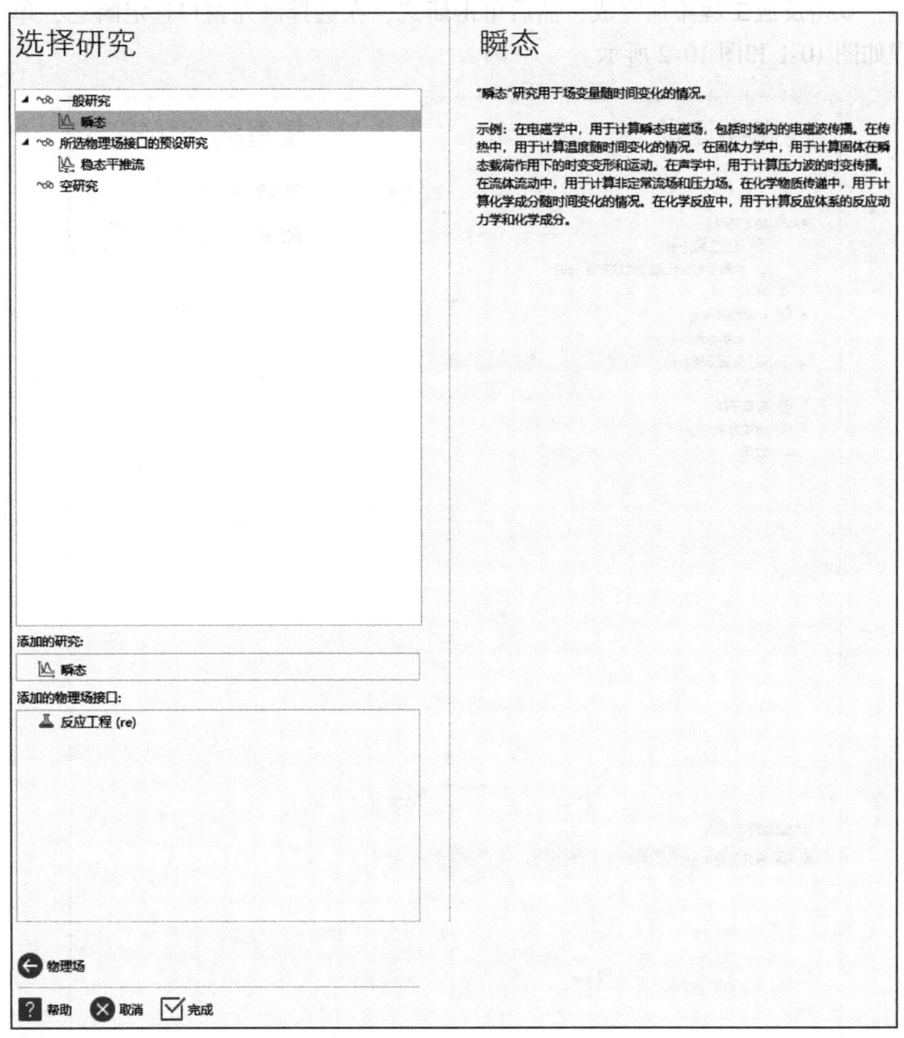

图 10-2　研究设置

表 10-1　参数 1 设置表

名　称	表 达 式	值	描　述
DeltaT	55 [K]	55K	温度差分
Tc	45 [degC]	318.15K	低温
Th	Tc+DeltaT	373.15K	高温
HD_ratio	1	1	比率
H	3 [mm]	0.003m	微通道高度
D	H/HD_ratio	0.003m	微通道的深度
rho	1000 [kg/m^3]	$1000kg/m^3$	密度
Diff	1e-7 [cm^2/s]	$1\times10^{-11}m^2/s$	扩散率
TD	95 [degC]	368.15K	变性温度

（续）

名 称	表 达 式	值	描 述
TA	55［degC］	328. 15K	退火温度
TE	72［degC］	345. 15K	延伸温度
T _ init	TD	368. 15K	初始温度

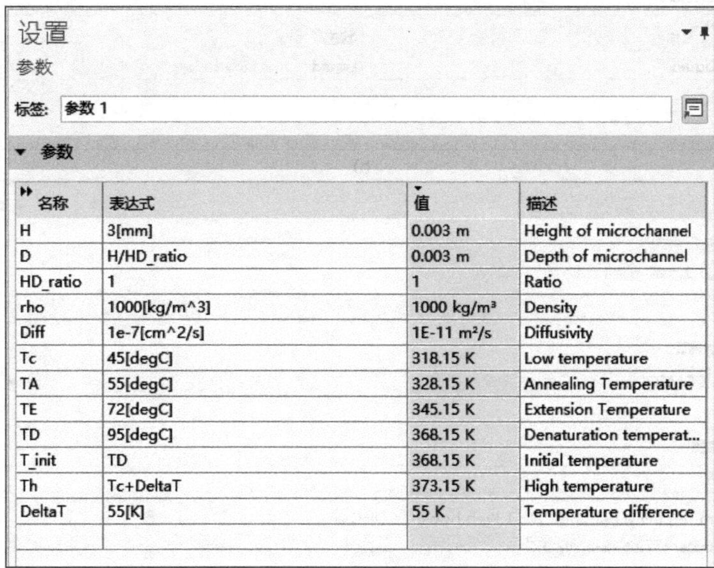

名称	表达式	值	描述
H	3[mm]	0.003 m	Height of microchannel
D	H/HD_ratio	0.003 m	Depth of microchannel
HD_ratio	1	1	Ratio
rho	1000[kg/m^3]	1000 kg/m³	Density
Diff	1e-7[cm^2/s]	1E-11 m²/s	Diffusivity
Tc	45[degC]	318.15 K	Low temperature
TA	55[degC]	328.15 K	Annealing Temperature
TE	72[degC]	345.15 K	Extension Temperature
TD	95[degC]	368.15 K	Denaturation temperat...
T_init	TD	368.15 K	Initial temperature
Th	Tc+DeltaT	373.15 K	High temperature
DeltaT	55[K]	55 K	Temperature difference

图 10-3 参数 1 设置

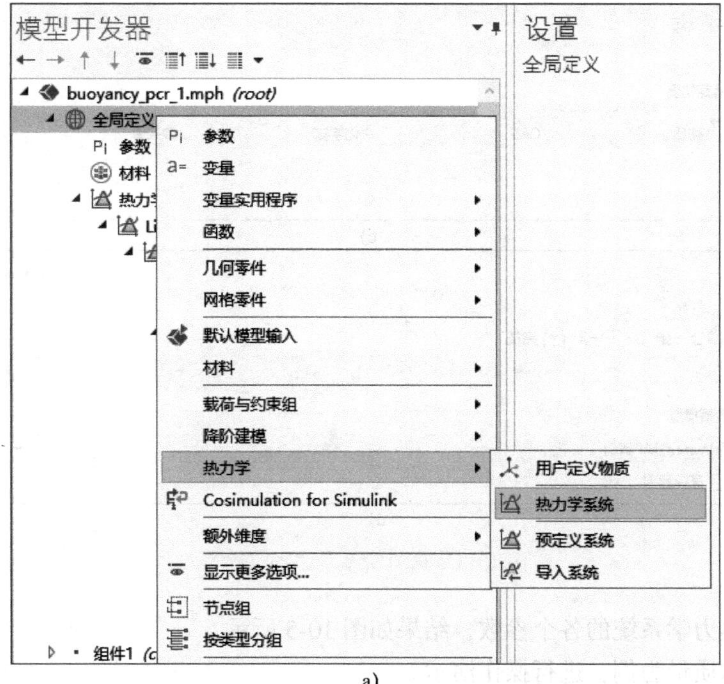

a)

图 10-4 热力学系统添加

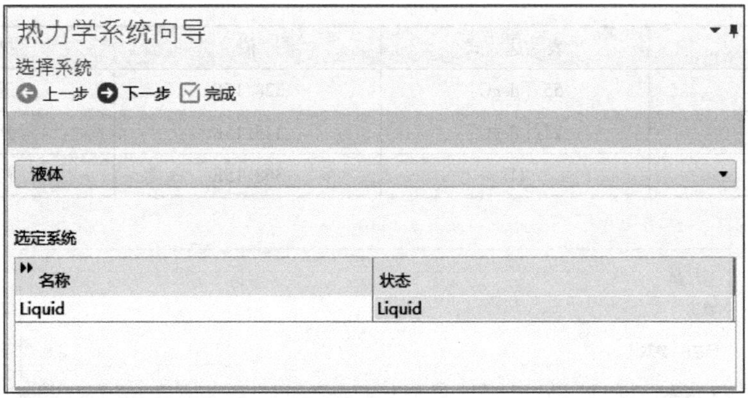

热力学系统向导
选择系统
上一步 下一步 完成
液体
选定系统

名称	状态
Liquid	Liquid

b)

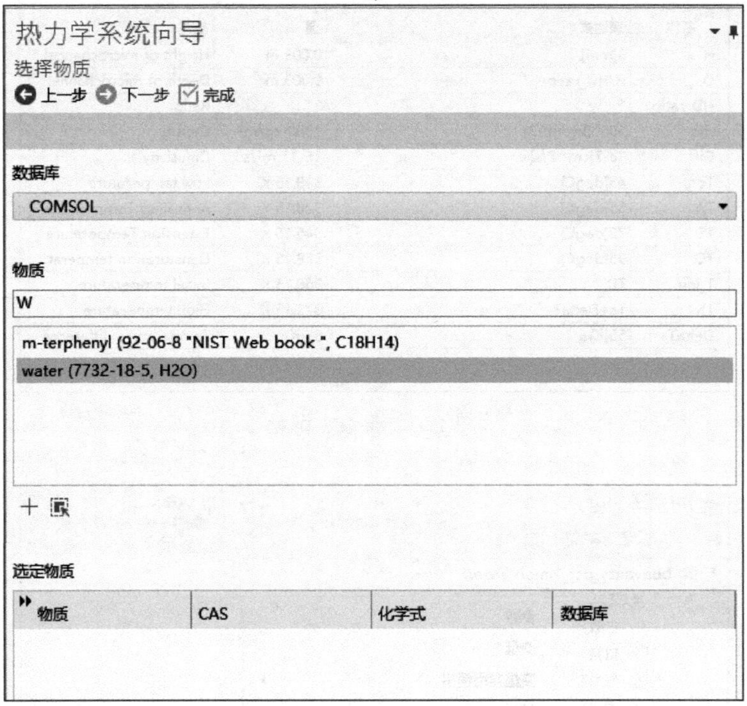

热力学系统向导
选择物质
上一步 下一步 完成
数据库
COMSOL
物质
W
m-terphenyl (92-06-8 "NIST Web book ", C18H14)
water (7732-18-5, H2O)
选定物质

物质	CAS	化学式	数据库

c)

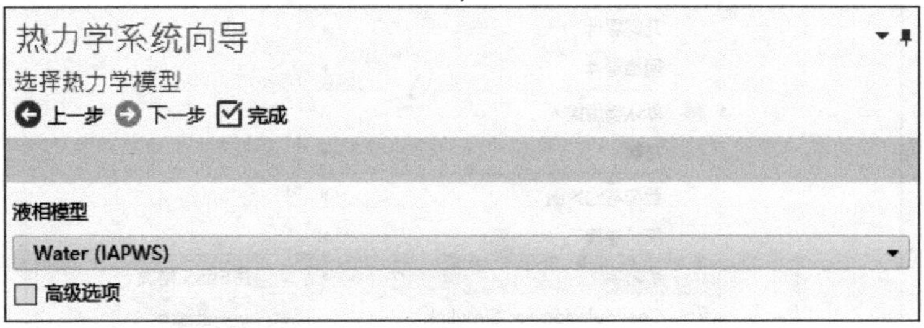

热力学系统向导
选择热力学模型
上一步 下一步 完成
液相模型
Water (IAPWS)
高级选项

d)

图 10-4　热力学系统添加（续）

接着定义热力学系统的各个参数，结果如图 10-5 所示。

下面以摩尔质量为例，进行操作演示。

右键**液体系统**，单击**物质属性**，在物质属性向导窗口选择并双击**摩尔质量**，单击**下一步**，选择并双击 **water**，继续单击**下一步**，单击**完成**按钮，如图 10-6 所示。

3. 反应工程（RE）设置

在**组件 1** 节点下，右键单击**反应工程**并点选**反应**，在反应窗口的**反应式**文本框内键入反应式：dsDNA ⟶2ssDNA，单击**应用**，结果如图 10-7 所示。

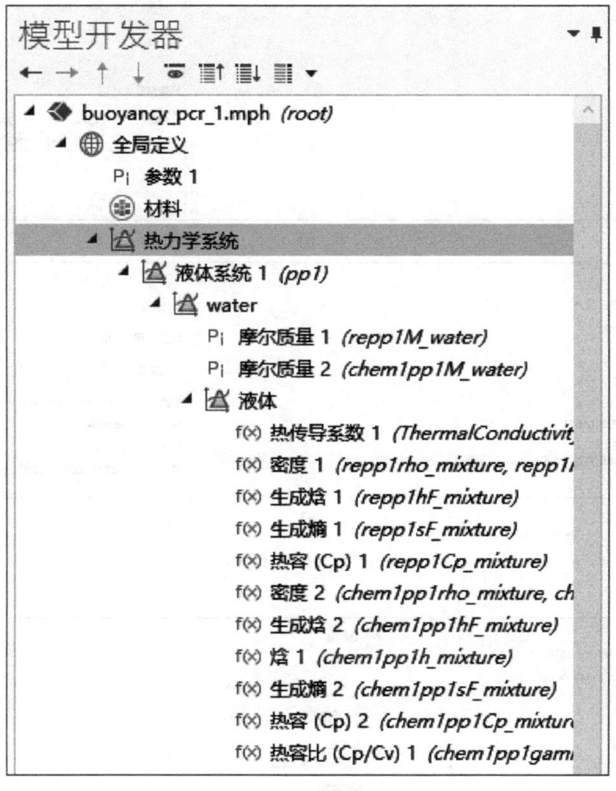

图 10-5　物质属性函数添加

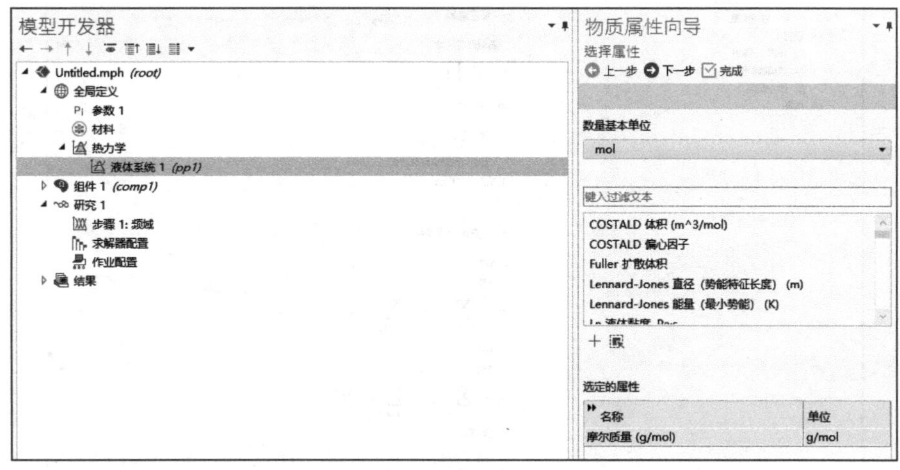

a)

图 10-6　摩尔质量函数添加

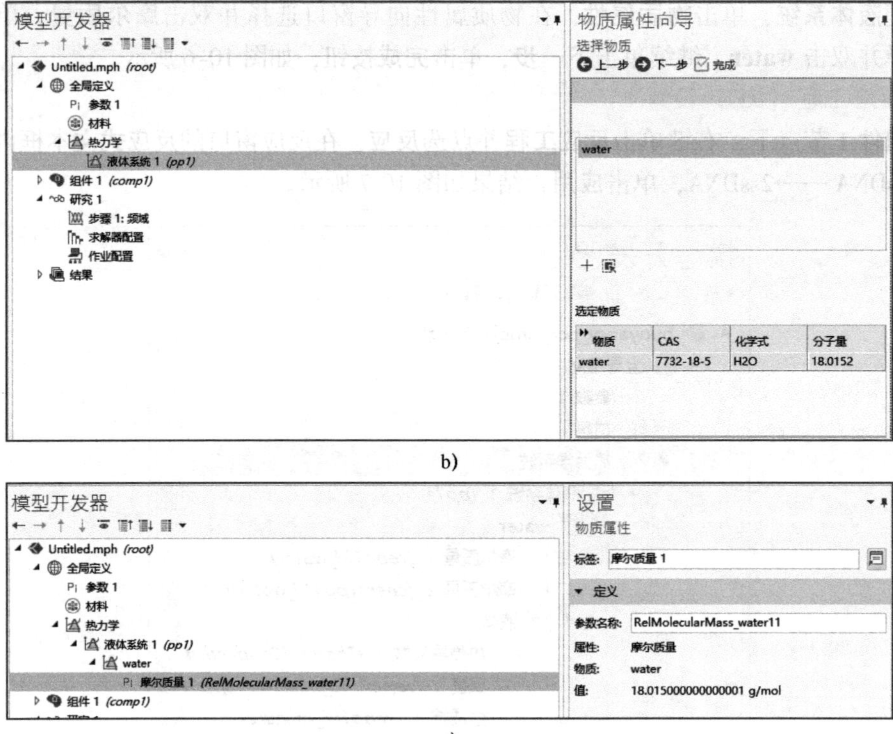

图 10-6　摩尔质量函数添加（续）

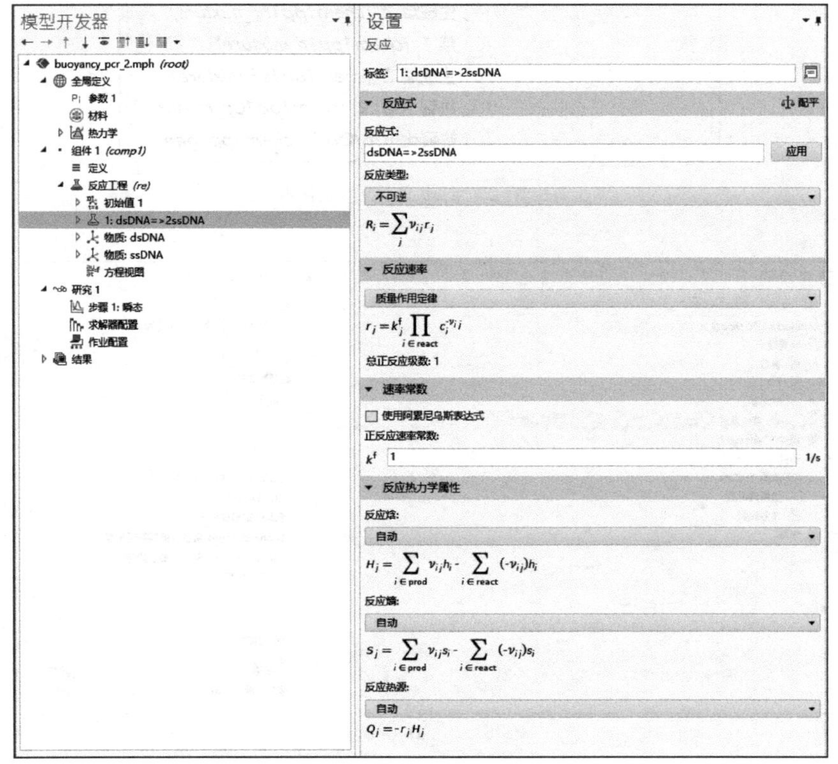

图 10-7　反应 1 属性初步设置

接着反应热源改为**用户定义**，Q 文本框键入 **0**；将反应速率改为**用户定义**，并在正反应速率常数 k^f 文本框键入：5.564[1/s]*exp(-((T_init-TD)^2)[1/K][1/K]/(2*(1)^2))，结果如图 10-8 所示。

接着用相同的方法添加反应 2 和反应 3，结果如图 10-9 和图 10-10 所示。

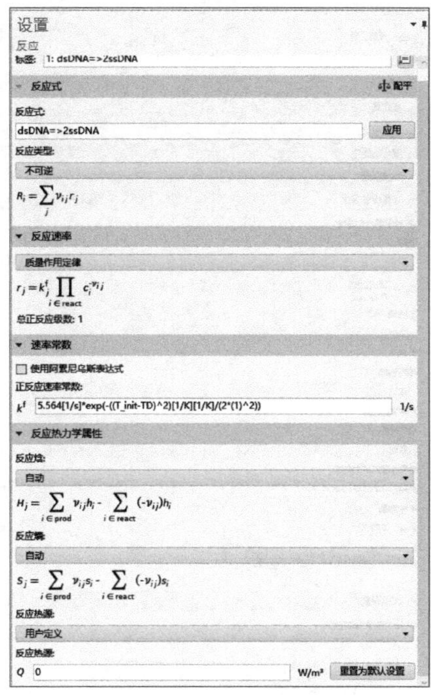

图 10-8 反应 1 属性最终设置

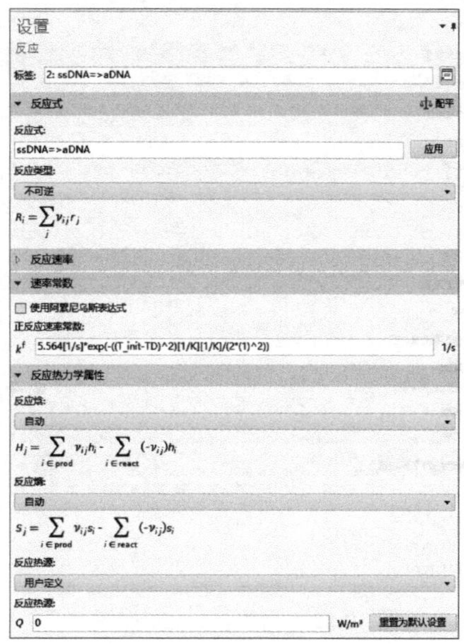

图 10-9 反应 2 属性最终设置

单击**反应工程**节点下**初始值 1**，将体物质以及初始温度设置如图 10-11 所示。

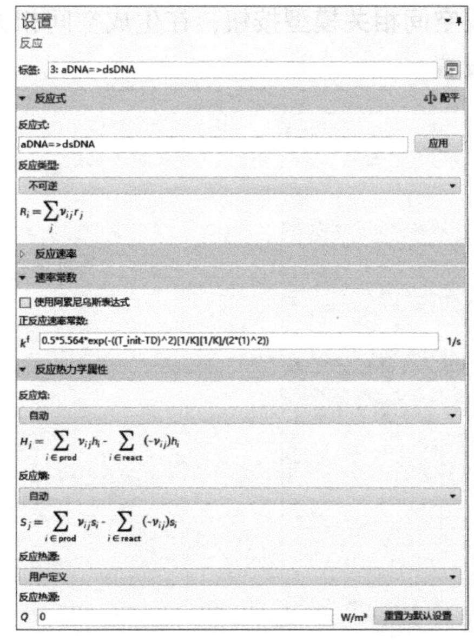

图 10-10 反应 3 属性最终设置

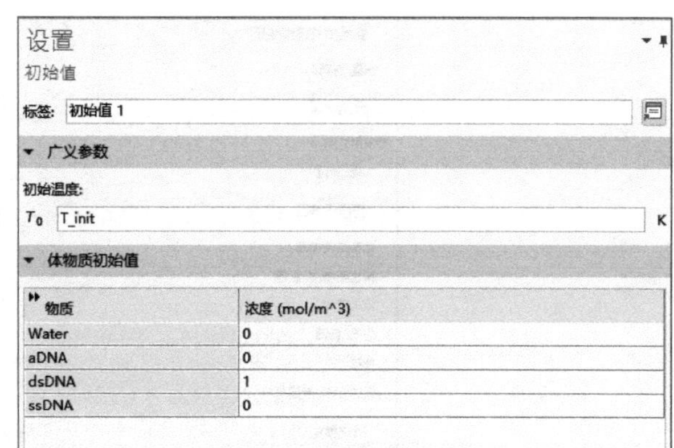

图 10-11 初始值设置

单击**反应工程**节点下**物质：Water**，在物质设置窗口进行如图 10-12 所示定义。

单击**反应工程**节点，在反应工程设置窗口将**计算混合物属性以及浓度均匀的标的**复选框选中，结果如图 10-13 所示。

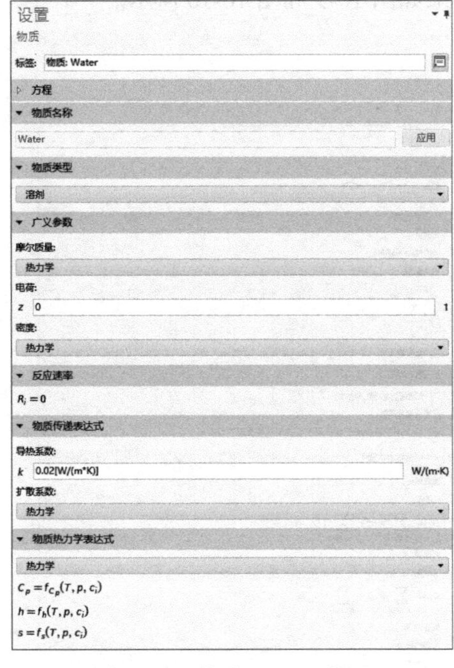

图 10-12　物质：Water 设置

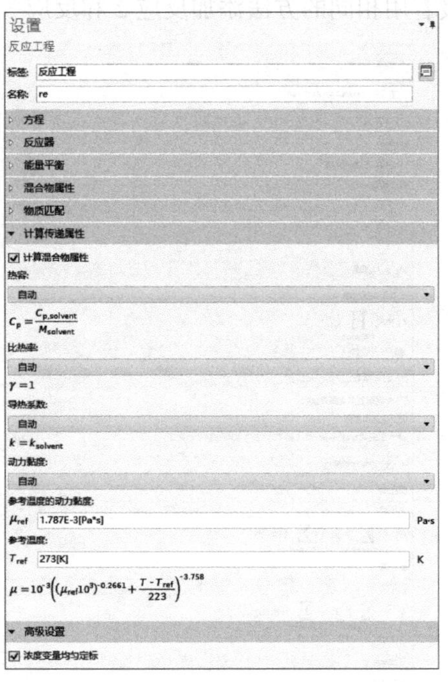

图 10-13　反应工程设置

4. 组件 2（comp2）创建

（1）生成空间相关模型

单击**物质：Water**，并在反应工程工具栏单击**生成空间相关模型**按钮，在生成空间相关模型设置窗口中，将分量设置栏进行如图 10-14 所示设置。

图 10-14　生成空间相关模型属性设置

最后单击**创建/刷新**按钮，我们创建了组件 2，结果如图 10-15 所示。

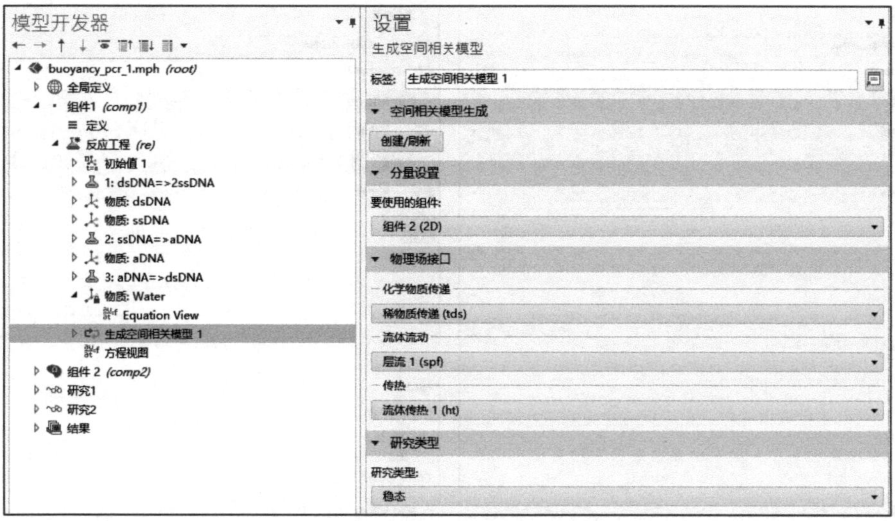

图 10-15　组件 2 生成

(2) 定义设置

在**组件 2** 节点下右键单击**定义**，并且单击变量，设置变量 1 表格如表 10-2 和图 10-16 所示。

表 10-2　变量 1

名　称	表 达 式	单　位	描　述
av _ ds	aveop1 (cdsDNA)	mol/m^3	—
av _ a	aveop1 (caDNA)	mol/m^3	—
av _ ss	aveop1 (cssDNA)	mol/m^3	—

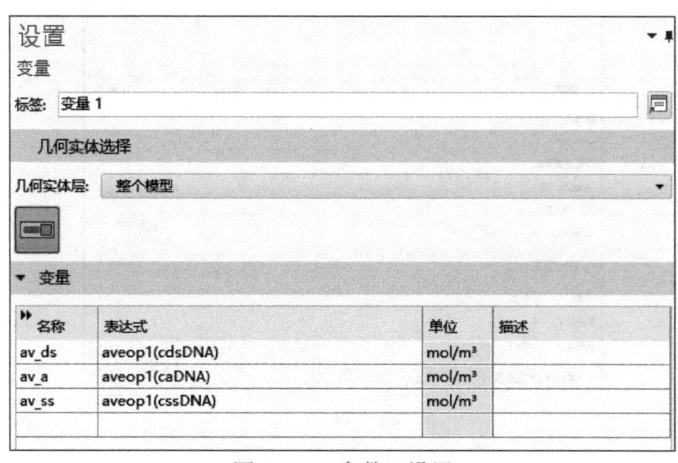

图 10-16　参数 1 设置

在**组件 2** 节点下右键单击**定义**，并且单击**域探针**，依次添加 3 个域探针，设置结果如图 10-17 所示。

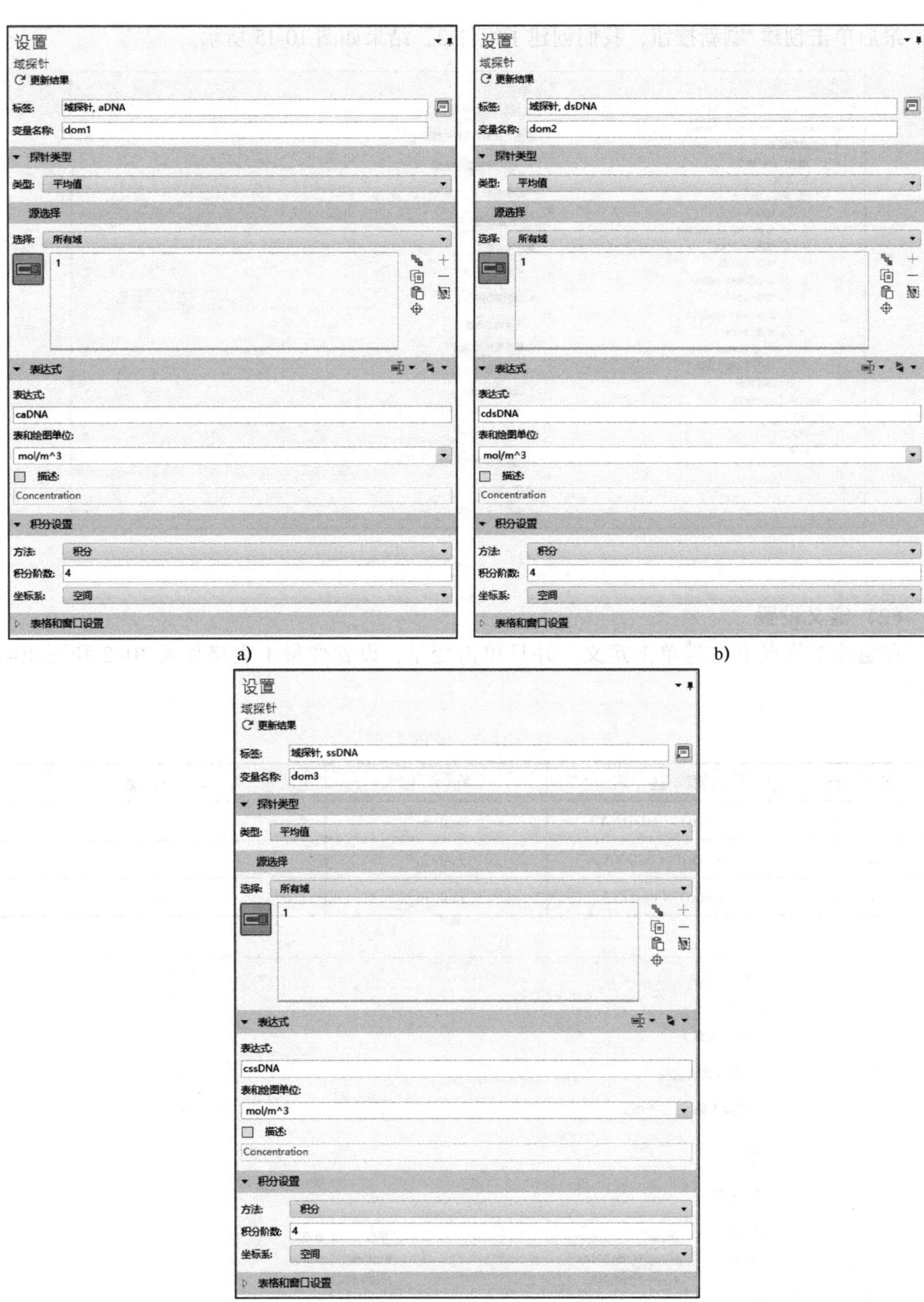

图 10-17　域探针设置

(3) 几何 1 设置

在组件 2 节点下，创建几何模型，设置过程如图 10-18 所示。

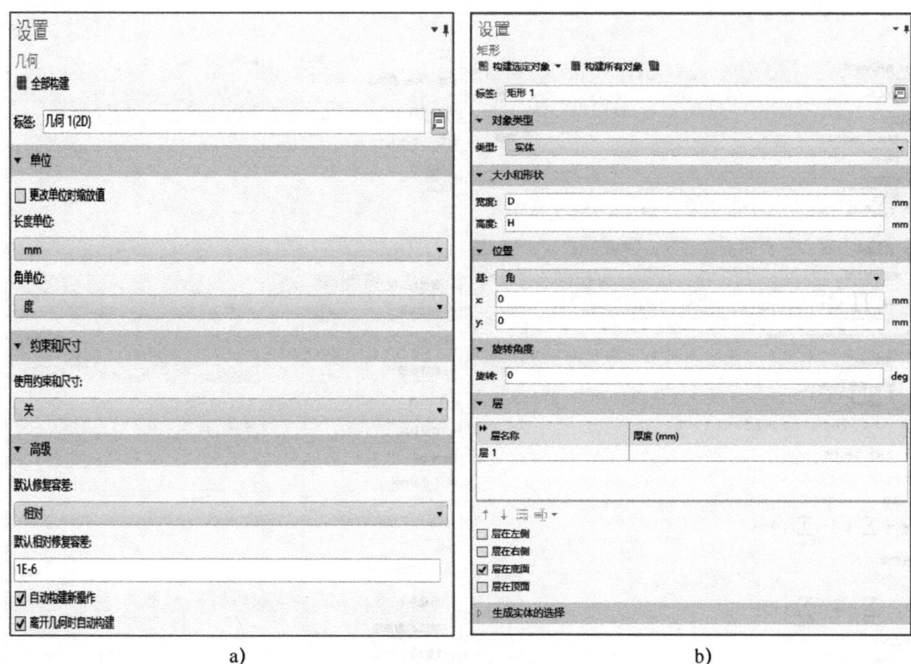

图 10-18　几何设置

单击**构建选定对象**，结果如图 10-19 所示。

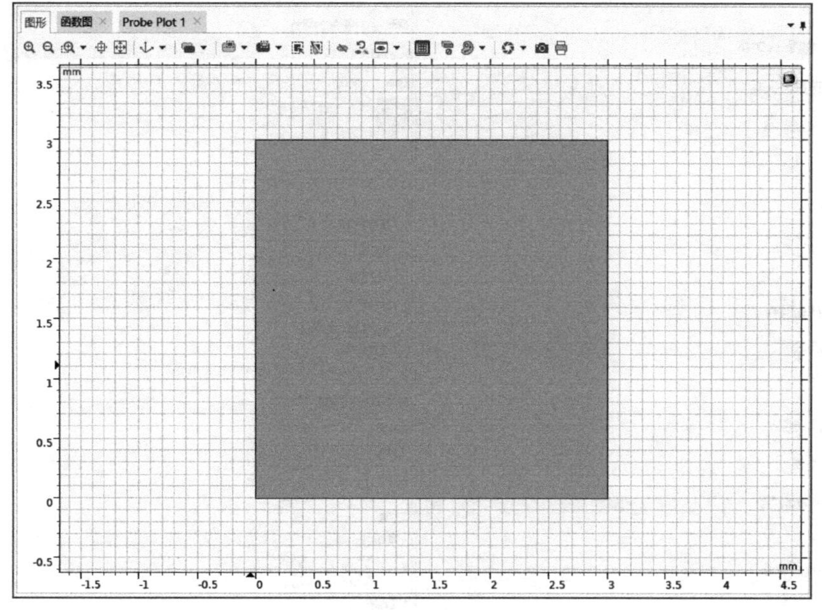

图 10-19　几何绘制

（4）化学 1 设置

在组件 2 下，单击**化学 1**，分别设置物质。反应 1，物质：dsDNA、ssDNA；反应 2，物质：aDNA；反应 3，物质：Water 等。化学 1 属性设置如图 10-20 所示。

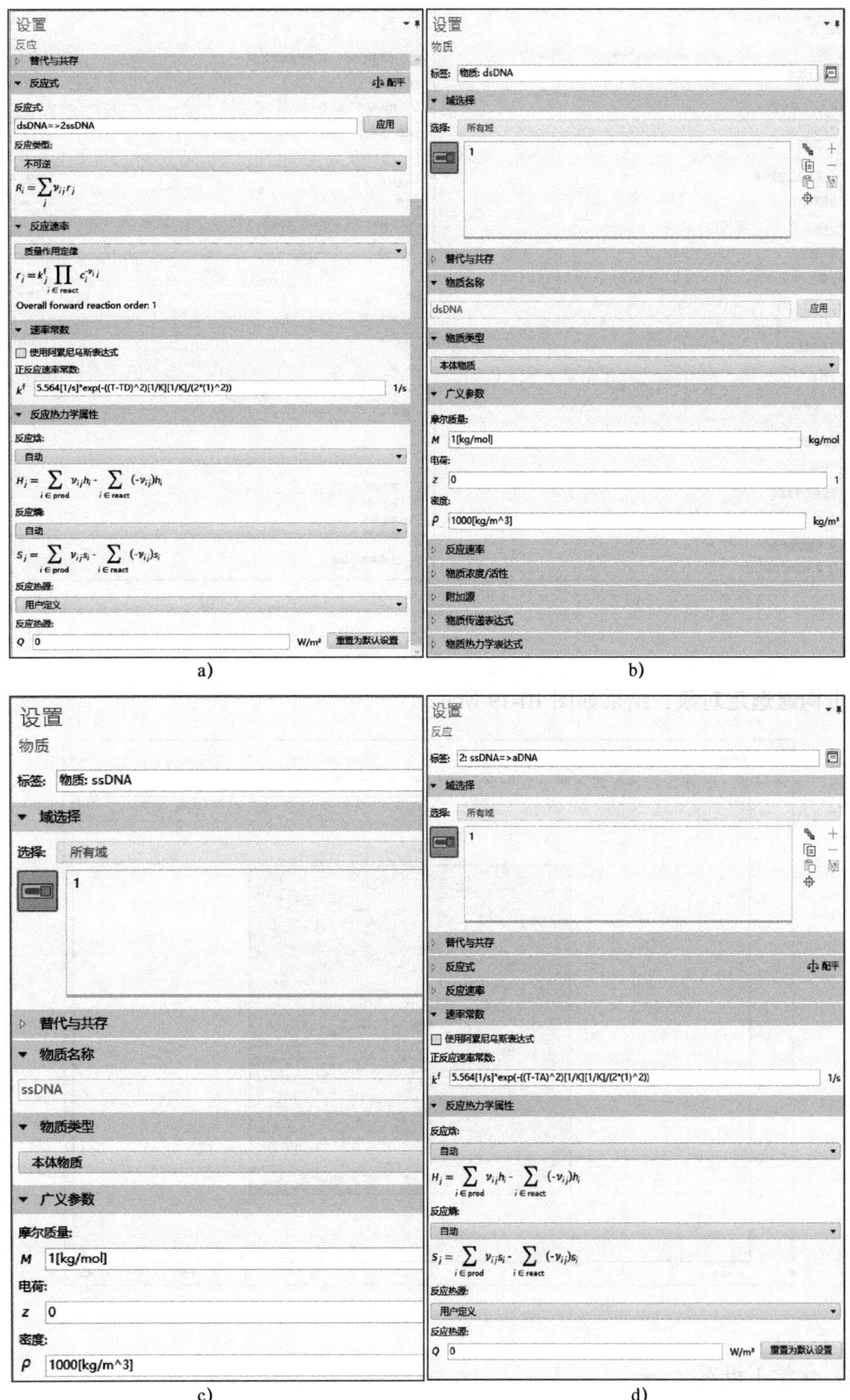

a) b)

c) d)

图 10-20 化学 1 属性设置

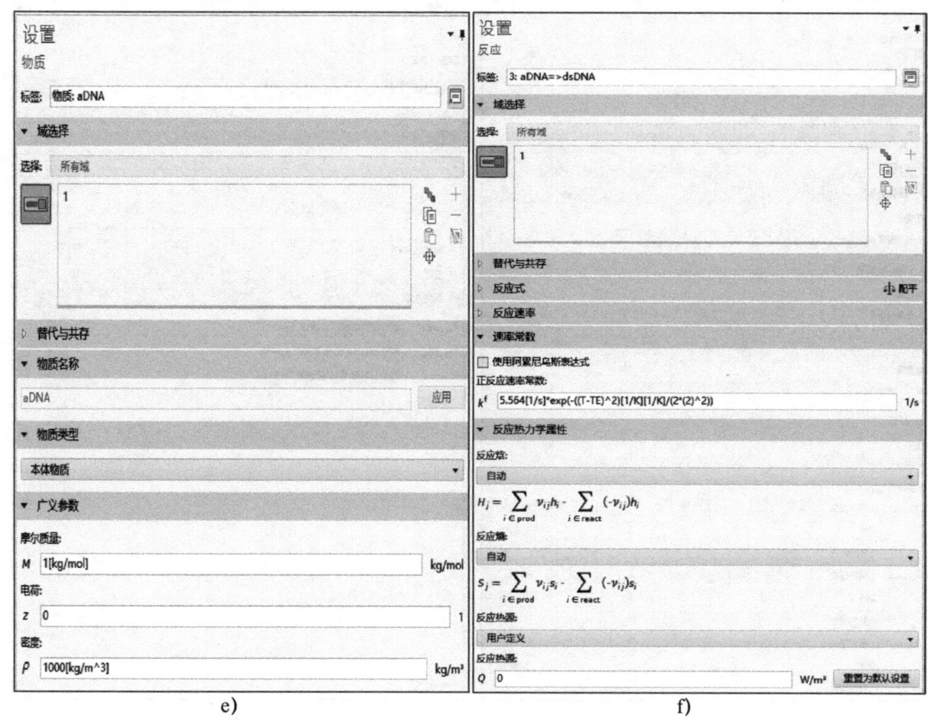

图 10-20　化学 1 属性设置（续）

（5）稀物质传递（tcs）设置

在组件 2 下，单击**稀物质传递**，在稀物质传递设置窗口，定位到传递机理栏，并选中“**对流**”复选框，结果如图 10-21 所示。

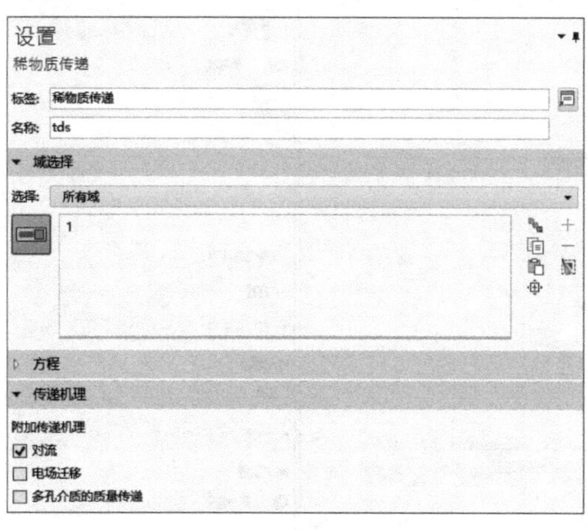

图 10-21　稀物质传递设置

接着设置传递属性 1、反应 1 等，具体过程如图 10-22 所示。

（6）流体传热（ht）设置

在组件 2 下，单击**流体传热**节点，分别对流体 1、热源 1、温度 1、温度 2 等属性进行设置，结果如图 10-23 所示。

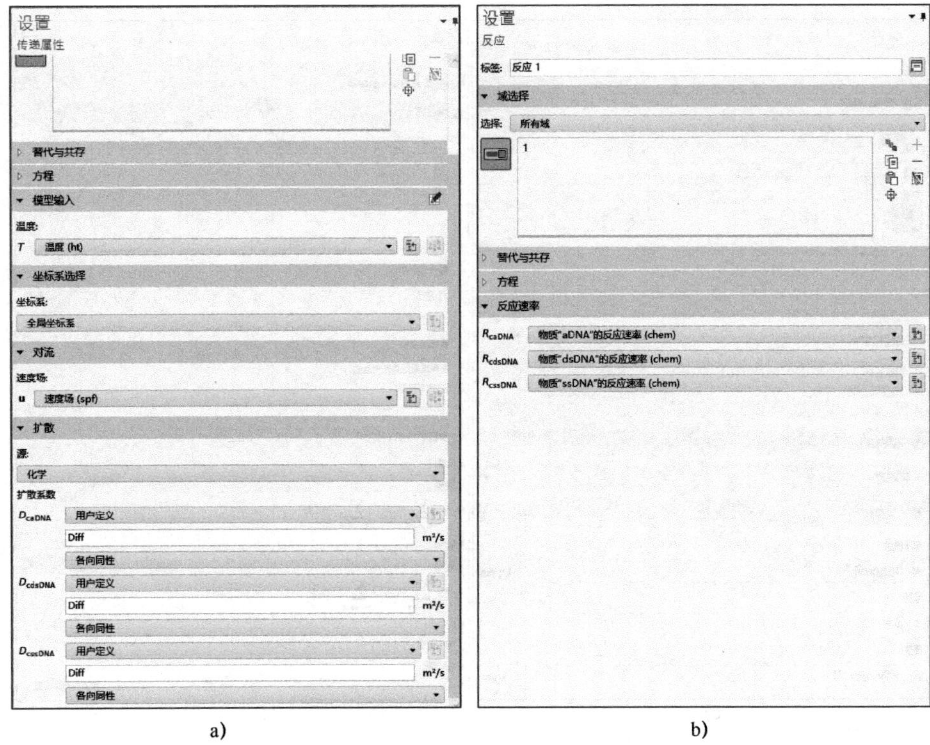

图 10-22　稀物质传递其余属性设置

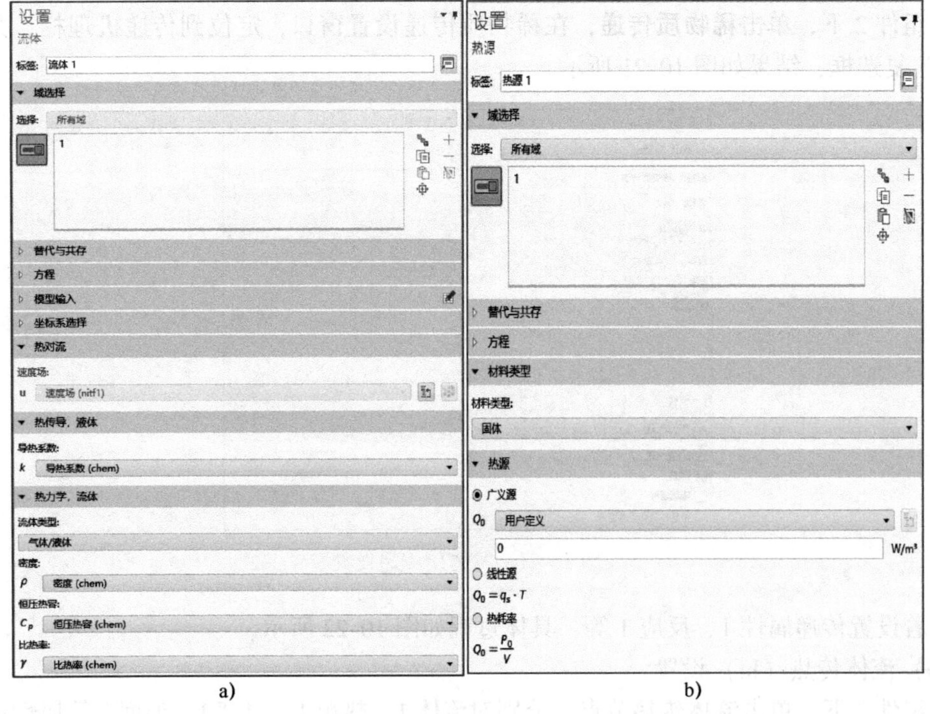

图 10-23　流体传热属性设置

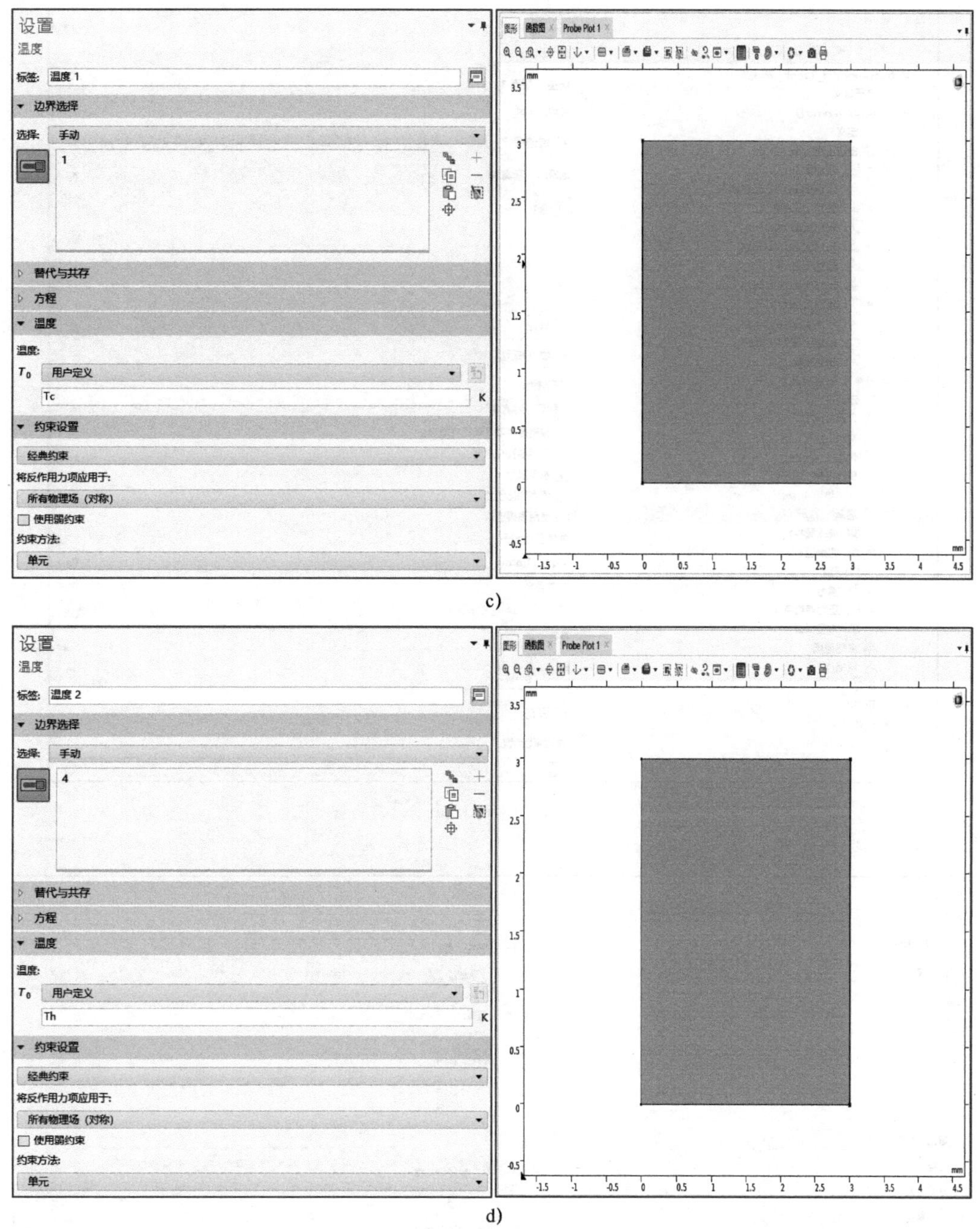

图 10-23 流体传热属性设置（续）

(7) 层流 1（spf）设置

在组件 2 下，单击**层流 1**，在层流设置窗口找到物理模型栏，并选中复选框**包含重力**，设置结果如图 10-24 所示。

接着分别对流体属性 1、流体和基本属性 1、壁 1、重力 1、压力点约束 1 等属性进行设置，结果如图 10-25 所示。

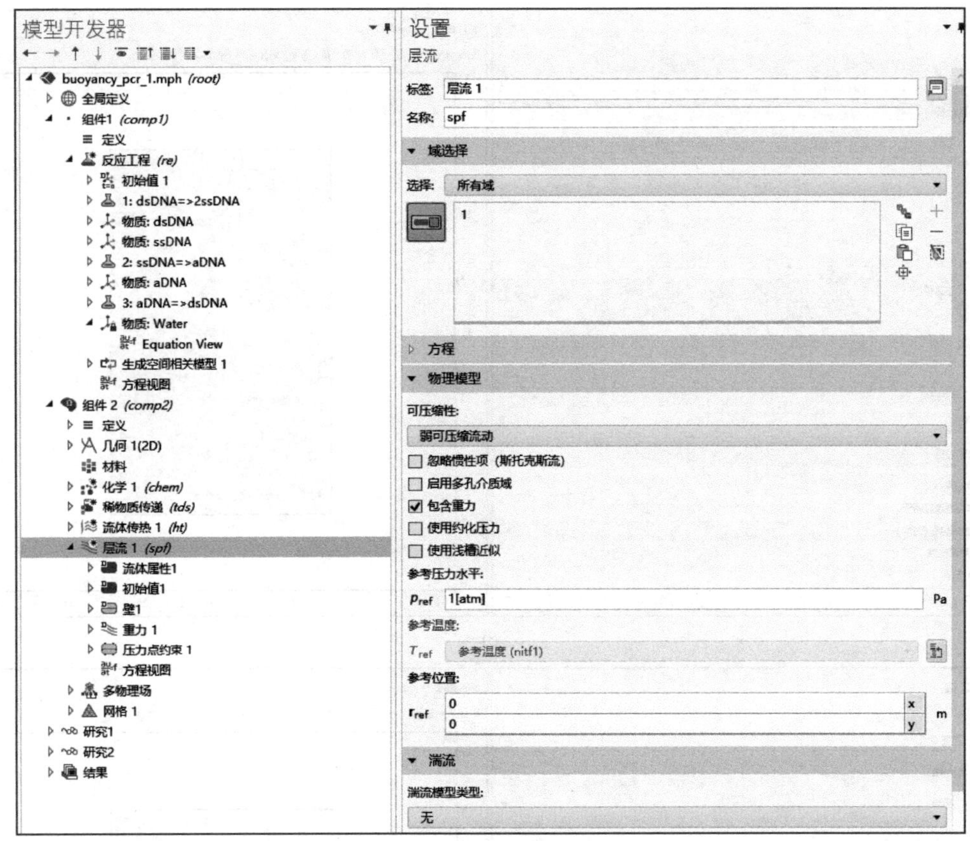

图 10-24　层流 1 属性设置

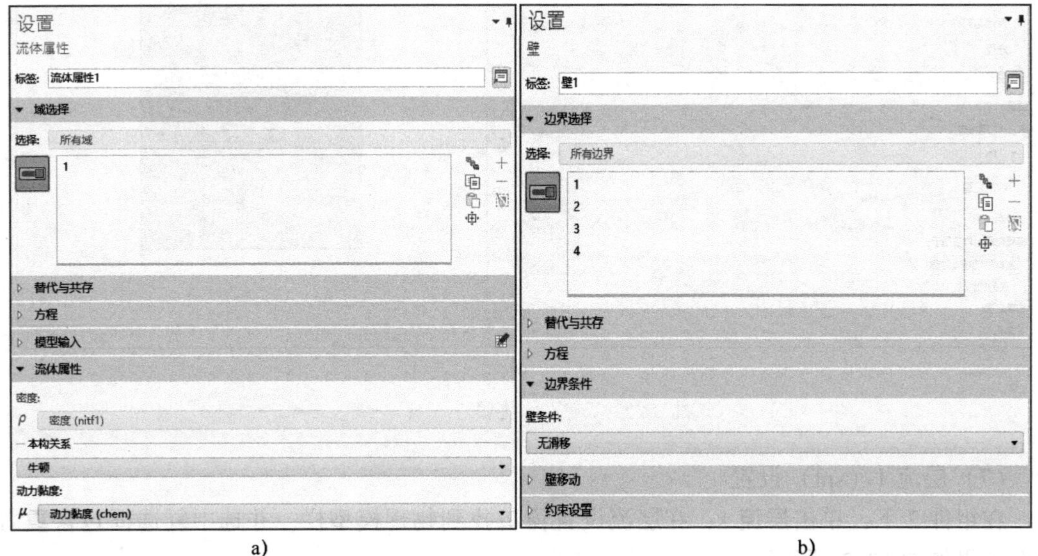

a)　　　　　　　　　　　　　　　　　　b)

图 10-25　层流其余属性设置

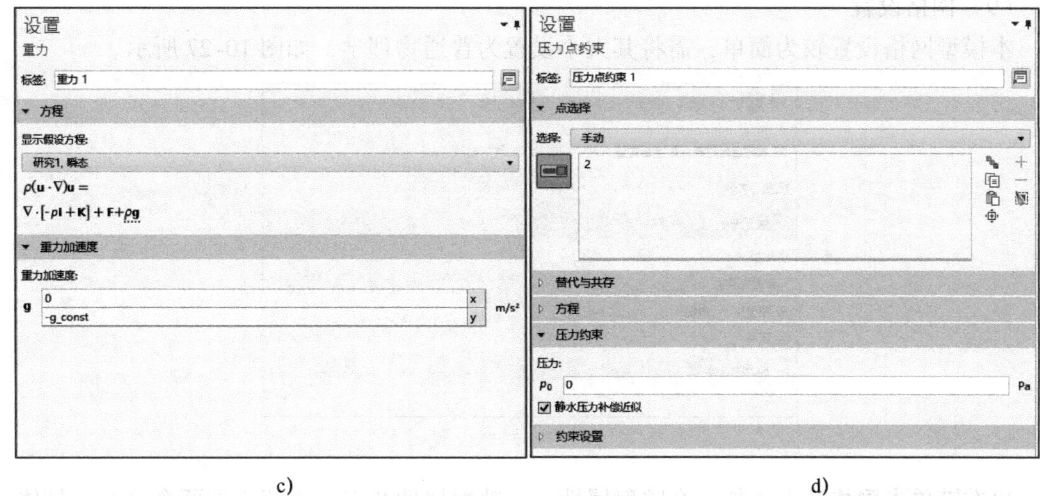

c)　　　　d)

图 10-25　层流其余属性设置（续）

（8）多物理场设置

在组件 2 下，单击并展开**多物理场**节点，然后单击**非等温流动 1**，对其进行设置，设置结果如图 10-26 所示。

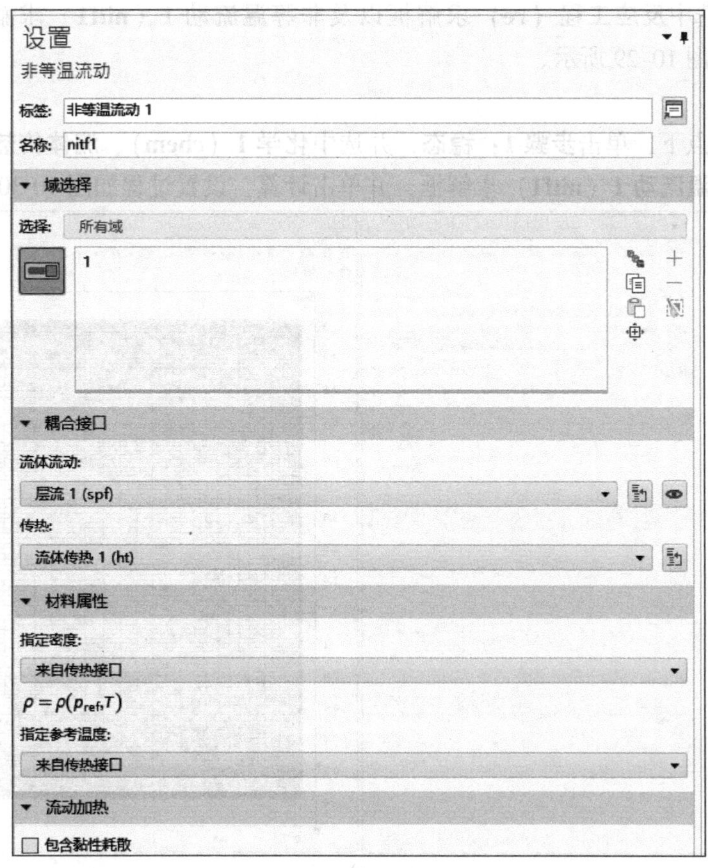

图 10-26　多物理场设置

(9) 网格设置

本模型网格设置较为简单，需将其大小设置为普通物理学，如图 10-27 所示。

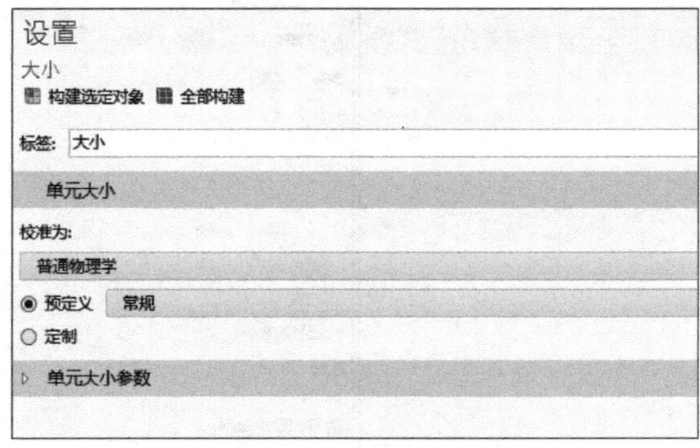

图 10-27 网格设置

再右键单击**网格**节点添加一个映射属性，在映射属性节点下连续添加两个分布，具体设置过程如图 10-28 所示。

5. 研究设置

(1) 研究 1

在**研究 1** 节点下，单击**步骤 1：瞬态**，将研究 1 设置窗口的**输出时间**改为“range (0, 0.1, 1)”，并选中**反应工程 (re)** 求解框以及**非等温流动 1** (**nitf1**) 求解框，并单击**计算**，设置过程如图 10-29 所示。

(2) 研究 2

在**研究 2** 节点下，单击**步骤 1：稳态**，并选中**化学 1 (chem)**、**流体传热 1 (ht)**、**层流 1** (**spf**) 及**非等温流动 1** (**nitf1**) 求解框，并单击**计算**，设置过程如图 10-30 所示。

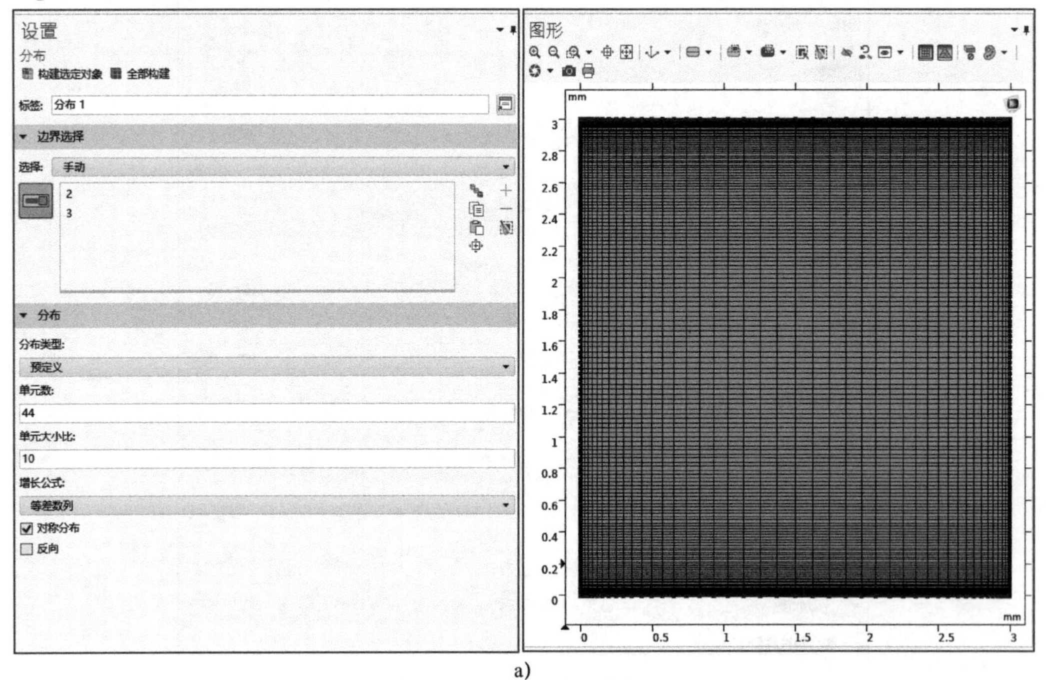

a)

图 10-28 网格分布设置

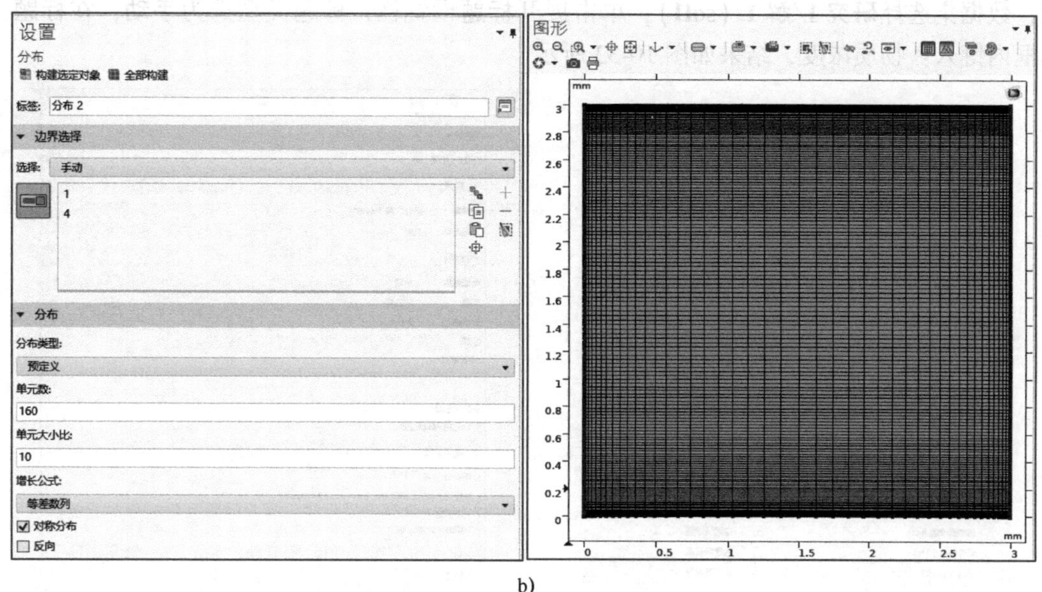

b)

图 10-28　网格分布设置（续）

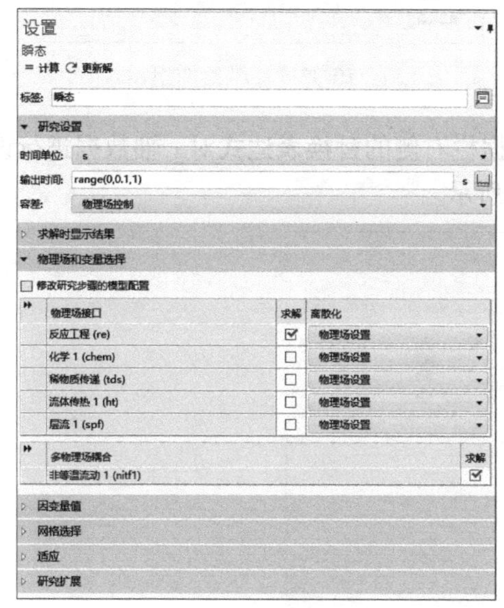

图 10-29　瞬态设置

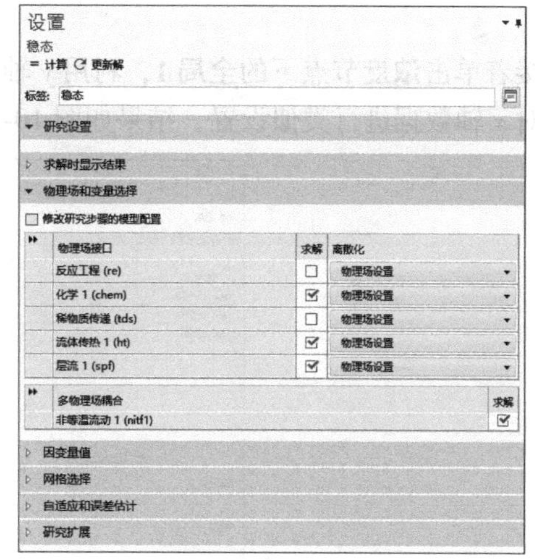

图 10-30　稳态设置

（3）研究 3

在**研究 3** 节点下，单击**步骤 1：瞬态，**将研究 1 设置窗口的**输出时间**改为“range（0，0.1，1）range（2，1，9）range（10，10，120）”，并选中**化学 1（chem）**及**稀物质传递 1（tds）**求解框，并单击**计算，**设置过程如图 10-31 所示。

6. 结果分析

（1）浓度分布图

在**结果**节点下，单击**浓度（re）**，接着在一维绘图组设置窗口内，单击展开**数据**设置栏，数据集选择**研究 1/解 1（sol1）**；单击展开**标题**设置栏，标题类型选为**手动**，在**标题**文本框内键入：物质浓度，结果如图 10-32 所示。

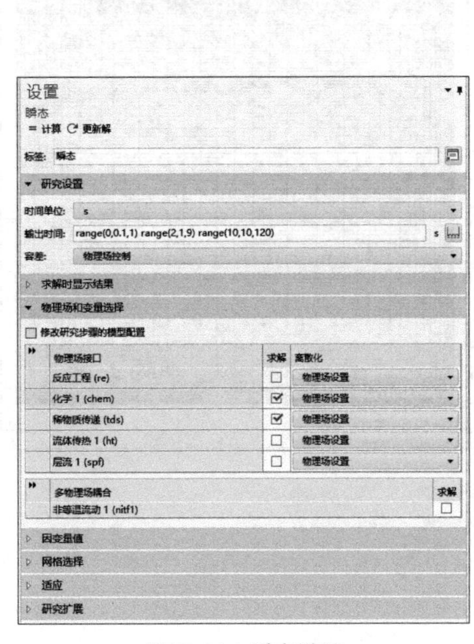

图 10-31　瞬态设置

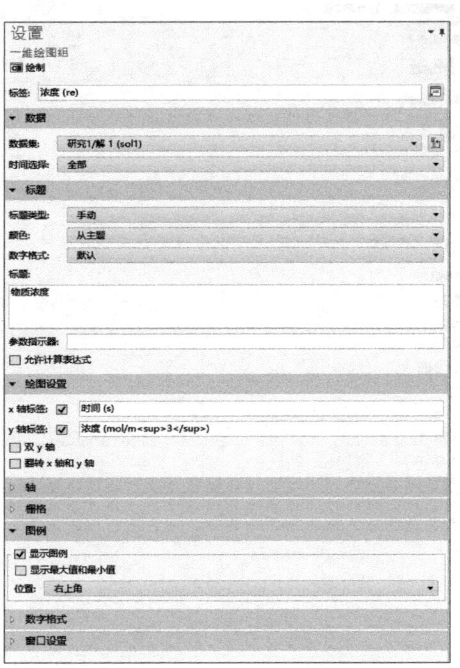

图 10-32　一维绘图组设置

接着单击**浓度**节点下的**全局 1**，**利用** y 轴数据栏右侧的**替换表达式**对 y 轴数据进行设置，接着对 x 轴数据进行类似设置，结果如图 10-33 所示。

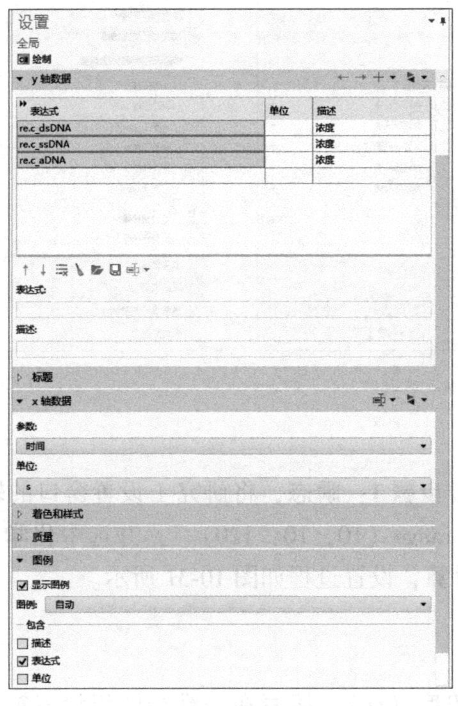

图 10-33　全局设置

设置完成后，单击**绘图**，结果如图 10-34 所示。

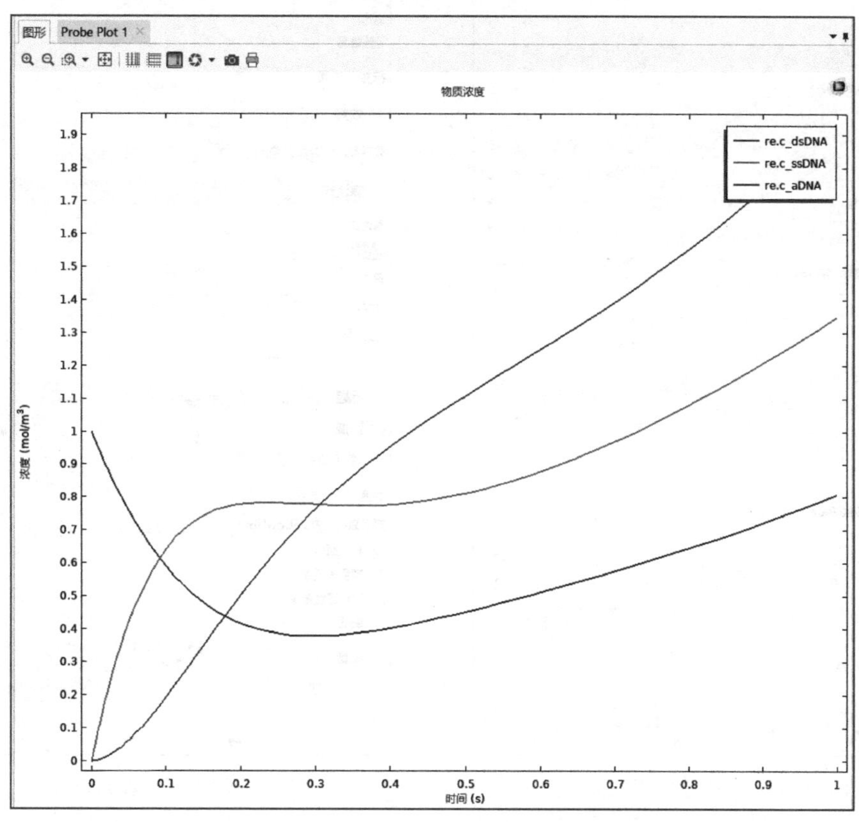

图 10-34　浓度分布图

（2）速度分布图

在**结果**节点下，单击速度（spf1），在二维绘图组设置窗口内，将标题类型选为手动，在标题文本区键入**表面：速度（m/s）等值线：温度（degC）**；并在**绘图设置**内选中**绘制数据集的边**复选框，结果如图 10-35 所示。

接着添加**表面**，右键单击**速度（spf）**并选中**表面**，在表面设置窗口将表达式改为“**spf. U**”，单位选为“m/s”，设置结果如图 10-36 所示。

使用相同的方法添加**等值线**，将其表达式改为“T”、单位为“**degC**”，设置结果如图 10-37 所示。

最后单击绘制，则得到速度分布图，如图 10-38 所示。

（3）总反应速率分布图

在**结果**节点下，单击总反应率，在二维绘图组设置窗口内，将标题类型选为手动，在标题文本区键入：**总反应速率（mol/m³/s）**；并在**绘图设置**内选中**绘制数据集的边**复选框，结果如图 10-39 所示。

接着添加**表面**，右键单击**总反应速率**并选中**表面**，在表面设置窗口将表达式改为“abs(tds. R _ caDNA)+abs(tds. R _ cdsDNA+abs(tds. R _ cssDNA))”，单位选为“mol/(m^3 * s)”，设置结果如图 10-40 所示。

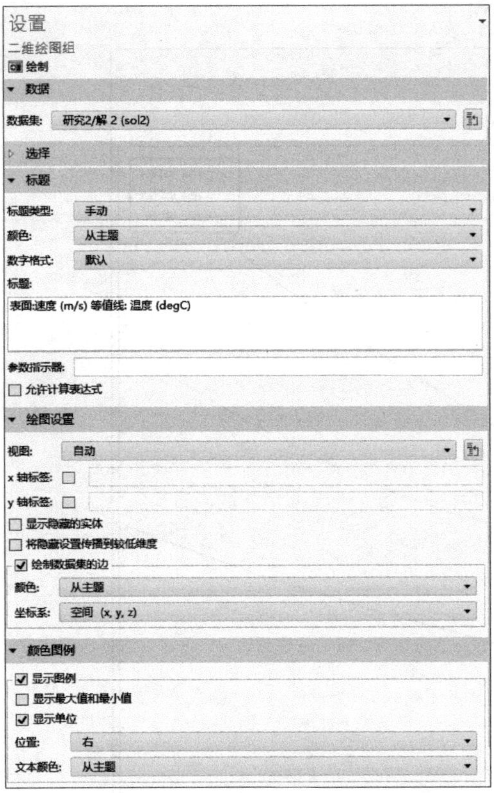

设置
二维绘图组
绘制
数据
数据集: 研究2/解 2 (sol2)
选择
标题
标题类型: 手动
颜色: 从主题
数字格式: 默认
标题:
表面:速度 (m/s) 等值线: 温度 (degC)
参数指示器:
允许计算表达式
绘图设置
视图: 自动
x 轴标签:
y 轴标签:
显示隐藏的实体
将隐藏设置传播到较低维度
绘制数据集的边
颜色: 从主题
坐标系: 空间 (x, y, z)
颜色图例
显示图例
显示最大值和最小值
显示单位
位置: 右
文本颜色: 从主题

图 10-35　二维绘图组设置

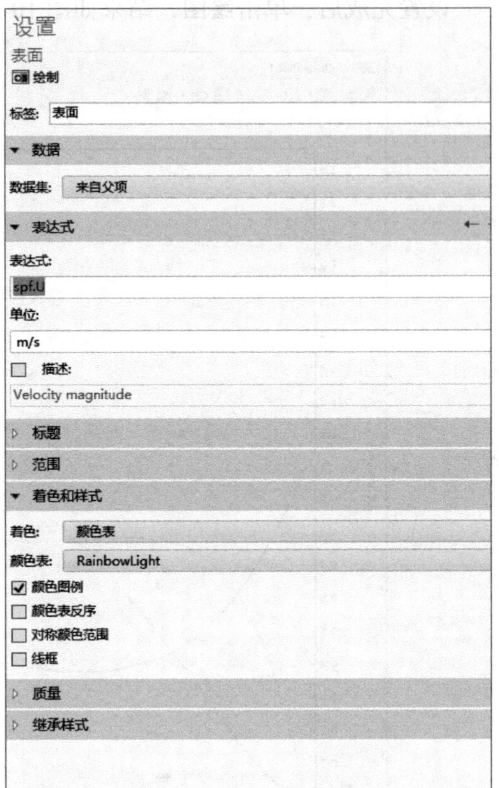

图 10-36　表面设置

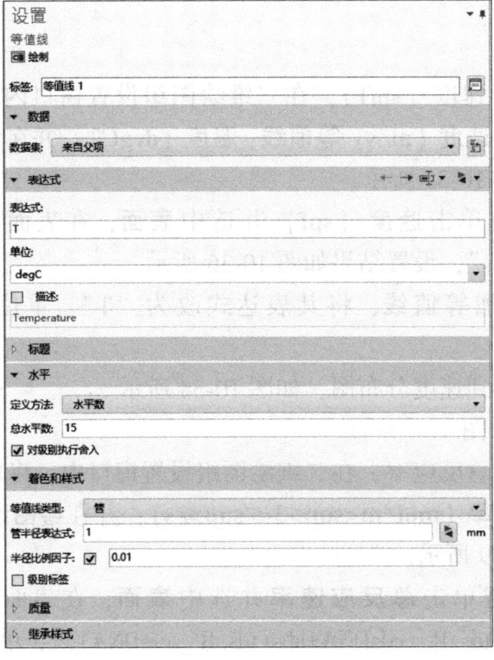

图 10-37　等值线设置

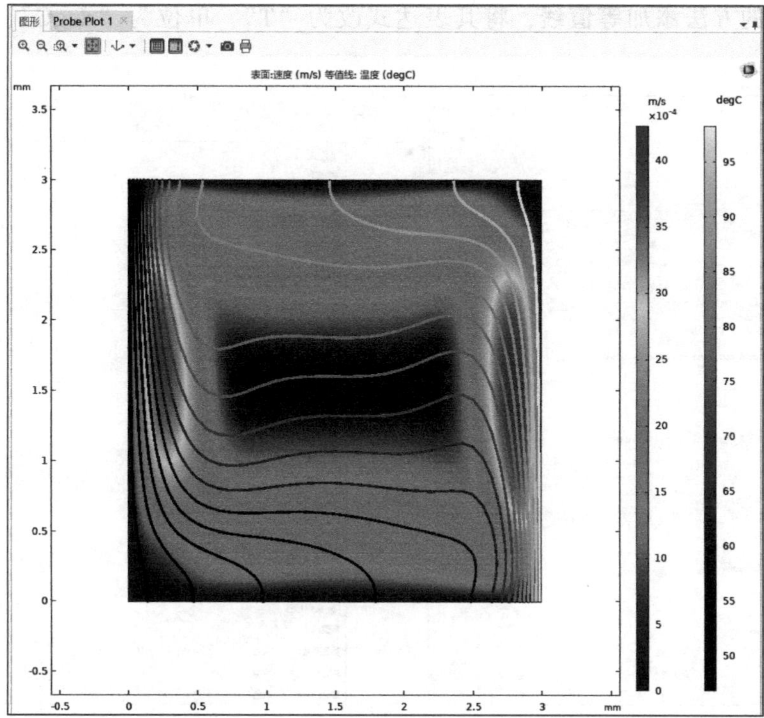

图 10-38 速度分布图

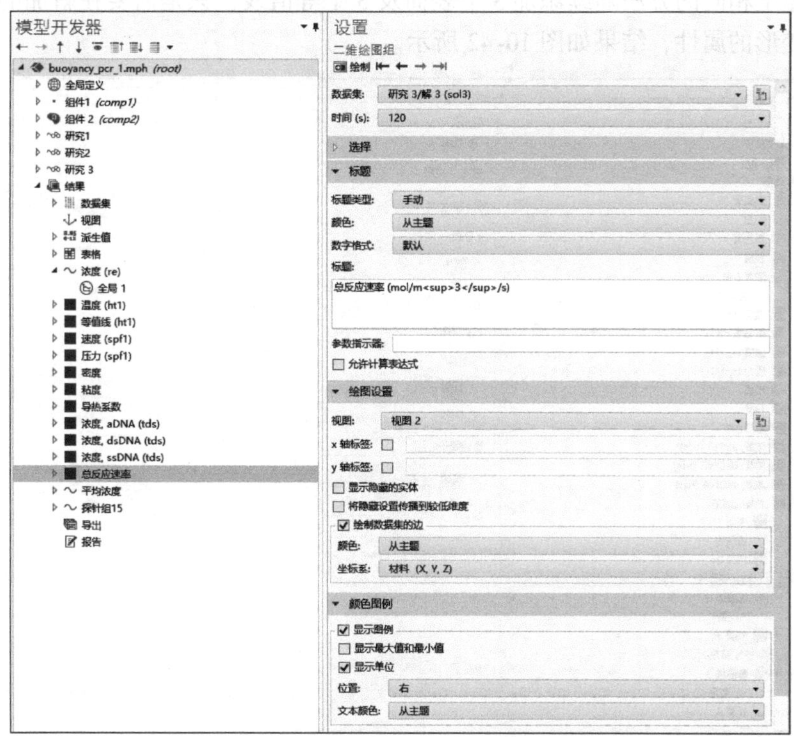

图 10-39 二维绘图组设置

使用相同的方法添加**等值线**，将其表达式改为“T”、单位为“**degC**”，设置结果如图 10-41 所示。

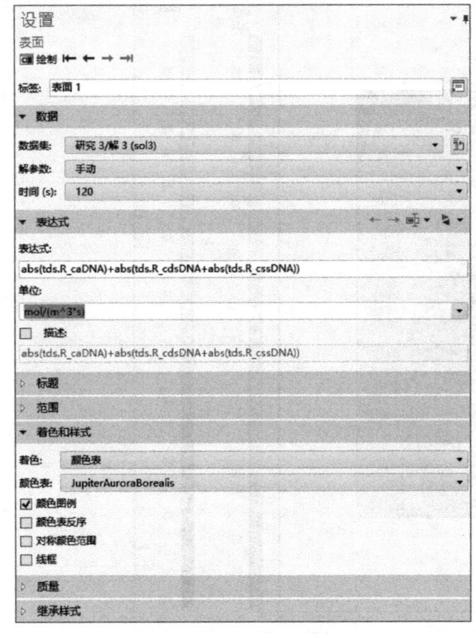

图 10-40　表面 1 设置

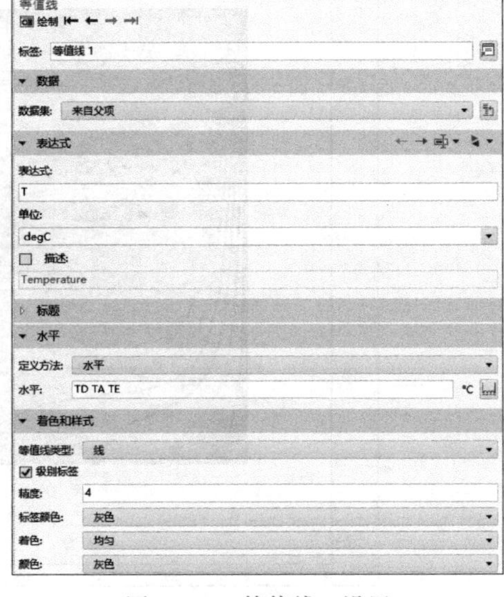

图 10-41　等值线 1 设置

接着用完全相同的方法陆续添加 3 个表面及 3 个等值线，只是需要在新加的表面以及等值线下加上变形的属性，结果如图 10-42 所示。

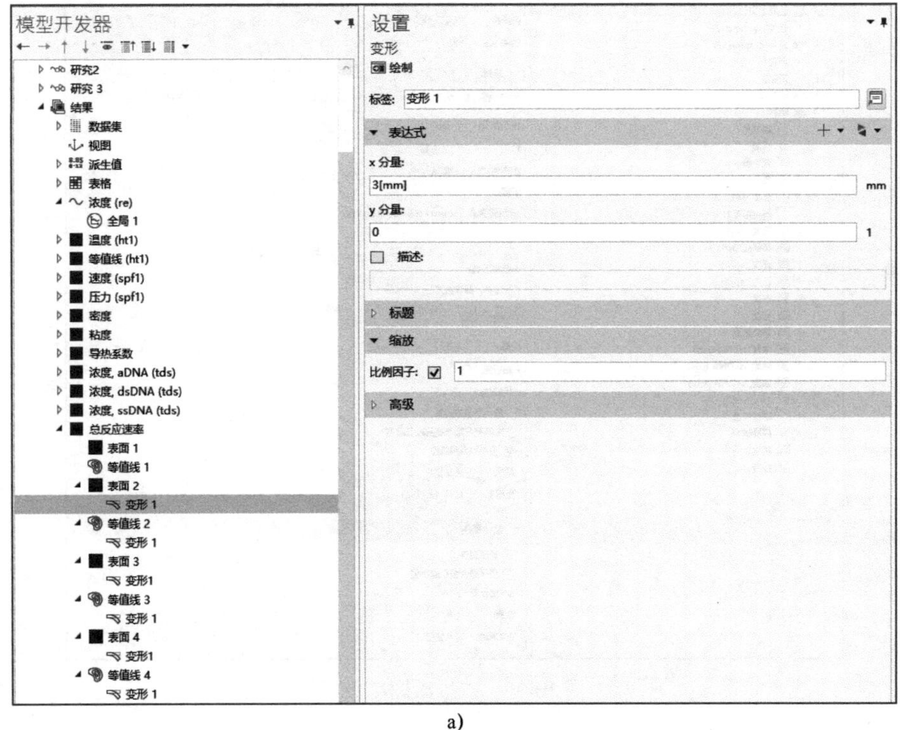

a)

图 10-42　剩余等值线及表面属性设置

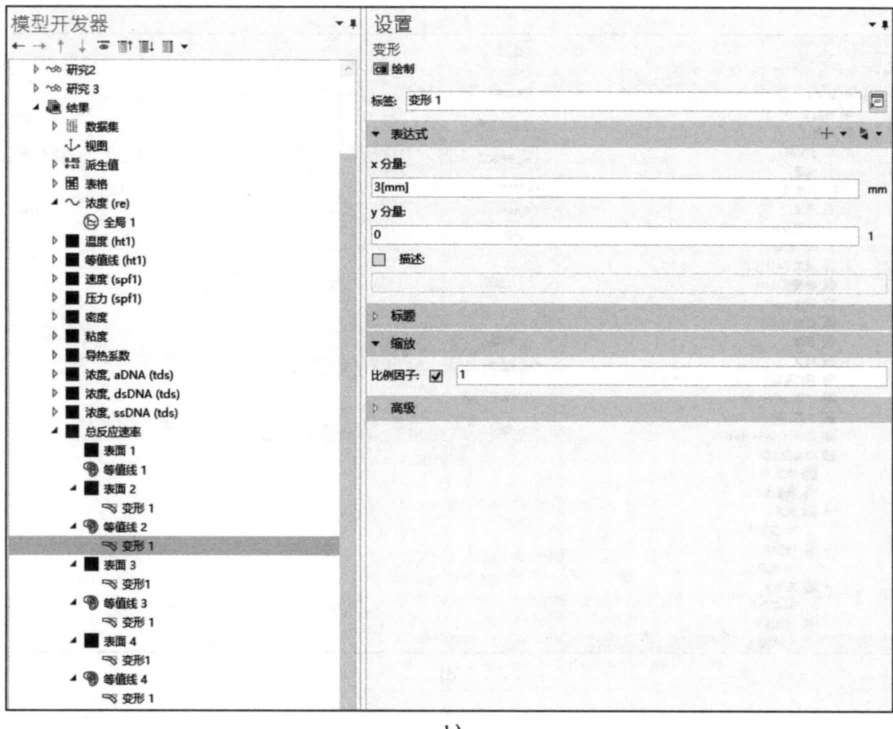

b)

模型开发器
研究2
研究 3
结果
数据集
视图
派生值
表格
浓度 (re)
全局 1
温度 (ht1)
等值线 (ht1)
速度 (spf1)
压力 (spf1)
密度
粘度
导热系数
浓度, aDNA (tds)
浓度, dsDNA (tds)
浓度, ssDNA (tds)
总反应速率
表面 1
等值线 1
表面 2
变形 1
等值线 2
变形 1
表面 3
变形1
等值线 3
变形 1
表面 4
变形1
等值线 4
变形 1
设置
变形
绘制
标签: 变形1
表达式
x 分量:
6[mm]
mm
y 分量:
0
1
描述:
标题
缩放
比例因子:
1
高级

c)

图 10-42 剩余等值线及表面属性设置（续）

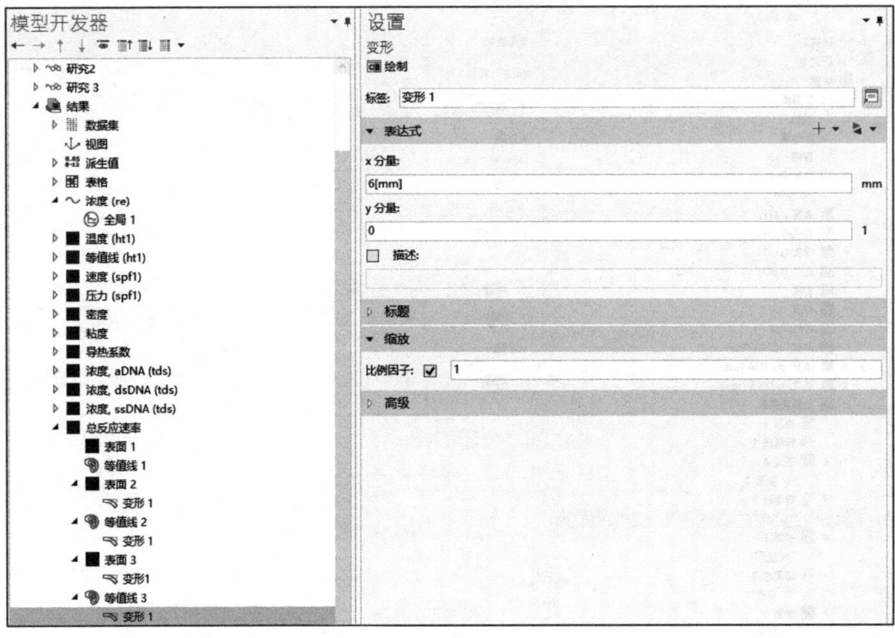

d)

模型开发器
研究2
研究 3
结果
数据集
视图
派生值
表格
浓度 (re)
全局 1
温度 (ht1)
等值线 (ht1)
速度 (spf1)
压力 (spf1)
密度
粘度
导热系数
浓度, aDNA (tds)
浓度, dsDNA (tds)
浓度, ssDNA (tds)
总反应速率
表面 1
等值线 1
表面 2
变形 1
等值线 2
变形 1
表面 3
变形1
等值线 3
变形 1
表面 4
变形1
设置
变形
绘制
标签: 变形1
表达式
x 分量:
9[mm]
mm
y 分量:
0
1
描述:
标题
缩放
比例因子:
1
高级

e)

图 10-42　剩余等值线及表面属性设置（续）

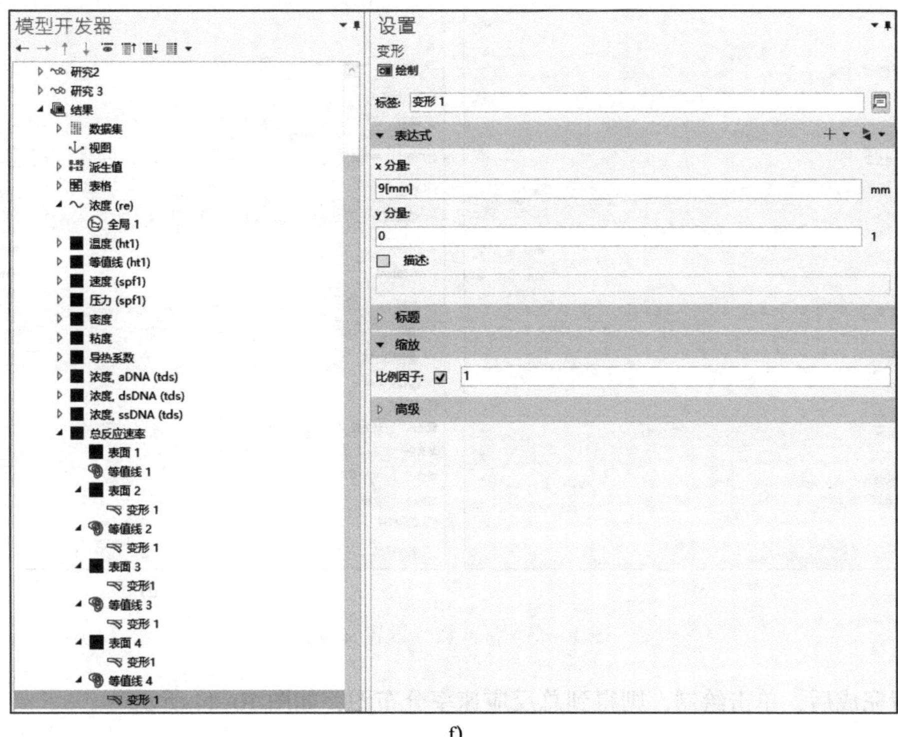

f)

图 10-42　剩余等值线及表面属性设置（续）

然后右键单击**总反应速率**节点并点选标注，对图像进行细节描述，结果如图 10-43 所示。

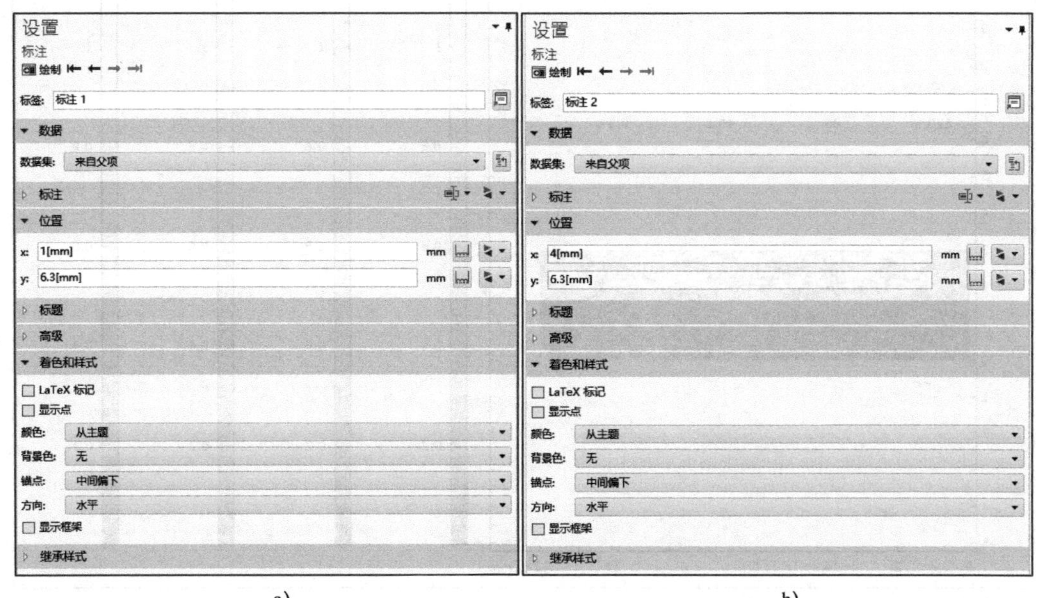

a)　　　　　　　　　　　　　　　　b)

图 10-43　标注属性设置

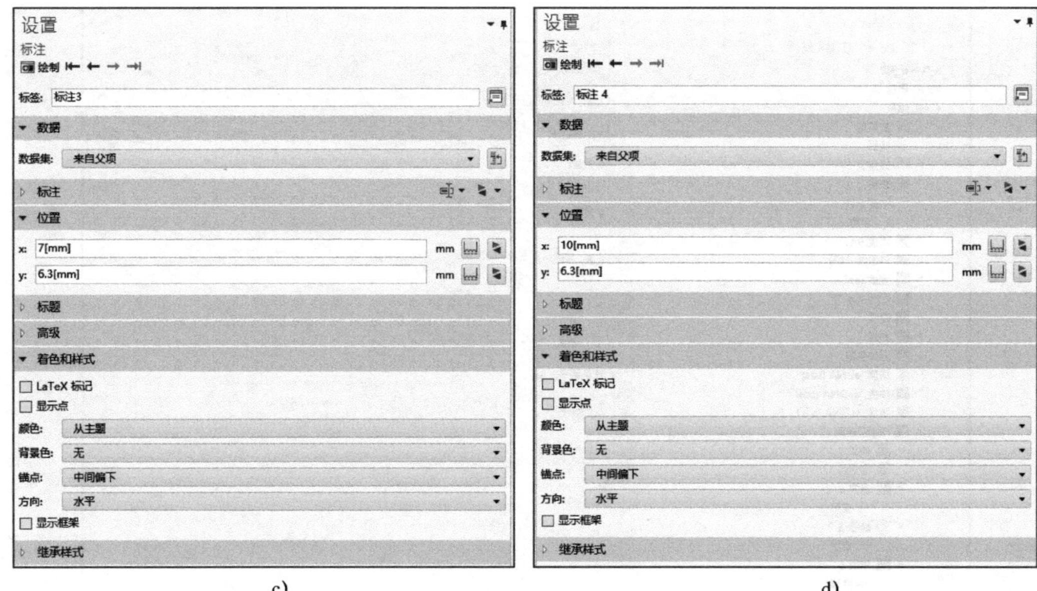

图 10-43　标注属性设置（续）

设置完成后，单击**绘制**，则得到总反应速率分布图，如图 10-44 所示。

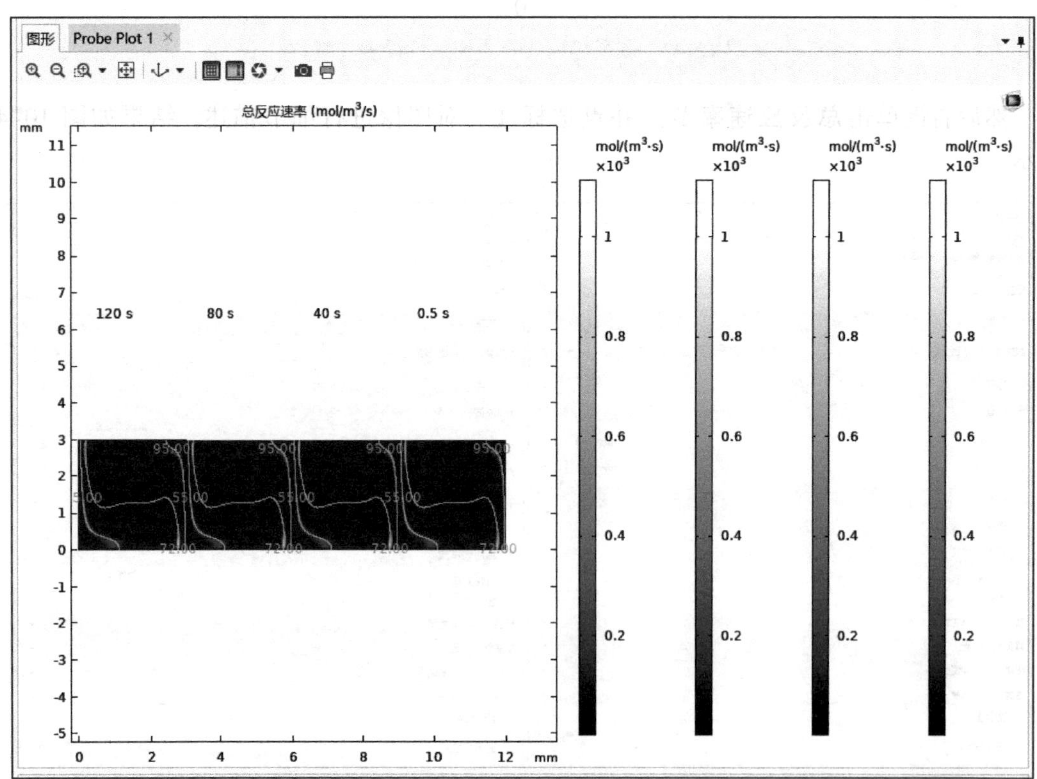

图 10-44　总反应速率分布图

10.2.3 案例小结

本案例首先使用反应工程模块对 DNA 序列进行瞬态研究，通过设置稀物质传递、流体传热、层流物理场，绘制了三种 DNA 序列的浓度分布图、速度分布图以及总反应速率分布图，展示了自然对流的 PCR 的过程。

结果显示，三种 DNA 的浓度从长时间尺度上都是持续上升的；dsDNA 浓度一开始是快速衰减，接着缓慢增加；ssDNA 浓度一开始快速上升，接着平缓上升；aDNA 浓度大体上呈线性上升。在第二个模型中，考虑了化学反应、稀物质传递、层流、流体传热物理场之间耦合相互作用，结果显示了温度场变化最大的区域在竖直壁面。

本案例可以证实 PCR 扩增技术的有效性和便捷性，在实际应用中，对于 DNA 序列的检测一般采取荧光检测的方法，因此高通量实时的对流 PCR 检测技术具有重要价值。评价该技术的物理参数为 DNA 序列实时通量，通过调整热源温差与环境介质可以起到改变实时通量的作用，而本案例则为接下来的参数化研究提供参考。

10.3 案例 2 肿瘤的微波热疗法

10.3.1 背景介绍

肿瘤热疗法通过对肿瘤组织局部加热来治疗癌症，通常还配合进行化疗或放疗。在可用的加热技术中，射频加热和微波加热引起了临床研究人员的广泛关注。微波凝固疗法是将细长的微波天线插入肿瘤的一种技术。微波对肿瘤加热，产生凝固区，杀死其中的癌细胞。

在实际应用过程中，肿瘤周围健康组织的温度超过了一定阈值时会发生坏死，此模型计算了将细长同轴缝隙天线用于微波凝固疗法时，肝脏组织中的温度场、辐射场和比吸收率，使用生物热方程计算组织中的温度分布。

本案例将人体组织简化为矩形区域，在一侧施加热源模拟微波天线的热辐射作用，体现了基本传热原理，可以对进一步的细化研究提供参考。

10.3.2 操作步骤

1. 物理场的选择及因变量设置

打开软件以后，单击**模型向导**开始创建模型。第一步，设置模型的空间维度，将其选择为二维轴对称；第二步，添加所需的物理场。在本案例中，我们需要添加电磁波、频域（emw）及生物传热（ht）。具体添加路径为射频→电磁波（emw），频域和传热→生物传热（ht），并将因变量设置为默认值，具体如图 10-45 所示。单击完成即可。

2. 全局定义

首先添加参数表 1（可以使用加载或者手动键入两种方式），参数设置界面如表 10-3 和图 10-46 所示。

3. 组件设置

（1）几何设置

首先单击**几何 1**，在设置窗口将单位设置为 mm，具体操作步骤如图 10-47 所示。

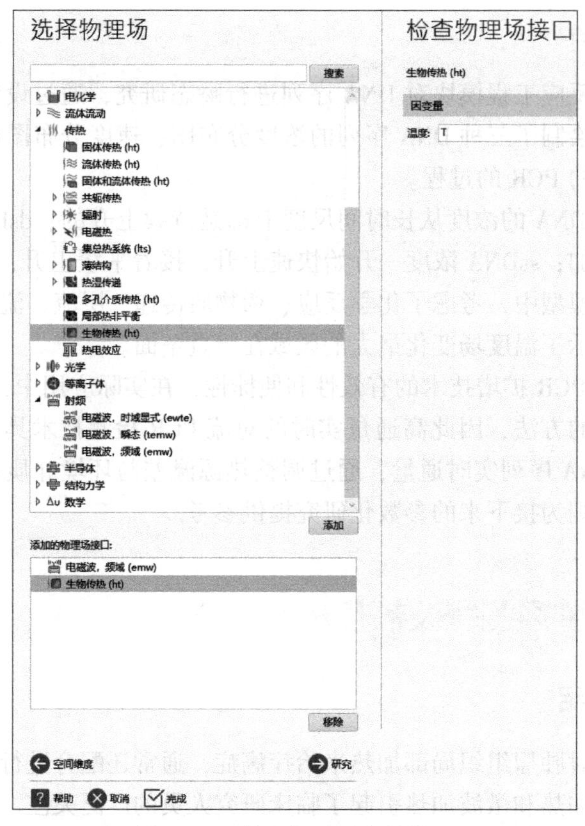

图 10-45　物理场及因变量设置

表 10-3　参数 1 设置

名　称	表 达 式	值	描　述
rho _ blood	1e3 [kg/m^3]	1000kg/m^3	密度，血液
Cp _ blood	3639 [J/(kg * K)]	3639J/(kg · K)	比热容，血液
omega _ blood	3.6e-3 [1/s]	0.0036s^{-1}	血液灌注率
T _ blood	37 [degC]	310.15K	血液温度
eps _ liver	43.03	43.03	相对介电常数，肝脏
sigma _ liver	1.69 [S/m]	1.69S/m	电导率，肝脏
eps _ diel	2.03	2.03	相对介电常数，电介质
eps _ cat	2.6	2.6	相对介电常数，导管
f	2.45 [GHz]	2.45×10^9Hz	微波频率
P _ in	10 [W]	10W	输入微波功率

在**几何 1** 节点处右键点选**矩阵**，接着在**矩阵设置**窗口将其宽度和高度设置为 30mm，单击**构建选定对象**，绘制结果如图 10-48 所示。

接着用类似的方法依次绘制矩形 2（r2）、矩形 3（r3）（将其标签改为介电层）、矩形 4（r4）、矩形 5（r5）（将其标签改为空气）、多边形 1（pol1）、并集 1（uni1）、求差 1（dif1），最后单击形成联合体（fin），设置过程如图 10-49 所示。

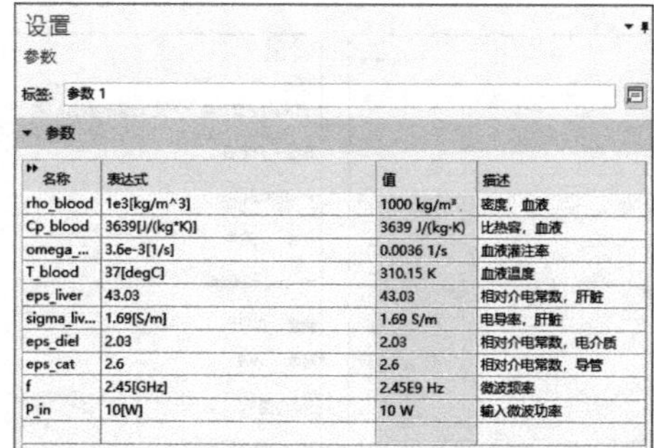

名称	表达式	值	描述
rho_blood	1e3[kg/m^3]	1000 kg/m³	密度，血液
Cp_blood	3639[J/(kg*K)]	3639 J/(kg·K)	比热容，血液
omega_...	3.6e-3[1/s]	0.0036 1/s	血液灌注率
T_blood	37[degC]	310.15 K	血液温度
eps_liver	43.03	43.03	相对介电常数，肝脏
sigma_liv...	1.69[S/m]	1.69 S/m	电导率，肝脏
eps_diel	2.03	2.03	相对介电常数，电介质
eps_cat	2.6	2.6	相对介电常数，导管
f	2.45[GHz]	2.45E9 Hz	微波频率
P_in	10[W]	10 W	输入微波功率

图 10-46　参数设置

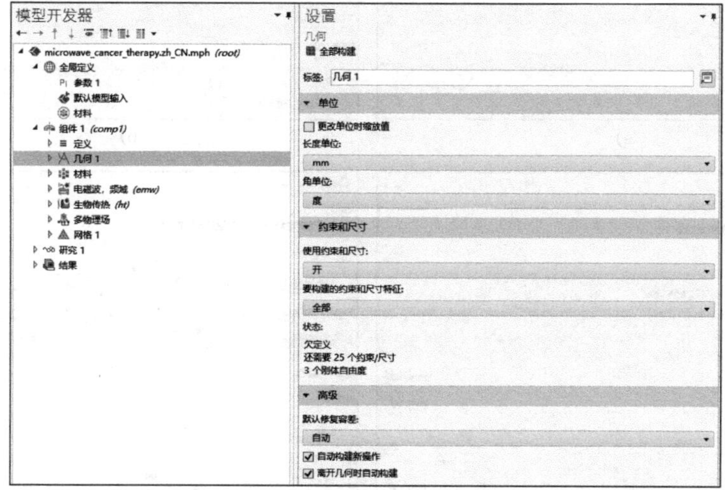

图 10-47　几何设置

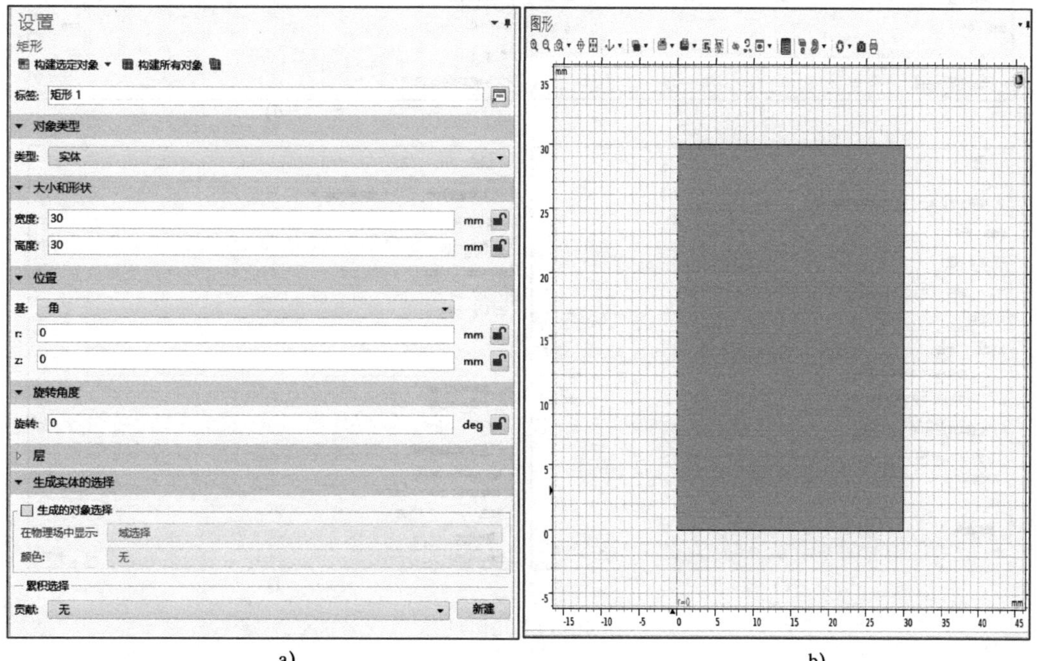

图 10-48　矩阵 1 绘制

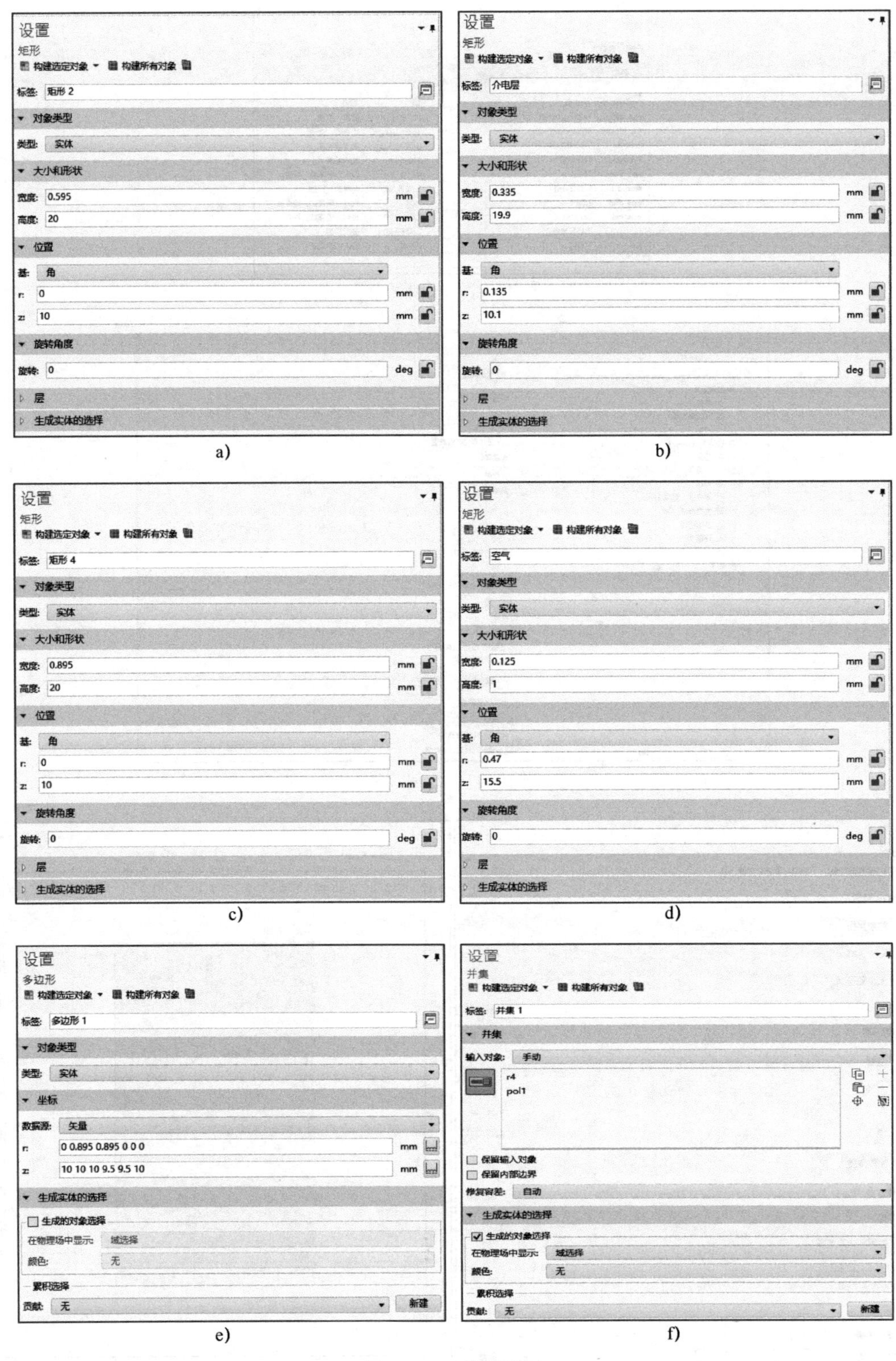
设置
矩形
构建选定对象 构建所有对象
标签: 矩形 2
对象类型
类型: 实体
大小和形状
宽度: 0.595 mm
高度: 20 mm
位置
基: 角
r: 0 mm
z: 10 mm
旋转角度
旋转: 0 deg
层
生成实体的选择
a)
设置
矩形
构建选定对象 构建所有对象
标签: 介电层
对象类型
类型: 实体
大小和形状
宽度: 0.335 mm
高度: 19.9 mm
位置
基: 角
r: 0.135 mm
z: 10.1 mm
旋转角度
旋转: 0 deg
层
生成实体的选择
b)
设置
矩形
构建选定对象 构建所有对象
标签: 矩形 4
对象类型
类型: 实体
大小和形状
宽度: 0.895 mm
高度: 20 mm
位置
基: 角
r: 0 mm
z: 10 mm
旋转角度
旋转: 0 deg
层
生成实体的选择
c)
设置
矩形
构建选定对象 构建所有对象
标签: 空气
对象类型
类型: 实体
大小和形状
宽度: 0.125 mm
高度: 1 mm
位置
基: 角
r: 0.47 mm
z: 15.5 mm
旋转角度
旋转: 0 deg
层
生成实体的选择
d)
设置
多边形
构建选定对象 构建所有对象
标签: 多边形 1
对象类型
类型: 实体
坐标
数据源: 矢量
r: 0 0.895 0.895 0 0 0 mm
z: 10 10 10 9.5 9.5 10 mm
生成实体的选择
生成的对象选择
在物理场中显示: 域选择
颜色: 无
累积选择
贡献: 无
新建
e)
设置
并集
构建选定对象 构建所有对象
标签: 并集 1
并集
输入对象: 手动
r4
pol1
保留输入对象
保留内部边界
修复容差: 自动
生成实体的选择
生成的对象选择
在物理场中显示: 域选择
颜色: 无
累积选择
贡献: 无
新建
f)

图 10-49　几何设置

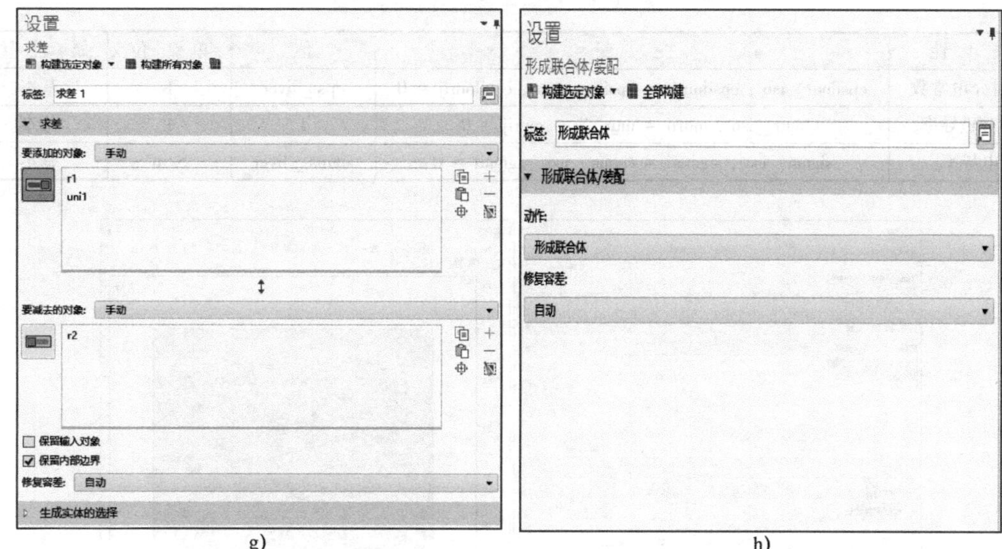

g) h)

图 10-49 几何设置（续）

由此得到的几何图形如图 10-50 所示。

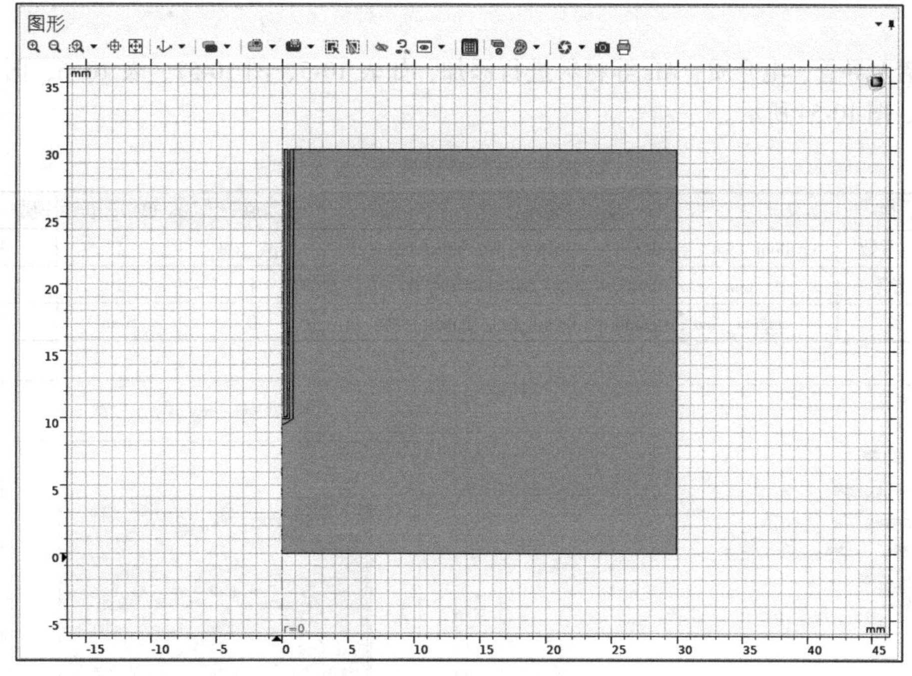

图 10-50 几何绘制结果

（2）材料设置

在组件 1 下，右键单击**材料**，点选**从库中添加材料**，在添加材料窗口，选择生物热→Liver（human），双击进行添加并且选择域 1，对材料属性明细进行添加，如表 10-4 和图 10-51 所示。

表 10-4 材料属性表（Liver）

属　性	变　量	值	单　位	属 性 组
相对介电常数	epsilonr _ iso ; epsilonrii = epsilonr _ iso, epsilonrij = 0	eps _ liver	1	基本
相对磁导率	mur _ iso ; murii = mur _ iso, murij = 0	1	1	基本
电导率	sigma _ iso ; sigmaii = sigma _ iso, sigmaij = 0	sigma _ liver	S/m	基本

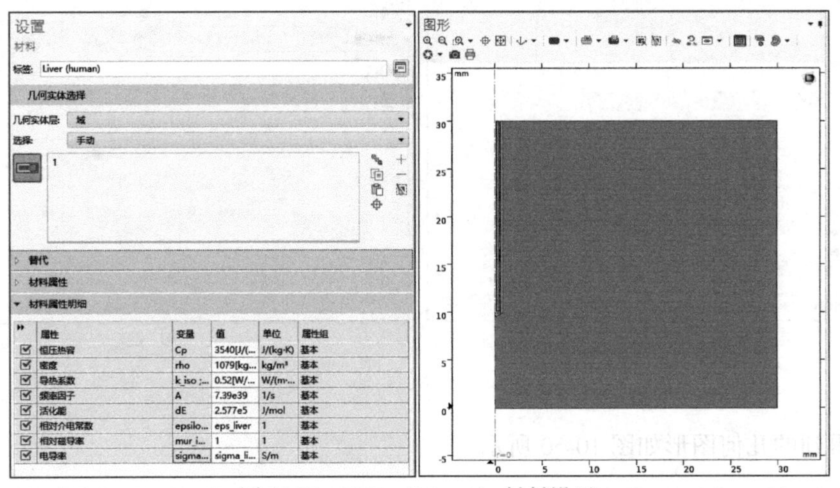

图 10-51 Liver（human）材料设置

接着对导管、电介质、Air 等材料进行添加，如表 10-5、图 10-52、表 10-6、图 10-53、表 10-7、图 10-54 所示。

表 10-5 材料属性表（导管）

属　性	变　量	值	单　位	属 性 组
相对介电常数	epsilonr _ iso ; epsilonrii = epsilonr _ iso, epsilonrij = 0	eps _ cat	1	基本
相对磁导率	mur _ iso ; murii = mur _ iso, murij = 0	1	1	基本
电导率	sigma _ iso ; sigmaii = sigma _ iso, sigmaij = 0	0	S/m	基本

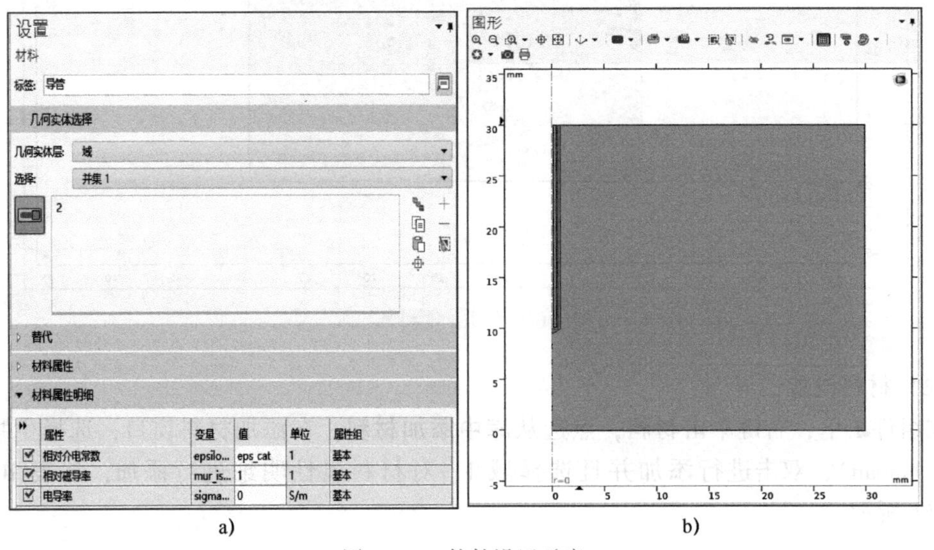

a)　　b)

图 10-52 软件设置示意

表 10-6　材料属性表（电介质）

属　性	变　量	值	单　位	属 性 组
相对介电常数	epsilonr _ iso ；epsilonrii = epsilonr _ iso，epsilonrij = 0	eps _ diel	1	基本
相对磁导率	mur _ iso ；murii = mur _ iso，murij = 0	1	1	基本
电导率	sigma _ iso ；sigmaii = sigma _ iso，sigmaij = 0	0	S/m	基本

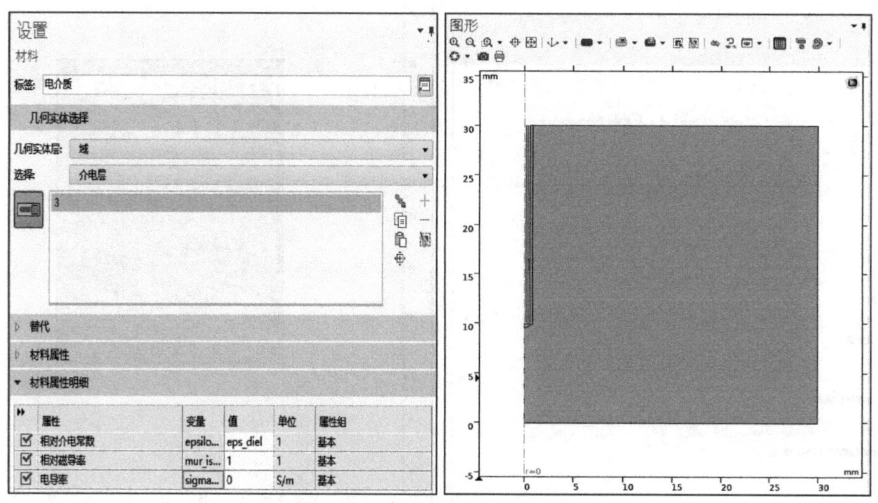

图 10-53　电介质设置示意图

表 10-7　材料属性表（Air）

属　性	变　量	值	单　位	属 性 组
相对介电常数	epsilonr _ iso；epsilonrii = epsilonr _ iso，epsilonrij = 0	1	1	基本
相对磁导率	mur _ iso ；murii = mur _ iso，murij = 0	1	1	基本
电导率	sigma _ iso ；sigmaii = sigma _ iso，sigmaij = 0	0	S/m	基本

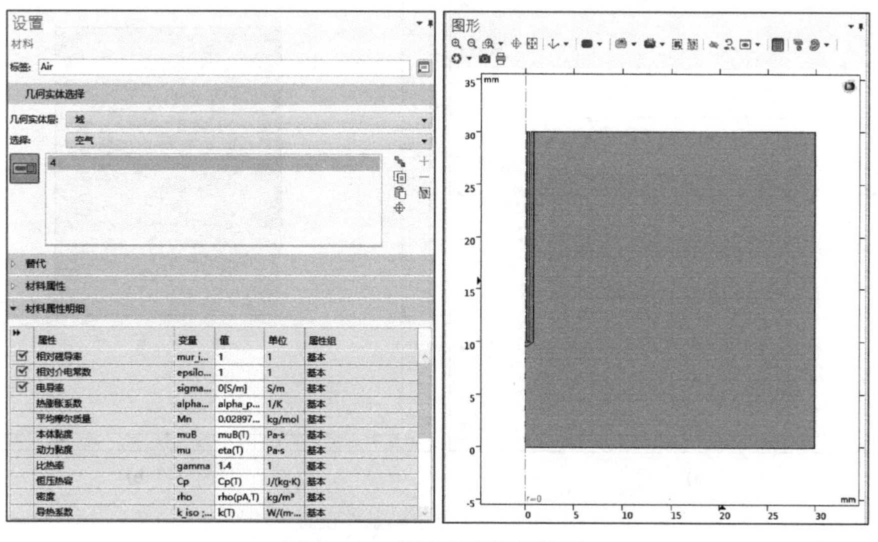

图 10-54　剩余材料属性设置

（3）电磁波-频域（emw）设置

在组件 1 节点下，首先右键单击**电磁波，频域**并点选**端口**，在端口设置窗口将边界选择为 **8**，端口类型设置为**同轴**，并在 P_{in} 文本框内输入“P _ in”，设置结果如图 10-55 所示。

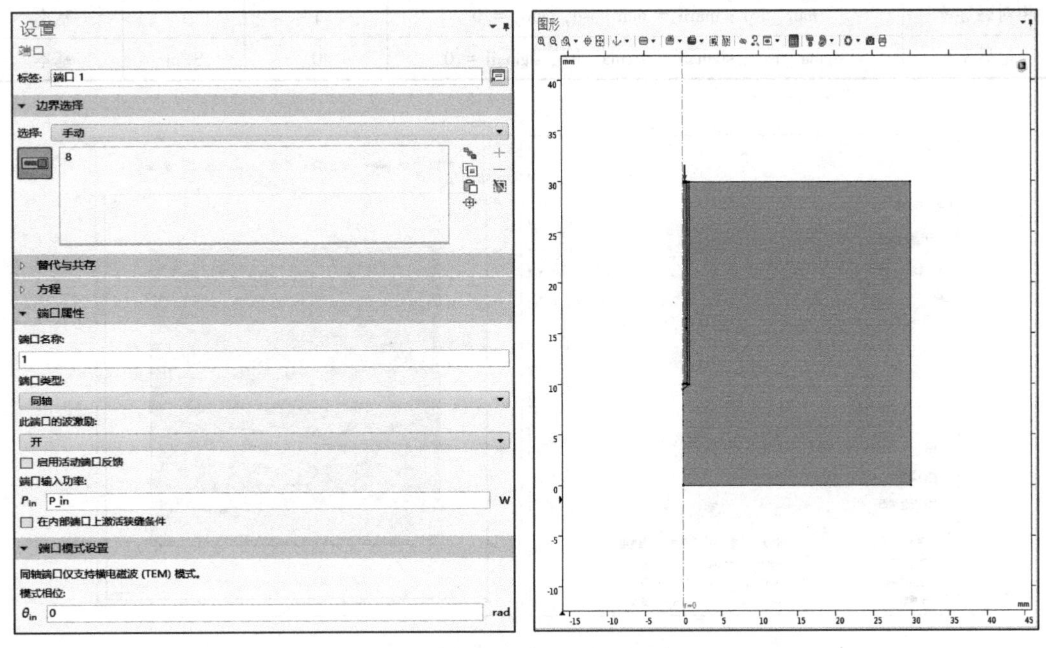

图 10-55　端口 1 设置

接着在**物理场**工具栏单击选择**散射边界条件**，并在散射边界条件窗口内选择边界“**2、17、19、20**”，结果如图 10-56 所示。

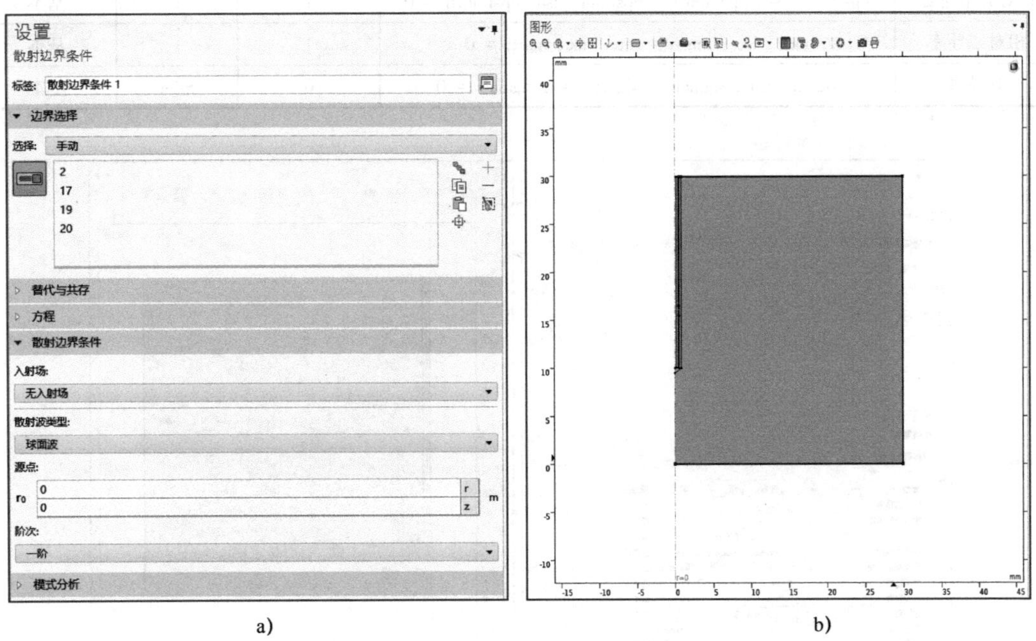

a)　　　　　b)

图 10-56　散射边界条件设置

(4) 生物传热(ht)设置

在组件 1 下单击**生物传热(ht)**节点，并将域选择选为“**1**”，具体步骤如图 10-57 所示。

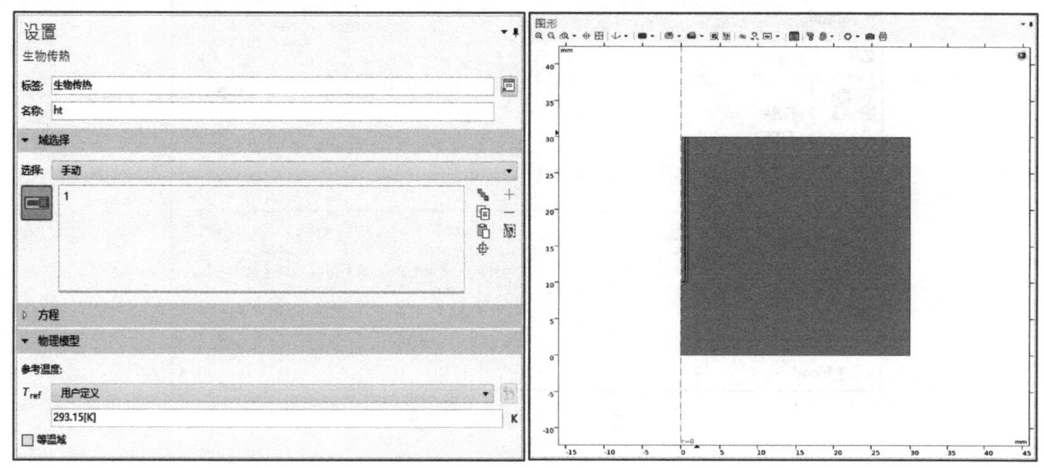

图 10-57 域选择设置

单击**生物组织** 1 节点展开**生物热 1** 和**热损伤 1** 属性，并对它们进行设置，结果如图 10-58 所示。

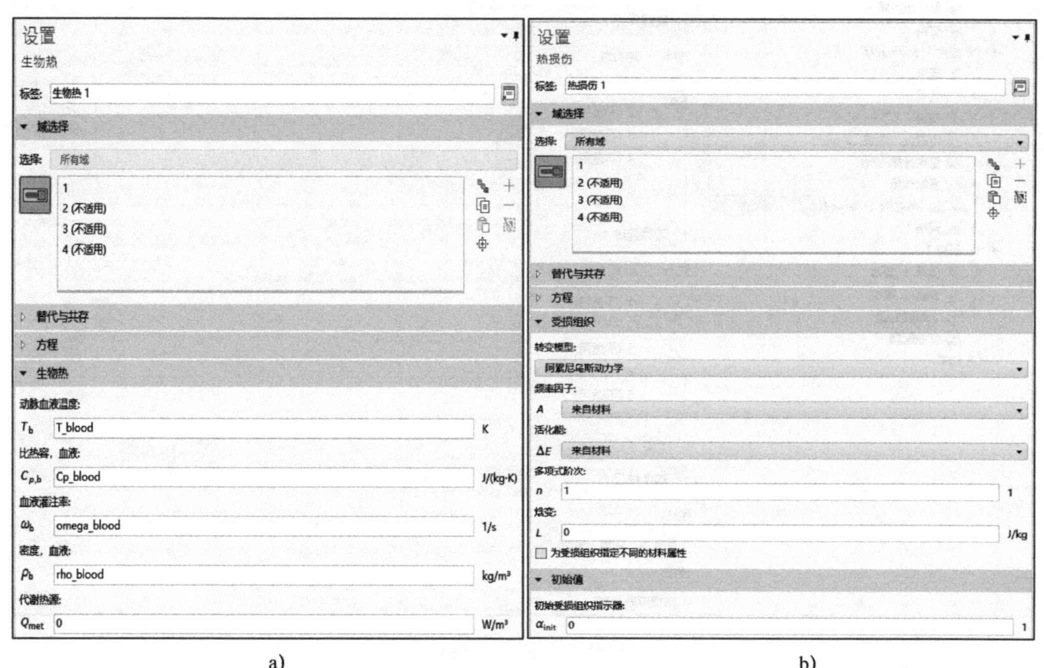

图 10-58 生物组织 1 设置

最后单击**初始值 1**，对其进行如下设置，如图 10-59 所示。

(5) 多物理场设置

在**物理场**工具栏单击多物理场并选择**电磁热**，结果如图 10-60 所示。

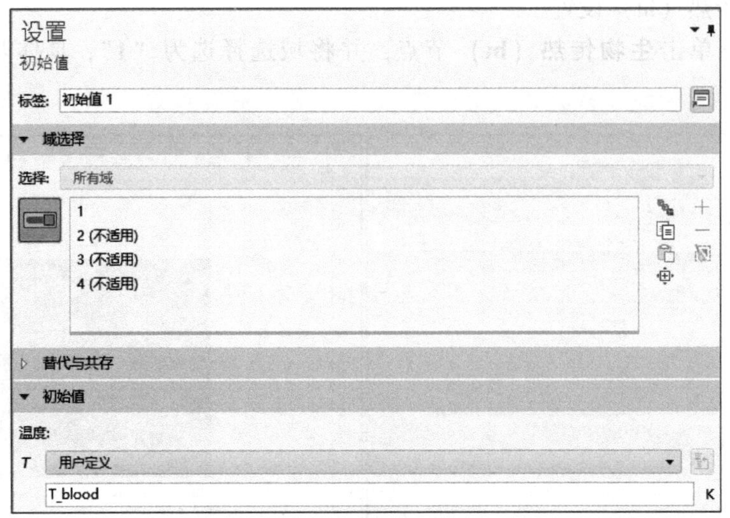

图 10-59　初始值 1 设置

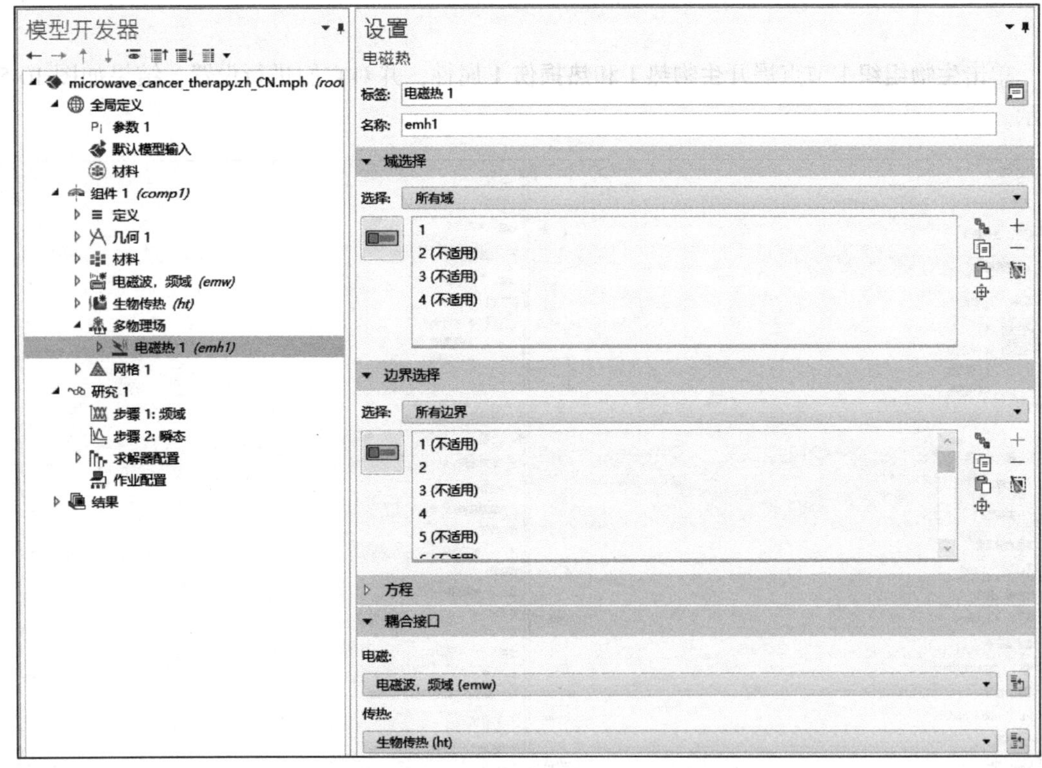

图 10-60　多物理场属性设置

（6）网格设置

右键单击**网格 1** 节点选择**自由三角形网格 1**，给**自由三角形 1** 添加**大小 1** 属性，并将域选择为**介电层 “3”**，单击**构建选定对象**，结果如图 10-61 所示。

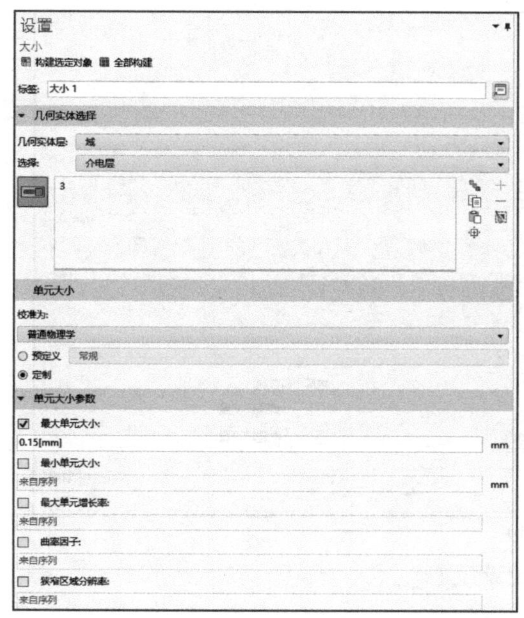

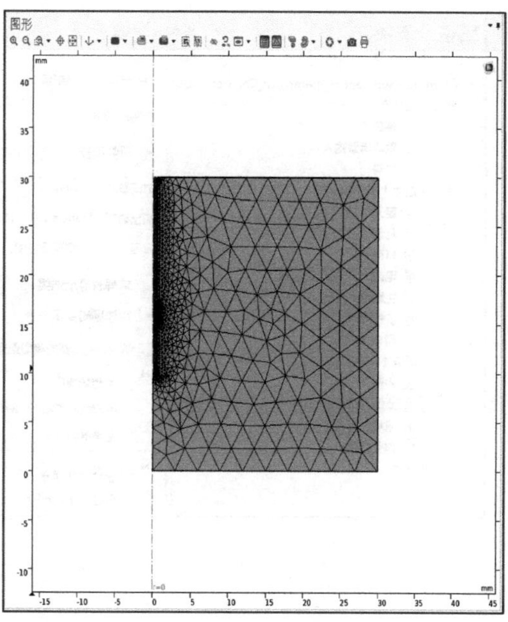

图 10-61 网格设置

4. 研究设置

该研究分为两个部分，分别研究电磁波、频域与电磁热的场耦合以及生物传热与电磁热的场耦合，因此需要添加**频域**及**瞬态**两个求解器，求解器设置结果如图 10-62 所示。

设置完成后，单击**计算**按钮，完成该模型的仿真计算。

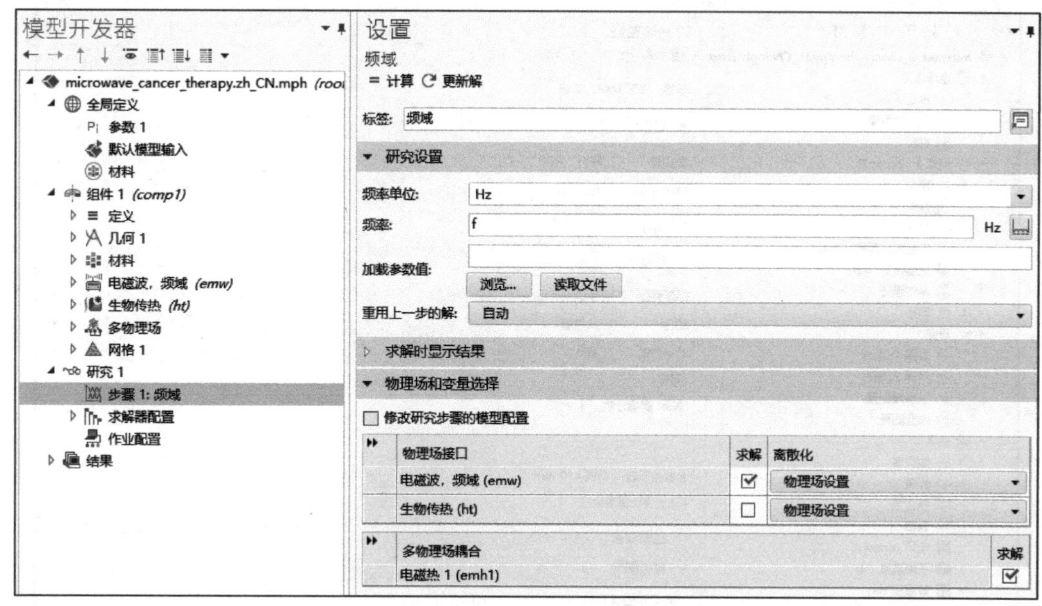

a)

图 10-62 研究设置

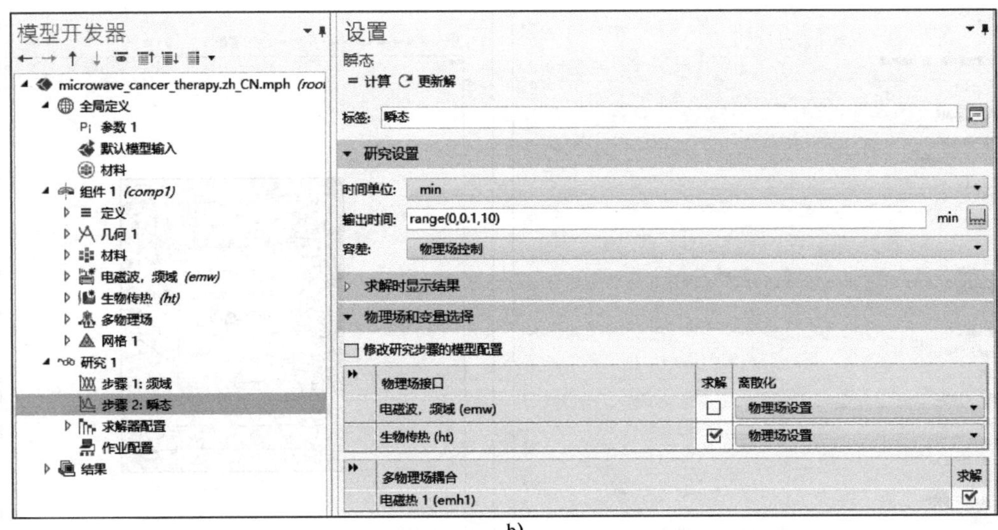

b)

图 10-62 研究设置（续）

5. 结果分析

在**结果**节点下，单击二维绘图组，在二维绘图组设置窗口内，将标题类型选为手动，在标题文本区键入：**受损组织，二维**；并在**受损组织，二维**的工具栏里点选**表面**，在**表面**设置窗口，单击替换表达式，按照以下路径选择：“**组件 1（comp1）→生物传热→不可逆转变→ht. theta _ d –损伤分数**”，最后将**质量**栏的分辨率选为“**不细化**”，结果如图 10-63 所示。

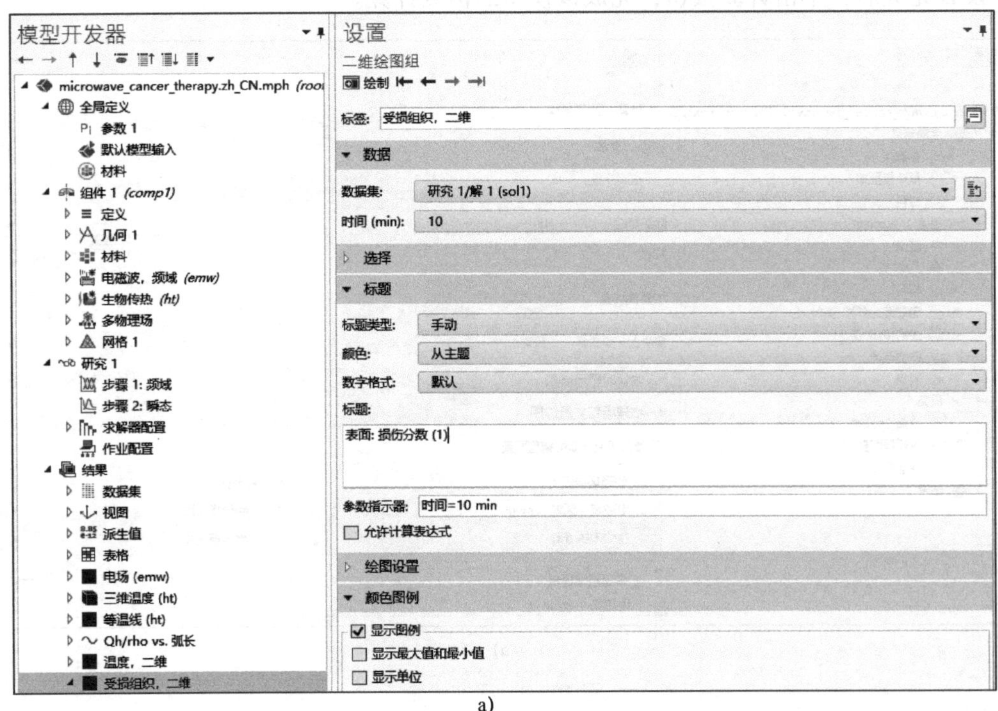

a)

图 10-63 绘图设置

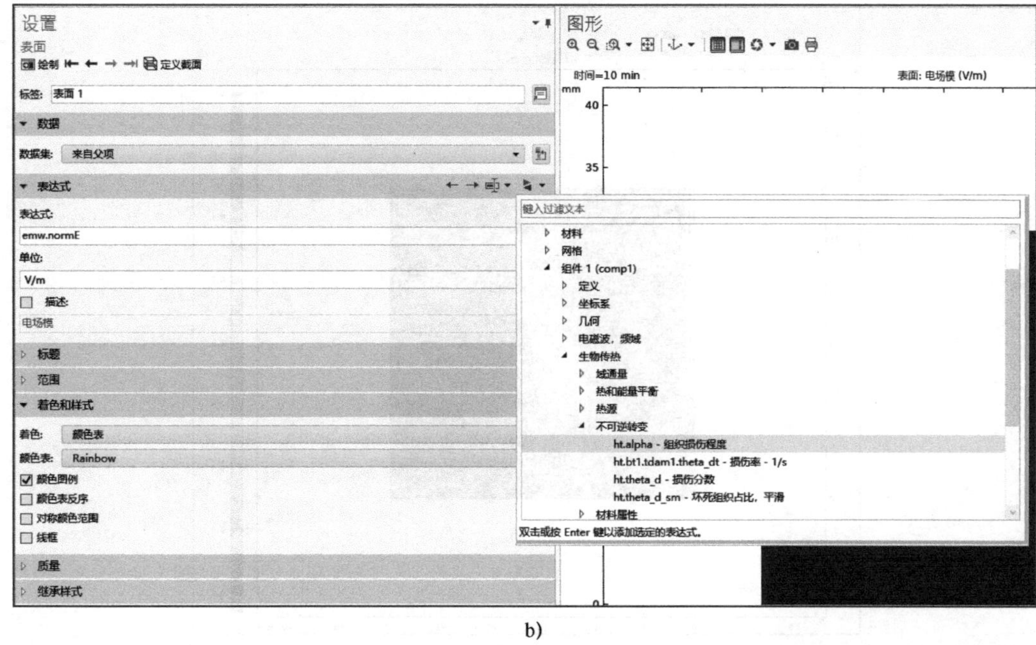

b)

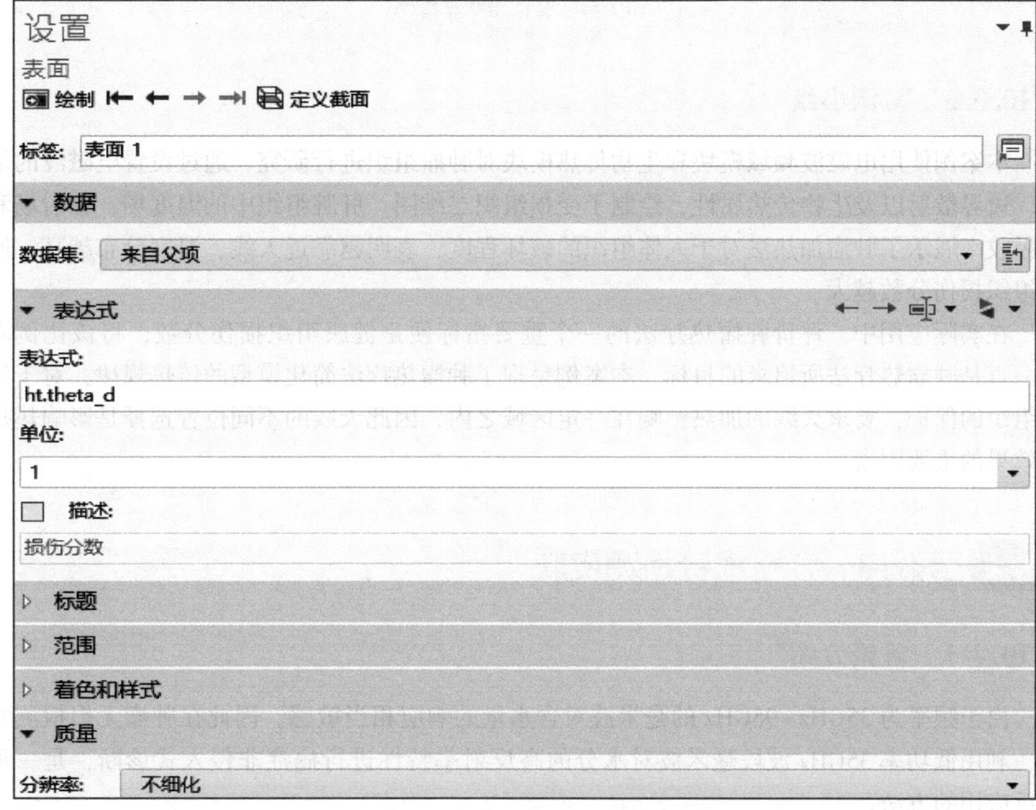

c)

图 10-63　绘图设置（续）

在**受损组织，二维**的工具栏单击绘制，如图 10-64 所示。

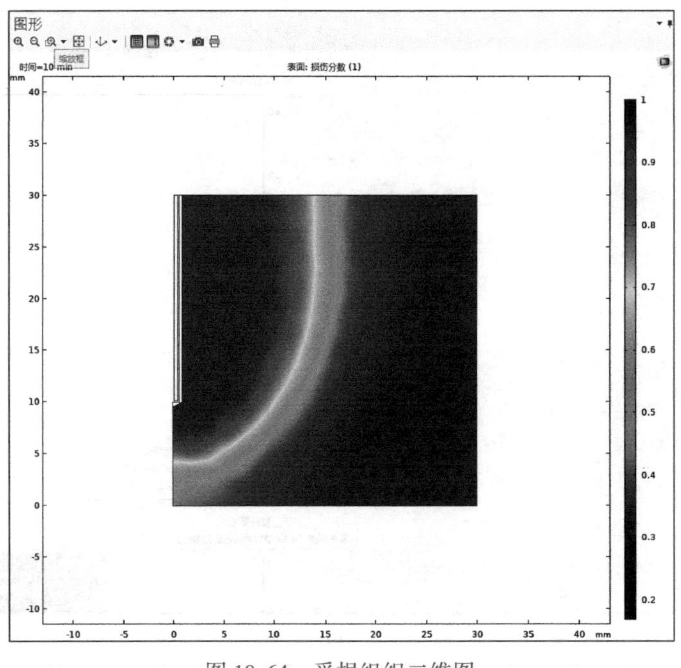

图 10-64　受损组织二维图

10.3.3　案例小结

本案例使用电磁波频域模块和生物传热模块对肿瘤组织进行研究，通过设置电磁波的端口、边界散射以及生物传热属性，绘制了受损组织二维图。肝脏组织中的温度场、辐射场和比吸收率展示了肿瘤加热法对于人体组织的破坏程度，表明越靠近天线，温度分布越高，肝脏组织损伤分数越大。

在实际应用中，评价肿瘤热疗法的一个重要指标便是健康组织损伤分数，将该比例降低一直是肿瘤热疗法所追求的目标。本案例呈现了肿瘤热疗法简化模型的传热规律，对于健康组织的保护，要求天线的加热影响在一定区域之内，因此天线的不同位置选择是影响热疗法效果的重要因素。

10.4　案例3　介电探针检测皮肤

10.4.1　背景介绍

由于频率为35GHz~95GHz的毫米波对含水量的响应相当敏感，因此在肿瘤无损检测领域，利用低功率35GHz波段毫米波对水分的高反射率特性进行癌症非侵入式诊断，是一种广泛应用的方法。

皮肤肿瘤比健康皮肤含更多水分，导致在这个频段发出更强的反射。因此，探针可以检测到肿瘤部位的参数异常。本例使用二维轴对称模型，快速分析了圆形波导、锥形介电探针的辐射特性，还分析了皮肤的温度变化以及坏死组织占比。

根据检测部位皮肤的温度值和坏死组织的比例，可以判断特定频率下的毫米波的检测效率和检测能力，为后续的布局优化提供参考。

10.4.2 操作步骤

1. 初始化模型设置

打开软件以后，单击**模型向导**开始创建模型。第一步，设置模型的空间维度，将其选择为二维轴对称 ；第二步，添加所需的物理场。在本案例中，我们需要添加电磁波，频域（emw）。具体添加路径为射频→电磁波（emw），并将因变量设置为默认值，具体如图 10-65 所示。

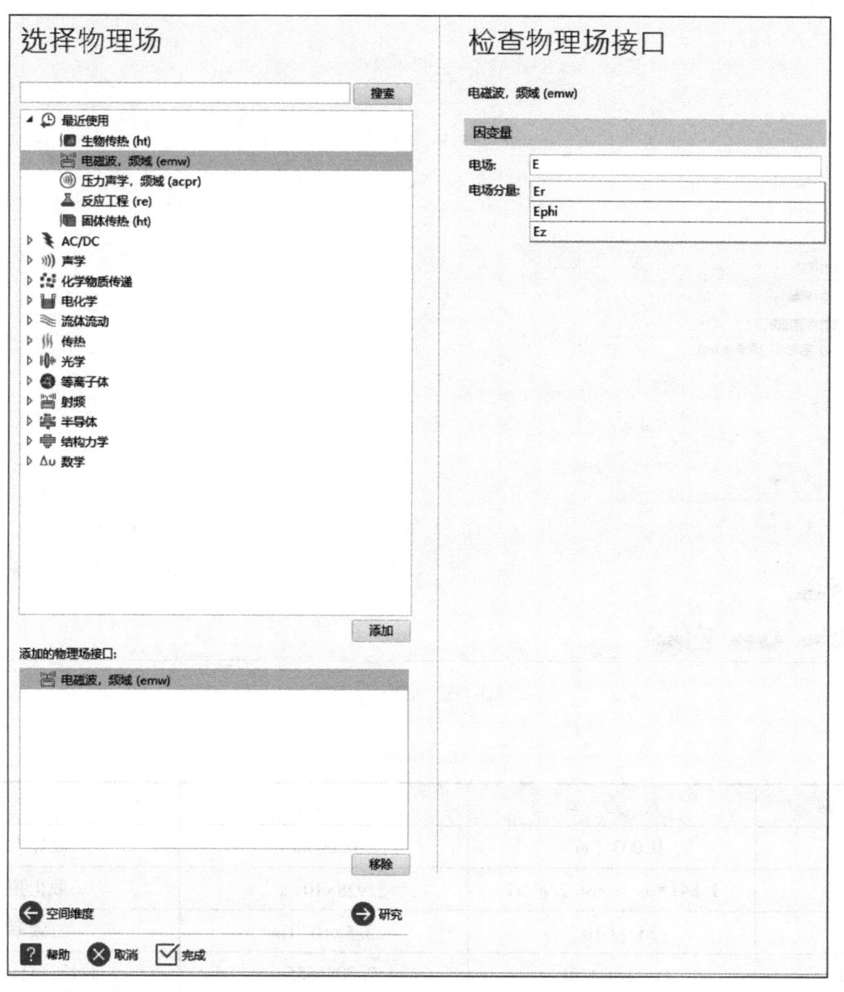

图 10-65 物理场及因变量设置

接着单击**研究**按钮，选择**频域**，最后单击**完成**即可，设置过程如图 10-66 所示。

2. 全局定义

首先添加参数表 1（可以使用加载或者手动键入两种方式），参数设置界面如表 10-8 和图 10-67 所示。

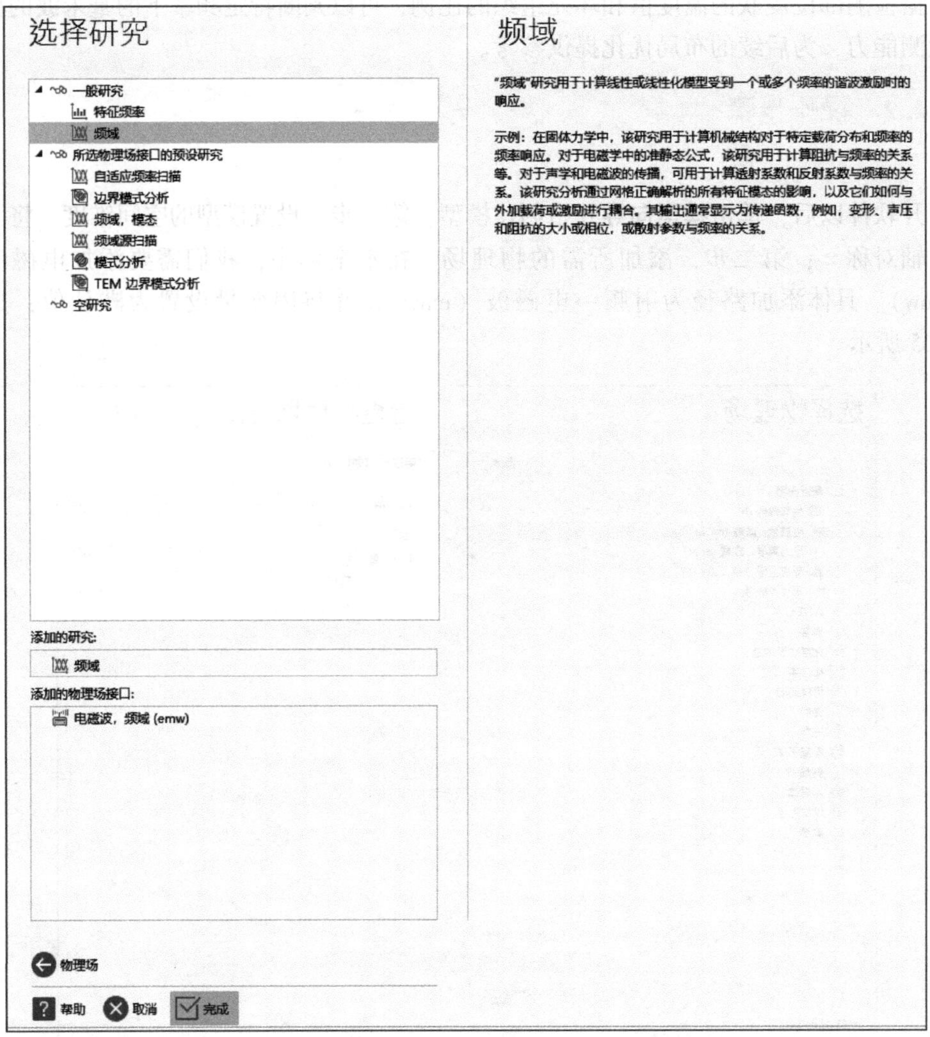

选择研究

一般研究
特征频率
频域
所选物理场接口的预设研究
自适应频率扫描
边界模式分析
频域，模态
频域源扫描
模式分析
TEM 边界模式分析
空研究

添加的研究:
频域

添加的物理场接口:
电磁波，频域 (emw)

物理场

帮助　取消　完成

频域

"频域"研究用于计算线性或线性化模型受到一个或多个频率的谐波激励时的响应。

示例：在固体力学中，该研究用于计算机械结构对于特定载荷分布和频率的频率响应。对于电磁学中的准静态公式，该研究用于计算阻抗与频率的关系等。对于声学和电磁波的传播，可用于计算透射系数和反射系数与频率的关系。该研究分析通过网格正确解析的所有特征模态的影响，以及它们如何与外加载荷或激励进行耦合。其输出通常显示为传递函数，例如，变形、声压和阻抗的大小或相位，或散射参数与频率的关系。

图 10-66　求解器设置

表 10-8　参数 1

名　称	表 达 式	值	描　述
r1	0.003 [m]	0.003m	波导半径
fc	1.841*c_const/2/pi/r1	$2.928\times10^{10}s^{-1}$	截止频率
f0	35 [GHz]	$3.5\times10^{10}Hz$	频率
lda0	c_const/f0	0.0085655m	波长，自由空间
l_probe	12.8 [mm]	0.0128m	锥形探针长度
w1_probe	3 [mm]	0.003m	锥形探针宽度 1
w2_probe	0.58 [mm]	$5.8\times10^{-4}m$	锥形探针宽度 2
T0	34 [degC]	307.15K	皮肤初始温度

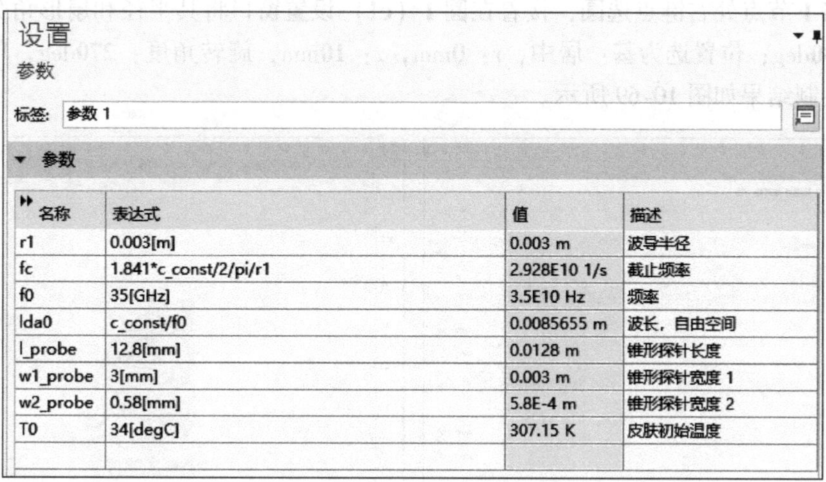

名称	表达式	值	描述
r1	0.003[m]	0.003 m	波导半径
fc	1.841*c_const/2/pi/r1	2.928E10 1/s	截止频率
f0	35[GHz]	3.5E10 Hz	频率
lda0	c_const/f0	0.0085655 m	波长，自由空间
l_probe	12.8[mm]	0.0128 m	锥形探针长度
w1_probe	3[mm]	0.003 m	锥形探针宽度 1
w2_probe	0.58[mm]	5.8E-4 m	锥形探针宽度 2
T0	34[degC]	307.15 K	皮肤初始温度

图 10-67　参数 1 设置

3. 组件设置

(1) 几何设置

首先单击**几何 1**，在设置窗口将单位设置为 mm，具体操作步骤如图 10-68 所示。

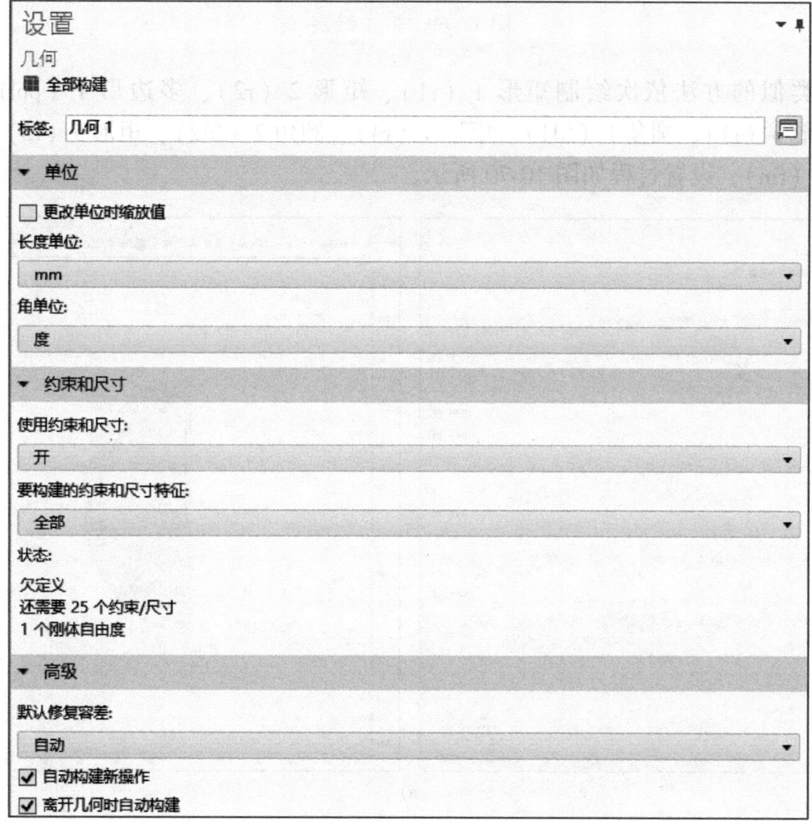

图 10-68　几何设置

在**几何 1** 节点处右键点选**圆**，接着在**圆 1（c1）设置**窗口将其半径和扇形角分别设置为 **60**mm 和 **180**deg；位置选为**基**：居中，r：**0**mm，z：**10**mm，旋转角度：**270**deg，单击**构建选定对象**，绘制结果如图 10-69 所示。

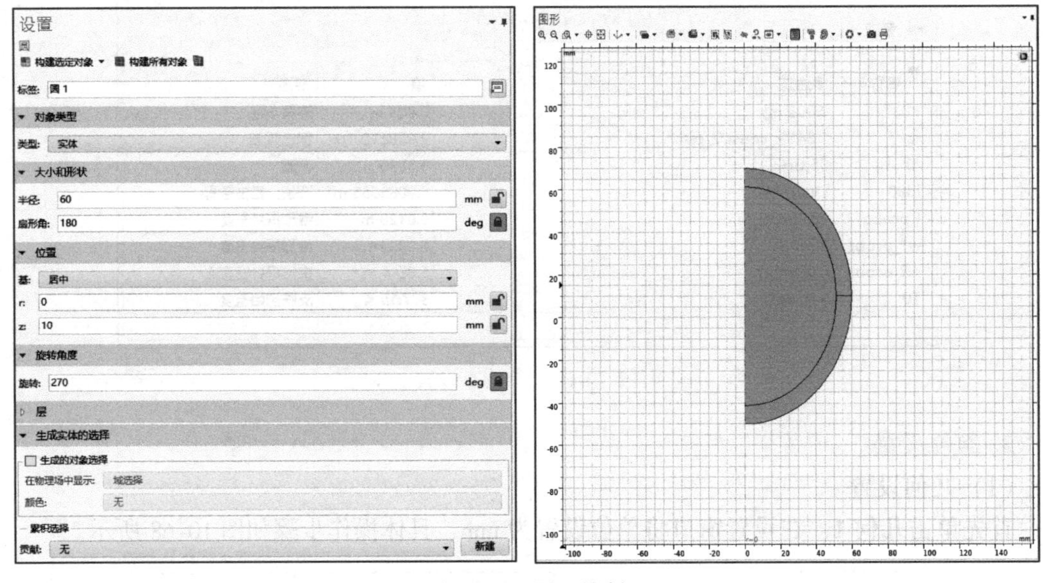

图 10-69　圆 1 绘制

接着用类似的方法依次绘制矩形 1（r1）、矩形 2（r2）、多边形 1（pol1）、镜像 1（mir1）、矩形 3（r1）、圆角 1（fil1）、矩形 4（r4）、圆角 2（fil2）、矩形 5（r5），最后单击形成联合体（fin），设置过程如图 10-70 所示。

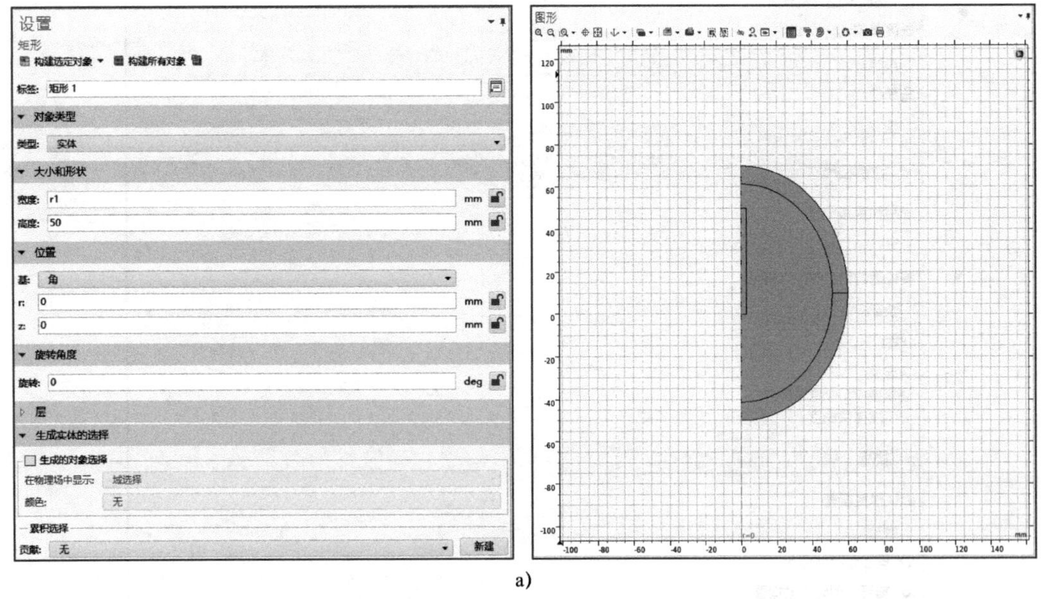

a)

图 10-70　几何设置

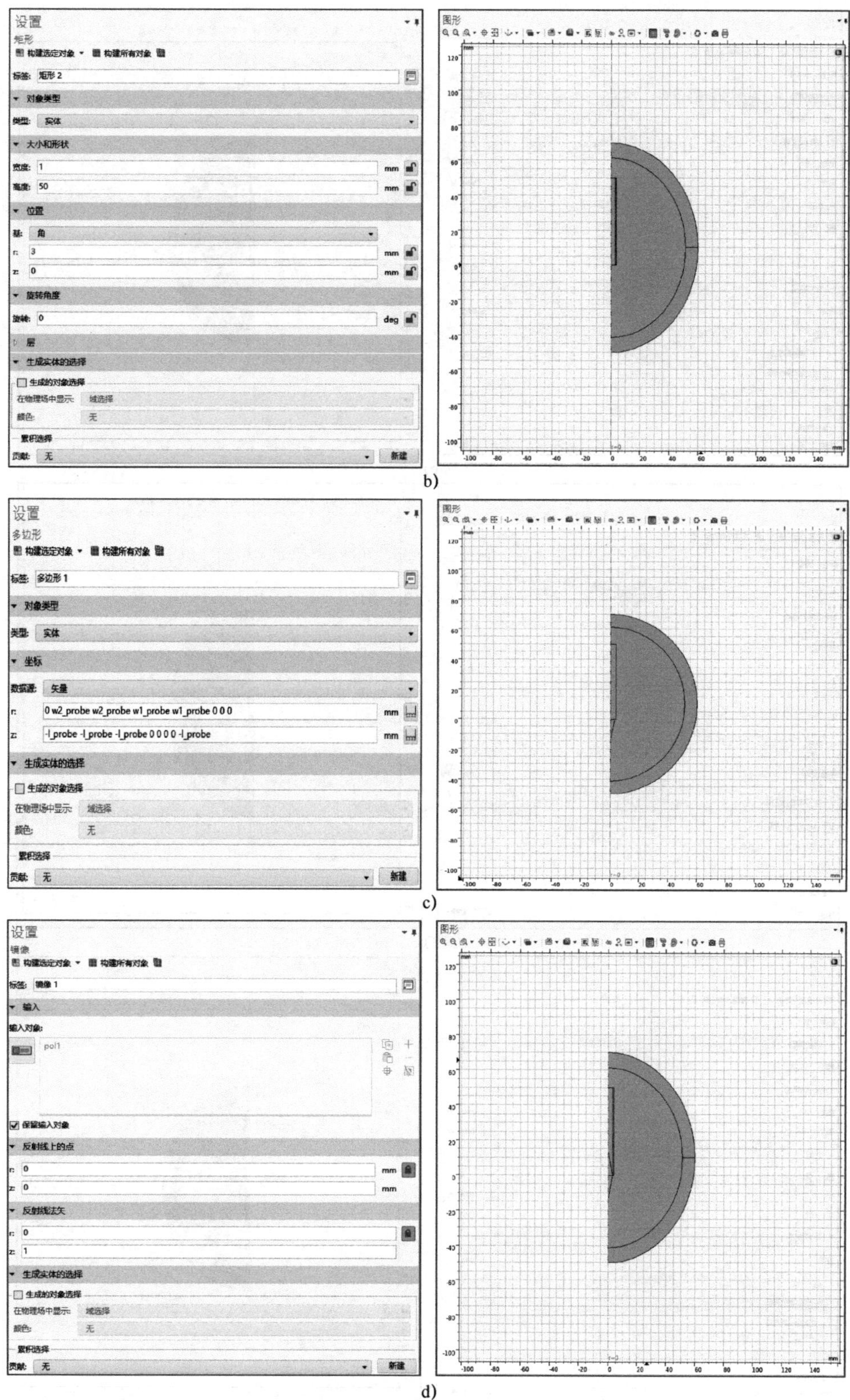
设置
矩形
构建选定对象
构建所有对象
标签: 矩形 2
对象类型
类型: 实体
大小和形状
宽度: 1 mm
高度: 50 mm
位置
基: 角
r: 3 mm
z: 0 mm
旋转角度
旋转: 0 deg
层
生成实体的选择
生成的对象选择
在物理场中显示: 域选择
颜色: 无
累积选择
贡献: 无
新建
图形
b)
设置
多边形
构建选定对象
构建所有对象
标签: 多边形 1
对象类型
类型: 实体
坐标
数据源: 矢量
r: 0 w2_probe w2_probe w1_probe w1_probe 0 0 0 mm
z: -l_probe -l_probe -l_probe 0 0 0 0 -l_probe mm
生成实体的选择
生成的对象选择
在物理场中显示: 域选择
颜色: 无
累积选择
贡献: 无
新建
图形
c)
设置
镜像
构建选定对象
构建所有对象
标签: 镜像 1
输入
输入对象:
pol1
保留输入对象
反射线上的点
r: 0 mm
z: 0 mm
反射线法矢
r: 0
z: 1
生成实体的选择
生成的对象选择
在物理场中显示: 域选择
颜色: 无
累积选择
贡献: 无
新建
图形
d)

图 10-70　几何设置（续）

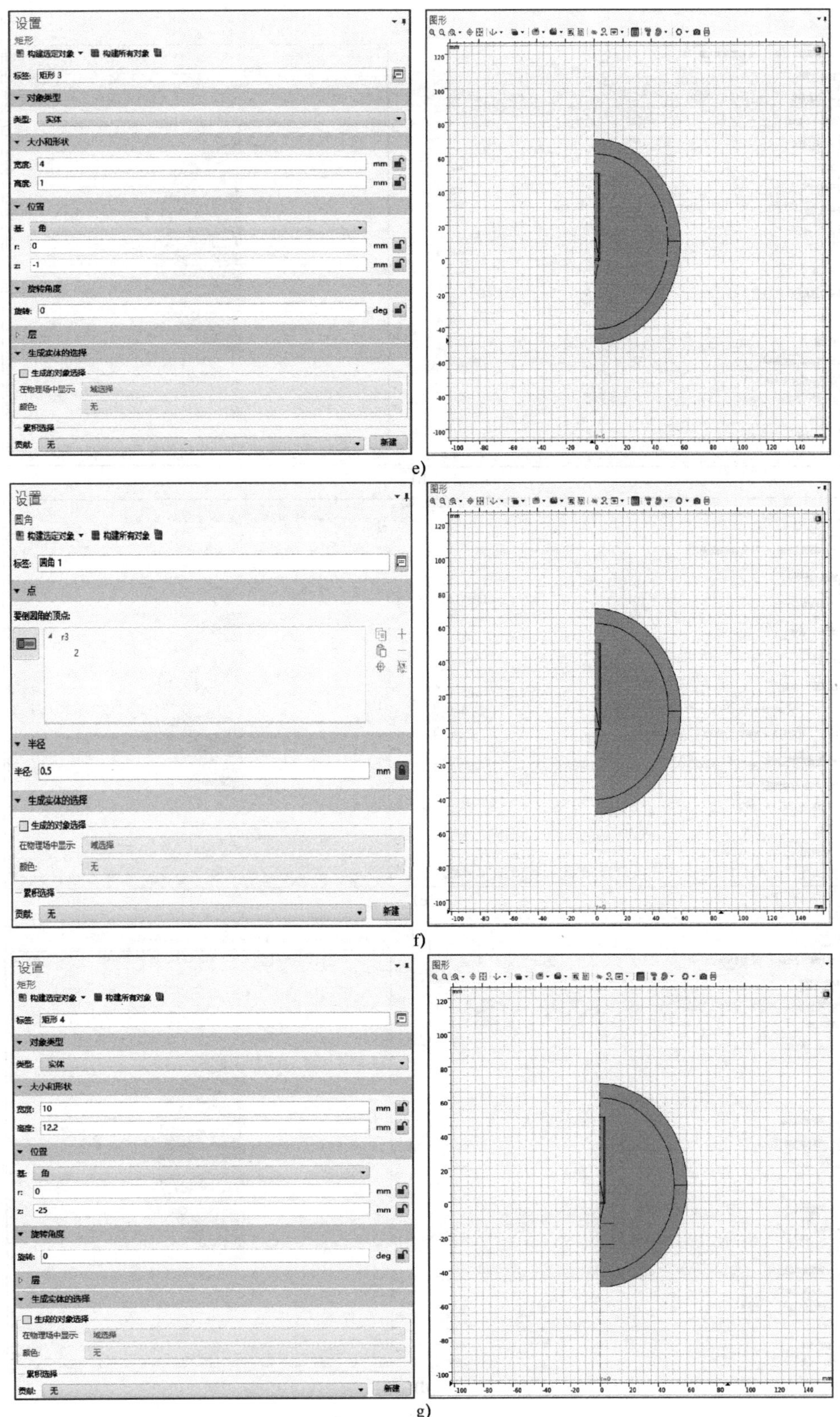

e)

f)

g)

图 10-70　几何设置（续）

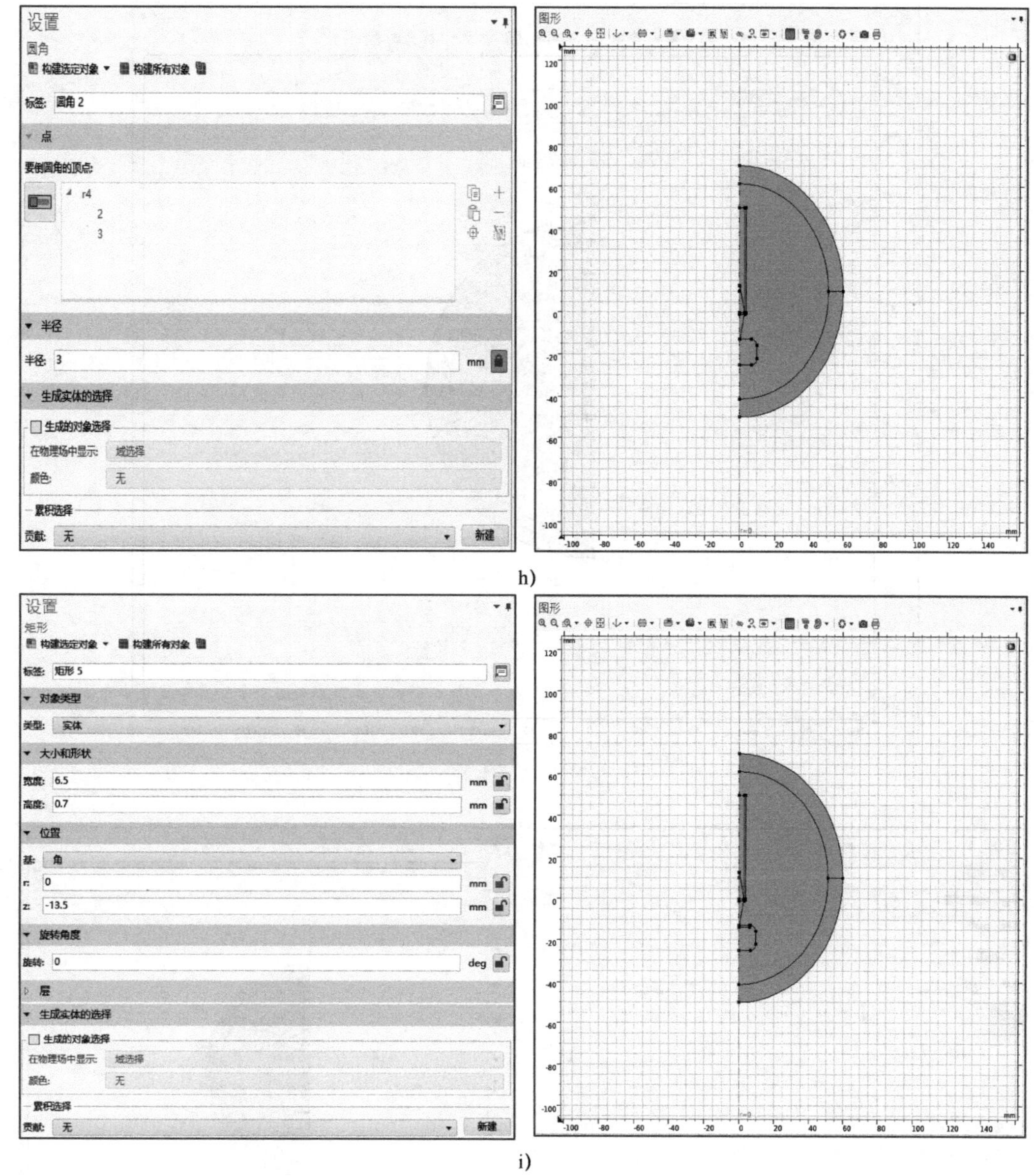

图 10-70 几何设置（续）

由此得到的几何图形如图 10-71 所示。

（2）定义设置

在组件 1 下，右键单击**定义**，点选**完美匹配层**，在完美匹配层的设置窗口将域选择为**“1、9”**，设置过程如图 10-72 所示。

（3）材料设置

在组件 1 下，右键单击**材料**，点选**从库中添加材料**，在添加材料窗口，选择生物热→Liver（human），并且双击进行添加，并且选择域 **1**，对材料属性明细进行添加，设置结果如表 10-9 和图 10-73 所示。

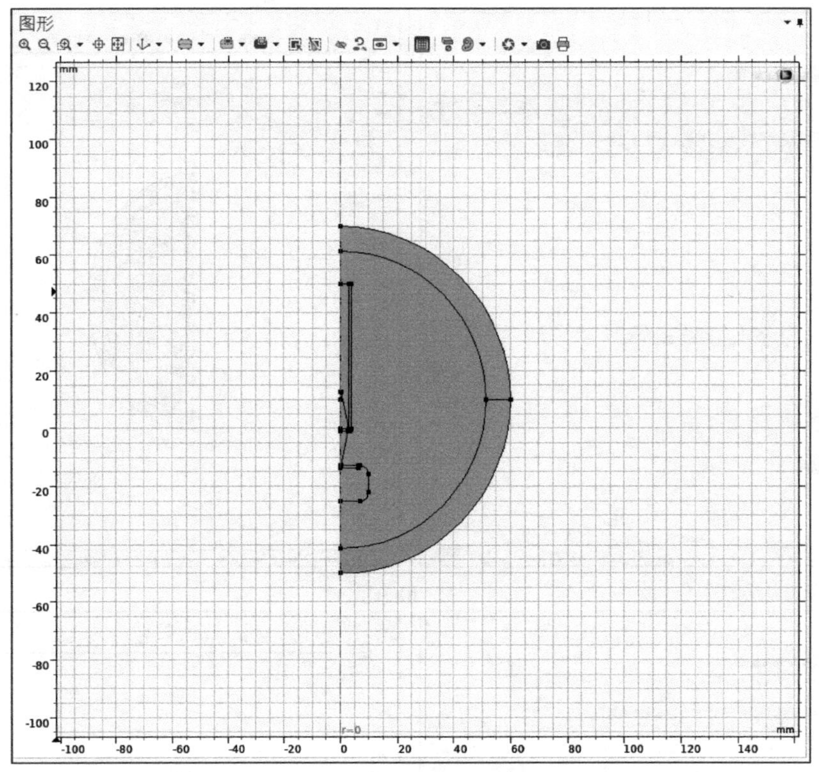

图 10-71　几何绘制结果

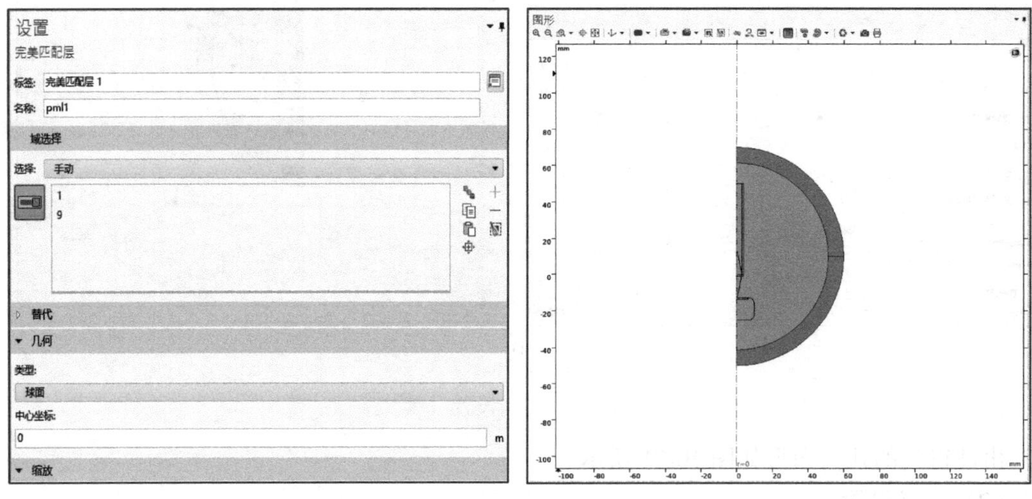

图 10-72　完美匹配层设置

表 10-9　材料属性表（Air）

属　性	变　量	值	单　位	属 性 组
相对磁导率	mur _ iso ; murii = mur _ iso, murij = 0	1	1	基本
相对介电常数	epsilonr _ iso ; epsilonrii = epsilonr _ iso, epsilonrij = 0	1	1	基本
电导率	sigma _ iso ; sigmaii = sigma _ iso, sigmaij = 0	0	S/m	基本

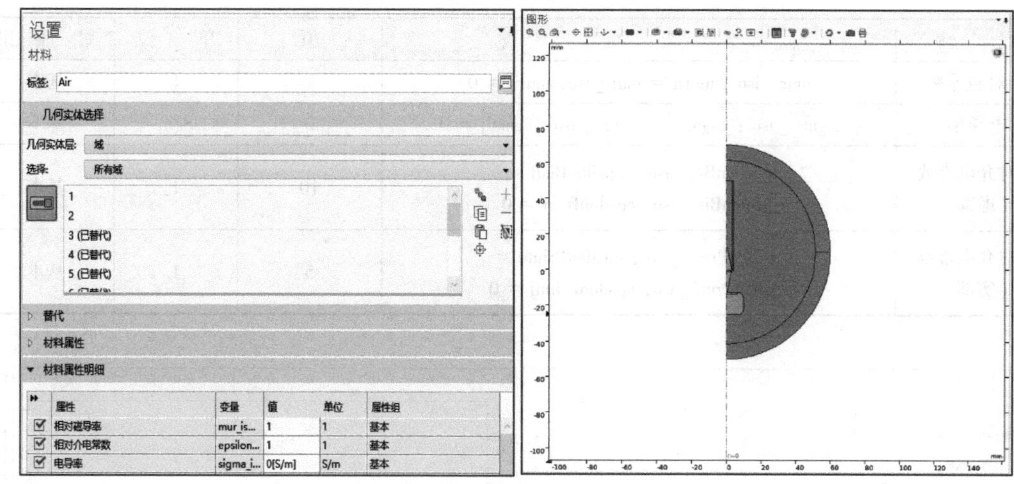

图 10-73 Air 材料属性设置

接着在**材料**工具栏添加**空材料**，将其标签改为“**PTFE**”，并将几何实体选择为“**域**”，域选择为“**5、6、7、10**”，如表 10-10 和图 10-74 所示。

表 10-10 材料属性表（PTFE）

属　性	变　量	值	单　位	属 性 组
相对介电常数	epsilonr _ iso ; epsilonrii = epsilonr _ iso, epsilonrij = 0	2.1	1	基本
相对磁导率	mur _ iso ; murii = mur _ iso, murij = 0	1	1	基本
电导率	sigma _ iso ; sigmaii = sigma _ iso, sigmaij = 0	0	S/m	基本

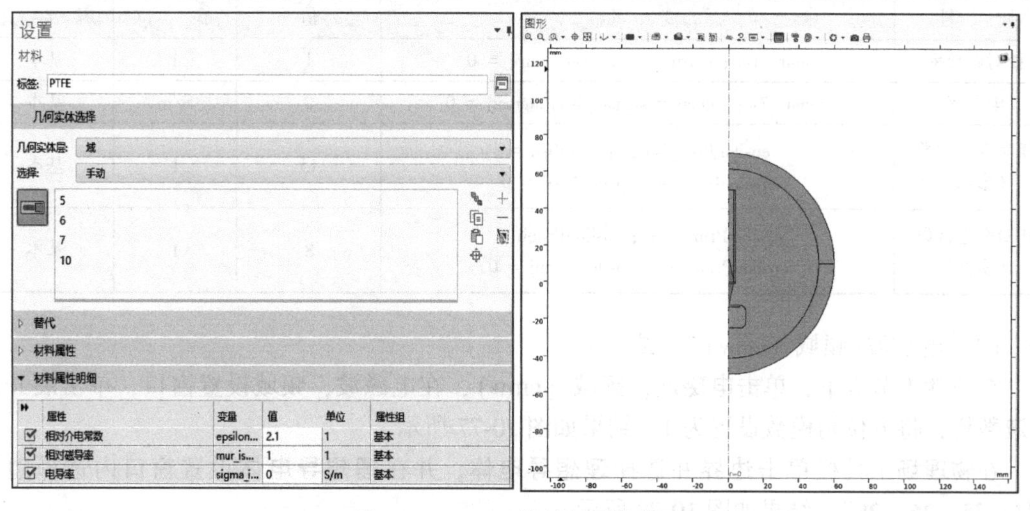

图 10-74 PTFE 的材料属性设置

用相同方式再添加两种材料：Skin、肿瘤皮肤，结果如表 10-11、图 10-75 和表 10-12 所示，剩余材料属性设置如图 10-79 所示。

表 10-11 材料属性表（Skin）

属性	变量	值	单位	属性组
相对磁导率	mur _ iso ; murii = mur _ iso, murij = 0	1	1	基本
电导率	sigma _ iso ; sigmaii = sigma _ iso, sigmaij = 0	0	S/m	基本
相对介电常数（虚部）	epsilonBis _ iso ; epsilonBisii = epsilonBis _ iso, epsilonBisij = 0	10	1	基本
相对介电常数（实部）	epsilonPrim _ iso ; epsilonPrimii = epsilonPrim _ iso, epsilonPrimij = 0	5	1	基本

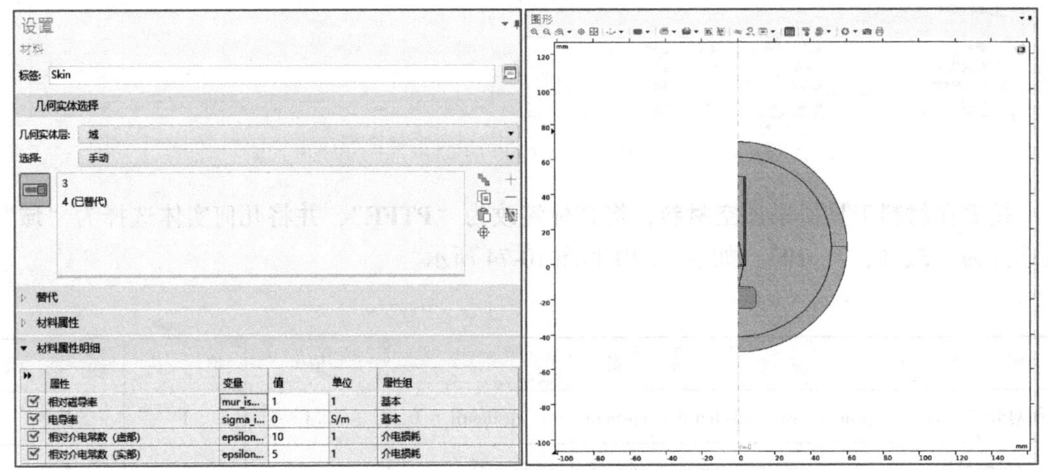

图 10-75 Skin 的材料属性设置

表 10-12 材料属性表（肿瘤皮肤）

属性	变量	值	单位	属性组
相对磁导率	mur _ iso ; murii = mur _ iso, murij = 0	1	1	基本
电导率	sigma _ iso; sigmaii= sigma _ iso, sigmaij = 0	0	S/m	基本
相对介电常数（虚部）	epsilonBis _ iso ; epsilonBisii = epsilonBis _ iso, epsilonBisij = 0	15	1	基本
相对介电常数（实部）	epsilonPrim _ iso ; epsilonPrimii = epsilonPrim _ iso, epsilonPrimij = 0	8	1	基本

（4）电磁波-频域（emw）设置

在**组件 1** 节点下，单击**电磁波，频域（emw）**，在电磁波，频域设置窗口，单击展开**面外波数**栏，将方位角模数设置为 1，结果如图 10-77 所示。

在**物理场**工具栏单击**边界**并选择**理想导电体**，并在**理想导电体**设置窗口内选择边界“**24、25、26、28**”，结果如图 10-78 所示。

在**物理场**工具栏单击**边界**并选择**端口**，并在**端口**设置窗口内选择边界“**17**”，端口类型设置为“圆形”，选中**在内部端口上激活狭缝条件**复选框，最后在**端口输入功率**栏输入“**1[mW]**”，单击**切换功率流方向**，设置结果如图 10-79 所示。

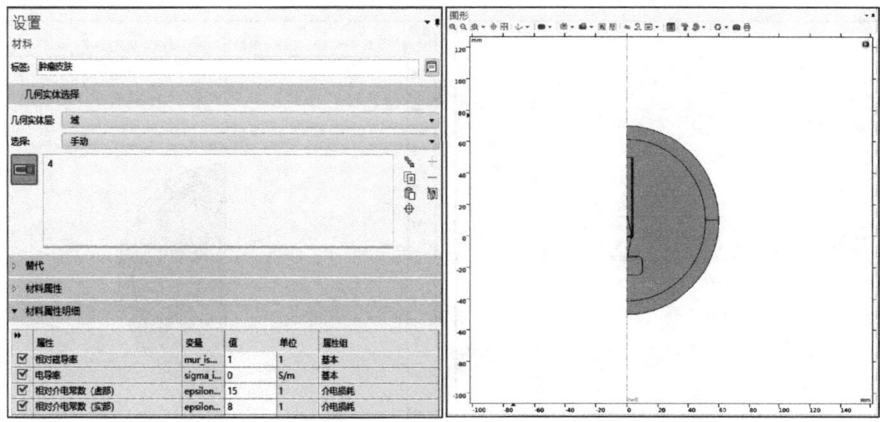

图 10-76 剩余材料属性设置

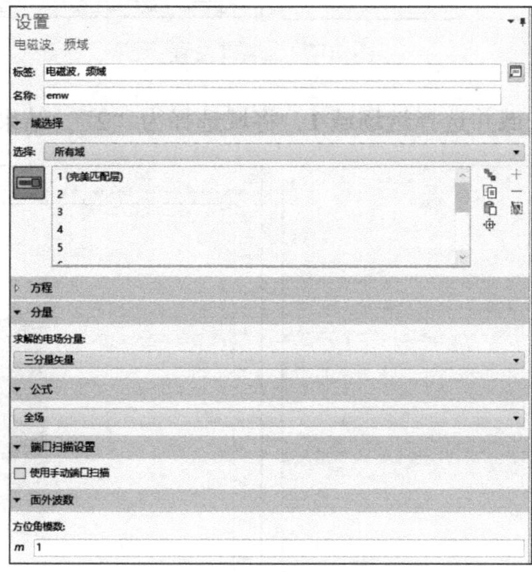

图 10-77 电磁波-频域设置

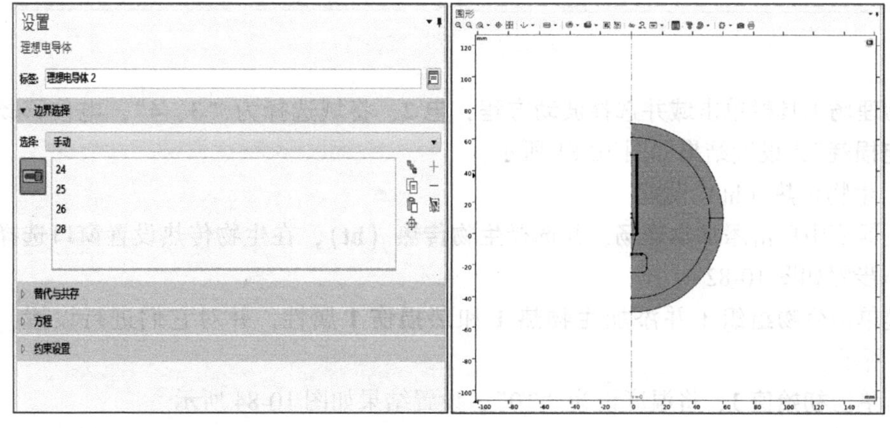

图 10-78 理想导电体设置

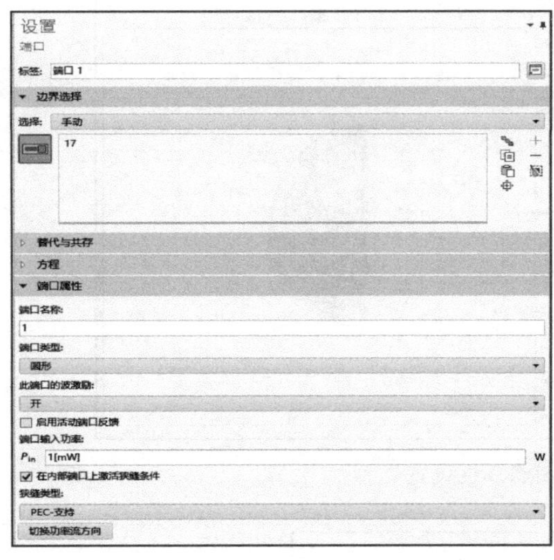

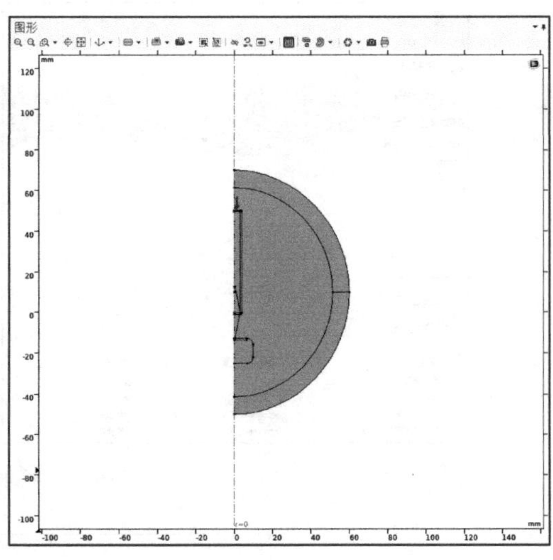

图 10-79　端口设置

在**物理场**工具栏单击**域**并选择**远场域 1**，将域选择为“2”，结果如图 10-80 所示。

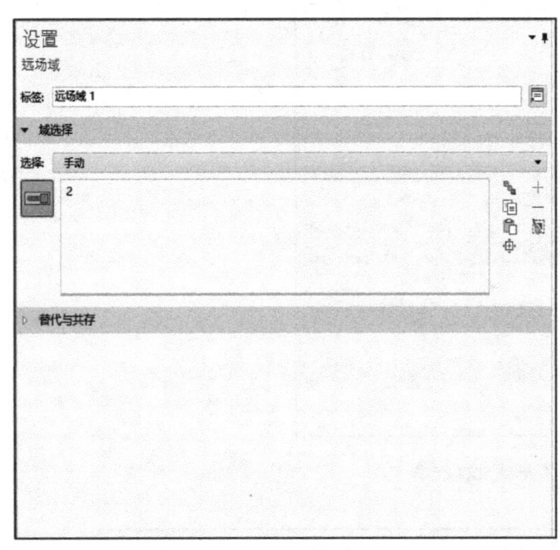

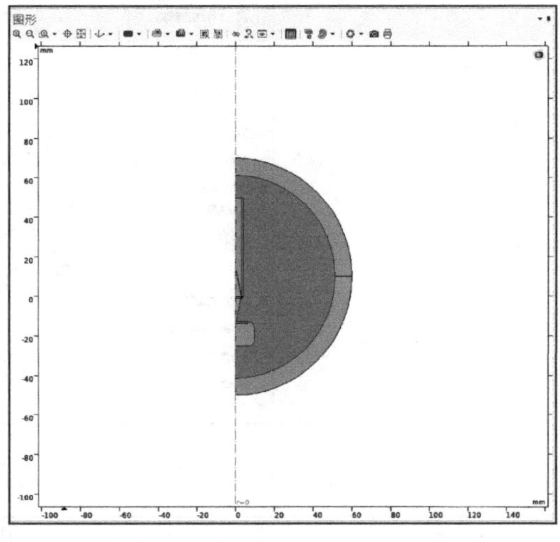

图 10-80　远场域设置

在**物理场**工具栏单击**域**并选择**波动方程，电 2**，将域选择为“3、4”，电位移场模型选为“**介电损耗**”，设置结果如图 10-81 所示。

(5) 生物传热（ht）设置

在主屏幕中单击**添加物理场**，并选择**生物传热（ht）**，在生物传热设置窗口选择域“3、4”，具体步骤如图 10-82 所示。

右键单击**生物组织** 1 并添加**生物热 1** 和**热损伤 1** 属性，并对它们进行设置，结果如图 10-83 所示。

最后单击**初始值 1**，将温度设为“T0”，设置结果如图 10-84 所示。

(6) 多物理场设置

在**物理场**工具栏单击多物理场并选择**电磁热 1**，设置结果如图 10-85 所示。

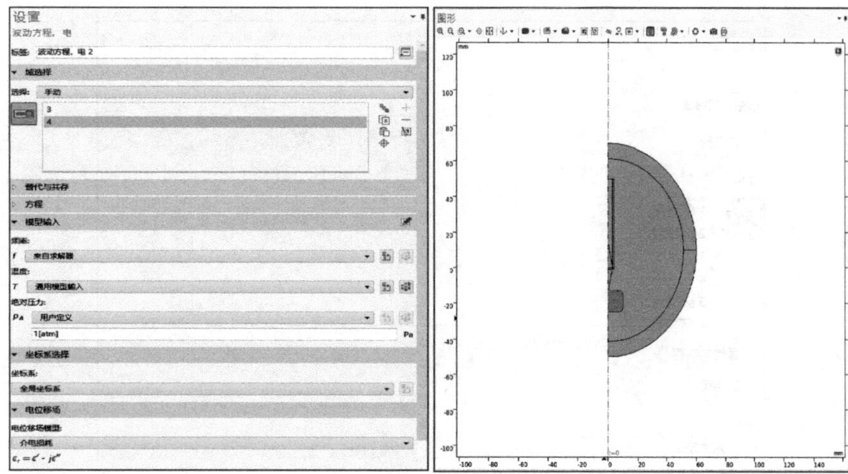

图 10-81　波动方程，电的属性设置

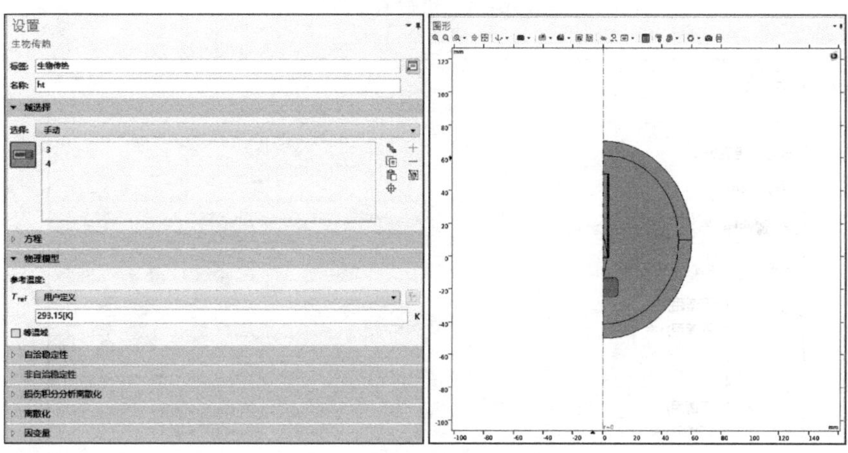

图 10-82　域选择设置

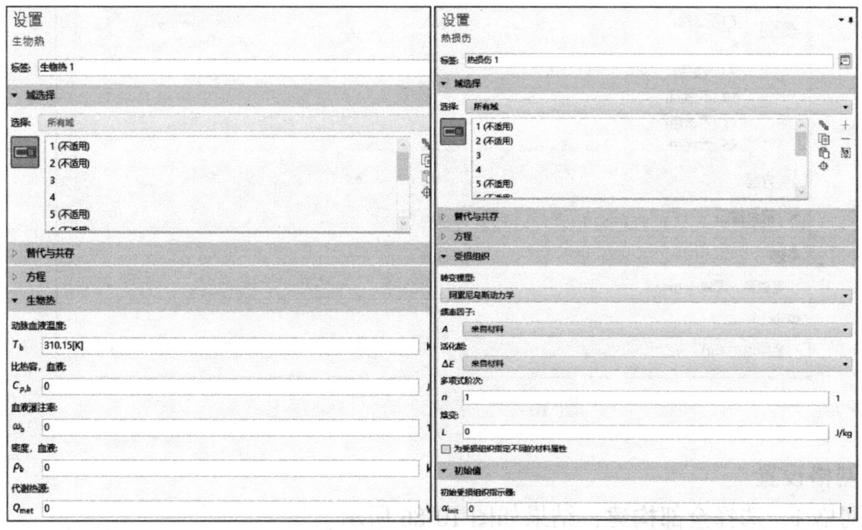

图 10-83　生物组织 1 设置

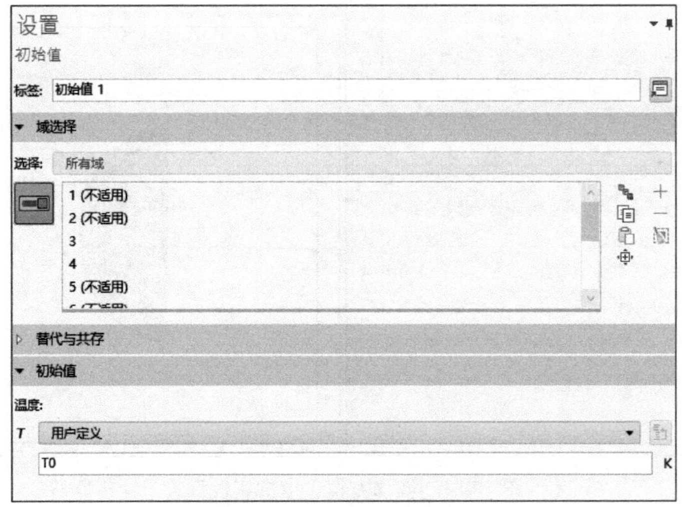

图 10-84　初始值 1 设置

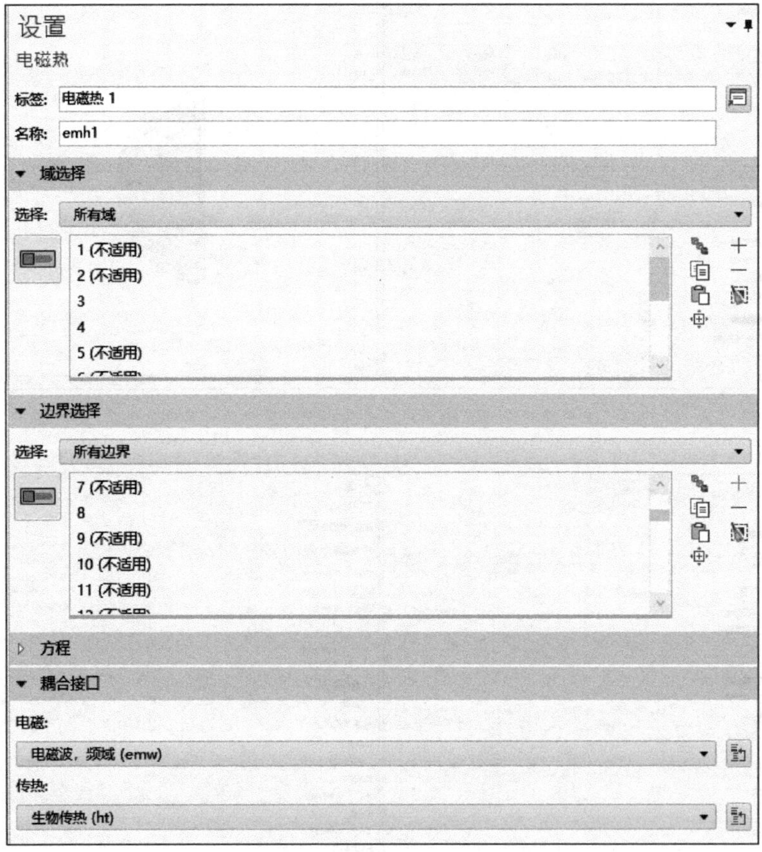

图 10-85　多物理场属性设置

（7）网格设置

单击网格 1，选择**全部构建**，结果如图 10-86 所示。

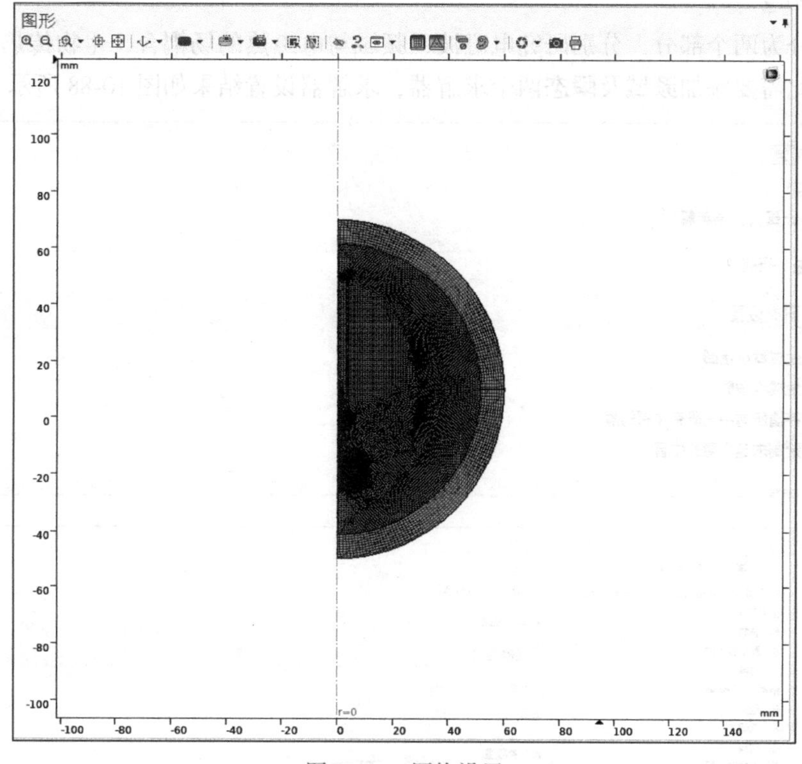

图 10-86 网格设置

4. 研究设置

(1) 研究 1

在**模型开发器**下，单击展开**研究 1** 节点，单击**步骤 1：频域**，在频域设置窗口，将频率设为“**f0**”，并取消“**生物传热（ht）**”及“**电磁热 1（emh1）**”复选框，结果如图 10-87 所示。

设置
频域
= 计算 C 更新解

标签：频域

▼ 研究设置

频率单位：GHz

频率：f0 GHz

加载参数值：

浏览... 读取文件

重用上一步的解：自动

▷ 求解时显示结果

▼ 物理场和变量选择

☐ 修改研究步骤的模型配置

物理场接口	求解	离散化
电磁波，频域 (emw)	☑	物理场设置
生物传热 (ht)	☐	物理场设置

多物理场耦合	求解
电磁热 1 (emh1)	☐

图 10-87 研究 1 设置

（2）研究 2

该研究分为两个部分，分别研究电磁波、频域与电磁热的场耦合、生物传热与电磁热的场耦合，因此需要添加**频域**及**瞬态**两个求解器，求解器设置结果如图 10-88 所示。

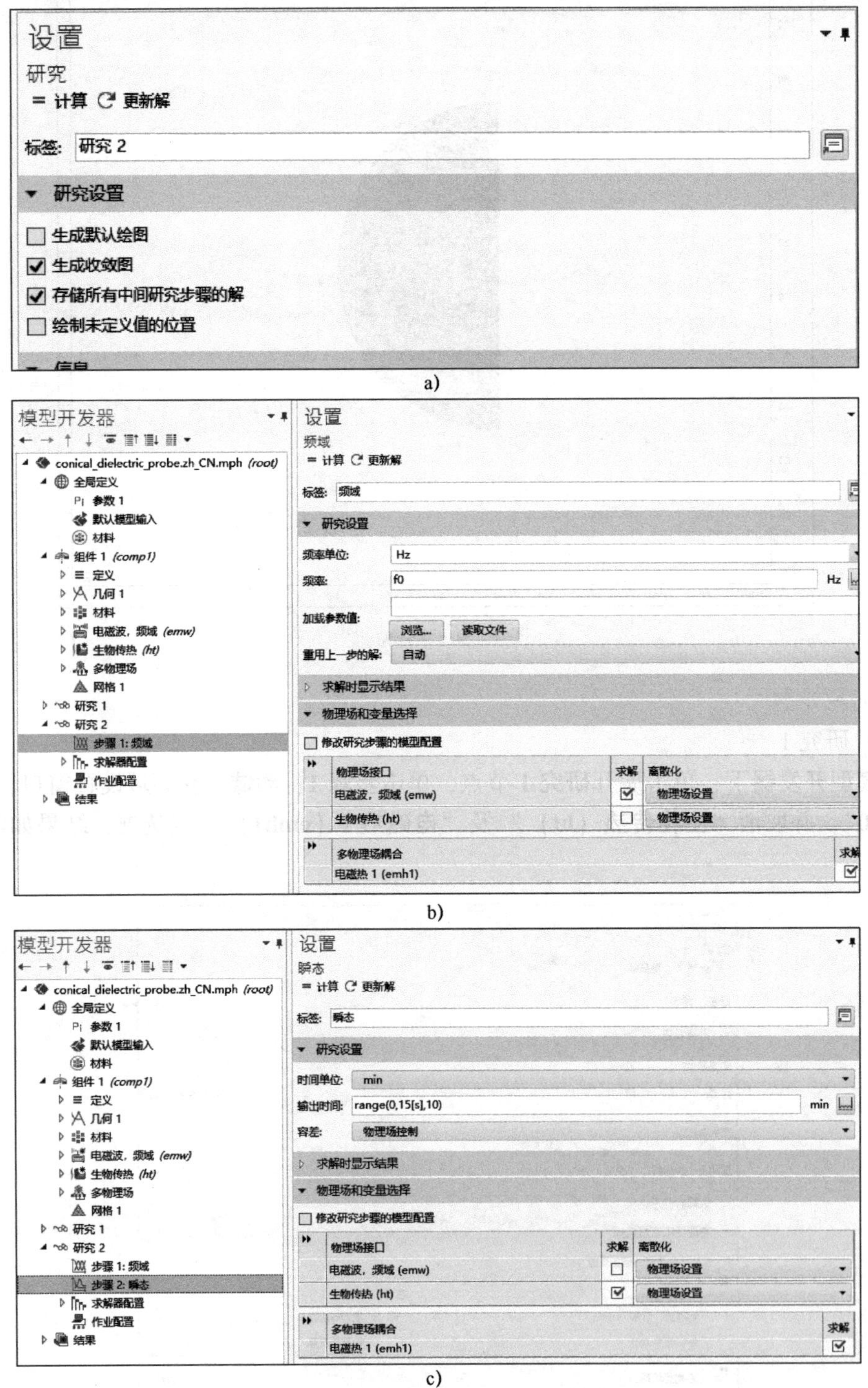

a)

b)

c)

图 10-88　研究 2 设置

5. 结果分析

(1) 电场分布

在**结果**节点下，单击展开**电场**节点，接着单击**表面**，在**表面**设置窗口，在表达式文本框输入“**emw. Er**”，颜色表选为“**Wave**”，接着在**电场**工具栏单击**绘制**，结果如图 10-89 所示。

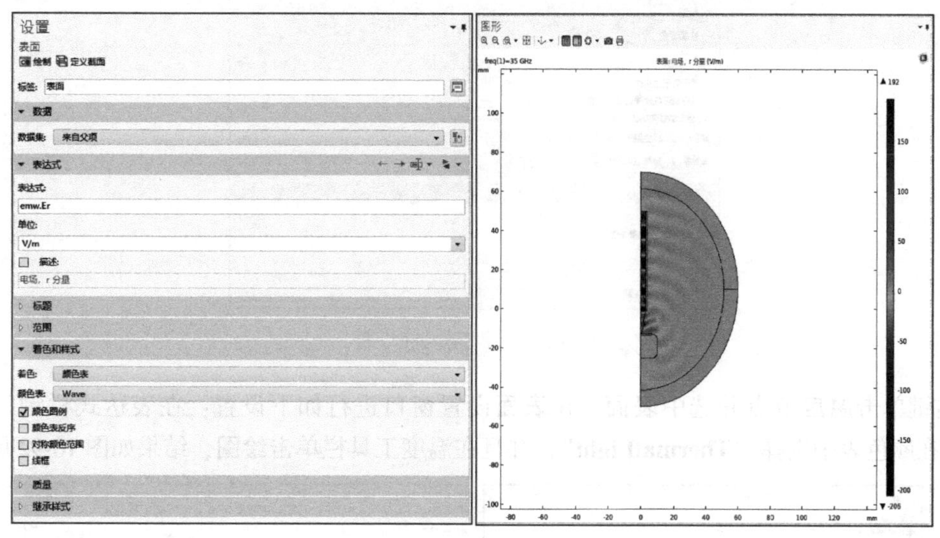

图 10-89 电场 *r* 分量分布图

(2) 温度分布

在**结果**节点下，单击**更多数据集**并选择**二维旋转**，在二维旋转的设置窗口进行如下设置：数据集选择“**研究 2/解 2（sol2）**”，起始角度为“-90”，旋转角度“270”，最后在**主屏幕**上单击**计算**，设置结果如图 10-90 所示。

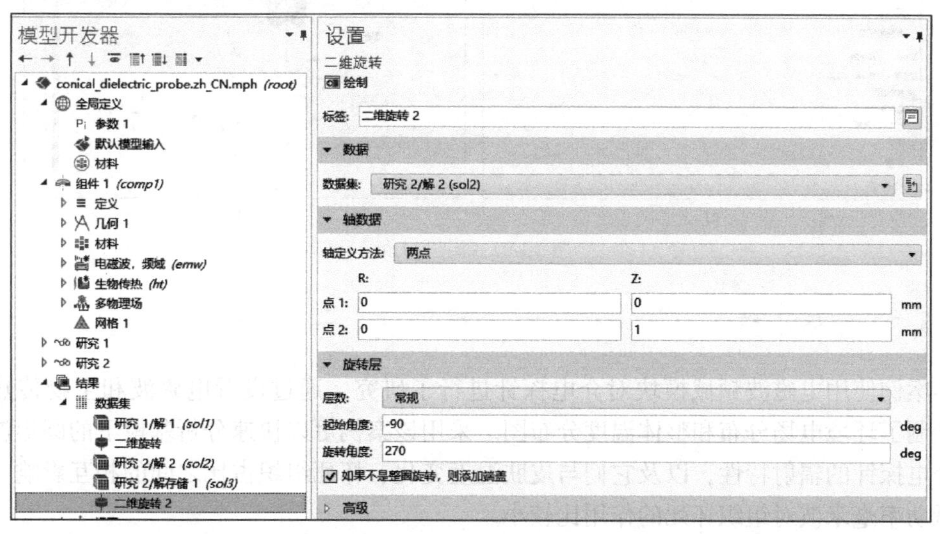

图 10-90 二维旋转 2 设置

右键单击**结果**节点并选中**三维绘图组**，在三维绘图组的设置窗口进行如下设置：将标签改为“**温度**”，数据集选择“**二维旋转 2**”，时间选择“**10**”，结果如图 10-91 所示。

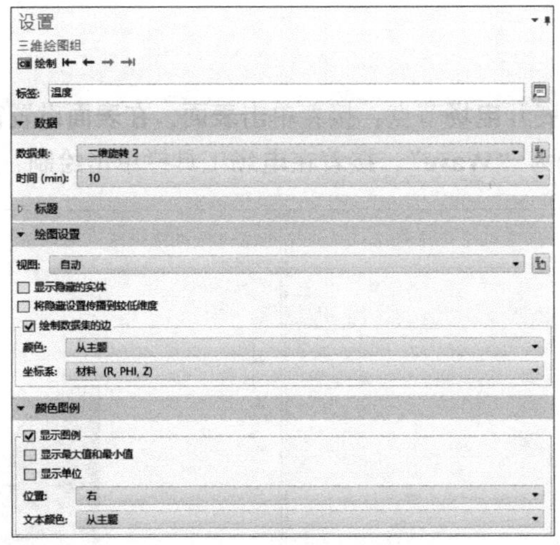

图 10-91　温度属性设置

右键单击**温度**节点并选中**表面**，在**表面**设置窗口进行如下设置：在表达式栏键入“**T-T0**”，在颜色表中选择“**ThermalLight**”，并且在温度工具栏单击**绘图**，结果如图 10-92 所示。

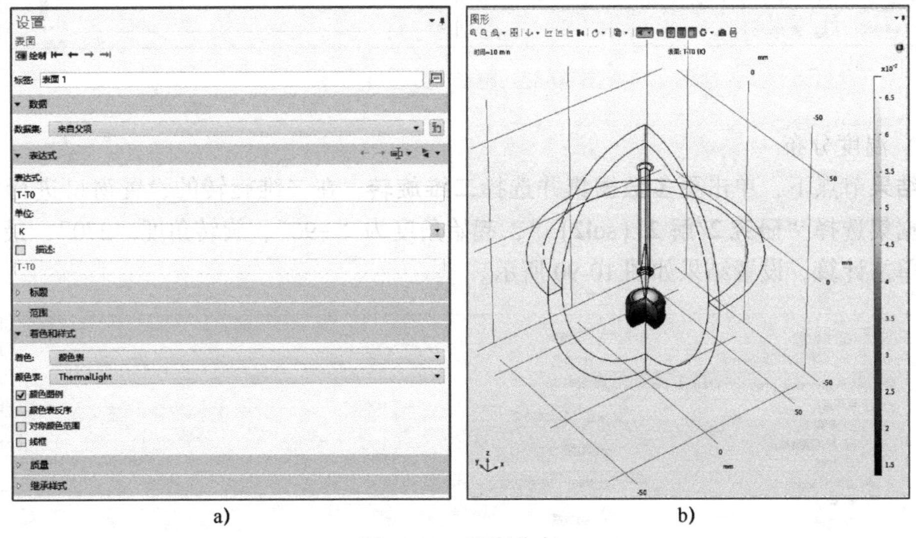

图 10-92　温度分布

10.4.3　案例小结

本案例使用电磁波频域模块对介电探针进行了研究，通过设置电磁波和生物传热物理场，绘制了环境电场分布和整体温度分布图。采用该案例可以快速分析基模下的圆形波导和锥形介电探针的辐射特性，以及它们与皮肤温度变化、坏死组织占比之间的相互影响，结果表明低功率毫米波对组织坏死的作用比较小。

在实际肿瘤检测中，影响检测结果的因素主要包括微波的性能参数和肿瘤自身对微波的反射能力。本案例对检测简化模型的研究显示了微波射频检测的基本规律，若想继续深入研究介电探针对皮肤肿瘤的检测效果，还需调整相应参数进行控制变量研究。

第 11 章 能源领域

11.1 简介

加快“能源转型”技术的发展符合新时代对工业改革要求的宗旨，如何创造更清洁、更安全和可负担的新能源是摆在能源企业面前的三座大山，利用功能强大的仿真技术来加快科学研发，无疑是必要的手段。近年来，COMSOL 官方多次举办了“多物理场仿真在能源领域应用”的讲座，深入解析了新能源领域中的多物理场的现象，提出解决并优化了如延长电池寿命、共轭传热分析、LED 灯泡设计、永磁电机涡流损耗研究等多个方面的问题。本书选取了能源领域中三个典型案例，分别是锂电池温度特性、辐射冷却和地热开发，依次介绍运用的固体传热、辐射传热和多孔介质流动等多方面的软件操作方法。

11.2 案例 1 锂电池温度特性

11.2.1 背景介绍

锂离子电池在各个方向的张力可相互抵消，不易膨胀变形，一致性好，并且还具有气体不易泄漏，耐压性好等优点，在电动工具等高功率应用领域中得到广泛应用，但是其所产生的热问题依然不可忽视。

本案例建立了一个圆柱形锂电池的生热过程仿真模型，模型根据 Bernardi 均匀产热理论，认为电池内部各处产热均匀，忽略电池内溶液的流动以及电池内部热辐射过程，将锂电池的传热过程处理为固体热传导过程。通过实验相关数据，采用 Bernardi 方程，得到了电池的热源，以此研究放电过程中温度的分布情况。

需要注意的是，锂电池的传热模型中涉及的热物性参数包括恒压热容、导热系数、对流换热系数等。这需要设计大量的实验方案获取相关的物性参数，如常见的导热系数可以采用加热片对锂电池加热，得到不同监测点的温度变化后进行反演辨识。

11.2.2 操作步骤

1. 初始化模型设置

打开软件以后，单击**模型向导**开始创建模型。第一步，设置模型的空间维度，将其选

择为三维模型 ；第二步，添加所需的物理场。在本案例中，我们需要添加固体传热(ht)。具体添加路径为：传热→固体传热（ht)，并将因变量设置为默认值，具体如图 11-1 所示。

接着单击**研究**按钮，选择**瞬态**，最后单击**完成**即可，设置过程如图 11-2 所示。

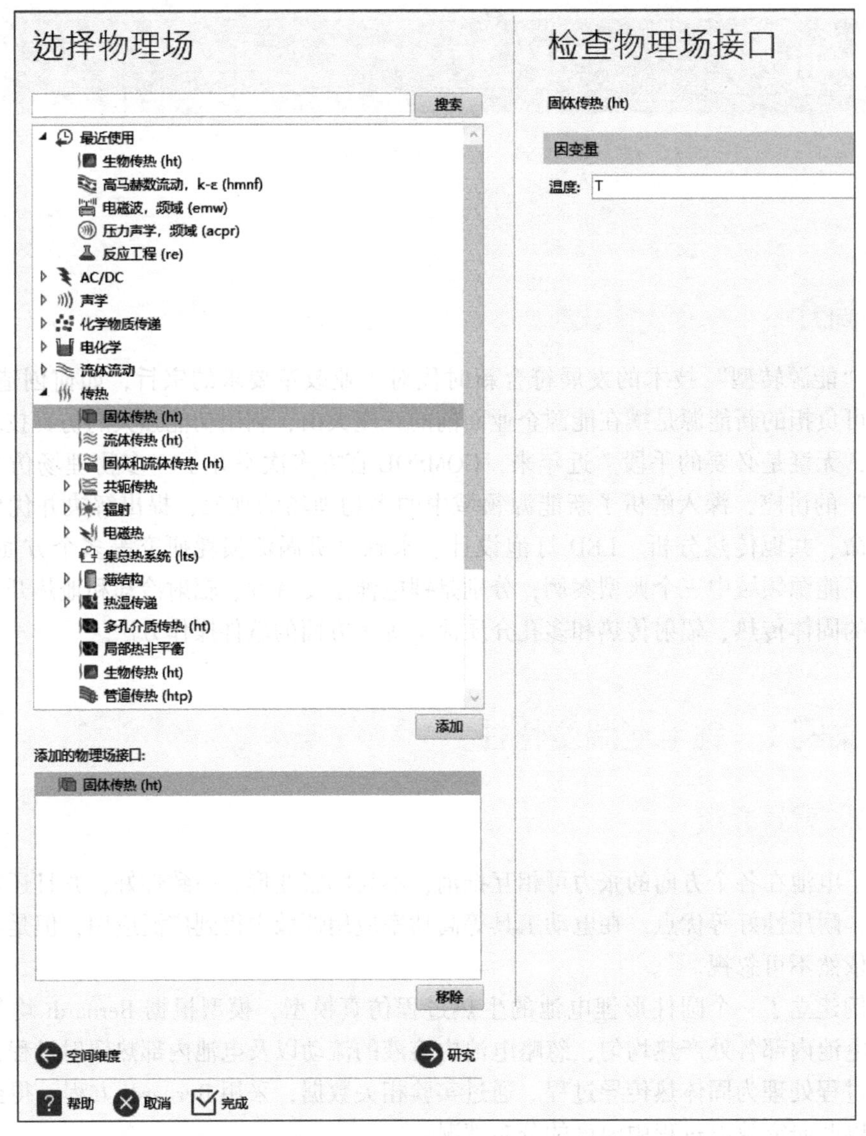

图 11-1　物理场及因变量设置

2. 全局定义设置

首先添加参数 1（如表 11-1 可以使用加载或者手动键入两种方式），参数 1 设置界面如图 11-3 所示。

3. 组件设置

(1) 几何设置

首先单击**几何 1**，在几何设置窗口将单位设置为 mm，具体操作步骤如图 11-4 所示。

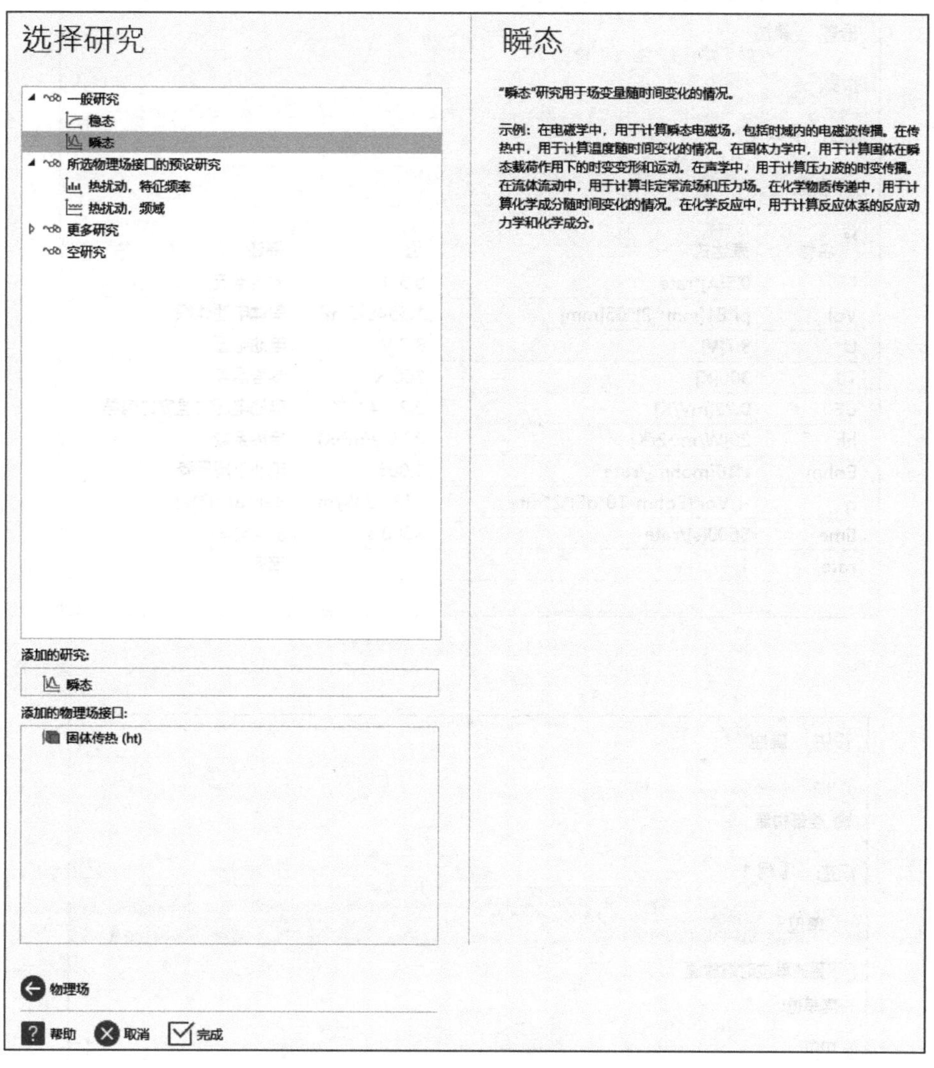

图 11-2 求解器设置

表 11-1 参数 1

名 称	表 达 式	值	描 述
I	0.5 [A] * rate	0.5A	放电电流
Vol	pi * 81 [mm^2] * 65 [mm]	$1.654\times10^{-5}m^3$	单体电池体积
U	3.7 [V]	3.7V	电池电压
T0	300 [K]	300K	参考温度
dE	0.22 [mV/K]	$2.2\times10^{-4}V/K$	电池电压对温度的偏导
hh	20 [W/m^2/K]	$20W/(m^2\cdot K)$	换热系数
Eohm	I * 10 [mohm] /rate	0.005V	电池欧姆压降
q	-I/Vol * (Eohm-T0 * dE) * 2 * rate	$3687.9W/m^3$	Bernardi 热源
time	3600 [s] /rate	3600s	放电时间
rate	1	1	倍率

设置 属性

参数

标签: 参数 1

参数

名称	表达式	值	描述
I	0.5[A]*rate	0.5 A	放电电流
Vol	pi*81[mm^2]*65[mm]	1.654E-5 m³	单体电池体积
U	3.7[V]	3.7 V	电池电压
T0	300[K]	300 K	参考温度
dE	0.22[mV/K]	2.2E-4 V/K	电池电压对温度的偏导
hh	20[W/m^2/K]	20 W/(m²·K)	换热系数
Eohm	I*10[mohm]/rate	0.005 V	电池欧姆压降
q	-I/Vol*(Eohm-T0*dE)*2*rate	3687.9 W/m³	Bernardi热源
time	3600[s]/rate	3600 s	放电时间
rate	1	1	倍率

图 11-3 参数 1 设置

设置 属性

几何

全部构建

标签: 几 何 1

单位

☐ 更改单位时缩放值

长度单位:

mm

角单位:

度

高级

几何表示:

CAD 内核

☐ 设计模块布尔操作

默认修复容差:

相对

默认相对修复容差:

1E-6

☑ 自动构建新操作

☑ 离开几何时自动构建

图 11-4 几何 1 设置

在**几何 1** 节点处单击右键，点选**圆柱体**，接着在**圆柱体 1**（**cyl1**）**设置**窗口将标签改为“**18650**”；其半径和高度分别设置为 **0mm** 和 **65mm**；单击**构建选定对象**，并在图形窗口单击“**线框渲染**”，绘制结果如图 11-5 所示。

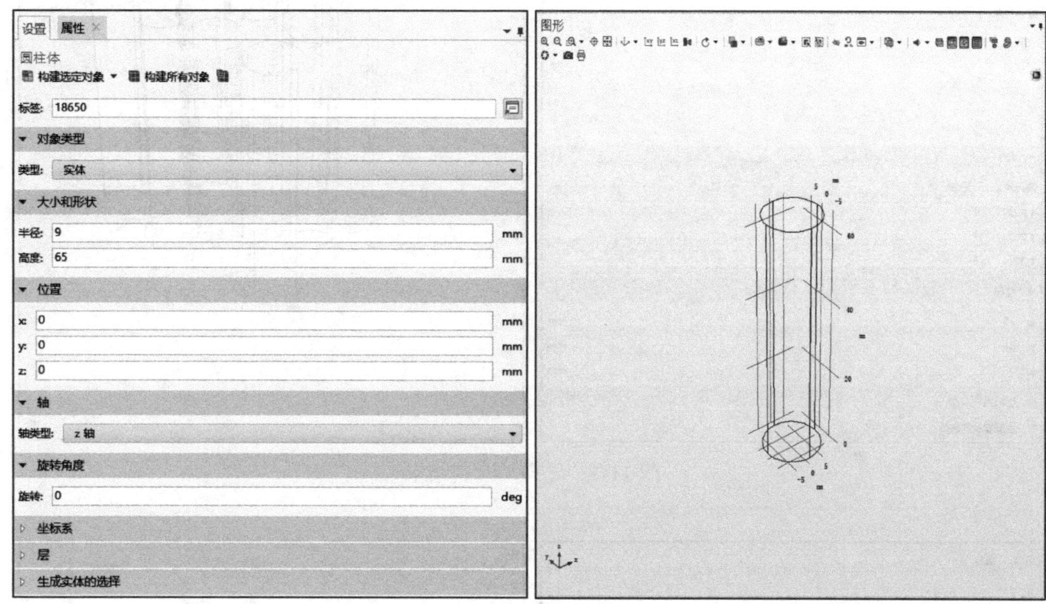

图 11-5　圆柱体绘制结果

接着用类似的方法依次绘制阵列 1、箱体、箱体 1，设置过程如图 11-6~图 11-9 所示。

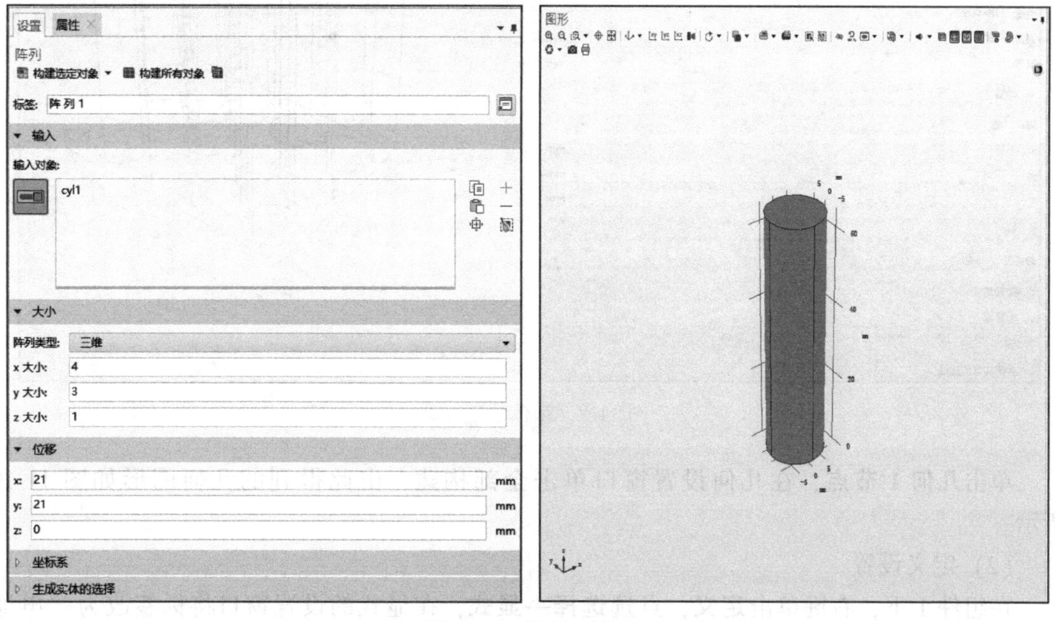

图 11-6　阵列 1 设置

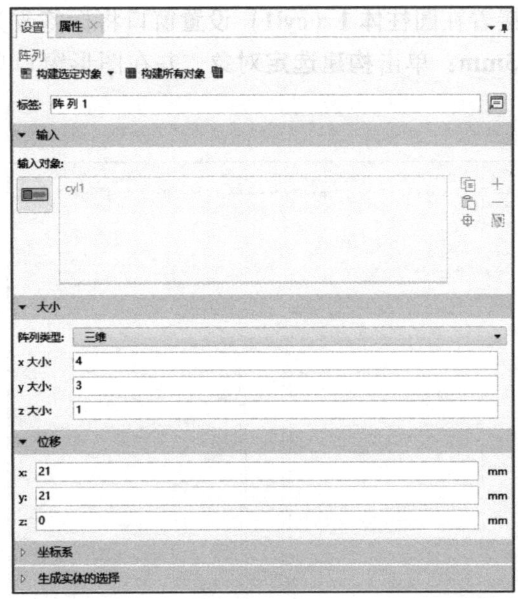

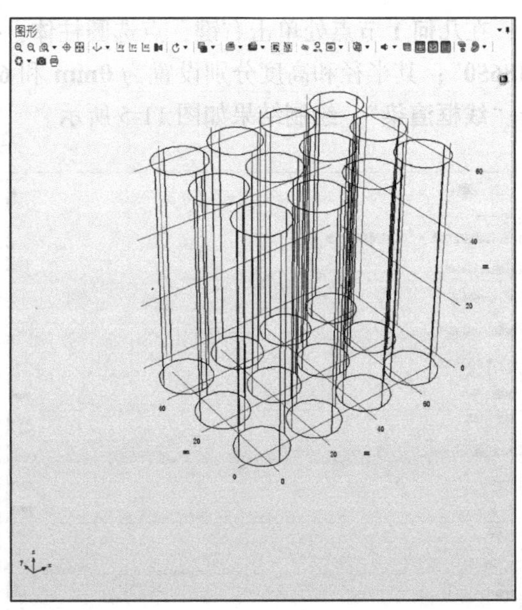

图 11-7　阵列 1 绘制结果

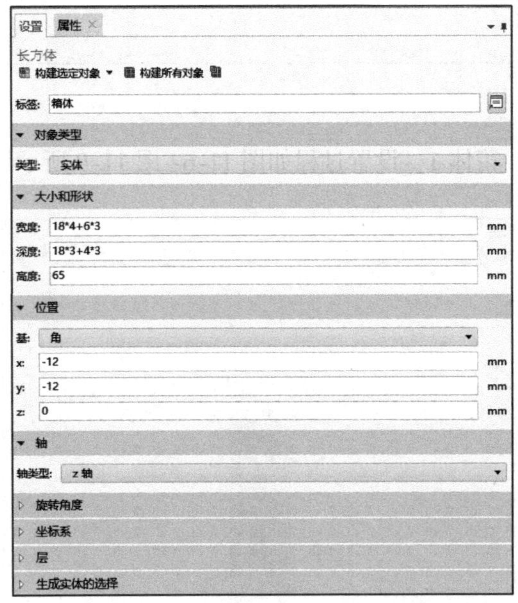

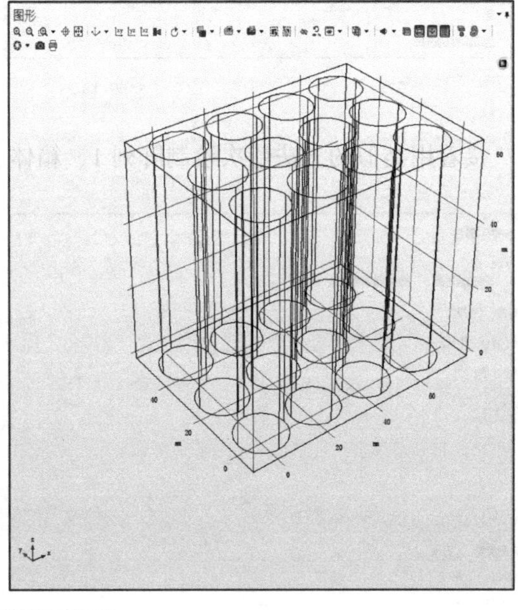

图 11-8　箱体绘制结果

单击**几何 1 节点**，在几何设置窗口单击**全部构建**，由此得到的几何图形如图 11-10 所示。

（2）定义设置

在组件 1 下，右键单击**定义**，点选**选择→显式**，在显式的设置窗口将标签改为“电池组”，域选择为**“3~14”**，设置过程如图 11-11 所示。

右键**选择**添加**显式 2**，在显式设置窗口将其标签改为**“边界”**，并将边界选为**“1、2、**

3、4、5、84"，设置结果如图 11-12 所示。

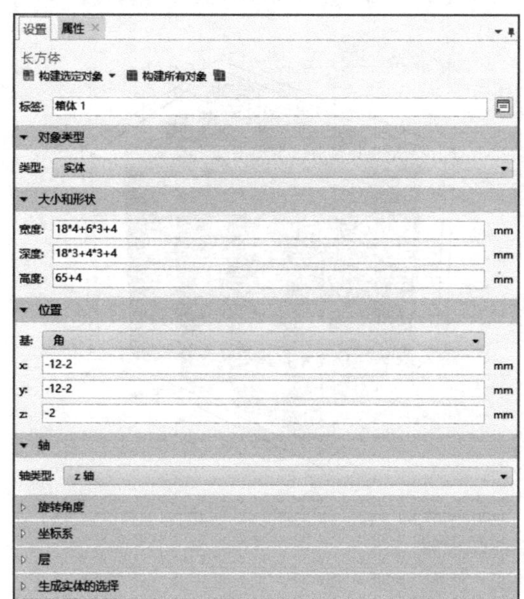

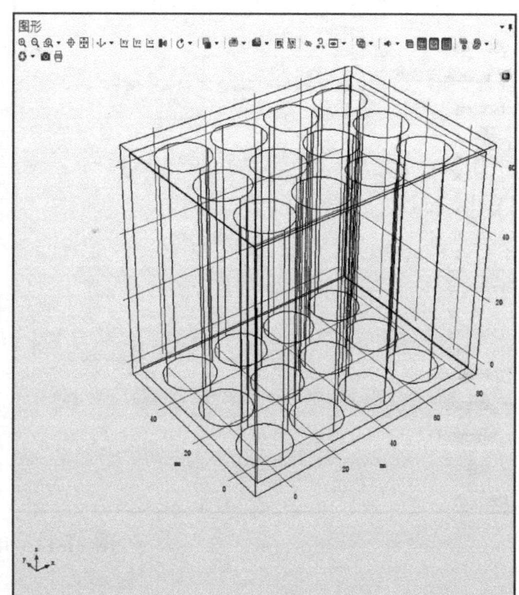

图 11-9　箱体 1 绘制结果

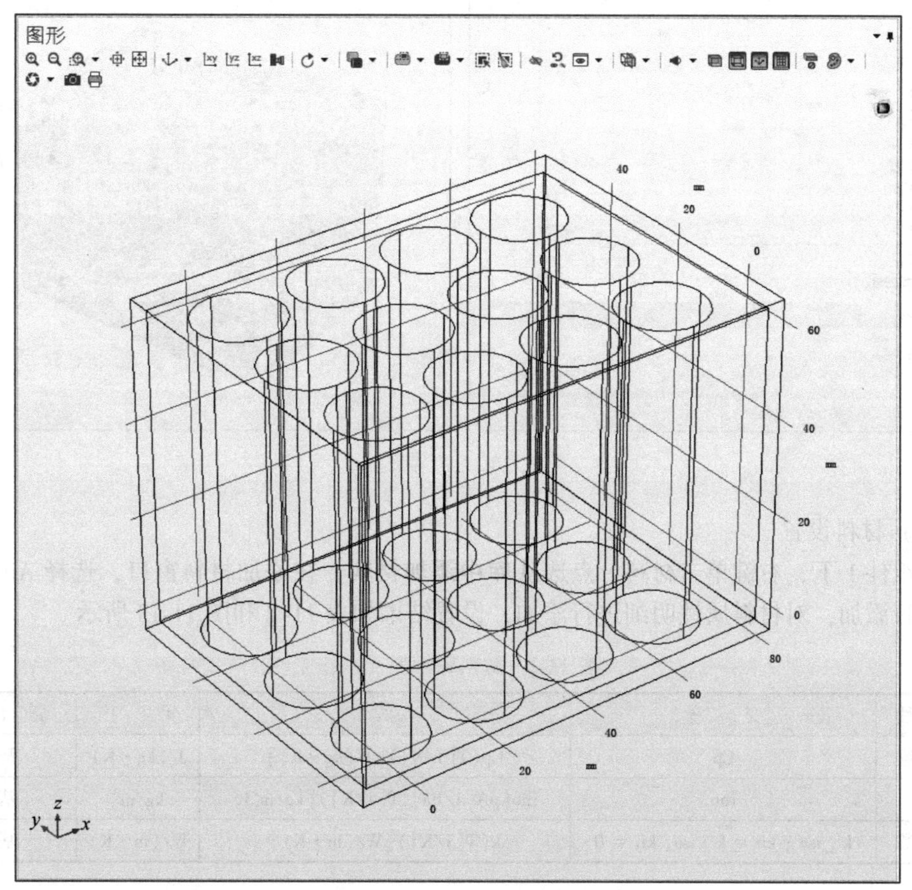

图 11-10　几何绘制结果

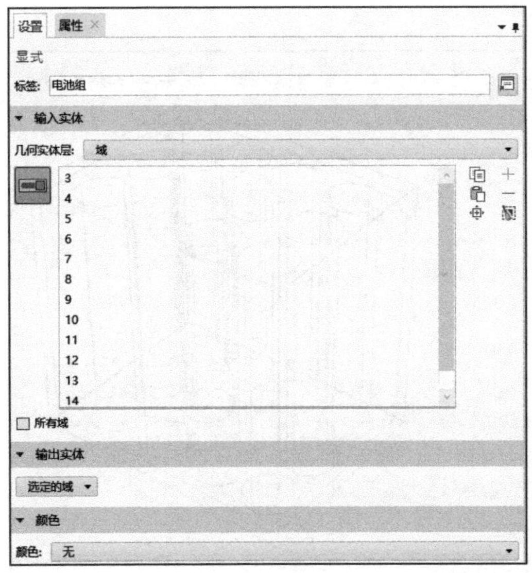

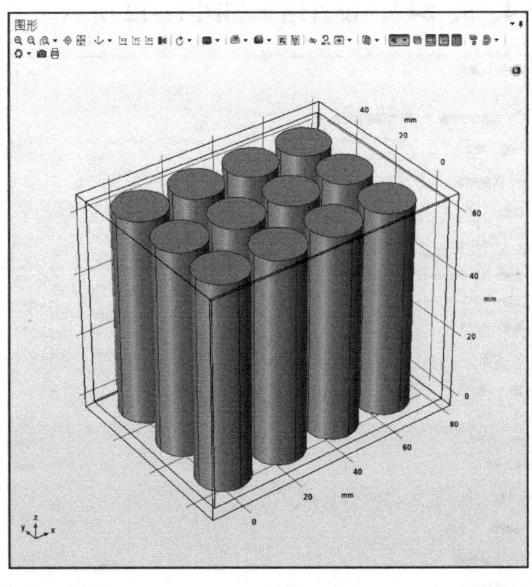

图 11-11　电池组设置

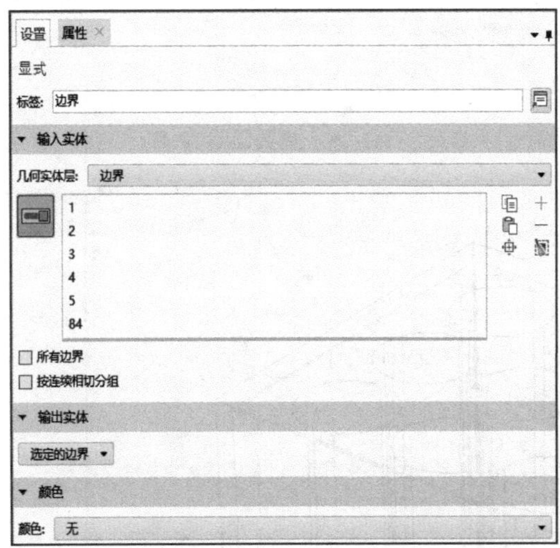

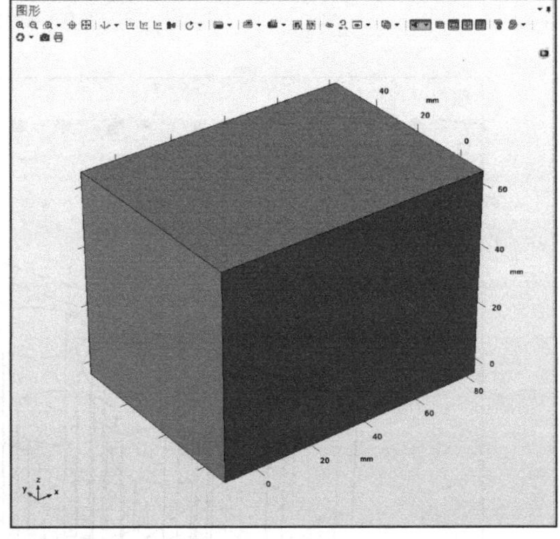

图 11-12　边界设置

（3）材料设置

在组件 1 下，右键单击**材料**，点选**从库中添加材料**，在添加材料窗口，选择 Air，并且双击进行添加，对材料属性明细进行添加，设置结果如表 11-2 和图 11-13 所示。

表 11-2　材料属性表（Air）

属　性	变　量	值	单　位	属 性 组
恒压热容	Cp	Cp(T[1/K])[J/(kg*K)]	J/(kg·K)	基本
密度	rho	rho(pA[1/Pa],T[1/K])[kg/m^3]	kg/m^3	基本
导热系数	k_iso ; kii = k_iso, kij = 0	k(T[1/K])[W/(m*K)]	W/(m·K)	基本

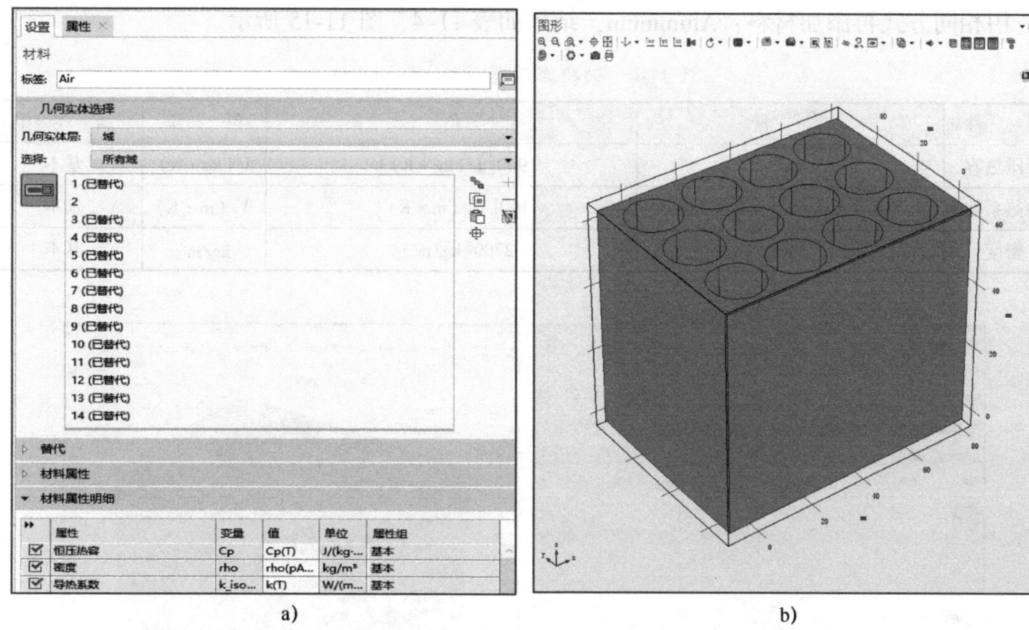

a) b)

图 11-13 Air 材料属性设置

接着在**材料**工具栏添加**空材料**，并将其标签改为“**电池**”，接下来将几何实体选择为“**域**”，域选择为“**3~14**”，如表 11-3 和图 11-14 所示。

表 11-3 材料属性表（电池）

属　　性	变　　量	值	单　位	属 性 组
密度	rho	1399.1	J/(kg·K)	基本
恒压热容	Cp	2055.2	kg/m³	基本
导热系数	{k11, k22, k33} ; kij = 0	{0.89724, 0.89724, 29.557}	W/(m·K)	基本

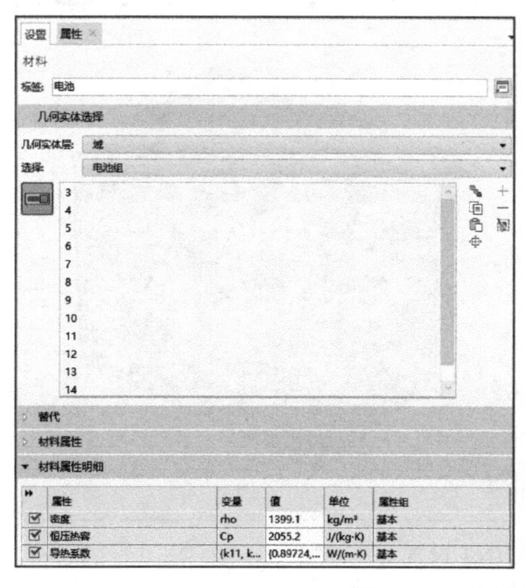

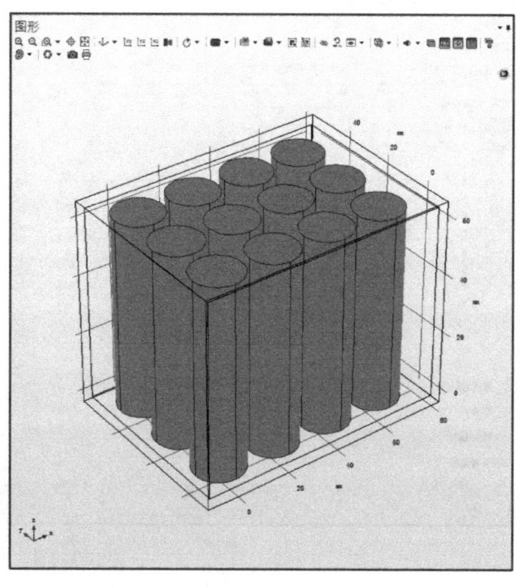

图 11-14 电池的材料属性设置

用相同方式再添加材料：Aluminum，结果如表 11-4、图 11-15 所示。

表 11-4 材料属性表（Aluminum）

属性	变量	值	单位	属性组
恒压热容	Cp	900[J/(kg*K)]	J/(kg·K)	基本
导热系数	k_iso；kii = k_iso, kij = 0	160[W/(m*K)]	W/(m·K)	基本
密度	rho	2700[kg/m^3]	kg/m^3	基本

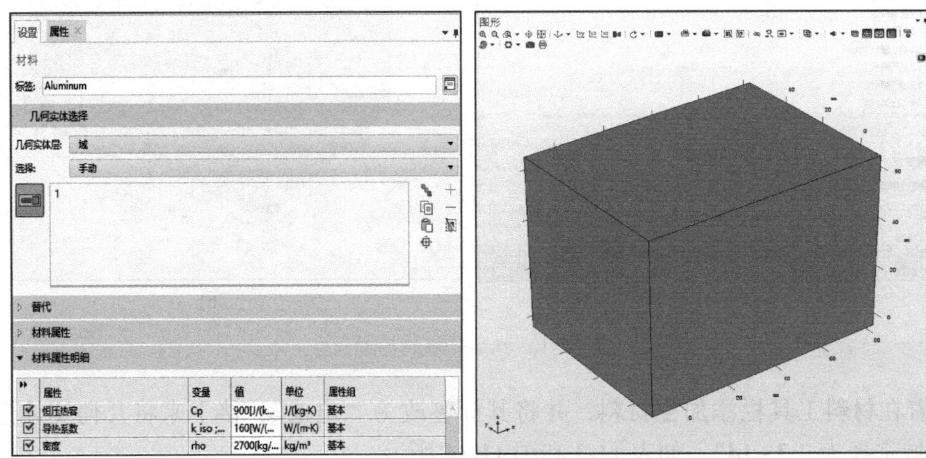

图 11-15 Aluminum 的材料属性设置

（4）固体传热（ht）设置

在**组件 1** 节点下，单击并展开**固体传热（ht）节点**，单击**固体传热 1**，在固体设置窗口的模型输入栏将**体积参考温度**设为“**用户定义**”，并将温度改为“**T0**”，结果如图 11-16 所示。

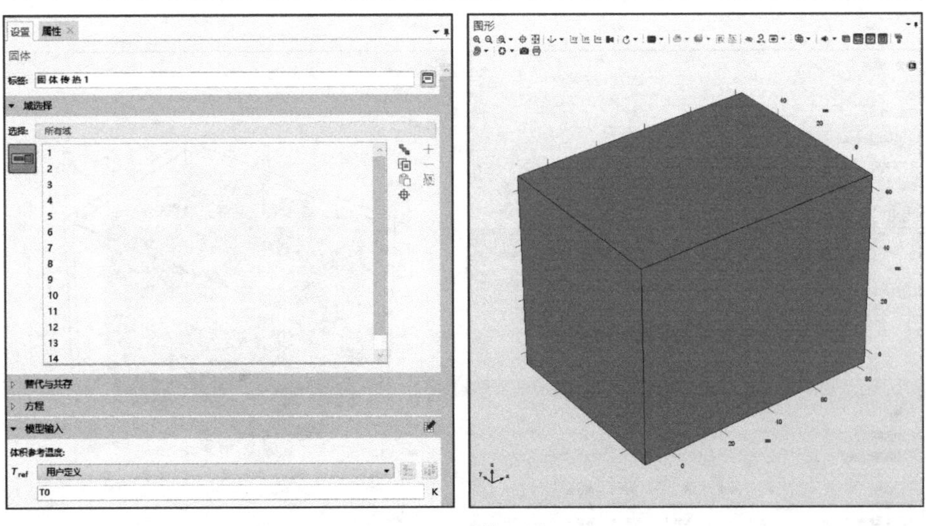

图 11-16 固体 1 设置

在**物理场**工具栏单击**域**并选择**热源**，并在**热源**设置窗口内选择域“**电池组**”，在热源栏内将 Q_0 设置为“q”，设置结果如图 11-17 所示。

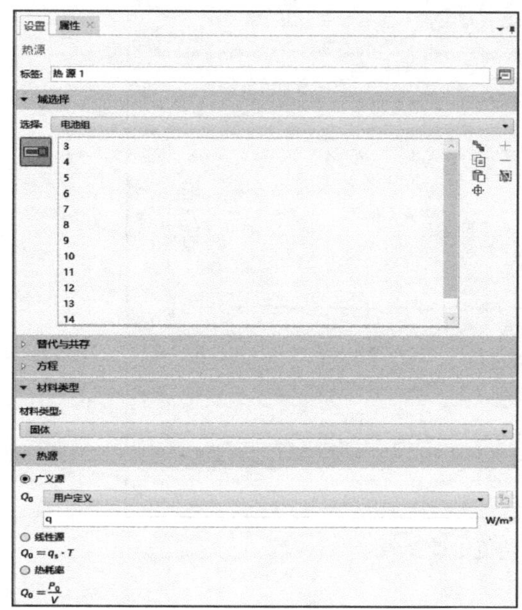

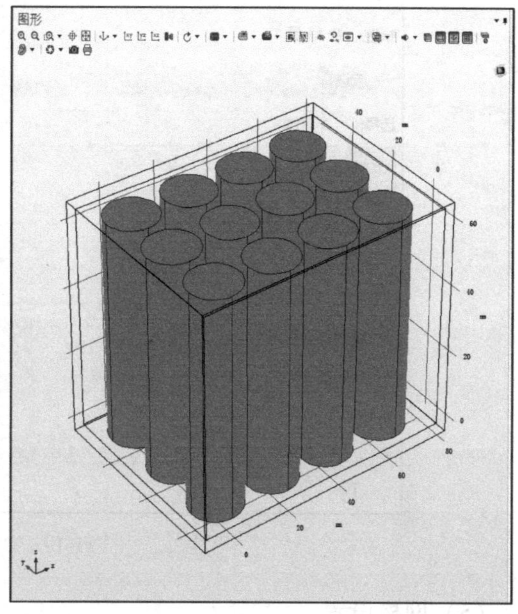

图 11-17　热源 1 设置

在**物理场**工具栏单击**边界**并选择**热通量**，并在**热通量**设置窗口内选择边界“**1、2、3、5、84**”，选中**对流热通量**单选按钮，最后在**传热系数** h 栏输入“**hh**”，设置结果如图 11-18 所示。

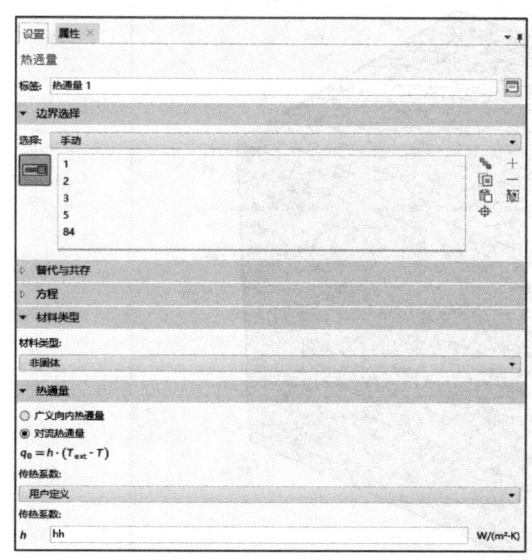

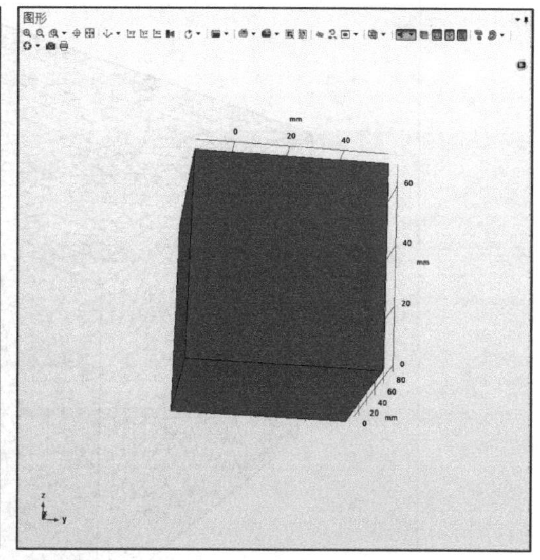

图 11-18　热通量 1 设置

最后，在**组件 1** 节点下，单击**初始值 1**，在初始值设置窗口将温度改为“**T0**”，设置结果如图 11-19 所示。

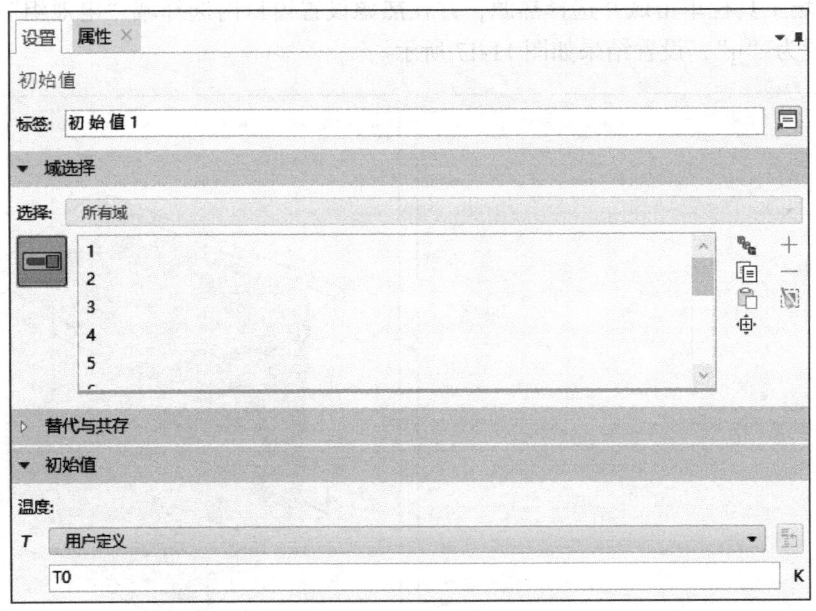

图 11-19　初始值 1 设置

(5) 网格设置

单击**网格 1**，选择**全部构建**，结果如图 11-20 所示。

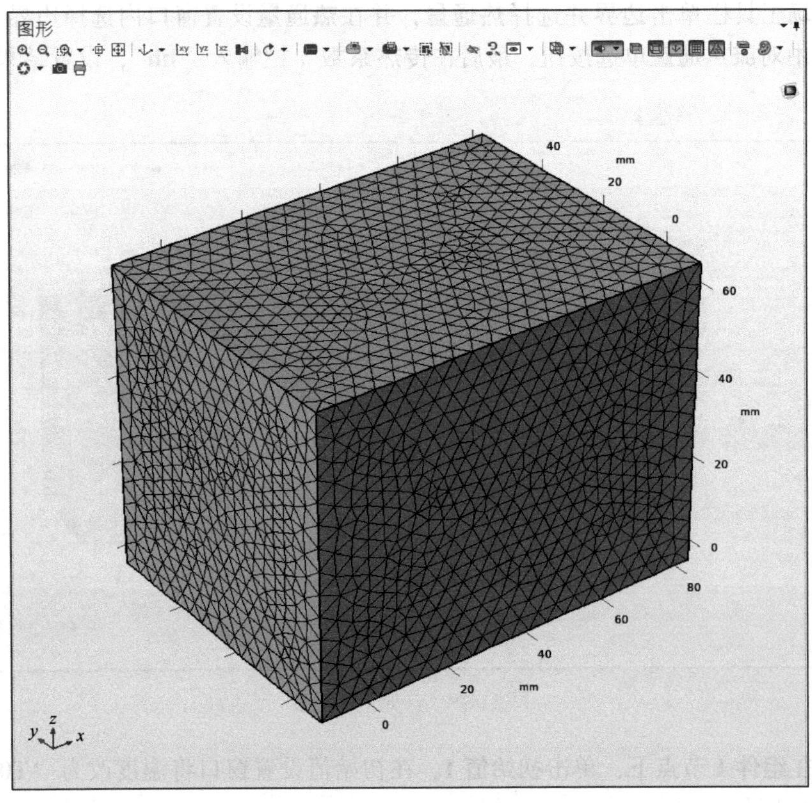

图 11-20　网格设置

4. 研究设置

研究 1

在**模型开发器**下，单击展开**研究 1** 节点，单击**步骤 1：瞬态**，在瞬态设置窗口，将输出时间设为“**range（0，time/40，time）**”，结果如图 11-21 所示。

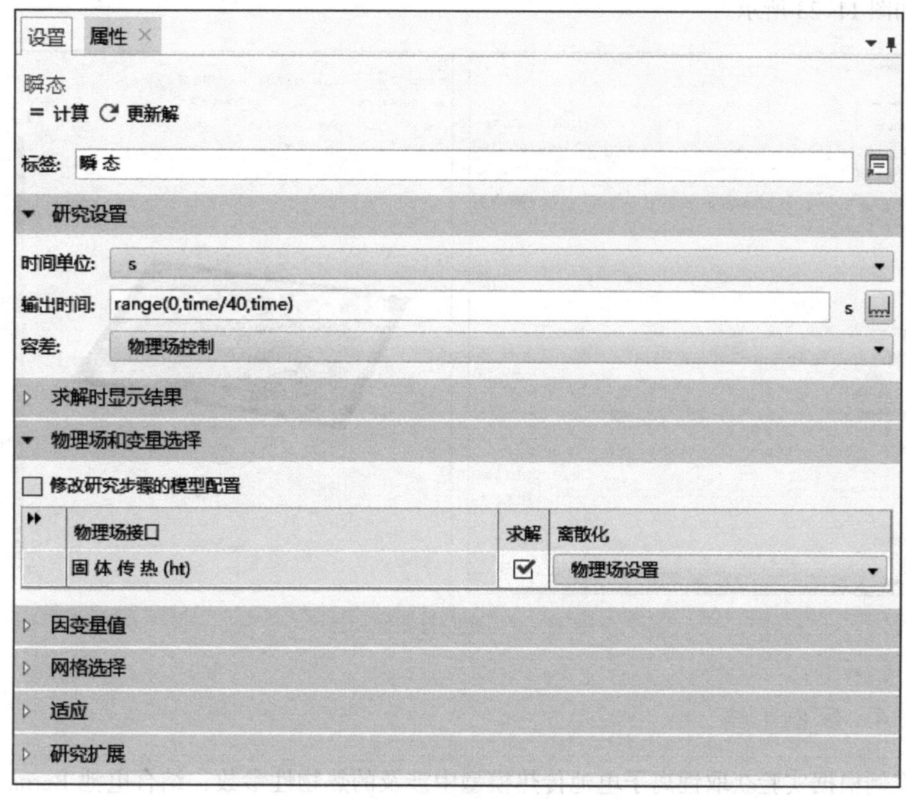

图 11-21　瞬态设置

接着右键单击**研究 1** 选择**参数化扫描**，在参数化扫描设置窗口，单击研究设置栏下方的符号“+”，添加参数列表，结果如图 11-22 所示。

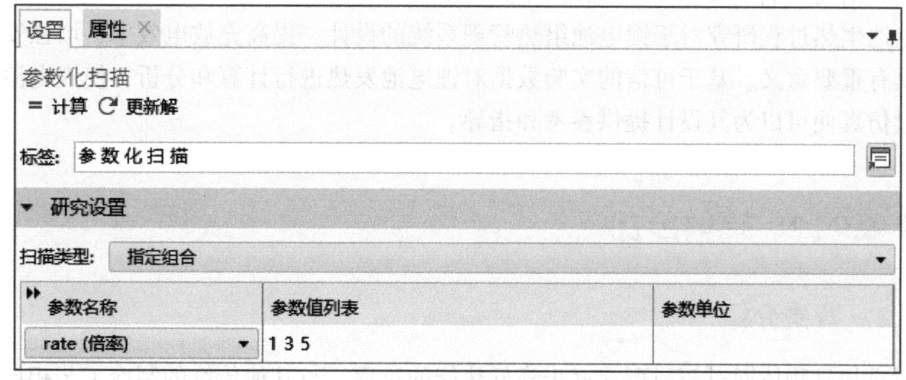

图 11-22　参数化设置

最后单击**计算**按钮，完成仿真模拟过程。

5. 结果分析

在**结果**节点下，单击展开**温度**节点，右键单击**表面**并单击**禁用**。在**温度**工具栏单击**切面**，在切面设置窗口，将平面数据选为“***xy* 平面**”，平面数设置为“**1**”，则设置结果及温度分布如图 11-23 所示。

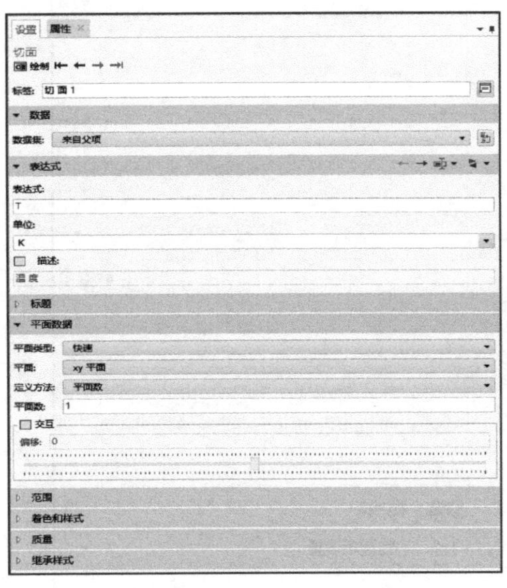

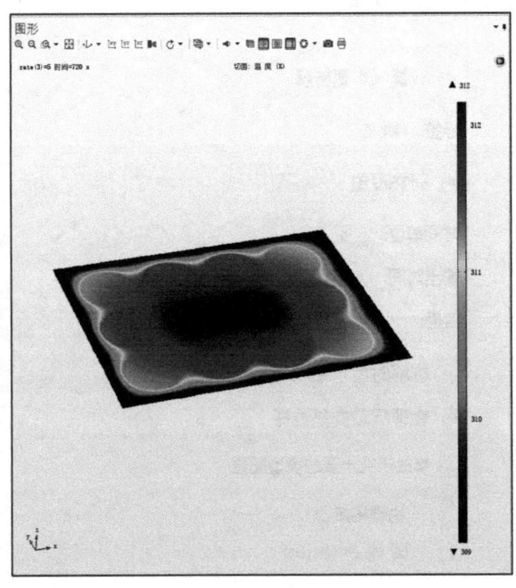

图 11-23　温度分布图绘制

11.2.3　案例小结

本案例根据实验获取锂离子电池传热模型中涉及的热物性参数，结合电池 Bernardi 方程建立了锂电池放热过程的仿真模型，得到不同时刻锂电池内温度分布。锂电池热问题的核心在于生热，而生热模型中应用最广的是 Bernardi 模型。该模型将可逆热和不可逆热分别考虑，建立了生热速率与系统宏观测量参数之间的联系。通过电池的体积、电流、电压、内阻、温度和温度影响系数，可以推算出生热速率。

锂电池生热过程研究对于锂电池组热管理系统的设计、提高充放电效率、增强安全性能等方面具有重要意义。基于可信的实验数据对锂电池发热进行计算和分析，使锂电池热管理系统通过仿真便可以为其设计提供参考和指导。

11.3 案例 2　辐射冷却

11.3.1　背景介绍

辐射冷却是物体通过辐射形式逐步降低热能的过程，与其他传统的制冷工艺相比，具有节能环保、工艺简单、造价低廉等优势，因此越来越受到市场的青睐。

本案例将利用表面对表面辐射建立一个辐射冷却模型，分析混凝土块的表面辐射率以及天空辐射率等辐射性质。真实环境下，天空的辐射特性是与波长相关的，如在晴朗的天空中，大气对于8~13μm波长的电磁波几乎是透明的，这个范围的电磁波被称为大气窗口，建模时可在这个范围内设置较低的环境发射率。

辐射冷却将地球表面物体（热力学温度约为300K）的热量以热辐射的形式发射到低温外太空，与宇宙空间进行辐射换热，从而降低自身温度并实现被动冷却。实际上该过程无时无刻不在进行着，地表不断向外太空发射大约100PW的热辐射，这些能量理论上可以满足人类所有的生产和生活需求。

11.3.2　操作步骤

1. 初始化模型设置

打开软件以后，单击**模型向导**开始创建模型。第一步，设置模型的空间维度，将其选择为二维模型；第二步，添加所需的物理场。在本案例中，需要添加固体传热（ht）和表面对表面辐射（rad）。具体添加路径为：传热→辐射→表面对表面辐射传热，并将因变量设置为默认值，具体如图11-24所示。

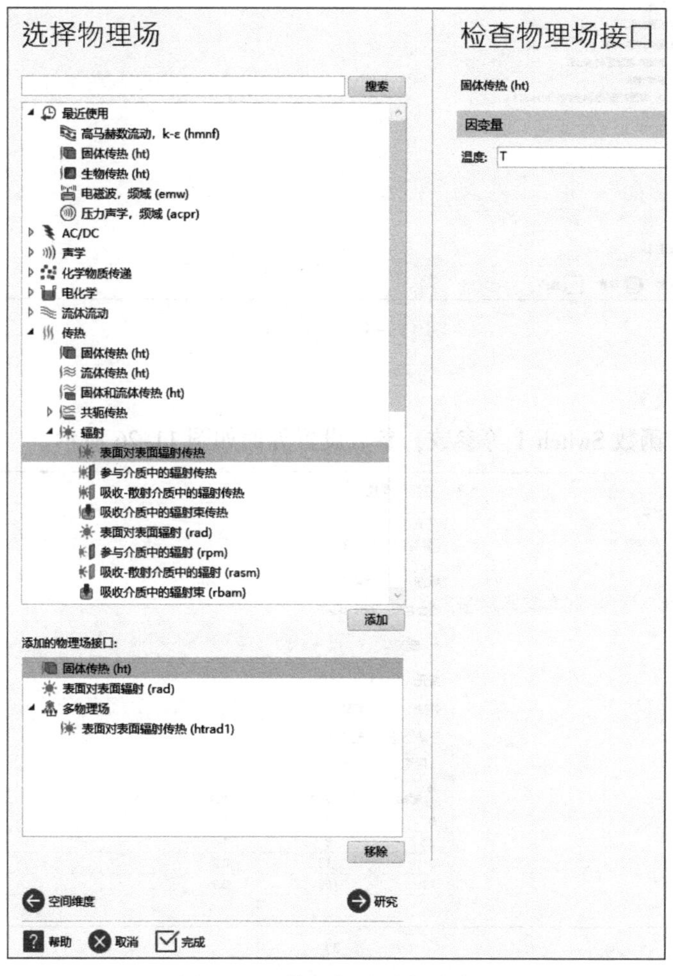

图11-24　物理场及因变量设置

接着单击**研究**按钮，选择**稳态**，最后单击**完成**即可，设置过程如图 11-25 所示。

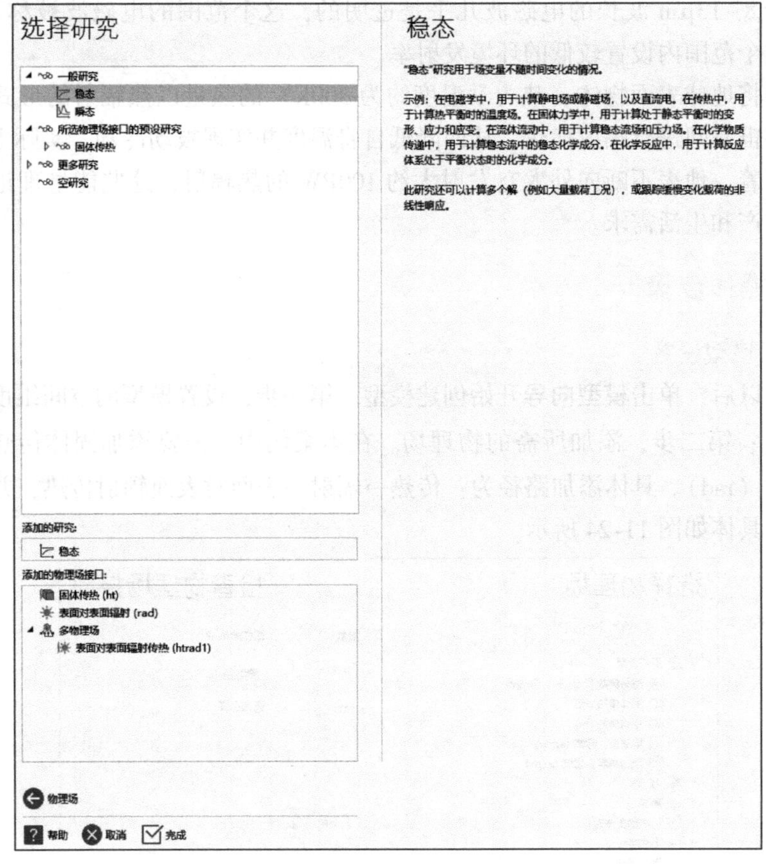

图 11-25　求解器设置

2. 全局定义设置

添加分段 1、函数 Switch 1 等参数，参数设置界面如图 11-26 所示。

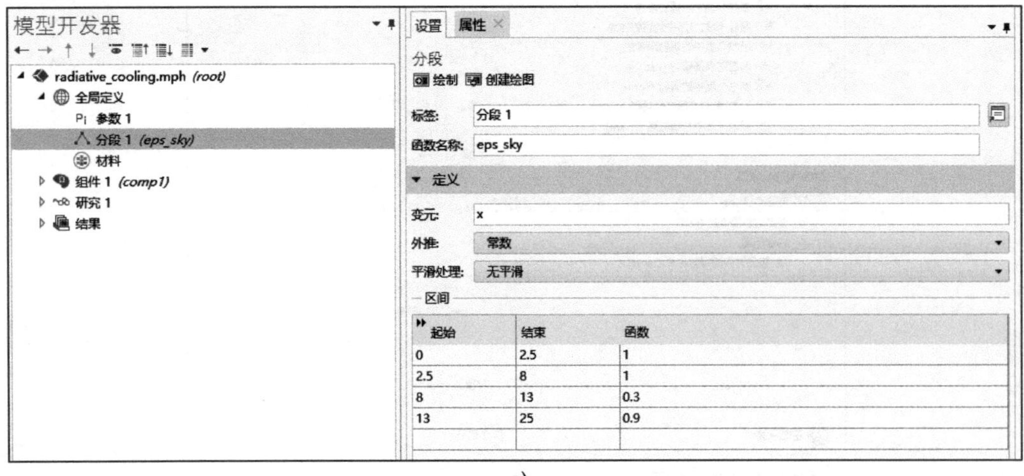

起始	结束	函数
0	2.5	1
2.5	8	1
8	13	0.3
13	25	0.9

a)

图 11-26　参数设置

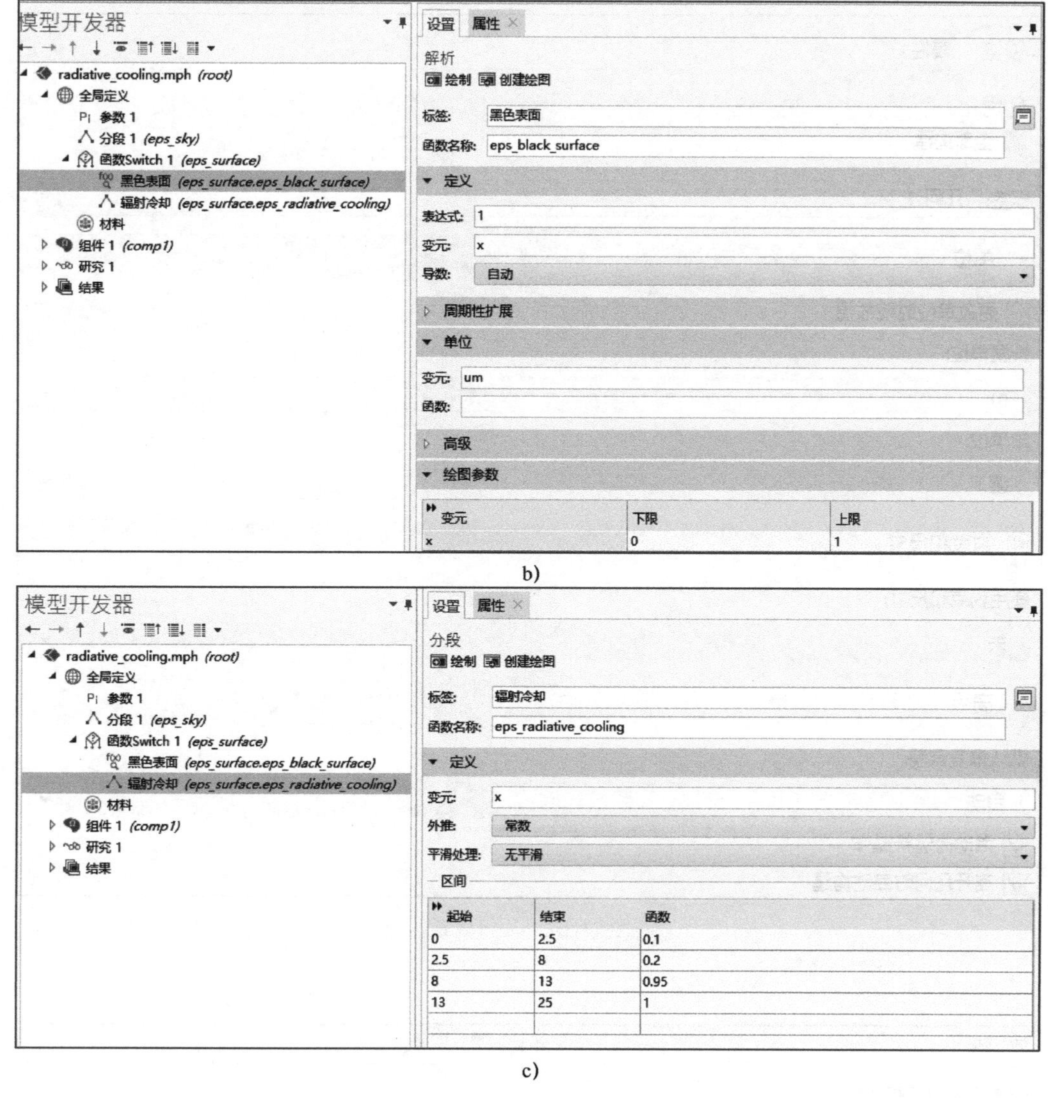

图 11-26　参数设置（续）

3. 组件设置

（1）几何设置

首先单击**几何 1**，在几何设置窗口将单位设置为 m，具体操作步骤如图 11-27 所示。

在**几何 1** 节点处右键点选**矩形**，接着在**矩形 1（r1）设置**窗口将宽度和高度分别设置为 **0.3m** 和 **0.3m**；单击**构建选定对象**，绘制结果如图 11-28 所示。

（2）定义设置

在组件 1 下，右键单击**定义**，点选**非局部耦合→平均值**，在平均值的设置窗口将几何实体层选为“**边界**”，选择设为“**手动**”，边界选为“**3**”，设置过程如图 11-29 所示。

右键单击**定义**，点选**共享属性→环境属性**，在环境属性的设置窗口将温度设置为“**30［degC］**”，设置结果如图 11-30 所示。

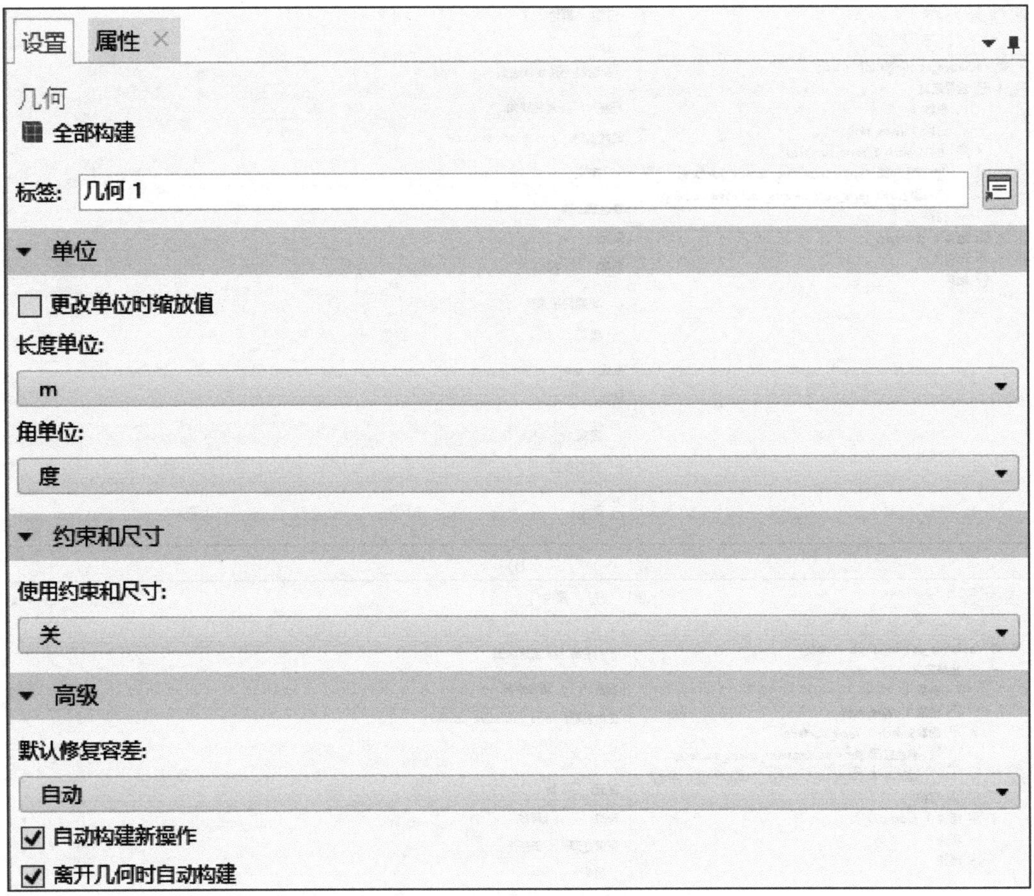

设置 属性

几何

全部构建

标签: 几何 1

单位

☐ 更改单位时缩放值

长度单位:

m

角单位:

度

约束和尺寸

使用约束和尺寸:

关

高级

默认修复容差:

自动

☑ 自动构建新操作

☑ 离开几何时自动构建

图 11-27　几何设置

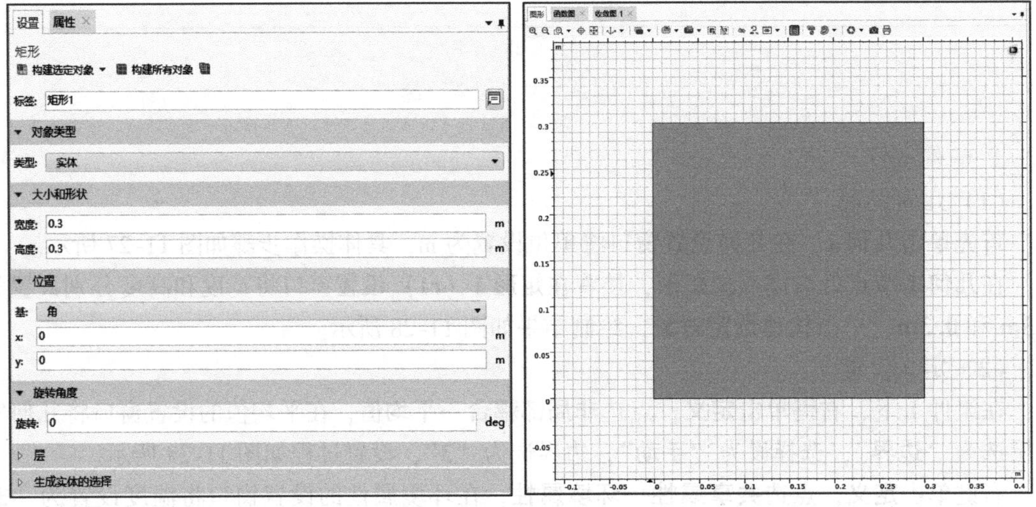

图 11-28　矩形绘制

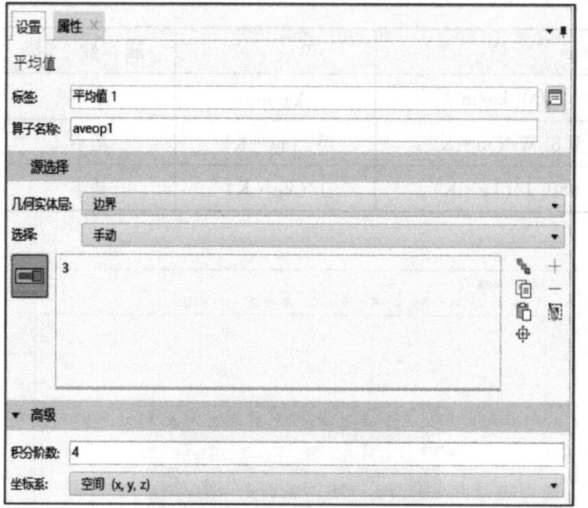

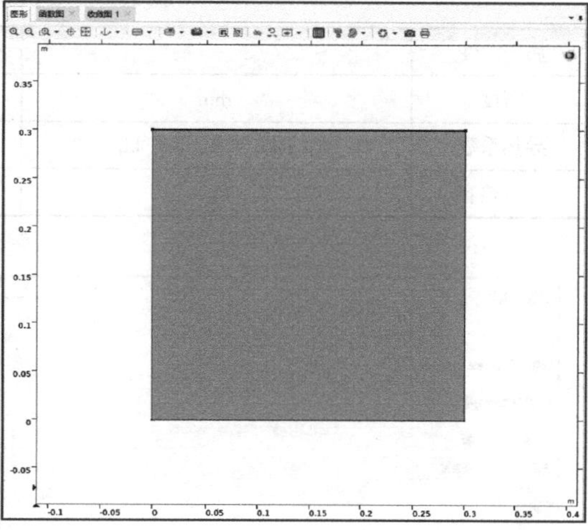

图 11-29　平均值设置

设置　属性

环境属性

标签: 环境属性1

名称: ampr1

▼ 环境设置

环境数据:

用户定义

▼ 环境条件

温度:

T_{amb} 30[degC] K

绝对压力:

p_{amb} 1[atm] Pa

相对湿度:

ϕ_{amb} 0 1

风速:

v_{amb} 0 m/s

沉淀率:

$P_{0,amb}$ 0 m/s

正午晴空太阳法向辐照度:

$I_{sn,amb}$ 1000[W/m^2] W/m²

正午晴空水平散射辐照度:

$I_{sh,amb}$ 0 W/m²

图 11-30　环境属性设置

（3）材料设置

在组件 1 下，右键单击**材料**，点选**从库中添加材料**，在添加材料窗口，选择 Concrete 标签，并且双击进行添加，对材料属性明细进行添加，设置结果如表 11-5 和图 11-31 所示。

表 11-5 材料属性表（Concrete）

属　性	变　量	值	单　位	属 性 组
密度	rho	2300[kg/m^3]	kg/m^3	基本
导热系数	k _ iso ; kii = k _ iso, kij = 0	1.8[W/(m * K)]	W/(m · K)	基本
恒压热容	Cp	880[J/(kg * K)]	J/(kg · K)	基本

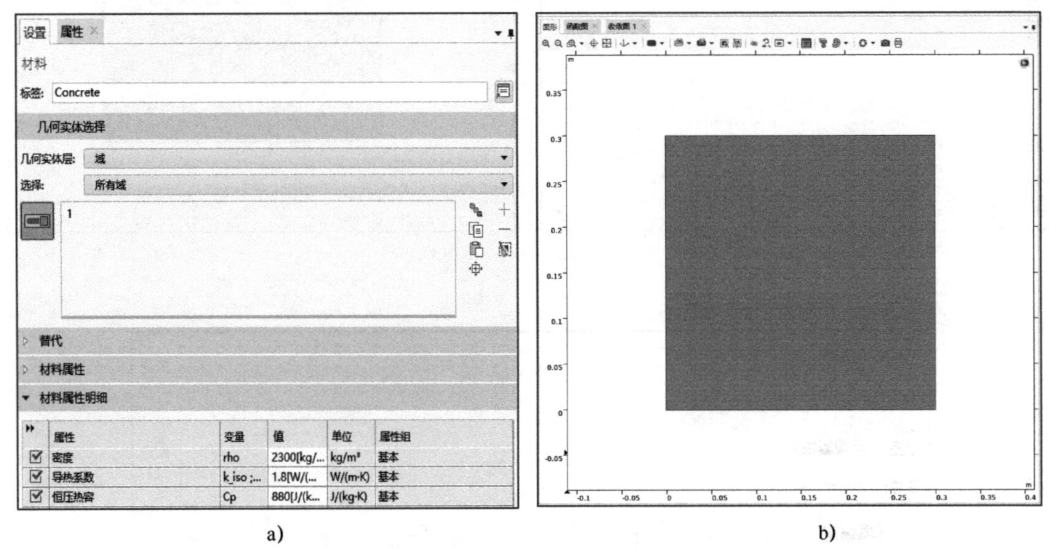

a)　　　　b)

图 11-31　Concrete 材料属性设置

（4）固体传热（ht）设置

在**组件 1** 节点下，右键**固体传热（ht）**节点并选择**温度**，在温度设置窗口，将边界选为“**手动**”，选择边界“**2**”，温度选为“**环境温度（ampr1）**”，结果如图 11-32 所示。

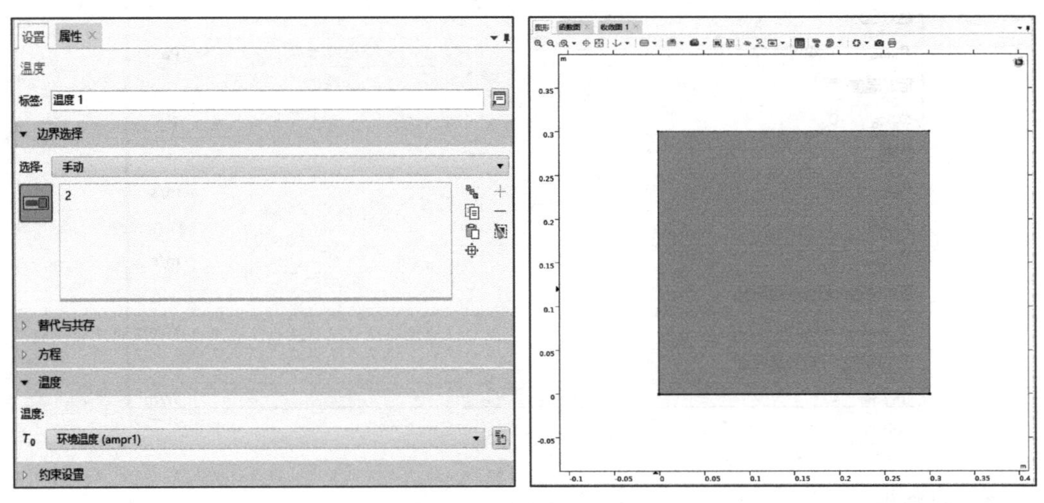

图 11-32　温度 1 设置

其他属性不用进行设置，按默认设置即可。

(5) 表面对表面辐射 (rad) 设置

在**组件 1** 节点下，右键单击**表面对表面辐射 (rad)** 节点并选择**外部辐射源**，在外部辐射源设置窗口，将源位置选为“**无限距离**”，辐射强度选为“**黑体**”，具体设置结果如图 11-33 所示。

单击**漫反射表面 1**，将环境辐射率设为“**用户定义**”，并在环境辐射率输入栏键入“eps_sky (rad. lambda) ”；将表面发射率设为“**用户定义**”，并在输入栏键入“eps_surface (rad. lambda) ”，具体设置结果如图 11-34 所示。

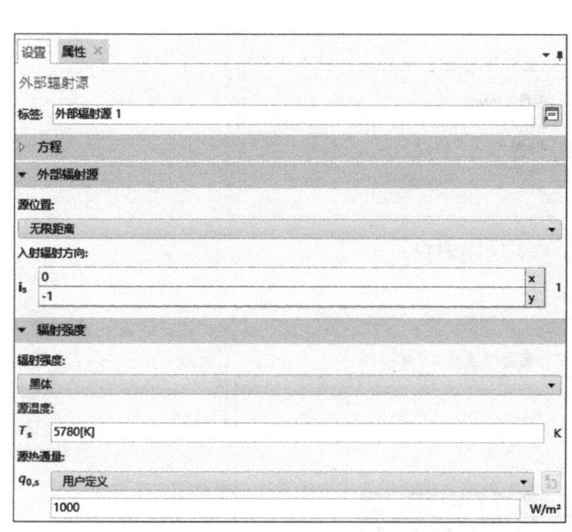

图 11-33 外部辐射源 1 设置

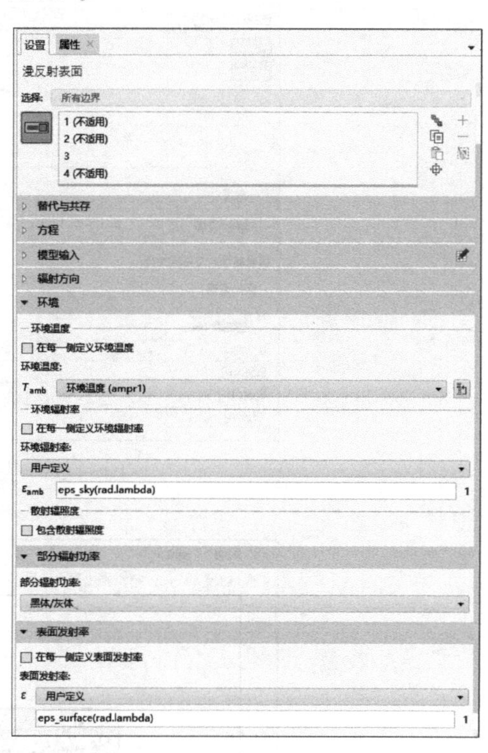

图 11-34 漫反射表面 1 设置

单击**表面对表面辐射 (rad)**，在表面对表面辐射设置窗口，将边界选为“手动”，并选择“**3**”，在辐射设置栏将辐射属性的波长相关性设置为“**多光谱带**”，具体设置结果如图 11-35 所示。

其他属性不进行设置，按默认属性即可。

(6) 网格设置

单击**网格 1**，选择**全部构建**，结果如图 11-36 所示。

4. 研究设置

研究 1

在**模型开发器**下，右键单击**研究 1** 选择**函数扫描**，在函数扫描设置窗口，单击研究设置栏下方的符号“**+**”，添加函数列表，结果如图 11-37 所示。

最后单击**计算**按钮，完成仿真模拟过程。

5. 结果分析

在**结果**节点下，单击展开**温度**节点，单击**表面** 1，在表面设置窗口将标签改为“**温度**:

黑色表面”，数据集选为“**研究 1/Parametric Solutions 1（sol2）**”，Switch 1 选为“**Black surface**”，则设置结果如图 11-38 所示。

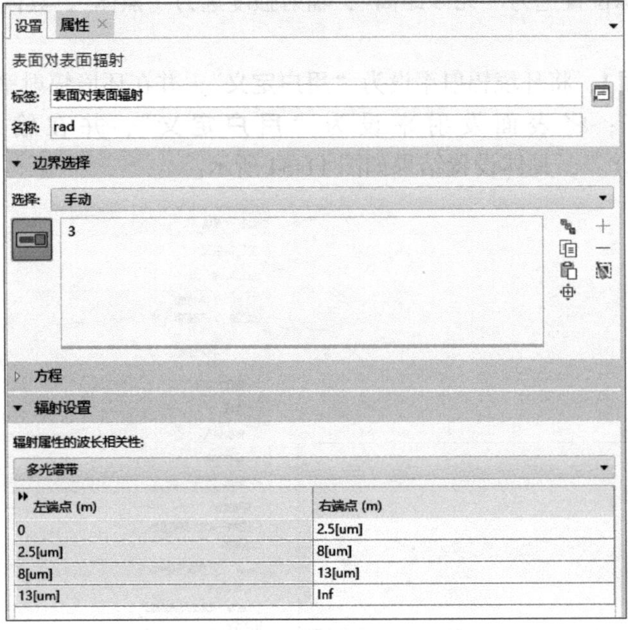

图 11-35　表面对表面辐射设置

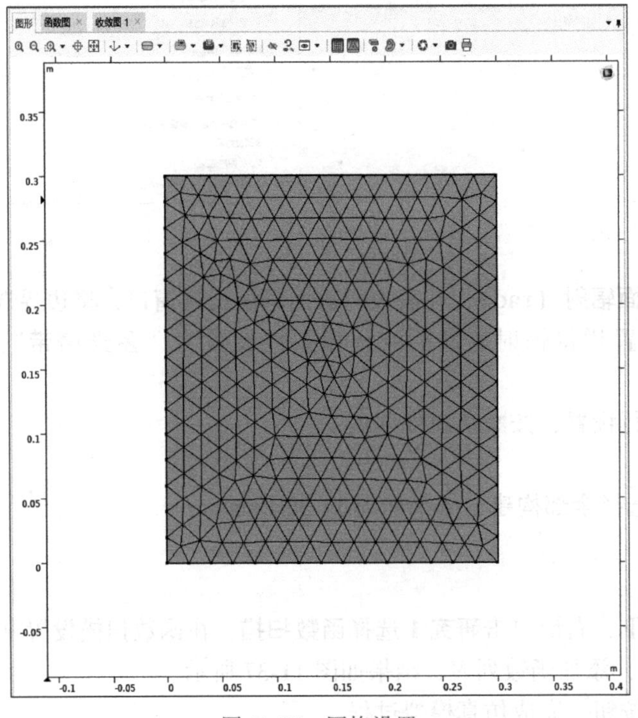

图 11-36　网格设置

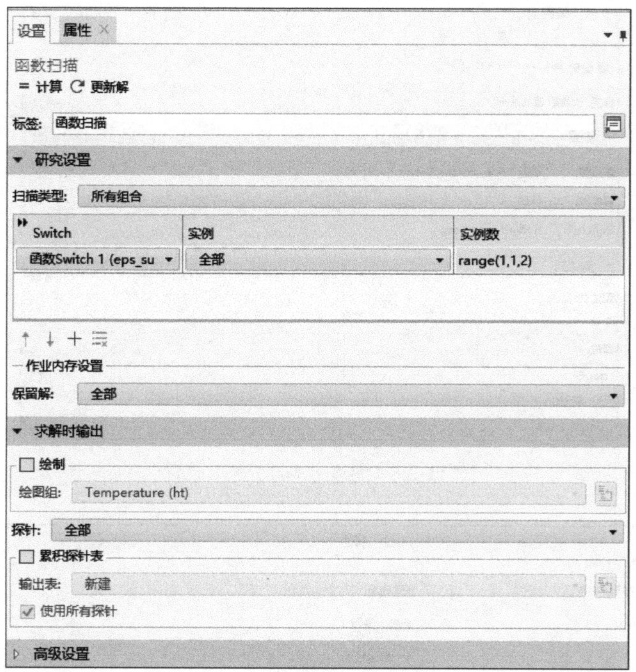

图 11-37　函数扫描设置

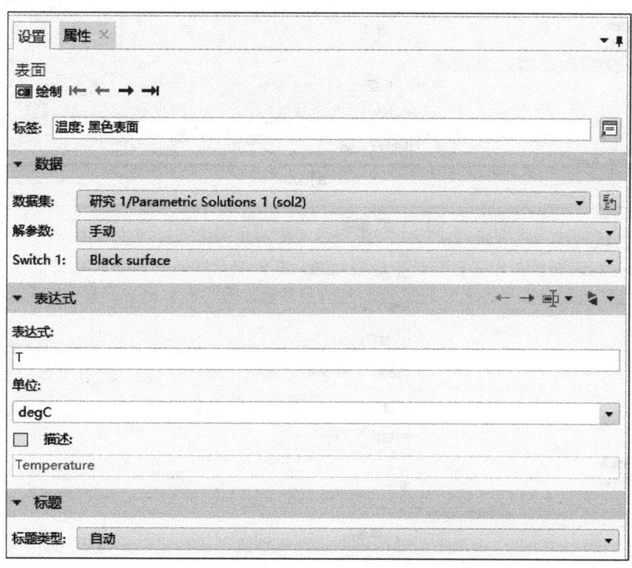

图 11-38　温度：黑色表面设置

右键单击**温度**节点并选中**表面**，在表面 2 设置窗口将标签改为“**温度：辐射冷却**”，数据集选为“**研究 1/Parametric Solutions 1（sol2）**”，Switch 1 选为“**Radiative cooling**”，则设置结果如图 11-39 所示。

接着添加变形、线以及标注等属性，具体设置情况如图 11-40 所示。

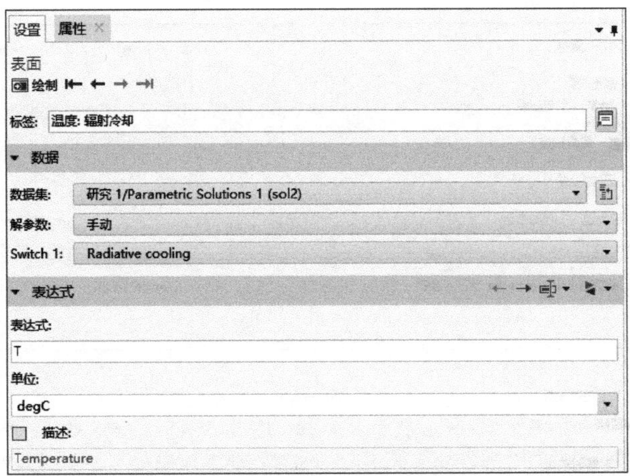

图 11-39 温度：辐射冷却设置

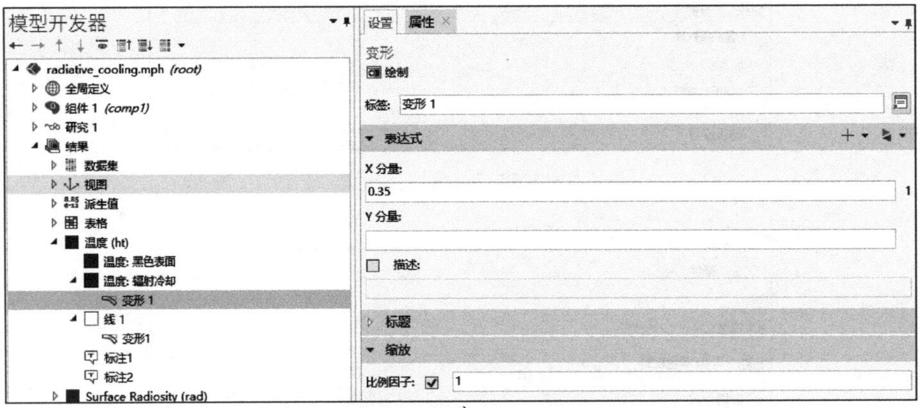

a)

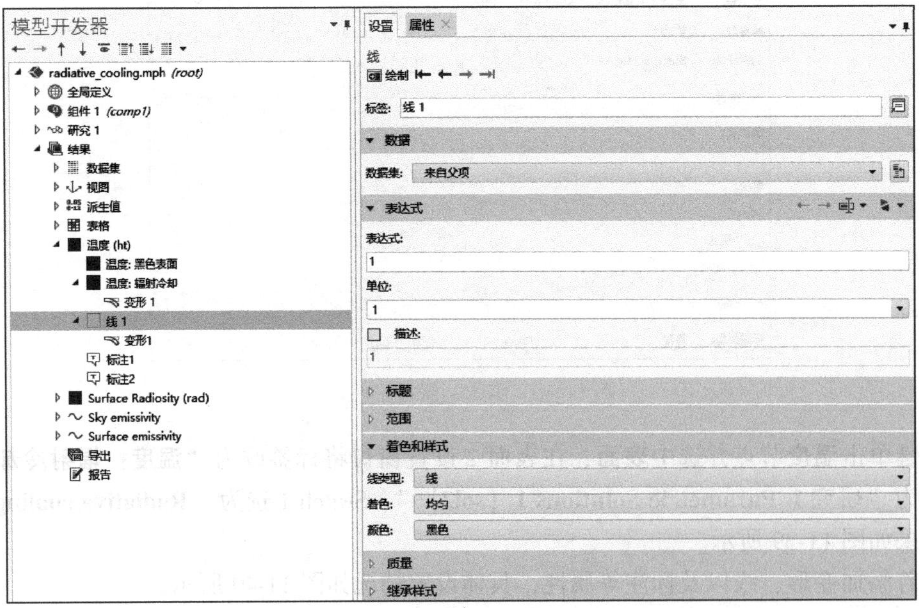

b)

图 11-40 温度属性设置

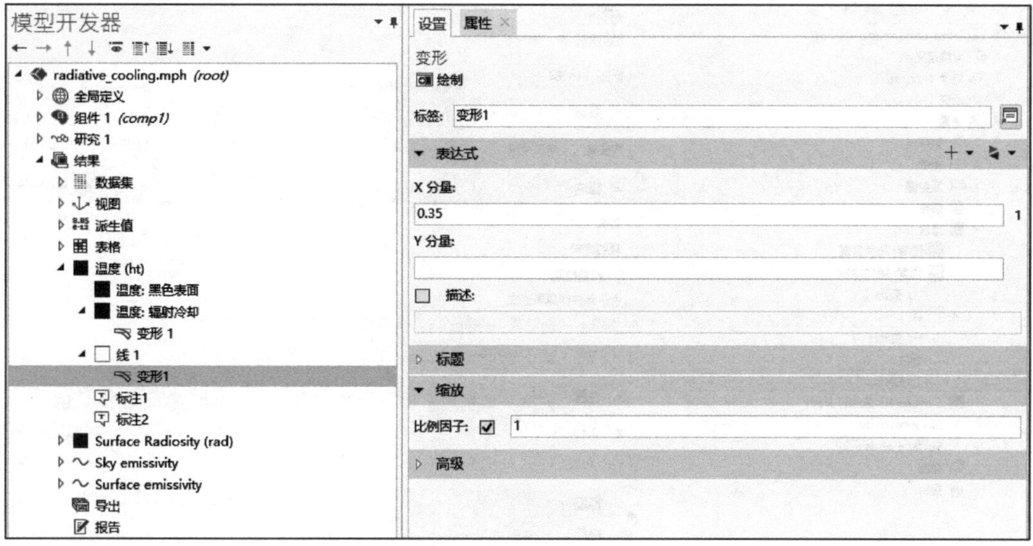

c)

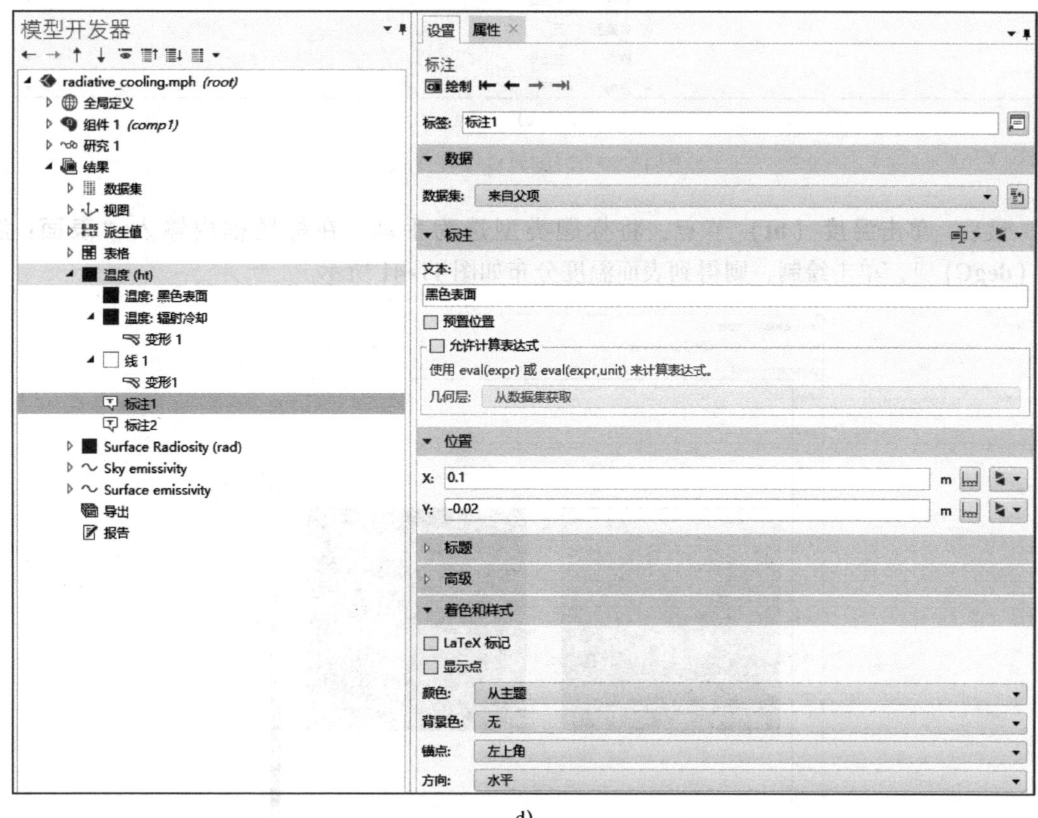

d)

图 11-40　温度属性设置（续）

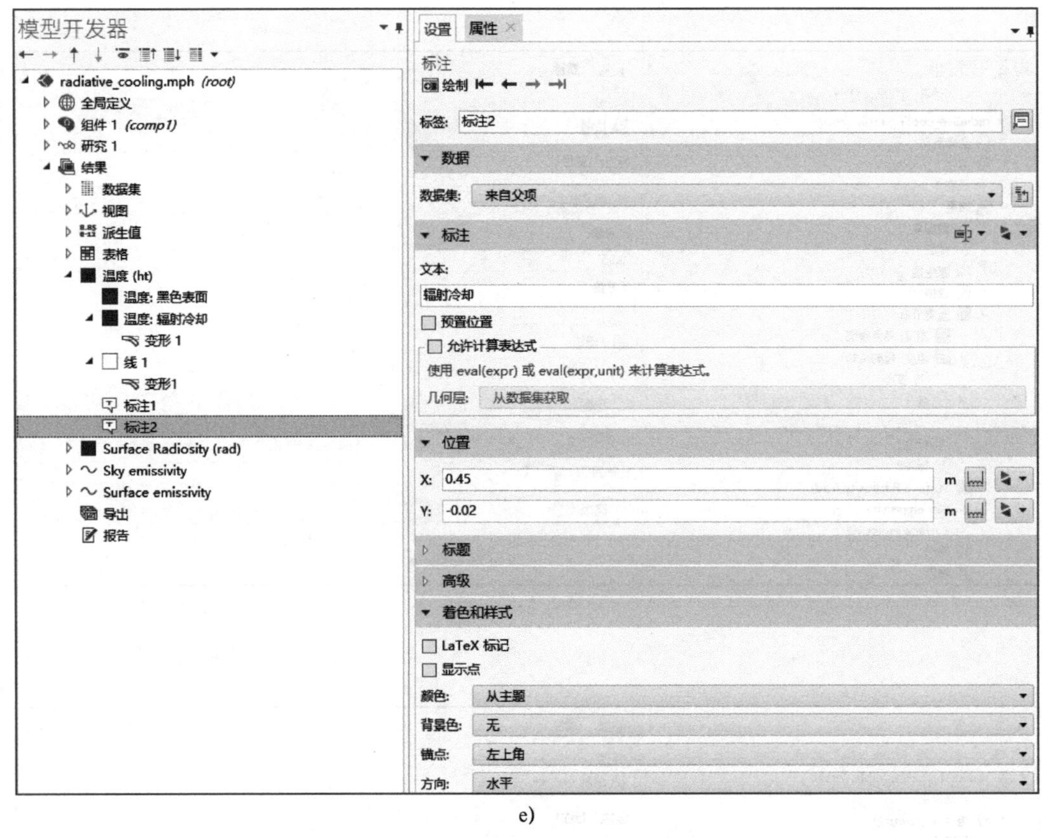

e)

图 11-40 温度属性设置（续）

最后，单击**温度（ht）**节点，将标题类型选为手动，在标题框内输入“**表面：温度（degC）**”，单击**绘制**，则得到表面温度分布如图 11-41 所示。

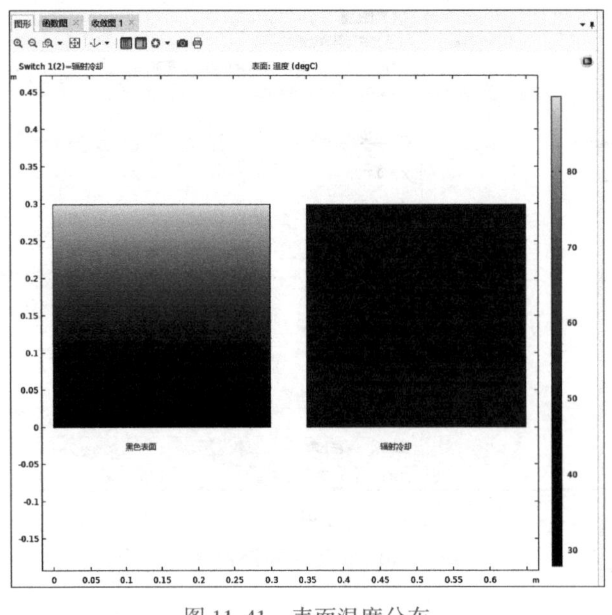

图 11-41 表面温度分布

11.3.3 案例小结

本案例使用表面对表面辐射传热建立了二维的辐射冷却仿真模型，对混凝土块的表面辐射率以及天空辐射率等进行了研究。通过 surface 函数对不同波长下的环境辐射率和表面发射率进行设置，可以发现辐射冷却对温度分布造成的巨大影响。如果不考虑辐射冷却，正午晴空下混凝土块的最高温度接近 90℃，而实际上我们即使在炎热的夏天，也几乎没有遇到过这种极端的温度。

中国作为全球最大的发展中国家，目前仍然处于碳排放“总量高、增量高”的阶段，碳排放占全球总量的 28.8%。利用辐射冷却技术不消耗任何能源且不产生环境污染，作为一种完全被动式的冷却技术极具发展前景，其相关材料的研制与应用将对我国节能减排事业做出巨大贡献。

11.4 案例3 地热开发

11.4.1 背景介绍

热储能系统是利用潜热进行能量储存的系统，一般包含管道和相变材料。相变材料与管道内的流体进行热交换，充冷时，温度低于相变材料凝固点的冷流体通过管道，使相变材料不断凝固，从而将冷量以潜热的形式储存在相变材料中；放冷时，管道中流过温度高于相变材料熔点的热流体，使相变材料不断熔化，将蓄积的冷量释放出来。

本例所研究的热储能系统，储罐的热容量通过潜热进一步增加，从而产生潜热储存（LHS）单位。LHS 储罐内包含球形胶囊，其中填充石蜡。石蜡是一种常用的相变材料，它相对便宜、可靠、无毒，并且熔化温度的范围更广。

在 LHS 装置受热时的相变和局部热非平衡过程中，更值得关注的是初始温度及对流换热对上述过程的影响，相关规律的研究可以为热储能系统的设计提供指导。

11.4.2 操作步骤

1. 初始化模型设置

打开软件以后，单击**模型向导**开始创建模型。第一步，设置模型的空间维度，将其选择为二维轴对称模型；第二步，添加所需的物理场。在本案例中，需要添加 3 个物理场，即自由和多孔介质流动（fp）、固体传热（ht）和流体传热（ht2），因变量选择默认设置。具体添加过程如图 11-42 所示。

接着单击**研究**按钮，选择**稳态**，最后单击**完成**即可，设置过程如图 11-43 所示。

2. 全局定义设置

添加参数 1（用手动输入或者从文件加载方式），参数设置界面如表 11-6 和图 11-44 所示。

3. 组件设置

（1）几何设置

首先单击**几何 1**，在几何设置窗口将单位设置为 m，具体操作步骤如图 11-45 所示。

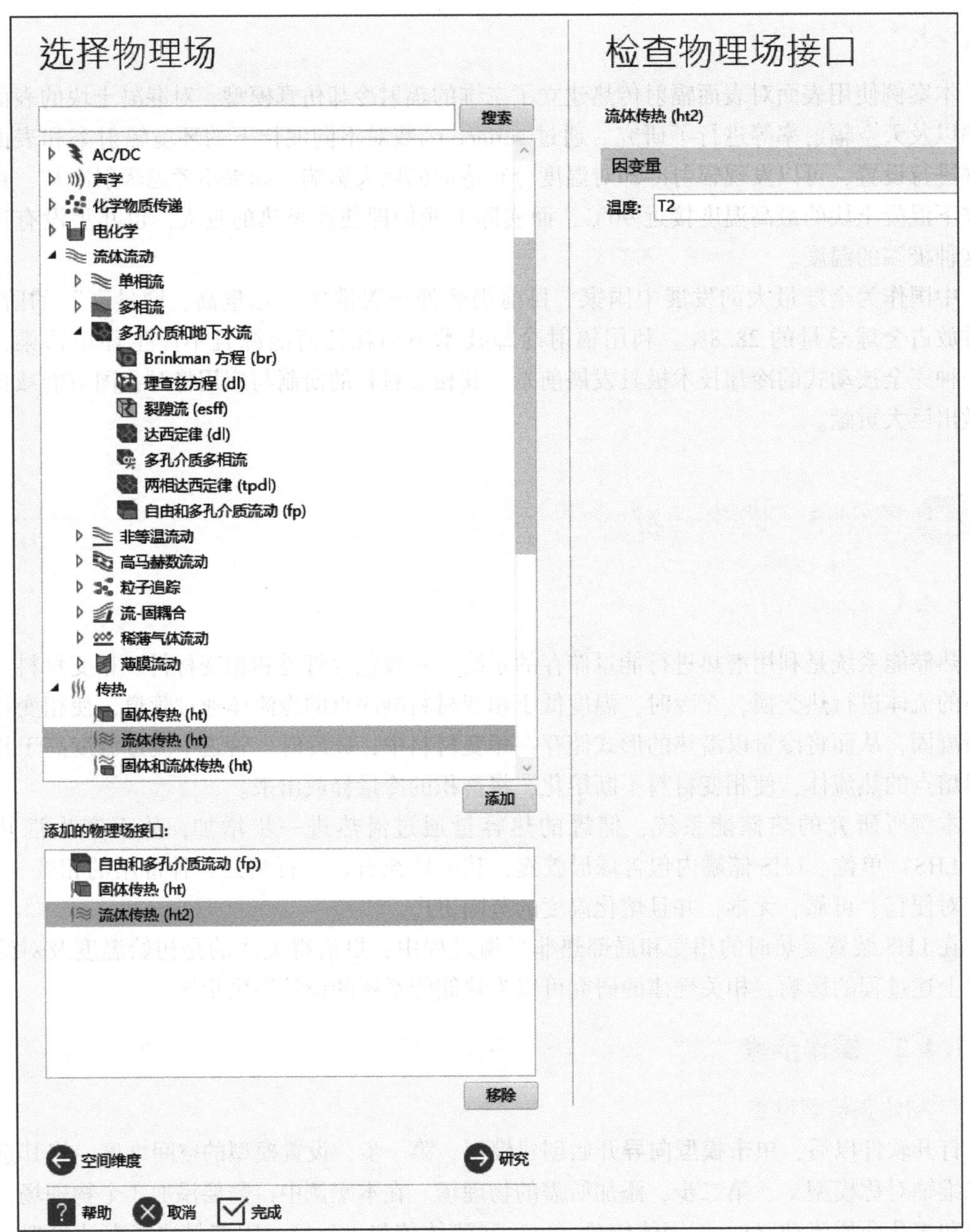

图 11-42　物理场及因变量设置

在**几何 1** 节点处单击右键，点选**多边形**，接着在**多边形 1（pol1）设置**窗口输入坐标表格；单击**构建选定对象**，绘制结果如图 11-46 所示。

接着添加两个插值曲线及一个矩形，绘制结果如图 11-47 所示。

（2）定义设置

在组件 1 下，右键单击**定义**，点选**变量**，在变量的设置窗口输入变量表格（可选择从文件加载或者手动输入），设置结果如表 11-7 和图 11-48 所示。

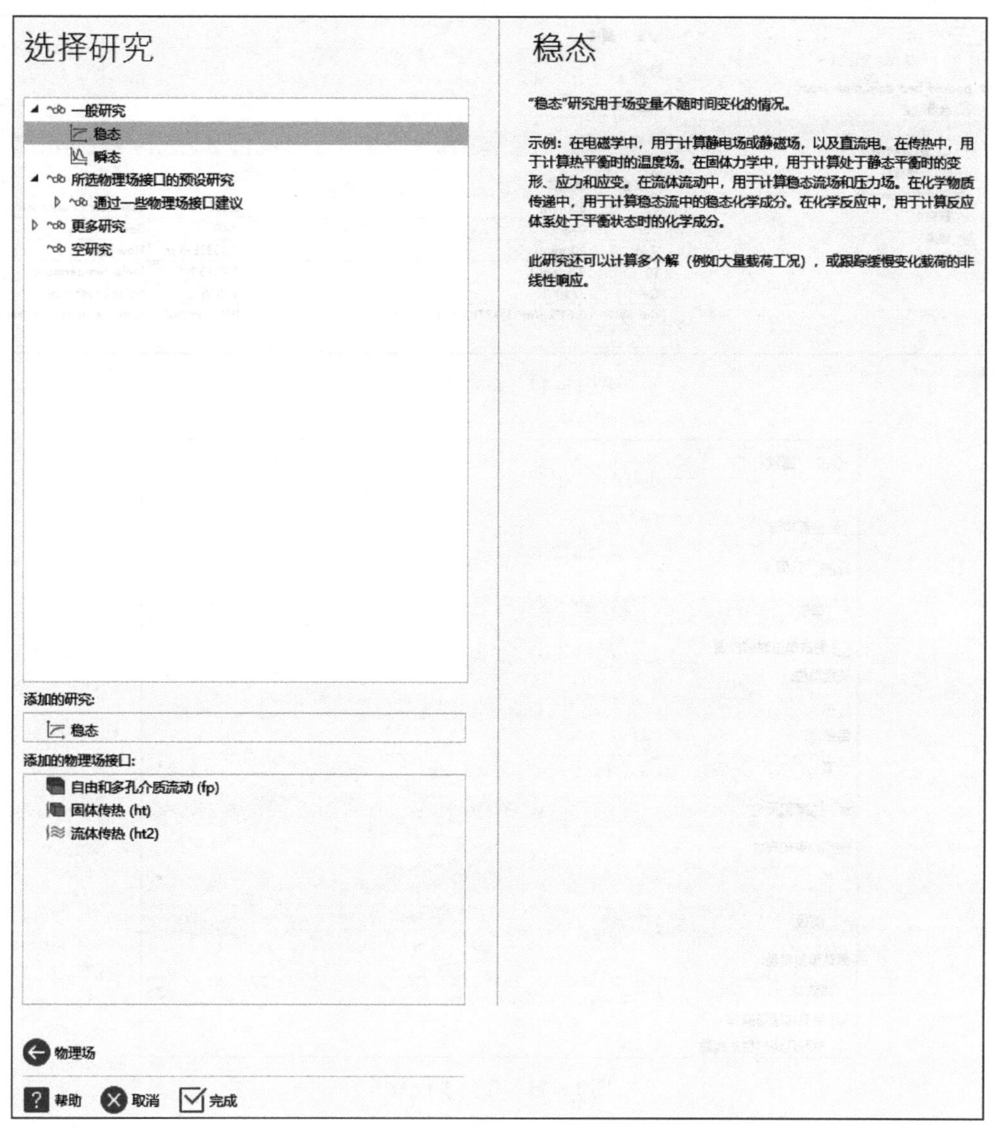

图 11-43 求解器设置

表 11-6 参数 1

名 称	表 达 式	值	描 述
dp	55[mm]	0.055m	相变蓄能材料直径
por	0.49	0.49	填充床孔隙率
V_in	2[l/min]	$3.3333\times10^{-5}m^3/s$	流量
T0	32[degC]	305.15K	初始温度
Qu	375[W]	375W	太阳能加热功率
rho_av	(861[kg/m^3]+778[kg/m^3])/2	$819.5kg/m^3$	石蜡平均密度

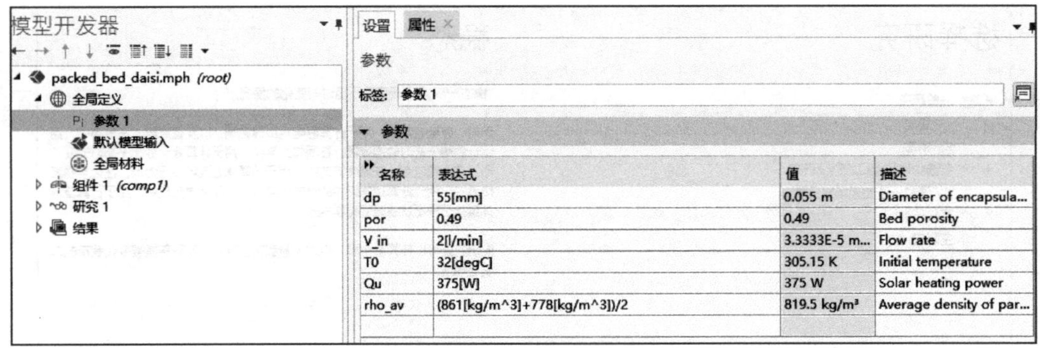

图 11-44　参数 1 设置

图 11-45　几何 1 设置

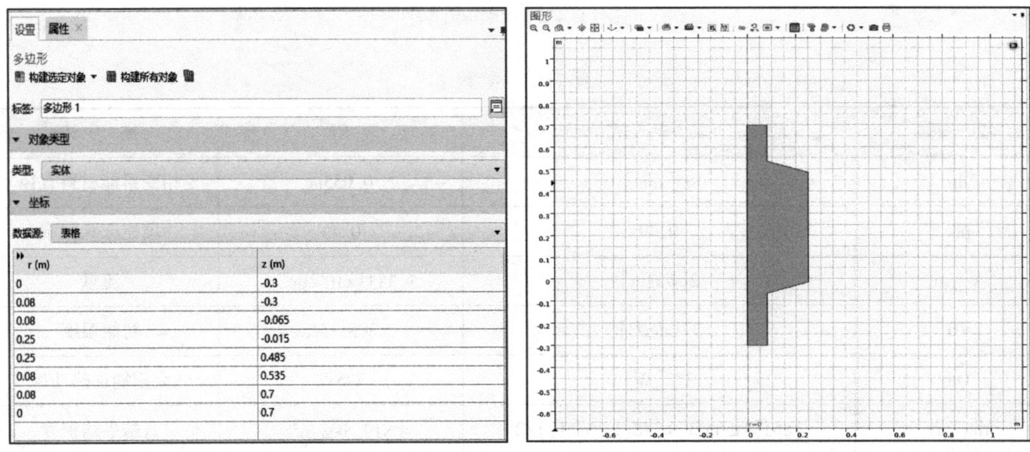

图 11-46　多边形 1 绘制

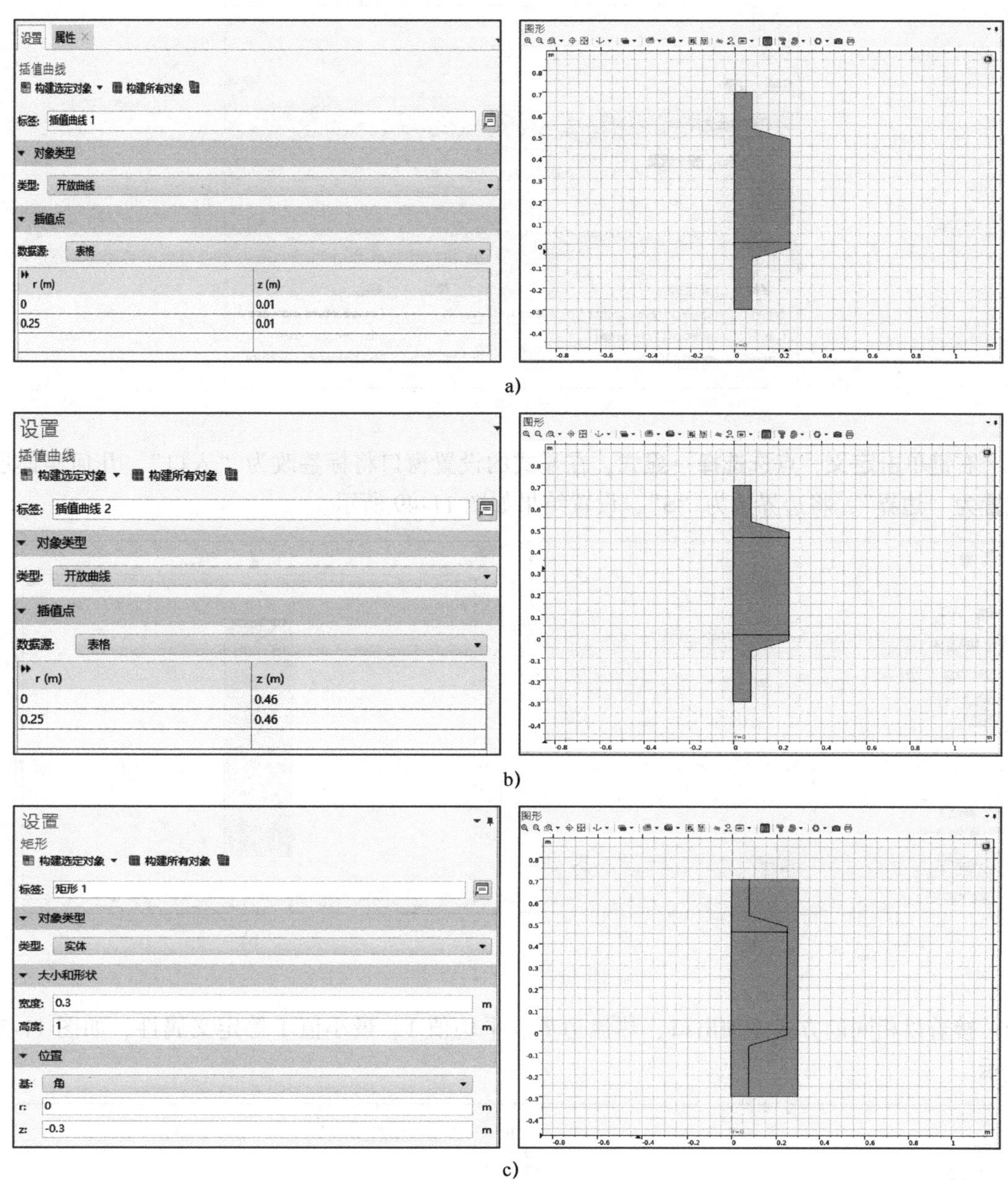

图 11-47 几何绘制

表 11-7 变量 1 参数表

名 称	表 达 式	单 位	描 述
deltaT	Qu/V _ in/aveop1 (ht2. Cp) /aveop1 (ht2. rho)	K	升温
T _ in	aveop1 (T2) +deltaT	K	入口温度
T _ min	minop1 (T)	K	最低温度

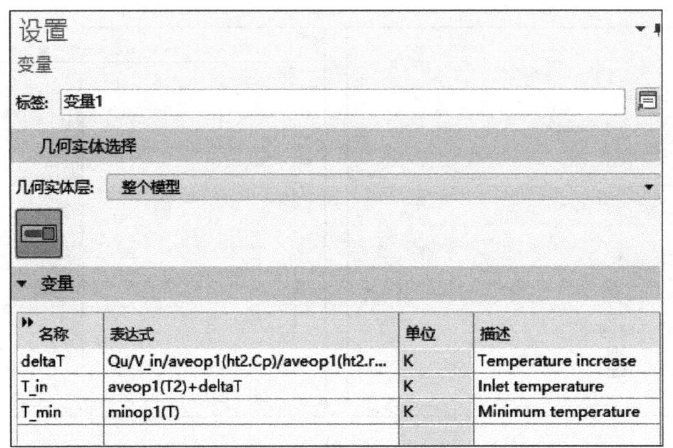

图 11-48 变量 1 设置

右键单击**定义**，点选**选择→显式**，在显式的设置窗口将标签改为“入口”，几何实体层设置为“**边界**”，将边界选为“**5**”，设置结果如图 11-49 所示。

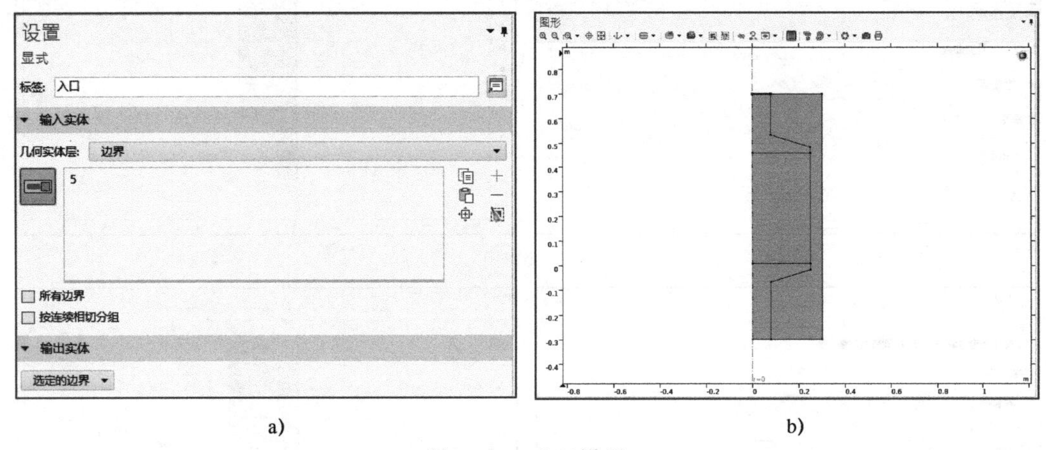

a)　　　　b)

图 11-49 入口设置

接着以相同的方式添加出口、热流边界、平均值 1、最小值 1 等定义属性，如图 11-50 所示。

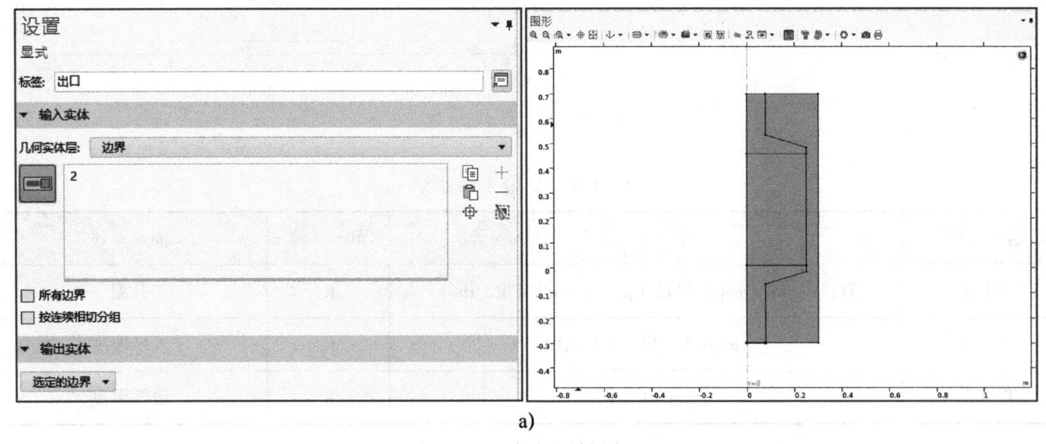

a)

图 11-50 定义属性设置

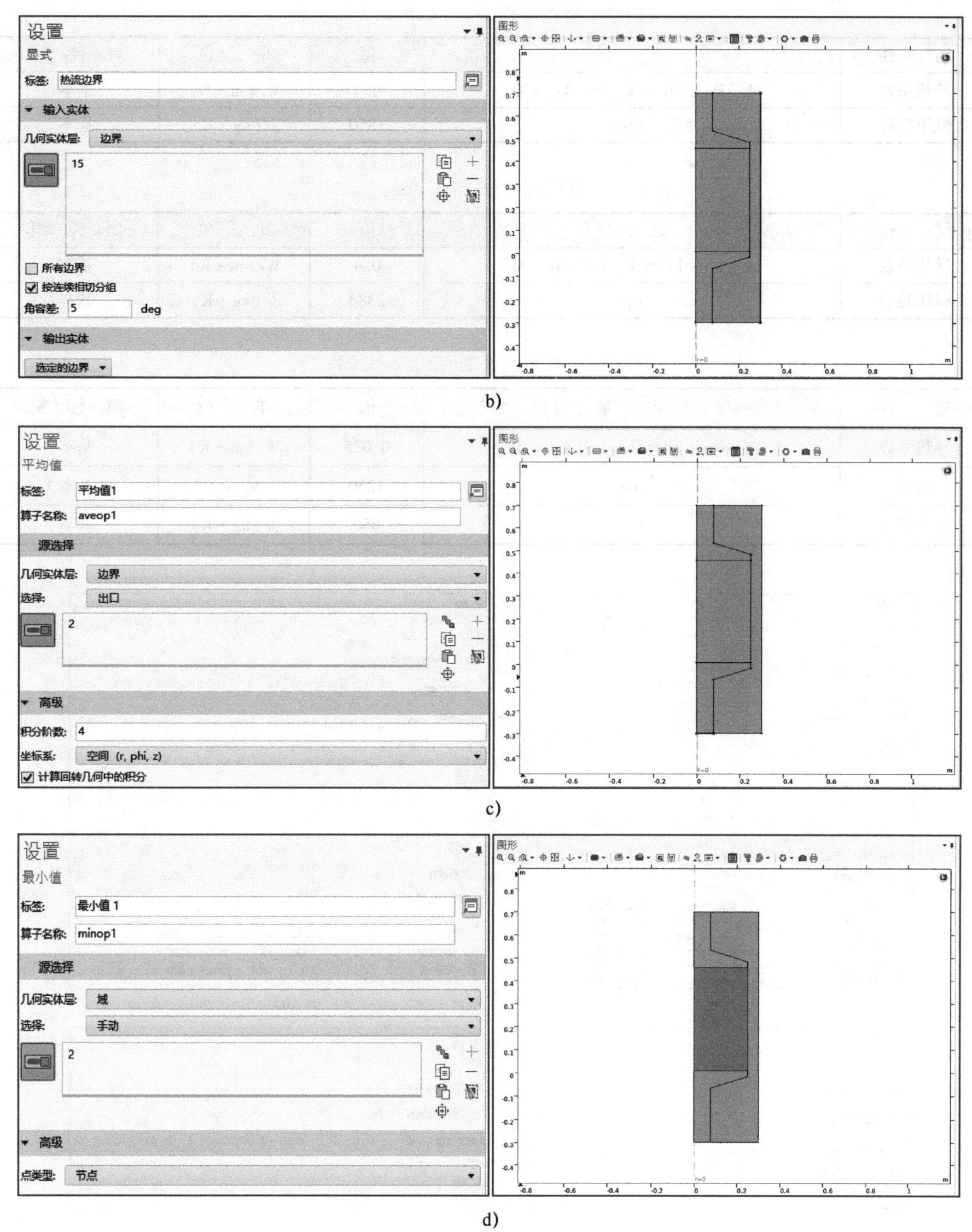

b)

c)

d)

图 11-50　定义属性设置（续）

（3）材料设置

在组件 1 下，右键单击**材料**，点选**从库中添加材料**，在添加材料窗口，选择材料（Water，liquid）、（Paraffin，solid）、（Paraffin，liquid）和（Glass Wool），并且逐个双击进行添加，并对材料属性明细进行设置，结果如表 11-8～表 11-10 和图 11-51 所示。

表 11-8　材料属性表（Paraffin，solid）

属　性	变　量	值	单　位	属 性 组
导热系数	k _ iso ; kii = k _ iso, kij = 0	0.4	W/(m · K)	基本
恒压热容	Cp	1850	J/(kg · K)	基本

表 11-9　材料属性表（Paraffin，liquid）

属　性	变　量	值	单　位	属 性 组
导热系数	k _ iso ; kii = k _ iso, kij = 0	0.4	W/(m · K)	基本
恒压热容	Cp	2384	J/(kg · K)	基本

表 11-10　材料属性表（Glass Wool）

属　性	变　量	值	单　位	属 性 组
导热系数	k _ iso ; kii = k _ iso, kij = 0	0.025	W/(m · K)	基本
密度	rho	1250	kg/m^3	基本
恒压热容	Cp	850	J/(kg · K)	基本

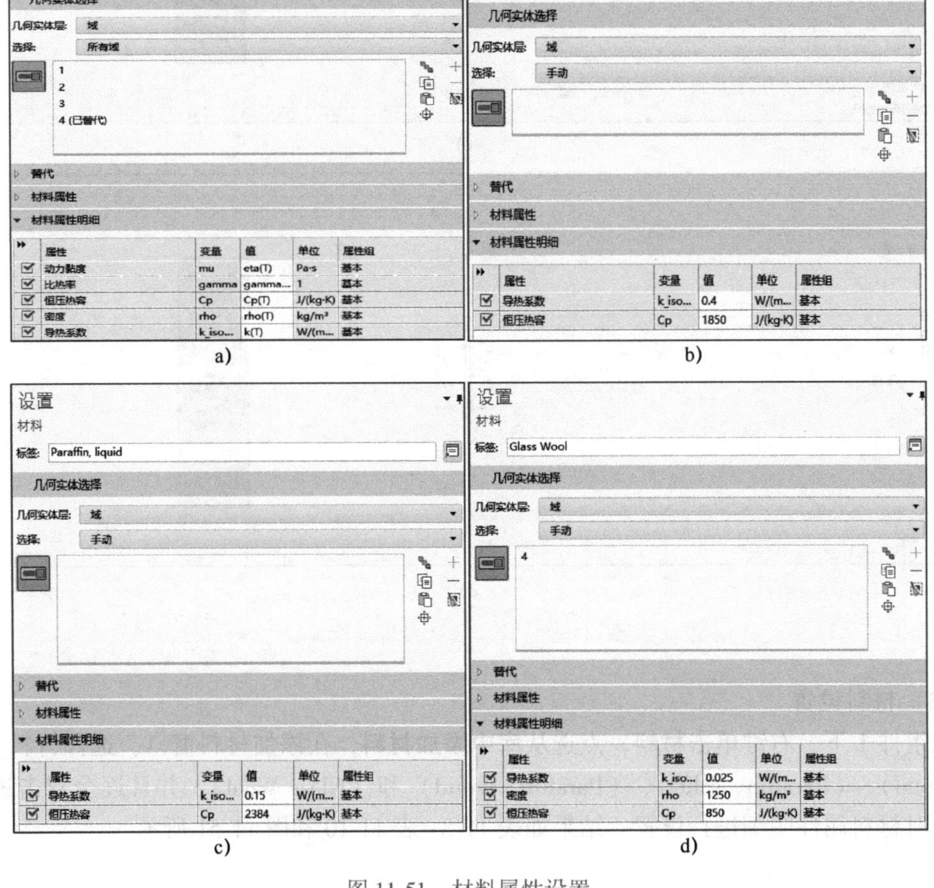

图 11-51　材料属性设置

(4) 自由和多孔介质流动 (fp) 设置

在**组件1**节点下，右键单击**自由和多孔介质流动 (fp)** 节点并选择**流体和流体基本属性**，在流体和流体基本属性设置窗口，将域选择选为 "**手动**"，选择域 "**2**"，渗透率模型选为 "**非达西**"，非达西流模型选为 "Ergun"，粒径设置为 "**dp**"，结果如图 11-52 所示。

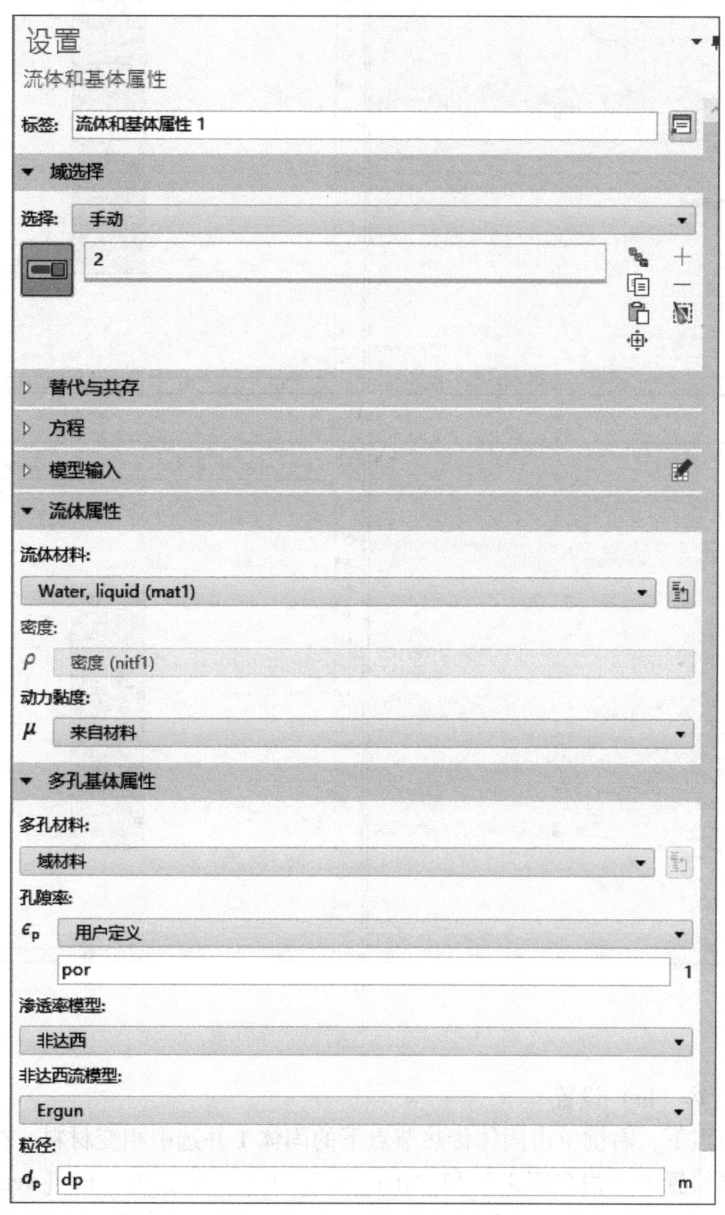

图 11-52　流体和基本属性设置

接着添加入口和出口属性，设置结果如图 11-53 所示。

最后单击**自由和多孔介质流动 (fp)**，在自由和多孔介质流动设置窗口，将域选择为 "1、2、3"，可压缩性选为 "**弱可压缩流动**"，设置结果如图 11-54 所示。

剩余属性如流体属性、初始值、轴对称和壁等取默认值。

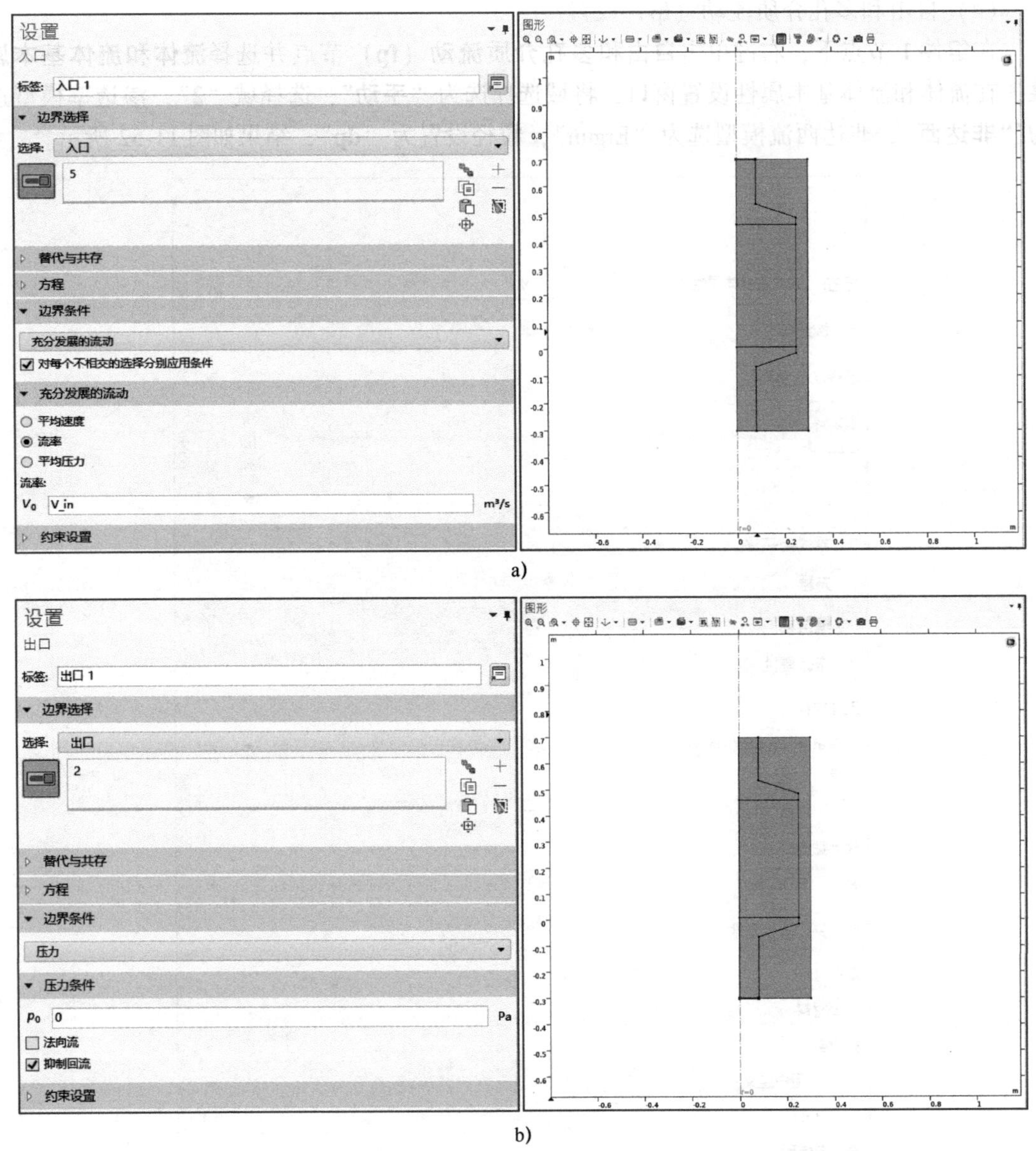

图 11-53　入口和出口属性设置

（5）固体传热（ht）设置

在**组件 1** 节点下，右键单击固体传热节点下的**固体 1** 并选中相变材料，在相变材料的设置窗口，将密度设置为"**用户定义**"和"rho _ av"，$T_{pc,1\to2}$ 设置为"**60［degC］**"，$\Delta T_{1\to2}$ 设置为"**2［K］**"，$L_{1\to2}$ 设置为"**213［kJ/kg］**"，材料，相 1 设置为"**材料 2（mat2）**"，材料，相 2 设置为"**材料 3（mat3）**"，设置结果如图 11-55 所示。

在**组件 1** 节点下，单击固体传热节点下的**初始值 1**，在初始值设置窗口，点开初始值栏，将温度设置为"**用户定义**"和"**T0**"，结果如图 11-56 所示。

最后单击**固体传热（ht）**，在固体传热设置窗口，将域选择为"**2**"，设置结果如图 11-57 所示。

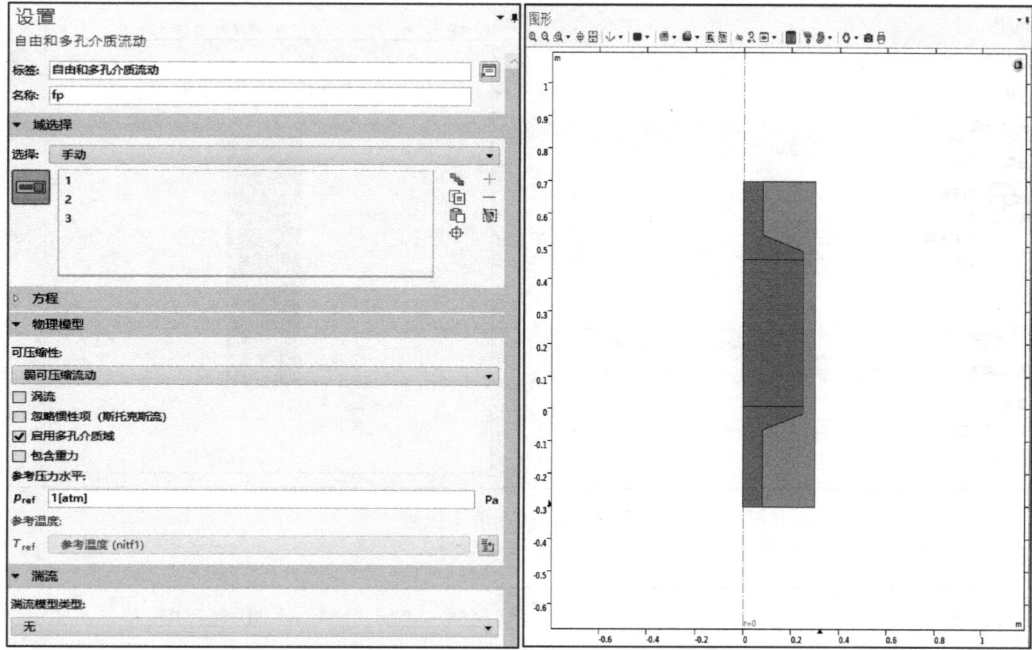

图 11-54 自由和多孔介质流动属性设置

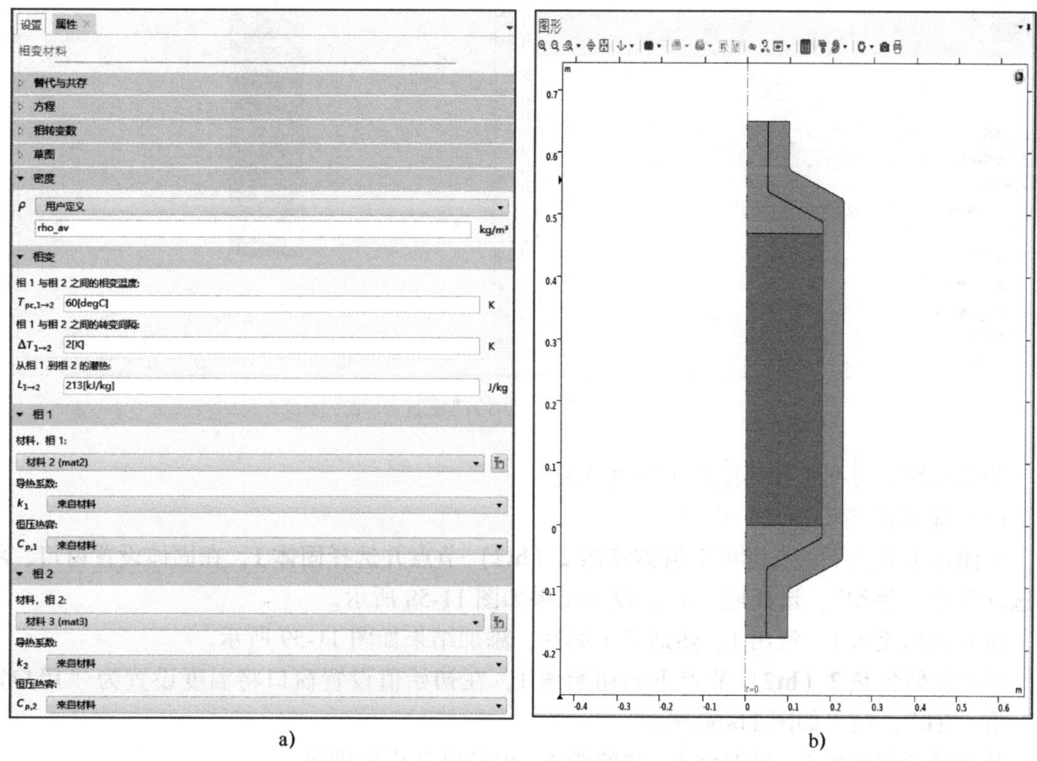

a) b)

图 11-55 相变材料 1 属性设置

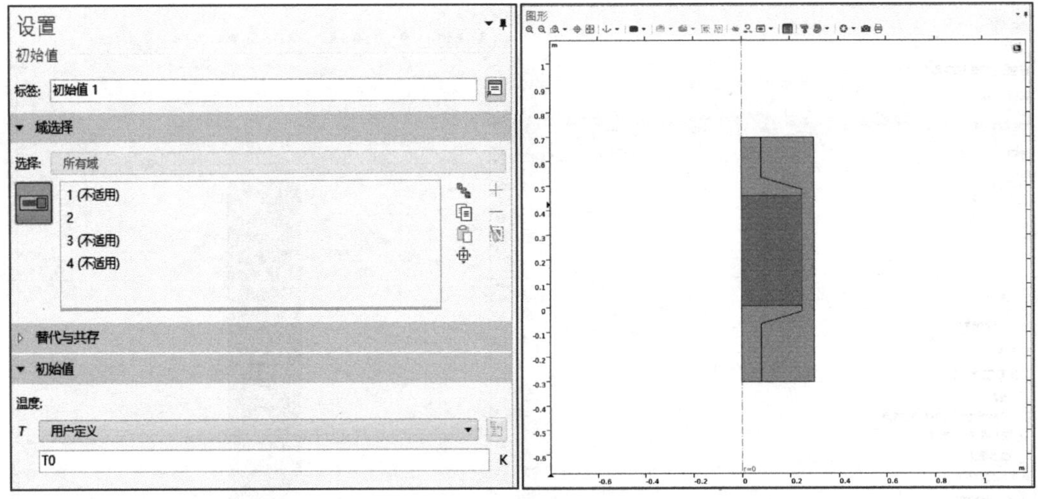

图 11-56　初始值 1 设置

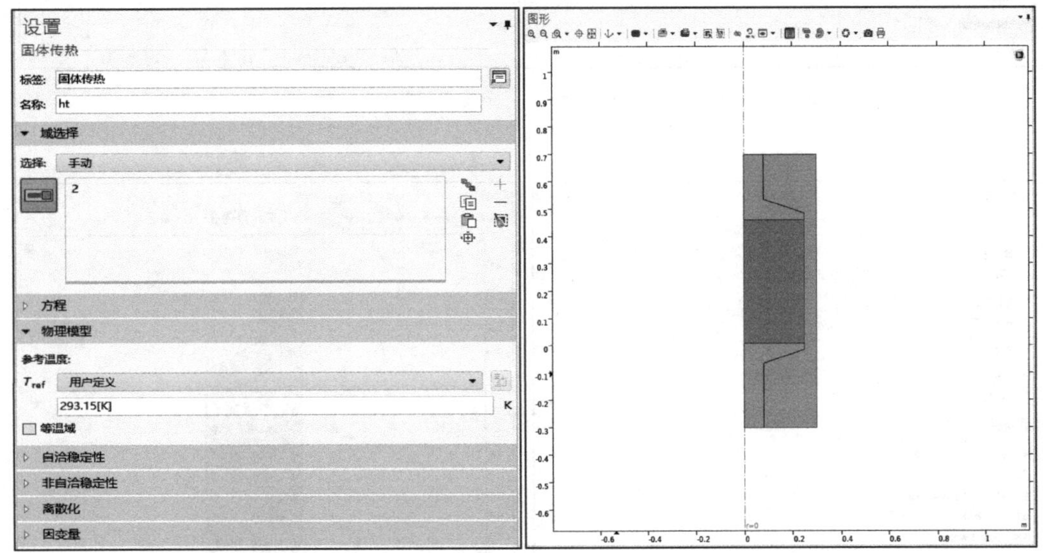

图 11-57　固体传热设置

剩余属性轴对称 1 和热绝缘 1 取默认值。

（6）流体传热 2（ht2）设置

在**组件 1** 节点下，右键单击**流体传热 2（ht2）**节点并选择**固体 1**，在固体设置窗口，将域选择选为“**手动**”，选择域“**4**”，设置结果如图 11-58 所示。

接着添加流入 1、流出 1、热通量 1 属性，添加结果如图 11-59 所示。

单击**流体传热 2（ht2）**节点下的初始值 1，在初始值设置窗口将温度设置为“**用户定义**”和“**T0**”，结果如图 11-60 所示。

其余属性如流体 1、轴对称 1、热绝缘 1，保持默认设置即可。

（7）多物理场设置

在**组件 1** 节点下，右键单击**多物理场（ht2）**节点并选择**局部热非平衡**，在局部热非平衡设置窗口，将固体体积分数设为“**1-por**”，间隙对流传热系数设为“**球形颗粒床**”，平均颗粒半径“**dp/2**”，设置结果如图 11-61 所示。

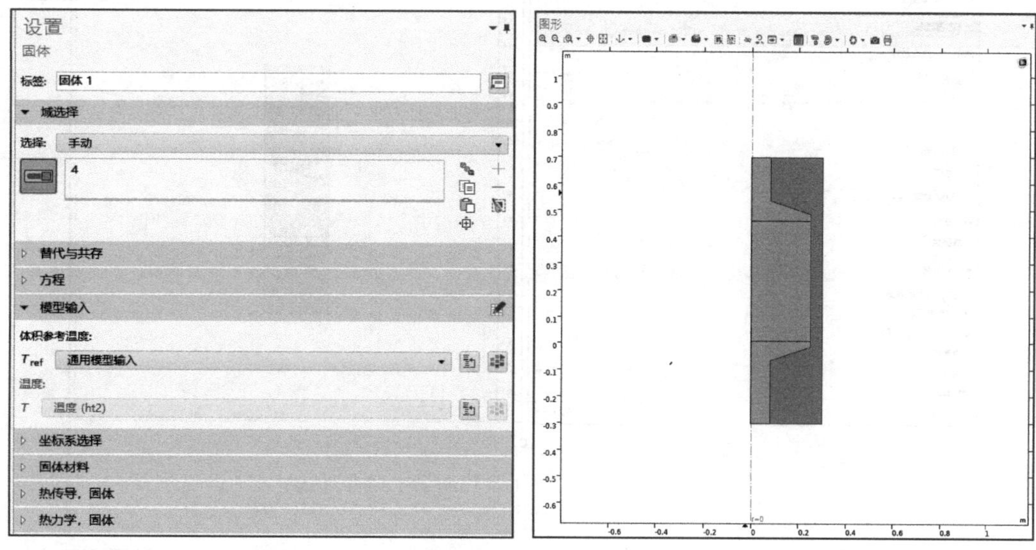

图 11-58　固体 1 设置

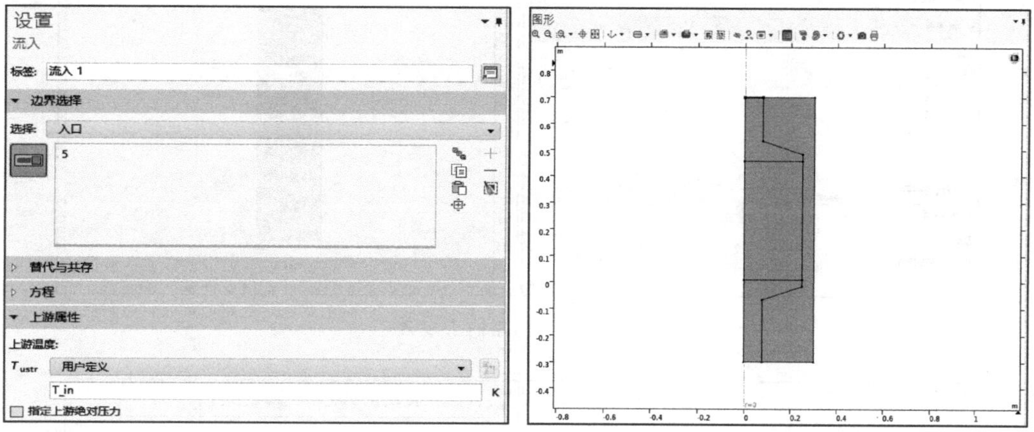

a)

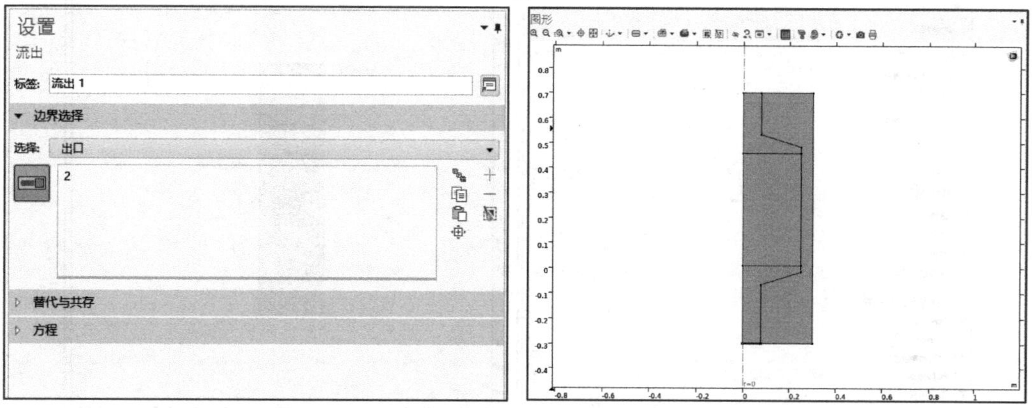

b)

图 11-59　流入 1、流出 1 及热通量 1 设置

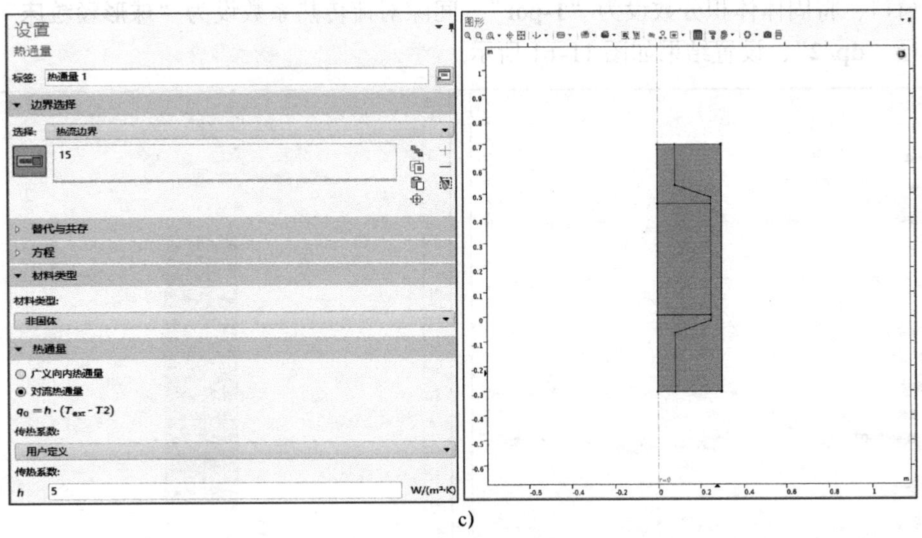

c)

图 11-59　流入 1、流出 1 及热通量 1 设置（续）

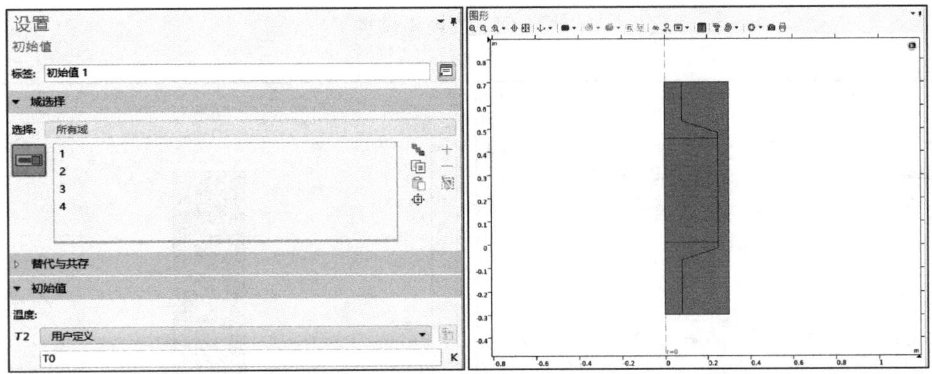

图 11-60　初始值 1 设置

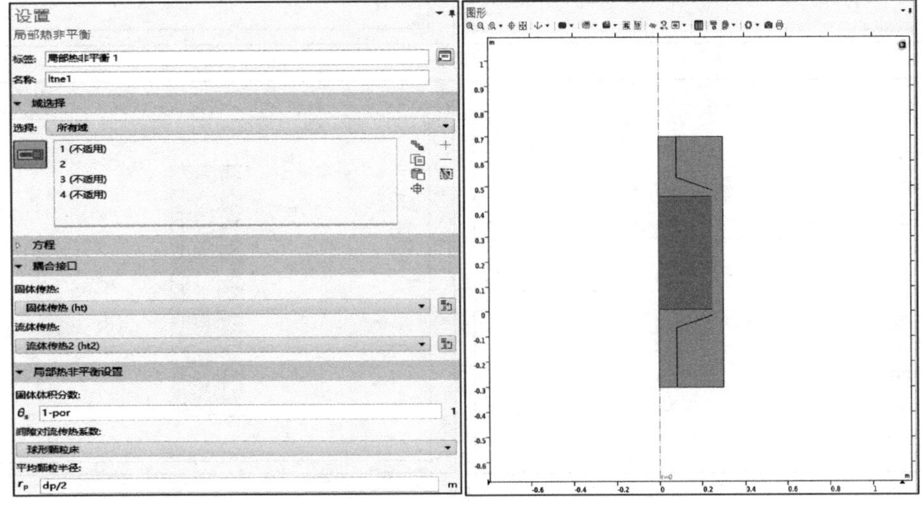

图 11-61　局部热非平衡 1 设置

接着用相同方式添加非等温流动 1 属性，结果如图 11-62 所示。

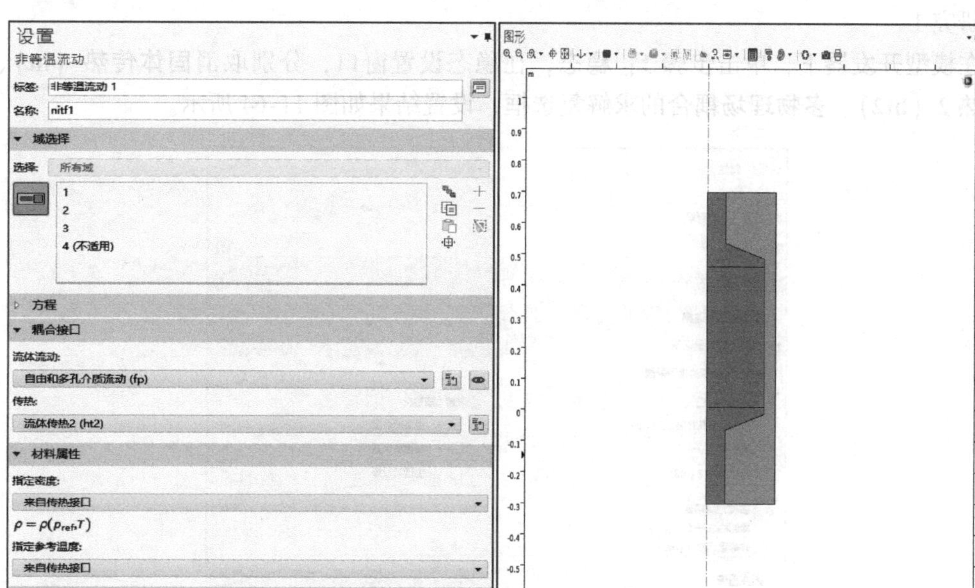

图 11-62　非等温流动 1 设置

(8) 网格设置

单击**网格 1**，选择**全部构建**，结果如图 11-63 所示。

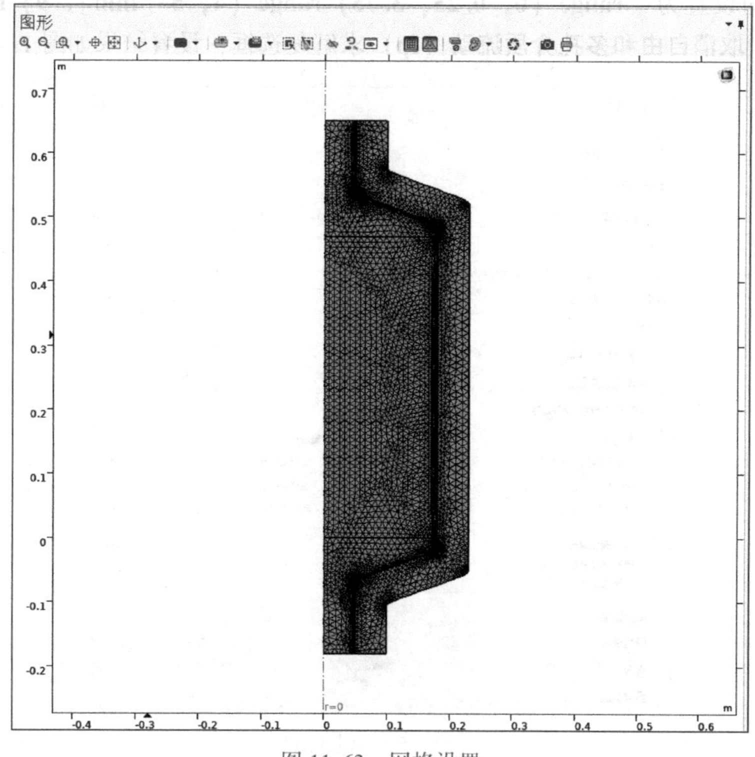

图 11-63　网格设置

4. 研究设置

研究 1

在**模型开发器**下，单击**步骤 1：稳态**，在稳态设置窗口，分别取消**固体传热（ht）**、**流体传热 2（ht2）**、**多物理场耦合**的求解复选框，设置结果如图 11-64 所示。

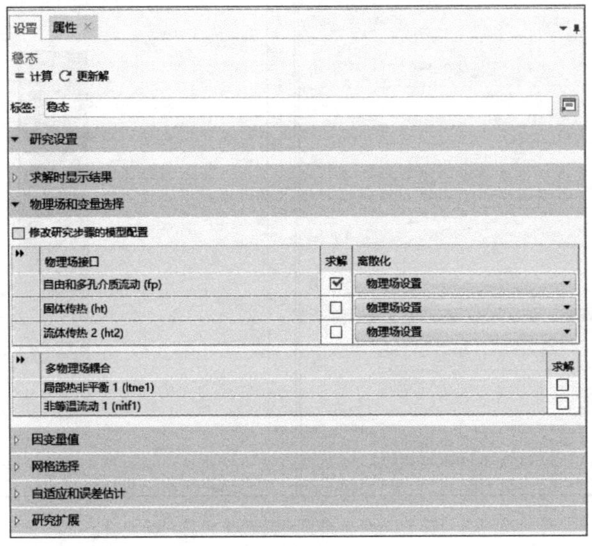

图 11-64　稳态设置

接着在研究工具栏单击研究步骤并选中瞬态，在瞬态设置窗口，将时间单位设置为“**h**”，输出时间设置为“**range（0，0.25，3.75）range（4，5［min］，9）range（9.25，0.25，24）**”，取消**自由和多孔介质流动（fp）**求解复选框，设置结果如图 11-65 所示。

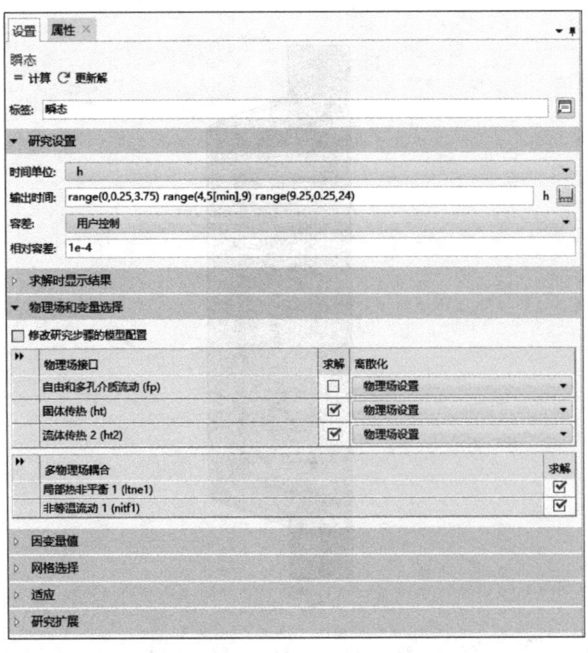

图 11-65　瞬态设置

5. 结果分析

右键单击**结果**节点并选中**二维绘图组**，在二维绘图组设置窗口将标签改为“**温度和速度场**”，在颜色图例栏选中**显示单位**复选框，则设置结果如图 11-66 所示。

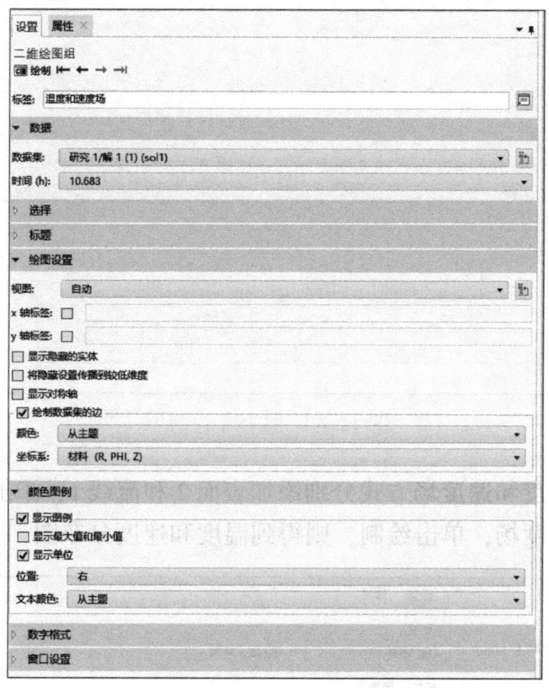

图 11-66　温度和速度场设置

右键单击温度和速度场并选中表面，在表面设置窗口将表达式设置为“**T2**”，颜色表选为“**ThermalLight**”，设置结果如图 11-67 所示。

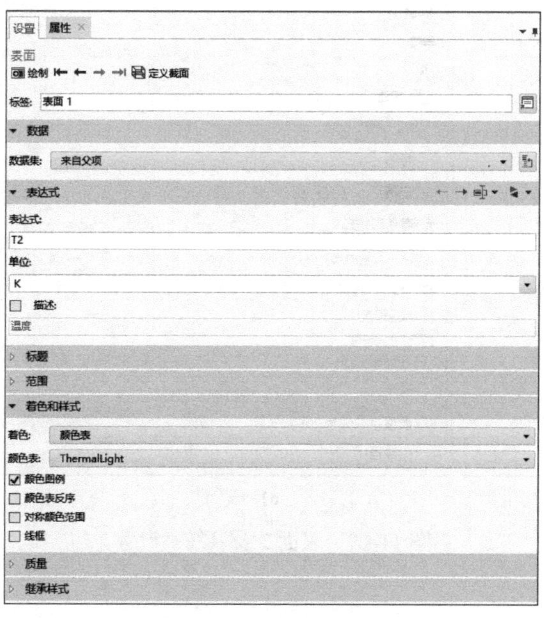

图 11-67　表面 1 设置

右键单击**表面1**节点并选中**选择**，在选择设置窗口选择域“**4**”，则设置结果如图11-68所示。

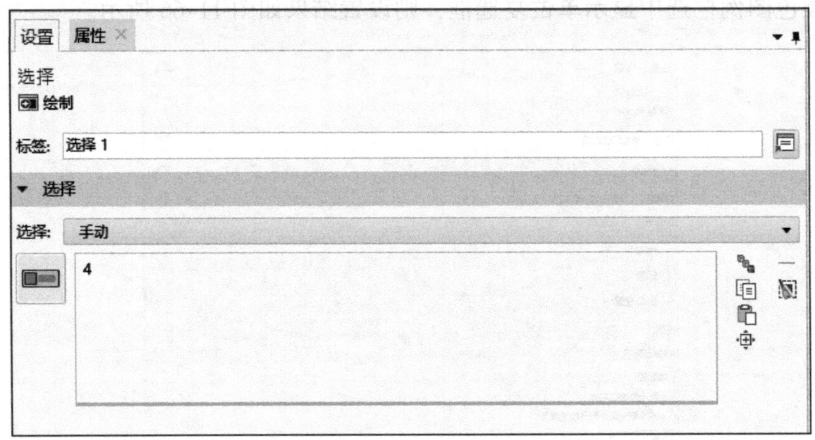

图11-68　选择1设置

接着用右键单击**温度和速度场**方式分别添加表面2和流线1，添加结果如图11-69所示。最后单击温度和速度场，单击**绘制**，则得到温度和速度分布图，如图11-70所示。

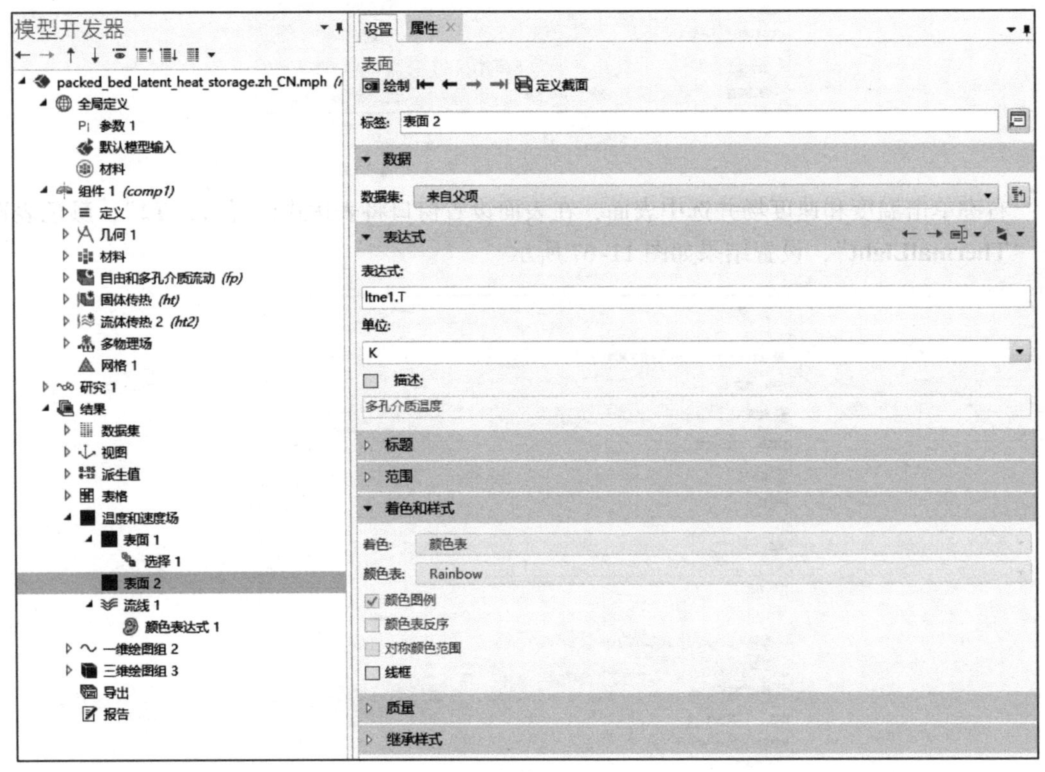

a)

图11-69　表面2及流线1设置

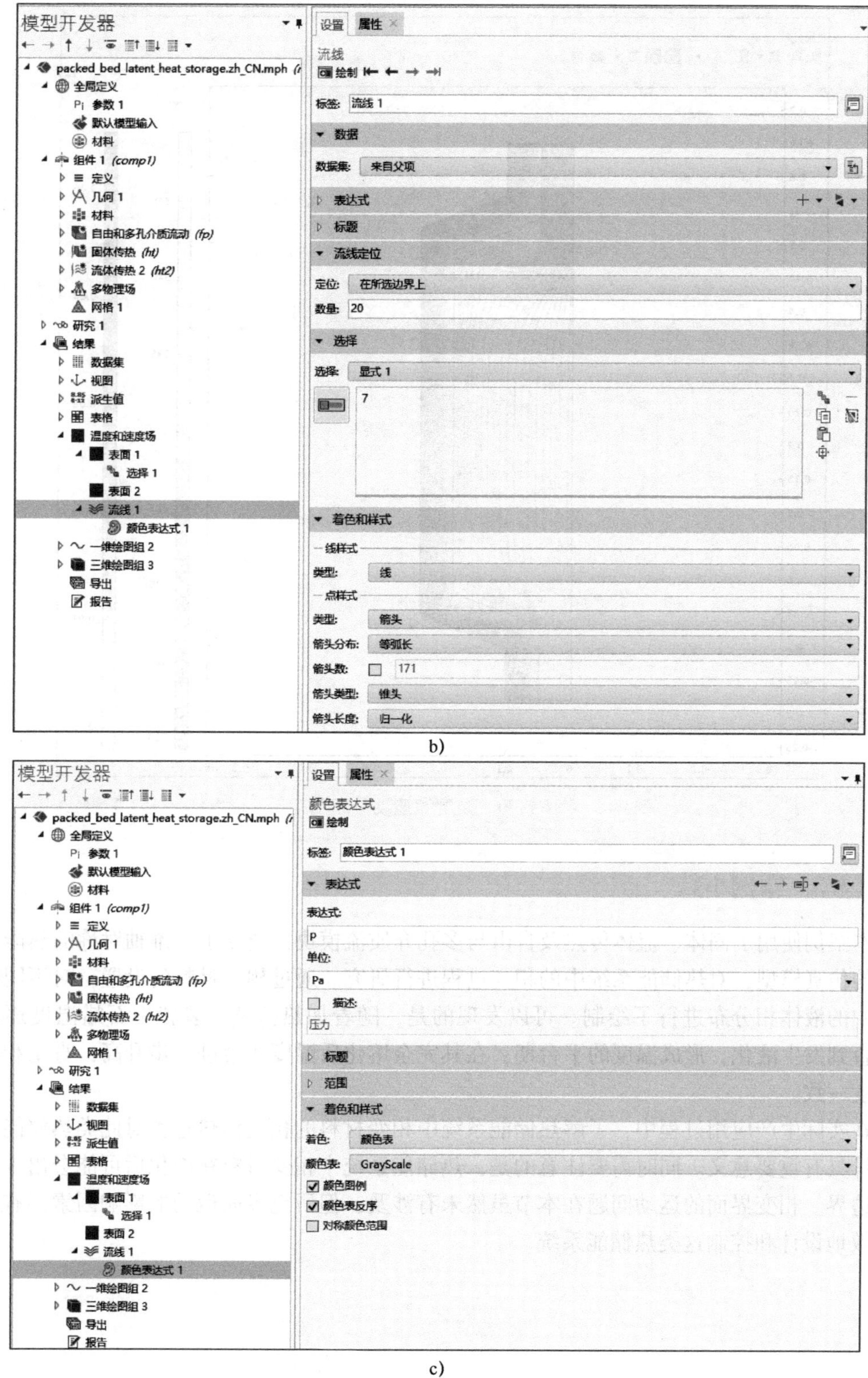

图 11-69　表面 2 及流线 1 设置（续）

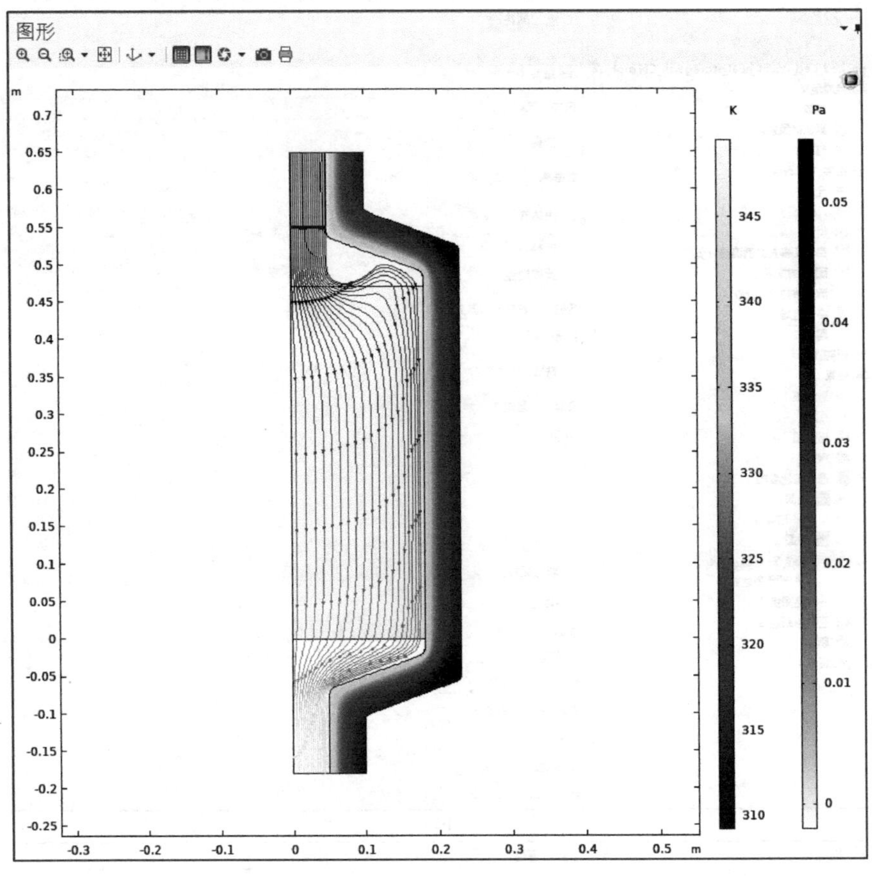

图 11-70　温度和速度分布图

11.4.3　案例小结

本案例使用了固体、流体传热及自由与多孔介质流模块，建立了二维轴对称的热能储存装置的仿真模型，对热储能系统中的相变过程进行研究。通过相变材料的设置，对不同时刻装置中的液体相分布进行了绘制。可以发现的是，随着加热持续，装置中石蜡温度逐渐升高，直到发生液化，形成温度的平台期；在其完全熔化后温度才会进一步升高，直至和外边界温度一致。

在实际生产应用过程中，了解热储能系统中相变材料的相变传热过程对此类热储能系统的设计具有重要意义。同时需要注意的是，热储能系统中相变材料在液化后可能会出现相变运动边界。相变界面的运动问题在本节虽然未有涉及，但研究界面运动的影响因素，有助于更有效地设计和控制这类热储能系统。

结语与展望

感谢诸位读者的一路陪伴，本书在 COMSOL 基础系列图书第一册《COMSOL 多物理场仿真入门指南》（机械工业出版社）编写经验的基础上，根据读者热情的反馈以及参考国外相关图书的内容，将基础理论、学科专题和应用案例区分介绍，从计算传热学发展的历史沿革、传热控制方程和 COMSOL 求解器入手，以专题形式介绍了热传导三大类型、热应力、多孔介质传热和电磁热耦合，最终分析了航空航天与动力、材料、生物和能源四大领域 12 个案例的应用。为了方便读者互动，本书作者将在 B 站 ID 为“笛卡尔计算”的账号下开设相应公开课专栏，欢迎广大读者交流仿真方面的观点。

COMSOL Multiphysics 软件每 1~2 年都会更新一个版本，在本书编写接近尾声的过程中，COMSOL 发布了 6.0 版本，新版本中纳入了“模型管理器”功能，用于对模型相关的 CAD 文件、实验数据和内插数表进行有效存储和版本控制。对于传热模块，第一，新版本大幅提升了辐射传热的计算效率，对于表面对表面辐射接口，采用了半立方算法，在保障精度的情况下将求解效率提升了 10 倍以上，同时 CPU 计算时间和内存开销减少为原来的 1/10；第二，增加了新的多尺度填充床传热接口，用于模拟颗粒床中的传热；第三，改进了本书专题中介绍的多孔介质传热，在多孔介质传热、局部热非平衡等接口下，调整了局部热平衡、局部热非平衡或填充床等选项卡，同时多孔材料可以在对应的属性表格中定义；第四，增加了非等温反应流耦合接口，用户可以自动建立非等温反应流模型。其他的变化还包含了相变传热界面、薄结构传热和大应变的导热系数模型等。期待这些强大的新功能会为 COMSOL 传热仿真增添新思路和新方法，也相信我们会在网络平台相遇、交流、一起创造出更多有趣的模型应用。

参考文献

[1] 陶文铨. 传热学 [M]. 5版. 北京：高等教育出版社，2018.

[2] 白青波，李旭，田亚护，等. 冻土水热耦合方程及数值模拟研究 [J]. 岩土工程学报，2015，37（增刊2）：131-136.

[3] COMSOL. 盘上局部热源的热传导 [CP/OL]. [2022-09-06]. http：//cn. comsol. com/model/heat-conduction-with- a-localized-heat-source-on-a-disk-17307.

[4] COMSOL. 水杯中的自然对流 [CP/OL]. [2022-09-06]. http：//cn. comsol. com/model/free-convection-in-a-water-glass-195.

[5] COMSOL. 太阳对遮阳伞下两个保温箱的辐射效应 [CP/OL]. [2022-09-06]. http：//cn. comsol. com/model/sun-s-radiation-effect-on-two-coolers-placed-under-a-parasol-12825.

[6] 曾攀. 有限元分析及应用 [M]. 北京：清华大学出版社，2004.

[7] 傅献彩. 物理化学 [M]. 5版. 北京：高等教育出版社，2005.

[8] 杨世铭，陶文铨. 传热学 [M]. 4版. 北京：高等教育出版社，2006.